Einkauf mit SAP® Ariba®

SAP PRESS

SAP PRESS ist eine gemeinschaftliche Initiative von SAP SE und der Rheinwerk Verlag GmbH. Ziel ist es, Anwendern qualifiziertes SAP-Wissen zur Verfügung zu stellen. SAP PRESS vereint das fachliche Know-how der SAP und die verlegerische Kompetenz von Rheinwerk. Die Bücher bieten Expertenwissen zu technischen wie auch zu betriebswirtschaftlichen SAP-Themen.

Ulf Koglin
SAP S/4HANA: Voraussetzungen – Nutzen – Erfolgsfaktoren
375 Seiten, 2016, gebunden
SAP PRESS, ISBN 978-3-8362-3891-5

Densborn, Finkbohner, Freudenberg, Mathäß, Wagner
Migration nach SAP S/4HANA
560 Seiten, 2017, gebunden
SAP PRESS, ISBN 978-3-8362-4297-4

Michael Anderer
SAP Retail: Prozesse, Funktionen, Customizing
568 Seiten, 2017, gebunden
SAP PRESS, ISBN 978-3-8362-4072-7

Jasmin Burgdorf, Mario Destradi, Martin Kiss, Maik Schubert
Logistik mit SAP S/4HANA
500 Seiten, 2017, gebunden
SAP PRESS, ISBN 978-3-8362-5611-7

Aktuelle Angaben zum gesamten SAP PRESS-Programm finden Sie unter *www.sap-press.de*.

Marcus Mock, Susanne Wagner

Einkauf mit SAP® Ariba®

Rheinwerk
Publishing

Liebe Leserin, lieber Leser,

vielen Dank, dass Sie sich für ein Buch von SAP PRESS entschieden haben.

Ihr Einkauf braucht ein Upgrade? Ihre Beschaffung nimmt zu viel Zeit in Anspruch, und die Prozesse sind unübersichtlich? Dann lesen Sie dieses Buch.

Unsere Autoren Susanne Wagner und Marcus Mock zeigen stets anschaulich und auf den Punkt gebracht, wie Sie SAP Ariba implementieren, einrichten und bedienen. Von der Integration von Lieferanten ins Ariba Network bis zu Ausschreibungen oder Auktionen mit SAP Ariba bleiben keine Fragen offen. So steht Ihnen nichts mehr im Wege, um in Zukunft im Ariba Network die besten Anbieter und Preise für Ihr zu Unternehmen finden.

Wir freuen uns stets über Lob, aber auch über kritische Anmerkungen, die uns helfen, unsere Bücher zu verbessern. Scheuen Sie sich nicht, sich bei mir zu melden; Ihr Feedback ist jederzeit willkommen.

Ihre Kerstin Billen
Lektorat SAP PRESS

kerstin.billen@rheinwerk-verlag.de
www.rheinwerk-verlag.de
Rheinwerk Verlag · Rheinwerkallee 4 · 53227 Bonn

Auf einen Blick

Wir hoffen, dass Sie Freude an diesem Buch haben und sich Ihre Erwartungen erfüllen. Ihre Anregungen und Kommentare sind uns jederzeit willkommen. Bitte bewerten Sie doch das Buch auf unserer Website unter **www.rheinwerk-verlag.de/feedback**.

An diesem Buch haben viele mitgewirkt, insbesondere:

Lektorat Kerstin Billen
Korrektorat Annette Lennartz, ardennatext, Bonn
Herstellung Melanie Zinsler
Typografie und Layout Vera Brauner
Einbandgestaltung Nadine Kohl
Coverbild iStockphoto: 462249277 © Pogonici
Satz Typographie & Computer, Krefeld
Druck Beltz Bad Langensalza GmbH, Bad Langensalza

Dieses Buch wurde gesetzt aus der TheAntiquaB (9,35/13,7 pt) in FrameMaker. Gedruckt wurde es auf chlorfrei gebleichtem Offsetpapier (90 g/m²). Hergestellt in Deutschland.

Bibliografische Information der Deutschen Nationalbibliothek:
Die Deutsche Nationalbibliothek verzeichnet diese Publikation in der Deutschen Nationalbibliografie; detaillierte bibliografische Daten sind im Internet über *http://dnb.d-nb.de* abrufbar.

ISBN 978-3-8362-4575-3

1. Auflage 2017

Informationen zu unserem Verlag und Kontaktmöglichkeiten finden Sie auf unserer Verlagswebsite **www.rheinwerk-verlag.de**. Dort können Sie sich auch umfassend über unser aktuelles Programm informieren und unsere Bücher und E-Books bestellen.

Inhalt

2 Bestandteile von SAP Ariba 57

Vorwort

Der Einkauf ist genial/Der Einkauf ist *#Awesome*

Vor einiger Zeit traf ich einen unserer Kunden in Asien. Die Einkaufsleiterin trug ein T-Shirt mit der Aufschrift »*#Procurement Is Awesome*« – ungewöhnlich, aber wichtig. Die Firma war dabei, die SAP-Ariba-Lösung auszurollen, und die Einkaufsleiterin wollte ihre Mannschaft und ihr Unternehmen auffordern, die Digitalisierung mitzugestalten. Dynamik und Veränderungswille gehören bei der digitalen Transformation dazu. Ich war begeistert.

Ich bin ebenso begeistert von diesem Buch. Denn der Zeitpunkt zur Digitalisierung des Einkaufs ist jetzt, und SAP Ariba ist die marktführende Lösung. Digitalisierung ermöglicht es dem Einkauf, einen neuen und höheren Stellenwert im Unternehmen zu gewinnen. Früher war der Einkauf häufig transaktionsgetrieben, strategisches Lieferantenmanagement und der strategische Einkauf kamen zu kurz. Das hat dazu geführt, dass Unternehmen den Einkauf als »Backoffice«-Funktion ansehen.

Die Welt hat sich aber verändert. In Wertschöpfungsketten werden externe Lieferanten immer wichtiger. Angestellte kaufen im Privatleben auf E-Commerce-Plattformen ein, und Endkunden wollen wissen, was sich hinter welchen Produkten verbirgt. All dies verändert die Erwartungshaltung an den Einkauf. Es geht über Kosteneinsparungen hinaus. Daher muss der Einkauf Transaktionen automatisieren, Angestellten eine einfache Einkaufserfahrung wie im Privaten bieten und Transparenz in der Lieferkette gewinnen. Um dies zu erreichen, benötigt er eine Einkaufsplattform, die in die Betriebswarensysteme des Unternehmens integriert ist. Dabei sind die Daten von großer Wichtigkeit, denn sie ermöglichen die Verbindung in der digitalen Welt, sie erlauben es, Trends zu erkennen, Benchmarks zu erstellen oder andere Einsichten zu gewinnen.

Ebenso wichtig ist es, ein globales Netzwerk an Lieferanten zu verwenden. Wenn Ihr Unternehmen mit einem Lieferanten arbeitet, der schon Teil einer digitalen Plattform ist, spart dies Zeit und Geld. Informationen können einfacher geteilt werden. Und das Gute ist, wenn neue Dienstleistungen ins Netzwerk kommen, können alle Teilnehmer davon profitieren. Facebook und LinkedIn machen es vor.

Eine erfolgreiche Umsetzung erlaubt es dem Einkauf, sich auf die strategischen Aktivitäten zu konzentrieren und ein wichtiger und einflussreicher Partner bei strategischen Entscheidungen im Unternehmen zu werden. Die Veränderung geschieht heute bei vielen unserer Kunden.

Susanne Wagner und Marcus Mock haben diese Veränderungen erkannt. Ich freue mich daher sehr, dass sie sich entschieden haben, ihren Erfahrungsschatz mit Ihnen, den Lesern dieses Buches, zu teilen. Es bietet allen Interessierten im Einkauf einen Ausblick darauf, was möglich ist, und weckt bei allen neuen Mitarbeitern ein Interesse am Einkauf. Und es ist und bleibt das Wichtigste am Einkauf: Menschen wie Susanne Wagner und Marcus Mock, die den Einkauf wirklich genial und #Awesome machen.

Alex Atzberger
President, SAP Ariba
New York, August 2017

Danksagung

Liebe Leser,

im Herbst 2016 suchte der Rheinwerk Verlag über den DSAG-Arbeitskreis Einkauf nach Autoren für ein Buch zum Thema SAP Ariba. Wir meldeten uns voll Enthusiasmus für dieses Projekt. Zu diesem Zeitpunkt ahnten wir allerdings noch nicht, wie intensiv, spannend und auch fordernd das Schreiben dieses Buches sein würde, insbesondere in Zeiten, in denen wir gleichzeitig mit besonderen Herausforderungen in unserem beruflichen Alltag konfrontiert waren.

An dieser Stelle wollen wir uns ganz besonders bei unseren Ehepartnern und Kindern bedanken, die uns beim Schreiben des Buches ermutigt haben und viele Stunden auf uns verzichten mussten.

Wir wollen uns auch bei unseren Arbeitgebern Swarovski und SAP bedanken, die uns zum einen mit dem Thema SAP Ariba in Berührung gebracht haben und uns zum anderen Freiräume und Ressourcen gegeben haben, um dieses Buch zu schreiben.

Besonderer Dank gilt dem Rheinwerk Verlag, der dieses Buch möglich gemacht hat. Ohne unsere Lektorin Kerstin Billen wäre das Buch wohl nicht zustande gekommen. Sie hat uns angetrieben und ermuntert und auch gerne die gleiche Frage zweimal beantwortet.

Susanne Wagner und **Marcus Mock** im Juli 2017

Einleitung

Im Mai 2016 hat Alex Atzberger (President for SAP Ariba) das Motto *#make-procurementawesome* im Rahmen der Ariba Live ausgegeben. Was macht denn nun den Einkauf des 21. Jahrhunderts aus? Wir würden sagen, es ist das stetige Erneuern, das Anpassen an sich ändernde Rahmenbedingungen und das Ausloten neuer Möglichkeiten, mit Lieferanten in aller Welt zusammenzuarbeiten. Dazu braucht es eben auch die passende Softwarelösung mit einer intuitiven Benutzerführung, schlanken Prozessen und der Konzentration auf die strategischen Einkaufsprozesse.

Manche Fragestellungen müssen immer wieder beleuchtet und neu beantwortet werden, etwa: Wo kaufen wir am besten ein, lokal, in der Nähe, innerhalb einer bestimmten Region oder auch in anderen Teilen der Welt? Und dabei gilt: Nicht alles, was die letzten Jahre galt, muss auch heute oder morgen noch gelten. Rahmenbedingungen, Technologien und Märkte ändern sich immer schneller, und das fordert eine enorme Anpassungsfähigkeit innerhalb der Einkaufsorganisation.

Aktuelle Entwicklungen

Lösungen für die Beschaffungsprozesse erleben derzeit eine Renaissance. Nach den »Gründerjahren« und Systemen wie dem SAP Supplier Relationship Management (SRM) präsentieren sich neue Anbieter verstärkt auf dem Markt. Allgemeine Trends wie die Verlagerung von Prozessen und Systemen in die Cloud unterstützen diese Bewegung und bieten Unternehmen auch in Europa neue Möglichkeiten, Einkaufsprozesse zu implementieren. Mit SAP Ariba wird eine Source-to-Pay-Suite angeboten, die strategische und operative Beschaffungsprozesse auf einer einzigen Plattform vereint und dabei den direkten und indirekten Einkauf abdeckt.

Zielgruppe des Buches

Dieses Buch *Einkauf mit SAP Ariba* bietet Projektleitern, Entscheidern, Beratern und Anwendern gleichermaßen einen komprimierten Überblick über alle SAP-Ariba-Applikationen und das Vorgehensmodell zur Einführung dieser Lösungen.

Wenn Sie sich gerade mit der Frage beschäftigen, ob und welche neue Einkaufslösung Sie einführen sollten, finden Sie in diesem Buch eine Zusammenfassung des Marktes. Wir stellen Ihnen Kriterien vor, die Ihre Auswahl und Entscheidung erleichtern.

Die Komponenten von SAP Ariba werden ausführlich erläutert und Besonderheiten, Anwendung sowie Integration vorgestellt. Beginnend mit der Ausgabenanalyse werden die strategischen Einkaufsprozesse Ausschreibung, Lieferantenmanagement und Vertragsmanagement sowie die operativen Beschaffungsprozesse und das Ariba-Netzwerk beschrieben. Allen IT-Verantwortlichen wird zudem eine Zusammenfassung der wichtigsten Aspekte hinsichtlich Integration, mobiler Nutzung und Erweiterung von SAP Ariba gegeben.

Aufbau des Buches

In **Kapitel 1** geben wir Ihnen einen Überblick über die aktuellen Trends im Einkauf und erläutern den Unterschied zwischen Cloud und on premise. Sie erhalten eine Marktübersicht zu Einkaufslösungen, und wir geben Ihnen einige Tipps für die Auswahl der richtigen Software.

In **Kapitel 2** stellen wir Ihnen SAP Ariba als Softwarelösung für den strategischen und operativen Einkauf vor und geben einen Einblick in die Benutzeroberfläche. Außerdem wird das Ariba Network als größtes Unternehmensnetzwerk der Welt vorgestellt.

Kapitel 3 widmet sich den Prozessen und SAP-Ariba-Lösungen für den strategischen Einkauf: der Ausgabenanalyse, der Durchführung von Ausschreibungen, dem Lieferantenmanagement sowie dem Vertragsmanagement.

Die Prozesse des operativen Einkaufs sind Thema von **Kapitel 4** dieses Buches. Sie erfahren, wie Sie Anforderungen und Bestellungen über SAP Ariba abwickeln, wie Rechnungsprüfung und Rechnungszahlung durchgeführt werden können. Außerdem stellen wir Ihnen den SAP Ariba Catalog für die Erstellung, Verwaltung und Verwendung von Einkaufskatalogen vor.

Für Unternehmen, die SAP Ariba einführen möchten, erklären wir in **Kapitel 5** die Vorgehensweise bei der Implementierung und nehmen auch den Prozess des Onboardings von Lieferanten für das Ariba Network unter die Lupe.

In **Kapitel 6, »Technologie«**, erfahren Sie mehr über die Erstellung und Verwendung von Workflows und Formularen. Wir erläutern darüber hinaus, wie SAP Ariba mobil genutzt werden kann, und geben einen Einblick in die Erstellung von Berichten in diesem System.

Wie Sie SAP Ariba mit SAP ERP bzw. SAP S/4HANA integrieren können, wird in **Kapitel 7** beschrieben. Es wird erläutert, welche Möglichkeiten für den Daten- und Belegaustausch zur Verfügung stehen und welche Optionen für eigene Entwicklungen bestehen.

In **Kapitel 8** werfen wir einen Blick auf die zukünftige Entwicklung von Einkauf und Softwarelösungen.

Wir möchten Sie auch auf die Übersicht der Ariba-Network-Regeln im **Anhang** dieses Buches hinweisen. Hier erhalten Sie einen Überblick über die verschiedenen Konfigurationsmöglichkeiten für den Austausch von Belegen wie Bestellungen und Rechnungen.

In diesem Buch verwenden wir Kästen, um Sie auf bestimmte Dinge gesondert hinzuweisen.

In Kästen, die mit Hinweissymbol gekennzeichnet sind, finden Sie Informationen zu weiterführenden Themen oder wichtigen Inhalten, die Sie sich merken sollten. [«]

Die mit dem Tippsymbol gekennzeichneten Kästen geben Ihnen spezielle Empfehlungen, die Ihnen die Arbeit erleichtern können. [+]

Kapitel 1
Aktuelle Trends im Einkauf

Digitalisierung, Internet der Dinge, elektronischer Handel – es gibt viele Trends, die den Einkauf beeinflussen. Software kann Ihnen helfen, diesen Trends eine Antwort entgegenzusetzen. Auch SAP ist eine Software, die Ihrem Unternehmen Optionen anbietet, mit diesen Trends umzugehen.

SAP Ariba ist noch ein relativ neuer Begriff in der SAP-Welt. Als das ursprünglich amerikanische Unternehmen Ariba 2012 von SAP übernommen wurde, waren viele gespannt, welche Auswirkungen das auf das Lösungsportfolio in Sachen Einkauf haben würde. Was nun 5 Jahre später verfügbar ist, übertrifft wohl die Erwartungen vieler.

Als cloud-basierte Lösung bietet SAP Ariba eine umfassende Abdeckung strategischer und operativer Einkaufsprozesse und ermöglicht auch eine nahtlose Verknüpfung in SAP-ERP-Systeme. Innovationen werden gefühlt im Minutentakt publiziert. Das System präsentiert sich mit intuitiven, benutzerfreundlichen Oberflächen sowie einer End-to-End-Abdeckung der Einkaufsprozesse.

1.1 Trends

Derzeit im Trend liegen Themen wie Digitalisierung, Internet der Dinge (*internet of things*), Industrie 4.0 oder auch Nachhaltigkeit in der Supply Chain. Natürlich gibt es im Einkauf weiterhin die klassischen Herausforderungen, wie das Streben nach den besten Gesamtkosten. Aber vor allem die sich wandelnde Industrie treibt die Veränderungen in den Beschaffungsfunktionen voran.

Digitaler Wandel

Der digitale Wandel erfordert plötzlich neue Fähigkeiten von Einkäufern. Es reicht nicht mehr, sich mit einer Warengruppe auszukennen. Immer öfter gibt es Produkte, die eine Kommunikation untereinander oder mit dem Internet unterstützen, sei es nun der Kühlschrank, mit dem Rezepte und der Inhalt des Schrankes abgeglichen und daraus Einkaufslisten generiert werden können, oder seien es Maschinen, die durch eine 24-Stunden-Überwachung Wartungsbedarfe selbstständig erkennen und melden.

Services

Immer mehr Firmen verändern ihre Geschäftsmodelle und offerieren neben den eigentlichen Produkten auch *Services*. Ein Beispiel sei hier der Gabelstapler, der nicht mehr gekauft, sondern gemietet wird. Das erfordert neue Vertragsmodelle und die Berücksichtigung anderer Kostenstrukturen im Rahmen der Beschaffung. Innovationen gibt es in vielen Bereichen, und das gilt auch für die Digitalisierung von Services. Kontoeröffnung inklusive Verkaufsgespräch per Videochat klingt da quasi wie ein alter Hut. Echtzeitübersetzung mit Skype oder Hologramm-Präsentationen klingen schon etwas futuristischer, sind aber bereits Realität. Hier mitzuhalten und den Trends mit Augenmaß zu folgen oder auch neue Trends zu setzen ist eine große Herausforderung für Unternehmen. Einkaufsorganisationen können Motor und Triebfeder des stetigen Wandels sein, wenn sie Neues frühzeitig erkennen und nutzbar machen, Entwicklungen unterstützen und Risiken der Forschung reduzieren. Innovationen müssen daher auch immer häufiger von Lieferanten hinzugekauft oder auch die Supply Chain als Innovationsmotor genutzt werden.

Nachhaltigkeit

Neben der Verlagerung von immer mehr Dingen in die digitale Welt gibt es einen weiteren anhaltenden Trend: Verbraucher fragen nach der genauen Herkunft von Produkten und interessieren sich für die Herstellungsprozesse. Dabei steht das Thema *Nachhaltigkeit* im Vordergrund. Unternehmen müssen Fragen beantworten können wie: Werden die Produkte biologisch erzeugt? Bietet das Unternehmen menschenwürdige Arbeitsbedingungen? Welche Inhaltstoffe sind genau enthalten? Der verantwortungsbewusste Umgang mit Ressourcen ist gleichermaßen Verkaufs- wie auch Kaufargument. In diesem Zusammenhang sind Einkaufsorganisationen gefordert, die Auswahl der Lieferanten und die Herstellung der Transparenz über die Lieferkette im Sinne des Unternehmens zu unterstützen.

Automatisierung

Einige Analysten sagen dem operativen Einkauf den Tod voraus. Die *Automatisierung* der Prozesse schreitet immer weiter voran und wird auch gefordert. Als Dienstleister im Unternehmen heißt es, effizient aufgestellt zu sein und einen echten Mehrwert zu bieten. Eine Konzentration auf strategische Aufgaben ist notwendiger denn je. Der Wertbeitrag des Einkaufs wird nicht mehr nur in Einsparungen gemessen, sondern darin, wie erfolgreich Projekte abgeschlossen werden können oder wie hoch der Nutzen eines Servicedienstleisters für das Unternehmen war.

Gartner schreibt in dem Bericht »Be cautios before investing in Source-to-Settle Suites for Procurement« (Gartner 2015), dass es ein verstärktes Interesse von Unternehmen an umfassenden Einkaufslösungen gibt. Als Vorteile solcher Lösungen nennen die Analysten integrierte Auswertungen, durchgängigen Datenfluss und ein einheitliches Interface für Einkäufer und Lieferanten.

Employer Branding

Ebenfalls eine neue Qualität hat der Kampf um die besten Mitarbeiter. Die »Generation what« greift zu Arbeitgeberbewertungsportalen, und die Marke eines Unternehmens ist nicht mehr ausschließlich für den Verkauf, sondern eben auch für das *Employer Branding* wichtig. Auch im Einkauf ist es schwierig, geeignete Mitarbeiter zu finden. Punkten kann man hier mit abwechslungsreichen Aufgaben, aber auch z. B. mit innovativen Systemen oder Lösungen. Mobiles Arbeiten, die Verwendung von Tablets oder Apps ist für die Mitarbeiter der Zukunft der Normalfall.

Wer hätte noch vor einigen Jahren gedacht, dass Gemeinschaftsplattformen, wie z. B. Airbnb, eine Zukunft haben könnten? Stecken doch hinter dem Geschäftsmodell Tausende von privaten Vermietern, die lediglich eine normierte Plattform nutzen. Facebook, Twitter und Co. sind Vorreiter auf dem Gebiet der Querfinanzierung. Sie verdienen nur wenig Geld mit dem eigentlichen Geschäftszweck, aber machen viel Geld mit »Nebenprodukten« wie Daten oder maßgeschneiderter Werbung, wie z. B. die Rechnung eines Energieversorgers mit aufgedruckter Werbung. Auch hier gibt es neue Geschäftsmodelle. Vermutlich könnte man die Liste unendlich fortführen. Fakt ist, es braucht öfter Querdenker und auch risikobereite Mitarbeiter, um einen leistungsfähigen Einkauf zu ermöglichen.

1.2 Cloud oder on premise?

Immer wieder hört man Aussagen wie: »In unserem Unternehmen gibt es eine No-Cloud-Philosophie.« Es gibt gewaltige Vorbehalte gegenüber dem Thema Cloud. Forrester spricht in der Analyse »Breakout Vendors: SaaS Business Applications« (Forrester 2016) über den Marktabsatz von *Software as a Service (SaaS)* von einem voraussichtlichen Wachstum von 24 % im Jahr 2017. Die am stärksten wachsenden Bereiche sieht Forrester bei ERP-Lösungen, Anwendungen für den Finanzbereich, beim E-Commerce, bei Human Resources sowie beim Einkauf und Supply Chain Management (SCM). Die Anbieter verdrängen dabei alteingesessene Lösungen immer stärker vom Markt, und in manchen Segmenten ist längst der Cloud-Anbieter der Primus der Klasse. Noch ein wichtiges Thema wird in der Analyse als Aufgabe der Zukunft identifiziert: die Schaffung von Netzwerken, in denen Mitarbeiter, Partner, Geräte, Kunden und Lieferanten in Echtzeit miteinander verbunden sind.

Mögliche Cloud-Szenarien

Auch wenn dieser Trend noch ganz am Anfang steht, so kann man sich doch für die Zukunft diverse Cloud-Szenarien vorstellen. So könnten Unternehmen z. B. freie Kapazitäten am Markt bereitstellen und auktionieren. Oder beschaffende Unternehmen können in virtuellen Teams gemeinsam mit Lieferanten an Entwicklungen arbeiten und dies über Crowdfunding finanzieren.

»Der elektronische Datenaustausch entlang der Supply Chain wird von 82,7 % der Befragten als relevant beurteilt [...]«, schreibt der Bund der Materialwirtschaft in einer Studie zum Thema Industrie 4.0 (BME 2016). Jedoch zeigt die Auswertung dieser Studie einen noch relativ niedrigen Grad der Digitalisierung in den Unternehmen. Die Befragten haben als Gründe unter anderem das Fehlen von internen Voraussetzungen (33,3 %) und die Datensicherheit (20,8 %) angegeben. Aber auch die fehlende Unterstützung durch die Lieferanten wurde als hinderlich identifiziert (BME 2016).

Es ist absehbar, dass es in Zukunft immer mehr Cloud-Lösungen geben wird, die klassische Anbieter teilweise vom Markt verdrängen. Unternehmen sind daher gefordert, sich dem Thema mit Sorgfalt zu widmen, und sollten auch bereit sein, die eigenen Strategien zu überdenken.

1.2.1 Begriffserklärung zur Cloud

On-Premise-Software

On-Premise-Software bedeutet »in den eigenen Räumlichkeiten oder vor Ort«. Dabei wird die Software in eigener Verantwortung betrieben. Neben der Lizenz ist in der Regel eine Wartungsgebühr für die Software zu zahlen.

Cloud Computing

Cloud Computing ist ein Sammelbegriff für die Ausführung von Programmen auf externen Rechnern. Er umfasst drei unterschiedliche Modelle, die vom National Institute of Standards and Technology (NIST) definiert wurden:

- **Infrastructure as a Sevice (IaaS)**
  Dabei werden Ressourcen wie Rechner, Netze oder Speicher von einem Anbieter zur Verfügung gestellt. Ein klassisches Anwendungsbeispiel ist der Betrieb des Rechenzentrums bei einem externen Dienstleister. Das anwendende Unternehmen ist für die Auswahl, die Installation, den Betrieb und das Funktionieren ihrer Software selbst verantwortlich.
- **Platform as a Service (PaaS)**
  In diesem Modell mietet der Anwender eine Plattform, die Rechenleistung dynamisch bereitstellt und gleichzeitig einen flexible Gestaltung der Software durch den Nutzer ermöglicht.

- **Software as a Service (SaaS)**
  Der Serviceanbieter ermöglicht die Anwendung von bereitgestellter Software auf seiner Infrastruktur. Man verwendet hier auch den Begriff *Software on demand*.

1.2.2 Darstellung verschiedener Cloud-Modelle

Kategorien

Wenn man von Cloud spricht, gibt es nicht ein generelles Betriebsmodell, das von allen Anbietern verwendet wird. Das NIST unterscheidet vier Kategorien, die in Abbildung 1.1 im Überblick dargestellt sind:

- *Public Cloud*
  öffentliche Plattform, bei der die Infrastruktur auf einer flexiblen Basis gemietet wird
- *Private Cloud*
  Hier wird die Plattform einer definierten Anwendergruppe im eigenen Unternehmen zur Verfügung gestellt.
- *Hybrid Cloud*
  Viele Anbieter offerieren Lösungen, die eine Kombination aus öffentlichen und privaten Bereichen zur Verfügung stellen.
- *Community Cloud*
  Der Service wird in diesem Modell einer eingeschränkten Nutzergruppe (z. B. einer Behörde) zur Verfügung gestellt.

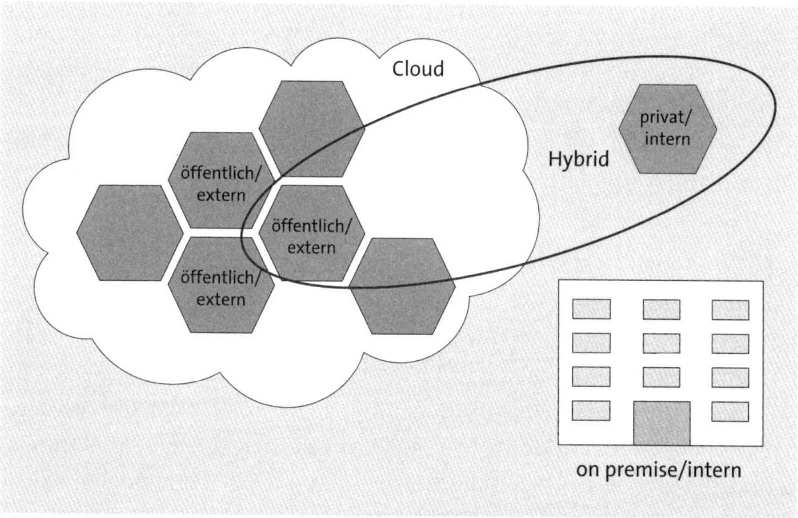

Abbildung 1.1 Verschiedene Cloud-Modelle im Überblick

1.2.3 Vor- und Nachteile von On-Premise-Software

Egal, ob Sie nun einen eigenen Laden oder eine eigene Softwareumgebung betreiben, die Vorteile von On-Premise-Lösungen liegen auf der Hand: Sie können sie in hohem Maße auf Ihre eigenen Bedürfnisse ausrichten. Außerdem können Sie Eigenentwicklungen bzw. spezifische Erweiterungen leichter umsetzen. Viele Unternehmen schätzen es sehr, dass ein System individuell zugeschnitten werden kann.

SAP SRM

Ein typisches Beispiel aus der On-Premise-Welt ist SAP SRM, das in vielen Unternehmen als Einkaufssystem genutzt wird. Für den Betrieb des Systems ist besonders der Einkaufswagen-Workflow wichtig. Dieser ist meist sehr individuell gestaltet und spiegelt einerseits die verschiedenen Beschaffungswege (z. B. Katalog, Freitext, materialnummernbasiert), die Anforderungen der verschiedenen Warengruppen und gleichzeitig die oft komplexen Genehmigungsstrukturen in Unternehmen wider. Über die abgebildeten Prozesse kann die Einbindung des Einkaufs, die Freigabe durch die Kostenverantwortlichen oder auch die Einbeziehung von Fachfunktionen gesteuert werden. Kann man die Bedarfsprozesse hier individualisieren, ist meist eine höhere Automatisierung der Bestellprozesse möglich.

Risiken und Kosten

Mit dem eigenständigen Betrieb von Systemen sind aber auch Risiken und vor allem Kosten verbunden. In den vergangenen Jahren sind die Sicherheits- und Performanceanforderungen an Rechenzentren stetig gestiegen. Diese zu erfüllen ist eine Herausforderung für Unternehmen. Die Vermeidung von Ausfällen, eine hohe Verfügbarkeit sowie der Schutz vor unberechtigten Zugriffen haben die Kosten für den Betrieb eines Rechenzentrums steigen lassen. Längst ist nicht mehr die Speicherkapazität das Maß aller Dinge. Typische Kosten im Betrieb sind darüber hinaus der Anwendersupport, die Weiterentwicklung des Systems oder auch die stetige Aktualisierung der Software.

Letztlich stehen auch IT-Abteilungen unter ständigem Optimierungsdruck. Teilweise wird hochspezialisierte Software für Prozesse benötigt. Es ist daher heute kaum noch möglich, für jede Lösung einen Experten im Unternehmen zu haben. Externe Dienstleister setzen darüber hinaus oft Benchmarks zu Kosten, die interne Organisationen nur schwer erreichen können. Eine der größten Herausforderungen ist auch, mit der steigenden Veränderungsgeschwindigkeit Schritt zu halten. Egal, ob nun neue Technologien eingesetzt werden sollen oder einfach innovative Konzepte für altbekannte Probleme gesucht werden, bei On-Premise-Lösungen ist man als Unternehmen selbst gefordert, die notwendigen Maßnahmen umzusetzen.

1.2.4 Vor- und Nachteile von Cloud-Lösungen

Die Cloud hat in vielen Unternehmen schon länger Einzug gehalten, und zwar durch die Verlagerungen von Rechenzentren an externe Dienstleister. Trotzdem sprechen viele Unternehmen von einer »No-Cloud-Policy« und meinen damit in der Regel die Ablehnung von Software bzw. Platform as a Service. Woher kommt diese Ablehnung?

Nachteile

Da gibt es zum einen das klassische Vorurteil der fehlenden Sicherheit. Fakt ist, dass moderne Rechenzentren oft einem Hochsicherheitstrakt ähneln und strengste Kriterien bei der Schulung der Mitarbeiter oder auch bei der Behandlung von Daten angewendet werden. Trotzdem ist das Misstrauen groß, besonders wenn die Daten nicht in Europa gespeichert werden. Einige Staaten – darunter die USA – erlauben den Zugriff auf IT-Daten ohne richterlichen Beschluss im Namen der nationalen Sicherheit. Bei der Auswahl eines externen Softwaredienstleisters sollten daher die Sicherheitsstandards sorgfältig geprüft werden.

Fehlende Anpassungsfähigkeit

Ein weiteres Argument der Gegner ist die fehlende Anpassungsfähigkeit der Lösungen an die spezifischen Anforderungen des Unternehmens. Generell gibt es hier große Unterschiede in den Konzepten der Anbieter: Während einige Plattformanbieter eine individualisierbare Lösung anbieten, gibt es auf der anderen Seite Software, die ein recht straffes Korsett vorgibt. Als Beispiel seien hier Dienste zur Erstellung und zum Betrieb einer Homepage genannt. Serviceanbieter in diesem Umfeld stellen meist eine große Anzahl an Vorlagen und Elementen zur Verfügung. Als ungeübter Nutzer kann man eine ansprechende Seite weitgehend nach den eigenen Wünschen gestalten. Einschränkungen gibt es natürlich auch; es gibt nicht jede beliebige Schriftart, und manche Services, wie z. B. die Einbindung eines Zahlungsdienstes, kosten zusätzliche Gebühren. Hier und da muss man Abstriche machen.

Aus unserer Sicht ist die steigende Abhängigkeit von einem Dritten eines der stärksten Argumente der Cloud-Gegner. Eine winzige Störung im Rechenzentrum oder gar die Insolvenz des Anbieters kann zu einem kompletten Stillstand in Unternehmen führen. Fragestellungen, wie man bei einer Beendigung der Zusammenarbeit auf die eigenen Daten zugreifen kann, sind da noch eher leicht zu beantworten. Viel ernsthafter ist die gegebenenfalls fehlende Unterstützung kompletter Unternehmensbereiche durch Software.

Vorteile

Folgende Vorteile von Cloud-Software seien an dieser Stelle erwähnt:

- **Flexibilität**
  Cloud-Lösungen erlauben einen Zugriff auf Daten und Prozesse von fast jedem Ort der Welt. Meist wird ja keine lokale Installation benötigt, und viele Dienste sind auch über Apps erreichbar. Das führt zu mehr Unabhängigkeit vom Arbeitsgerät, aber auch vom Arbeitsort. Alles liegt an einem zentralen Platz und ist stets aktuell verfügbar.
- **Wettbewerbsfähigkeit**
  Vor allem für kleinere und mittlere Unternehmen bieten Cloud-Lösungen die Möglichkeit, sich einen Wettbewerbsvorteil zu verschaffen. Während Unternehmen A ohne Cloud-Lösung beispielsweise nach einem Systemausfall viel Zeit und Geld in die Wiederherstellung investieren muss, muss sich Unternehmen B mit cloud-basierter Arbeitsumgebung überhaupt nicht mit dieser Thematik beschäftigen.
- **Aktualität**
  Die Software in der Cloud unterliegt viel kürzeren Releasezyklen als klassische Anwendungen. Man denke nur an das eigene Handy und jede installierte App. Derzeit sind zwei bis vier Releases pro Jahr üblich. Mit den Neuerungen werden nicht nur Korrekturen für Fehler an die Kunden übergeben, sondern auch neue Funktionen bereitgestellt. Das kann von der überarbeiteten Benutzeroberfläche bis hin zu völlig neuen Lösungen gehen. Das Beste daran ist, dass das Testen bzw. das nachträgliche Adaptieren in der eigenen Lösungswelt komplett entfällt. Man ist einfach der Nutznießer der letzten Entwicklungsstufe. Zudem wird das Rechenzentrum vom Betreiber auf aktuellstem Stand gehalten.
- **Nachhaltigkeit**
  Es mag in diesem Zusammenhang etwas merkwürdig klingen, ist aber in der heutigen Zeit von immer größerer Bedeutung: Die Nutzung von Cloud-Software trägt positiv zur CO_2-Bilanz eines Unternehmens bei. Die ausschließliche Nutzung der Speicherkapazitäten im externen Rechenzentrum bei Bedarf führt zu geringeren Energiekosten sowie zur Reduzierung des Kohlenstoffdioxidausstoßes.

1.3 SAP Ariba als Cloud-Lösung

Bei der Bewertung, wie SAP Ariba Ihre Sicherheitskriterien erfüllt, sind zwei Dinge wichtig: einerseits das Thema Datensicherheit im Rechenzentrum und andererseits wie mit den Daten bei SAP Ariba umgegangen wird.

Datensicherheit bei SAP Ariba

Für europäische Kunden werden die Daten in Europa in verschiedenen Rechenzentren gespeichert. Zertifikate und Prüfberichte können vorgelegt werden. Es wird eine generelle Ausfallsicherheit von über 99 % zugesagt. Da Mitarbeiter von SAP Zugriff auf die Daten haben, ist es notwendig und auch gewährleistet, dass an dieser Stelle kein Missbrauch möglich ist. Es gibt hier Standards wie extreme Zugriffsbeschränkungen oder auch das engmaschige Monitoring aller Aktivitäten im System. Hier kann unter anderem das Zertifikat nach ISO/IEC 27001 vorgelegt werden.

Widmen wir uns kurz dem Thema Anpassungsfähigkeit, das im Verlauf des Buches immer wieder aufgegriffen wird. Jeder Kunde kann in SAP Ariba kundeneigene Felder definieren und Konfigurationen vornehmen. So können z. B. verschiedene Vertragstypen ausgeprägt und im Rahmen des Vertragsmanagements eingesetzt werden. Workflows sowie sehr komplex gestaltbare Templates bieten eine Vielzahl an Möglichkeiten, die unternehmenseigenen Anforderungen in der Lösung abzubilden. Neue Funktionen wie individuelle Formulare oder die Möglichkeit, *Application Programming Interfaces* (APIs) an Prozesse anzudocken, runden das Gesamtbild ab. Trotzdem ist und bleibt SAP Ariba eine *Public Cloud*, die nicht jede denkbare »Sonderlocke« abbilden kann und will.

1.4 SAP-Portfolio im Einkauf

Das SAP-Portfolio für den Einkauf umfasst eine Reihe von Cloud- und On-Premise-Lösungen, die wir Ihnen in den folgenden Abschnitten kurz vorstellen werden.

1.4.1 Cloud-Lösungen

Tabelle 1.1 zeigt die Cloud-Lösungen, die langfristig von SAP angeboten werden (hier ist kein Wartungsende geplant).

Lösung	Beschreibung
Ariba Network	globales Business-Netzwerk zur Lieferantenanbindung
Concur	Reiseplanung und Reiseabrechnung
SAP Ariba Buying	Einkaufsprozess von Anforderung bis Wareneingang/Leistungserfassung

Tabelle 1.1 SAP-Cloud-Einkaufslösungen im Überblick

Lösung	Beschreibung
SAP Ariba Buying and Invoicing	Einkaufprozess von Anforderung bis Rechnung
SAP Ariba Catalog	Katalogmanagement
SAP Ariba Commerce Automation	Dokumentenaustausch über Ariba Network, von Bestellung bis Rechnung
SAP Ariba Contracts	Kontraktmanagement
SAP Ariba Invoice Management	Rechnungsmanagement
SAP Ariba Payables	Abwicklung von Lieferantenzahlungen
SAP Ariba Sourcing	Ausschreibungen und Auktionen
SAP Ariba Spend Analysis	Analyse der Ausgabedaten
SAP Ariba Supplier Lifecycle and Performance	Lieferantenmanagement
SAP Ariba Supplier Risk	Lieferantenrisikomanagement
SAP Ariba Supply Chain Collaboration	Austausch von zusätzlichen Dokumenten über Ariba Network, z. B. Plandaten, Lagerbestände, Lieferpläne
SAP Fieldglass	Management von externen Mitarbeitern und Dienstleistungen

Tabelle 1.1 SAP-Cloud-Einkaufslösungen im Überblick (Forts.)

Auf die einzelnen SAP-Ariba-Lösungen gehen wir in den folgenden Kapiteln näher ein. Daher gibt es an dieser Stelle keine weitere Beschreibung dieser Lösungen.

Concur

Für das Reisemanagement und die Reiseabrechnung bietet SAP Unterstützung durch die Lösung *Concur*. Der Prozess in Concur reicht von der Planung und Buchung einer Reise inklusive der Genehmigung bis hin zur Einreichung und Abrechnung von Spesen. Dabei können verschiedene Regularien für die Reisekostenabrechnung im System abgebildet werden. Alle Reiseanbieter, mit denen Sie zusammenarbeiten, wie Hotels oder Fluglinien, sind in die Lösung eingebunden. Dadurch kann sichergestellt werden, dass die Reisen immer zu den Konditionen des Unternehmens gebucht werden. Reiserichtlinien werden ebenfalls umgesetzt, z. B. werden die Buchung der erlaubten Hotelkategorie oder die Nutzung einer Flugklasse in der Lösung verankert. Dies ermöglicht eine kostenoptimierte Reiseabwicklung.

Reisebelege erfassen

Am Ende des Prozesses können Mitarbeiter die Reisebelege auf einfache Weise erfassen und diese z. B. per Smartphone fotografieren. Dies erleichtert die Abwicklung der Abrechnung und verbessert die Akzeptanz der Lösung.

SAP Fieldglass

SAP Fieldglass ist eine cloud-basierte Lösung für die Abbildung der Prozesse zur Beschaffung von Zeitarbeitskräften. Das System unterstützt einerseits die Anbieterseite mit der Möglichkeit, Mitarbeiterprofile strukturiert abzubilden und den Kunden freie Kapazitäten anzubieten. Auf der anderen Seite wird der Käuferseite die Suche nach Zeitarbeitskräften erleichtert. Freie Mitarbeiter können identifiziert und direkt gebucht werden. Eine weitere Komponente der Lösung ist die Abwicklung der Leistungserfassung sowie die Unterstützung der operativen Beschaffungsprozesse.

Rahmenverträge und Ausschreibungen

Aus Einkäufersicht können Bedarfe durch bestehende Rahmenverträge abgedeckt werden. Wenn keine Rahmenverträge vorhanden sind, können in SAP Fieldglass auch Ausschreibungen durchgeführt werden. Darüber hinaus können Prozesse, die für Zeitarbeitskräfte durchgeführt werden, durch SAP Fieldglas unterstützt werden. Dazu gehören z. B. das Durchführen der Sicherheitsschulung, die Ausstellung einer Zutrittskarte oder auch die gezielte Vergabe von Berechtigungen. Oberstes Ziel ist dabei eine umfassende Abbildung der Prozesse von der Auswahl über das Eingliedern in die eigene Organisation bis hin zum ordnungsgemäßen Ausphasen eines zugekauften Mitarbeiters. Es werden alle Teilnehmer des Prozesses, wie Bedarfsträger, Einkauf, Personalabteilung und Lieferant, eingebunden. Der Prozess wird transparent und nachvollziehbar, Mechanismen zur Kontrolle des Prozesses können eingebaut werden.

SAP Fieldglas ist mit SAP Ariba verknüpft. Der Austausch der Dokumente wie Bestellungen oder Rechnungen erfolgt über das Ariba Network.

1.4.2 On-Premise-Lösungen

Wartungsende

On-Premise-Lösungen werden nur für eine bestimmte Zeit gewartet. Dieser Aspekt ist bei der Auswahl einer Einkaufslösung von besonderem Interesse. Deshalb wird in Tabelle 1.2 das Wartungsende angegeben.

Lösung	Kurze Beschreibung	Wartungsende
SAP ERP	Dritte Generation des ERP-Systems, bietet Einkaufsfunktionalitäten im Modul MM.	31.12.2025
SAP S/4HANA	Neue Generation des ERP-Systems, bietet Einkaufsfunktionalitäten.	
SAP SLC	Lösung für Lieferantenmanagement	31.12.2025
SAP Sourcing & SAP CLM		Version 10: 31.12.2019 (Version 11 geplant für 2017)
SAP SRM		31.12.2025
SAP SUS		31.12.2025

Tabelle 1.2 On-Premise-Einkaufslösungen von SAP im Überblick

SAP ERP

Unterstützung des Einkaufs

SAP ERP ist die dritte Generation von ERP-Systemen von SAP. Die aktuelle Version 6.0 ist seit 2006 generell verfügbar und wird bis zum 31.12.2025 gewartet. Es bietet Unterstützung für viele unternehmensinterne Prozesse in den Bereichen Finanzwesen, Personalwesen, Produktion, Materialwirtschaft etc. Der Bereich Materialwirtschaft in SAP ERP (Materials Management, MM) bietet auch Unterstützung für Einkaufsprozesse. Der Schwerpunkt liegt dabei auf dem operativen Einkaufsprozess von der Bedarfserfassung bis zur Zahlung. Hier wird eine enge Integration in angrenzende Bereiche wie Finanzwesen, Bestandsführung und Logistik angeboten. Besonders die Beschaffung von Direktmaterialien wird gut unterstützt. Charakteristisch sind hier automatische Generierung von Bedarfen aus vorgelagerten Prozessen wie Disposition, Produktionsplanung, Vertrieb oder Instandhaltung. Neben »normalen« Bestellprozessen werden auch Lieferpläne unterstützt sowie besondere Arten der Beschaffung wie Lohnbearbeitung, Konsignation und Streckengeschäfte.

Strategische Einkaufsprozesse werden in Ansätzen unterstützt. So können Anfragen und Angebote verwaltet werden, wobei der Ausschreibungsprozess selbst nicht unterstützt wird. Aus den Bestelldaten können im Rahmen der Lieferantenbewertungen Kennzahlen zu Liefer- und Termintreue ermittelt werden, sogenannte »Hard Facts«. Schließlich können abgeschlossene Kontrakte als operative Kontrakte abgebildet werden. Diese ermöglichen Abrufbestellungen und einen Überblick der abgerufenen Mengen bzw. Werte.

Die gute Bedienbarkeit stand bei Markteinführung weniger im Vordergrund. SAP ERP war ausschließlich über eine proprietäre Benutzeroberfläche mit eigenem Client zu bedienen, dem SAP GUI. SAP ERP wurde vor allem als Expertensystem genutzt und war weniger als Lösung für einen breiten Anwenderkreis gedacht.

SAP Fiori

2013 führte SAP *SAP Fiori* ein, eine HTML-5-basierte Oberflächentechnologie. SAP Fiori bietet eine benutzerfreundliche, webbasierte Oberfläche für SAP ERP und andere ABAP-basierte SAP-Lösungen wie SAP S/4HANA. Einzelne Prozessschritte werden in Form von SAP-Fiori-Apps unterstützt. Bei diesen Apps liegt der Fokus auf der leichten Bedienbarkeit und der Erfüllung einer bestimmten Aufgabe. Mit der Einführung von SAP-Fiori-Apps wird es möglich, SAP ERP einem breiteren Kreis von Gelegenheitsnutzern zu öffnen.

Alle verfügbaren SAP-Fiori-Apps sind in der Fiori App Library dokumentiert (*http://s-prs.de/v457500*). Für jede App gibt es eine Funktionsbeschreibung sowie eine Auflistung der technischen Voraussetzungen. Es kann auch nach benötigter Systemversion gefiltert werden, z. B. SAP ERP.

SAP S/4HANA

SAP S/4HANA ist die vierte und neueste Generation des ERP-Systems von SAP und basiert auf der In-Memory-Datenbank SAP HANA. SAP S/4HANA wird über das Jahr 2025 hinaus angeboten und gewartet. Die aktuelle Version 1610 bietet aus Sicht des Einkaufs Unterstützung für alle Prozesse, die auch unter SAP ERP abgedeckt sind. In diesem Zusammenhang sei auf die Simplification List (Vereinfachungsliste) verwiesen, die Kunden dabei unterstützt, von SAP ERP 6.x auf SAP S/4HANA umzustellen. In der Simplification List sind alle Änderungen bezüglich Datenmodell, Stammdaten, Geschäftsdokumenten etc. aufgelistet. Wichtig ist, dass Sie immer die Version der Simplifikation List verwenden, die zu Version und Feature Pack von SAP S/4HANA passt, die Sie einsetzen werden. Aus diesem Grund geben wir an dieser Stelle keinen Link an.

Einkaufsprozesse in SAP S/4HANA

SAP S/4HANA bietet Unterstützung für Einkaufsprozesse, die über den Umfang von SAP ERP hinausgehen, z. B. die folgenden:

- Auswertungen in Echtzeit zu Kennzahlen im Zusammenhang mit Ausgabevolumen, Rechnungsvolumen, Kontraktnutzung etc.
- das Objekt *Einkaufskategorie* bzw. *Commodity* als Bündel von Warengruppen

- das Lieferantenmanagement mit Fragebogenfunktionalitäten zur Erhebung von Soft Facts und einem Maßnahmenmanagement
- eine Einkaufswagenfunktionalität zur Bedarfserfassung durch alle Mitarbeiter

Für SAP S/4HANA gibt es deutlich mehr SAP-Fiori-Apps als für SAP ERP, sodass Rollen wie Einkäufer oder Mitarbeiter praktisch alle Aufgaben im Einkauf mit SAP-Fiori-Apps erledigen können.

Die aktuelle Roadmap für SAP S/4HANA sieht eine deutliche Weiterentwicklung der Einkaufsfunktionalitäten in den kommenden Jahren vor.

SAP SLC

SAP Supplier Lifecycle Management (SLC) ist eine Lösung für die Verwaltung von Lieferanten und wird bis zum 31.12.2025 gewartet. SAP SLC unterstützt alle Bereiche des Lieferantenmanagements, von der Registrierung über die Qualifizierung und Klassifizierung bis hin zur Bewertung und Entwicklung von Lieferanten.

SAP SLC basiert auf der SAP-NetWeaver-ABAP-Technologie und kann als eigener Server oder auf einem vorhandenen SAP-ERP- bzw. SAP-SRM-System betrieben werden.

SAP Sourcing und SAP CLM

SAP Sourcing und *SAP Contract Lifecycle Management* (CLM) bieten Unterstützung für Ausschreibungen, Kontraktmanagement sowie Projektmanagement für den Einkauf. Diese Lösungen basieren auf SAP-NetWeaver-Java-Technologie und sind 2006 im Rahmen der Übernahme von Frictionless Commerce in das Einkaufsportfolio von SAP gekommen.

Wartungsende

Das Wartungsende der aktuellen Version 10 ist der 31.12.2019. Es ist geplant, zumindest noch eine weitere Version mit zusätzlichen Funktionalitäten und einem späteren Wartungsende zu veröffentlichen. Somit können Bestandskunden diese Lösungen noch einige Zeit im Rahmen der Wartung nutzen. Eine Neuimplementierung dieser Lösungen scheint heute aber wenig ratsam zu sein.

SAP SRM

SAP Supplier Relationship Management (SRM) wurde 2006 zusammen mit SAP ERP auf den Markt gebracht und wird bis zum 31.12.2025 gewartet. SAP SRM dient der Erweiterung der Einkaufsfunktionalitäten von SAP ERP; folgende Prozesse werden unterstützt:

- Einkaufswagen zur Bedarfserfassung durch alle Mitarbeiter
- Bestellungen, die aus Einkaufswagen resultieren
- Bedarfsbearbeitung und -bündelung
- Verwaltung von operativen Kontrakten, auch im Zusammenspiel mit angebundenen SAP-ERP bzw. SAP-S/4HANA-Systemen
- Ausschreibungen und Auktionen

Funktionen

SAP SRM hat seinen Ursprung in der Beschaffung von indirekten Materialien und Dienstleistungen, insbesondere im Zusammenhang mit Einkaufskatalogen. Die überwiegende Anzahl der SAP-SRM-Kunden nutzt die Einkaufswagenfunktionalität zur Bedarfserfassung durch Mitarbeiter. Auch für SAP SRM sind SAP-Fiori-Apps für einige Prozessschritte verfügbar.

SAP SRM basiert auf der SAP-NetWeaver-ABAP-Technologie und kann als eigener Server oder auf einem vorhandenen SAP ERP betrieben werden. Wenn SAP SRM als eigener Server betrieben wird, können mehrere SAP ERP oder SAP S/4HANA als Backendsysteme angebunden werden.

SAP SUS

SAP Supplier Self-Services (SUS) ist ein Lieferantenportal und unterstützt die Lieferantenregistrierung sowie den Austausch von Belegen mit Lieferanten, im Wesentlichen Bestellungen, Bestellbestätigungen, Lieferavis, Leistungserfassung und Rechnungen. SAP SUS war ursprünglich eine eigene Lösung, ist inzwischen aber ein Teil von SAP SRM und wird gemeinsam mit SAP SRM gewartet.

Nachteile

Aus heutiger Sicht bringt ein Lieferantenportal, das on premise betrieben wird, wesentliche Nachteile mit sich. Insbesondere muss sich ein Lieferant auf dem Lieferantenportal jedes einzelnen Kunden anmelden und registrieren. Ein Business-Network wie Ariba Network bietet Lieferanten die Möglichkeit, sich mit nur einer Anmeldung und Registrierung mit vielen Kunden zu verbinden. Gleichzeitig kann sich ein einkaufendes Unternehmen einfach mit vielen Lieferanten verbinden. Erreicht ein Business-Network eine gewisse Größe, kommt es zu Netzwerkeffekten. Deshalb ist es für ein einkaufendes Unternehmen nicht sehr sinnvoll, ein eigenes Lieferantenportal einzuführen und zu betreiben.

1.4.3 Alte Bezeichnungen der SAP-Ariba-Lösungen

In den ersten Monaten des Jahres 2017 wurde Ariba in SAP Ariba umbenannt. Gleichzeitig wurden die Namen aller SAP-Ariba-Lösungen so geändert, dass sie kompakt und leicht verständlich sind. An dieser Stelle (siehe

Tabelle 1.3) sollen die vor der Umbenennung gebräuchlichen Begriffe mit den neuen Bezeichnungen in Zusammenhang gebracht werden.

Alte Bezeichnung	Neue Bezeichnung
»Upstream«	Lösungen für den strategischen Einkauf
»Downstream«	Lösungen für den operativen Einkauf
Ariba Advanced Supply Chain Automation	SAP Ariba Supply Chain Collaboration
Ariba Collaborative Sourcing Professional	SAP Ariba Strategic Sourcing Suite
Ariba Contract Management Professional	SAP Ariba Contracts
Ariba Expert Care	SAP Ariba Expert Care
Ariba Invoice Professional	SAP Ariba Invoice Management
Ariba Procure to Order (P2O)	SAP Ariba Buying
Ariba Procure to Pay (P2P)	SAP Ariba Buying and Invoicing
Ariba Procurement Content	SAP Ariba Catalog
Ariba Sourcing Professional	SAP Ariba Sourcing
Ariba Spend Visibility	SAP Ariba Spend Analysis
Ariba Strategic Payables	SAP Ariba Payables
Ariba Supplier Information and Performance Management	Ersetzt durch SAP Ariba Supplier Information and Performance Management (neue Lösung).
Document Automation	SAP Ariba Commerce Automation
SAP Supplier Infonet	SAP Ariba Supplier Risk

Tabelle 1.3 Übersicht der alten und neuen Ariba-Produktnamen

1.5 Marktübersicht der Einkaufslösungen

Wenn man derzeit Publikationen zu Einkaufslösungen liest, lässt sich kein klarer und eindeutiger Trend erkennen. Auf der einen Seite gibt es Anbieter, die klassische Lösungen oft in einem spezifischen Bereich anbieten. Auf der anderen Seite gibt es diverse Cloud-Anbieter entweder mit »Best of Breed«-Angeboten oder auch mit umfassendem Portfolio. Generell stellt sich daher für Unternehmen prinzipiell die Frage, ob sie eher die beste Software für einen Anwendungsbereich einsetzen wollen oder lieber eine umfassende.

Forrester-Studie

Forrester schreibt dazu in der Analyse »Vendor Landscape: ePurchasing Software, 2015 to 2016« (Forrester 2015), dass die Differenzierung zwischen den verschiedenen Lösungen aufgrund der unterschiedlichen Interessengruppen zustande kommt. Während Einkaufsabteilungen oft an einer umfassenden Lösung interessiert sind, strebt z. B. die Rechtsabteilung nach der besten Vertragsmanagementlösung oder der Finanzbereich nach der besten E-Invoicing-Software.

Einige Anbieter haben sich die Unterschiede in den Warengruppen zunutze gemacht und bieten spezialisierte Lösungen für bestimmte Unternehmenszweige an. So ist es nicht verwunderlich, dass es eine Vielzahl von Einkaufslösungen am Markt gibt. Um die Übersichtlichkeit zu gewährleisten und einen möglichst vollständigen Überblick zu geben, teilen wir unsere Marktübersicht anhand der verschiedenen Einkaufsbereiche auf. Diese Aufteilung entspricht den derzeitig üblichen Gruppierungen.

1.5.1 Lösungen für operative Beschaffungsprozesse

Die Lösungen für die operativen Beschaffungsprozesse umfassen in der Regel die Bedarfsanforderung, Bestellung sowie die Rechnungsprüfung und -freigabe. Neben den klassischen Anbietern wie SAP oder Oracle gibt es mehrere Cloud-Anbieter im Gebiet der operativen Beschaffungsprozesse, unter anderem die amerikanischen Unternehmen Coupa und GEP. In Europa relativ weit verbreitet ist außerdem die Plattform von Basware.

Anbieter

Forrester nennt die folgenden Anbieter (Forrester 2015):

- *E-Procurement:* Apptus, SAP Ariba, Basware, Capgemini IBX, Coupa, Esize, GEP, GHX, Ivalua, Oracle, Perfect Commerce, Pool4Tool, Proactice, SAP, SciQuest, Selectia, Verian
- *E-Invoicing:* SAP Ariba, Basware, Capgemini IBX, Coupa, Esize, Gimmal, Ivalua, Oracle, Perfect Commerce, Proactice

Viele der Anbieter decken die Beschaffungsprozesse gut ab, mit kleineren Unterschieden in der Gestaltung bzw. Abbildung der jeweiligen Lösungen. Die größten Unterschiede gibt es bei den Benutzeroberflächen bzw. beim Belegaustausch. Einige Anbieter stellen sich der Herausforderung des »Amazon-like Buyings«, während andere noch im transaktionalen Einkauf unterwegs sind. Für den elektronischen Belegaustausch sind die Anbieter entweder gar nicht gerüstet, oder es wird die Nutzung eines Lieferantennetzwerkes angeboten. Während hier z. B. Coupa und SAP Ariba auf ein öffentliches Netzwerk setzen, bieten andere wie GEP ein privates Netzwerk an. GEP offeriert neben der reinen Nutzung der Software auch das komplette Outsourcing des Einkaufs. Das umfasst auch die Rechnungserfassung und -bearbeitung.

Folgende Anbieter können laut Forrester (Forrester 2015) derzeit ein Netzwerk anbieten: SAP Ariba, Basware, Capgemini IBX, GEP, GHX, Infor Global, Perfect Commerce, SAP, SciQuest.

Führende Anbieter

Gartner klassifiziert in dem magischen Quadranten für P2P-Lösungen die folgenden Anbieter als führend: SAP Ariba, Coupa, Basware. Als Visionäre werden Basware, Ivalua, Wax Digital und BirchStreet Systems aufgeführt (Gartner 2016).

1.5.2 Lösungen für das Sourcing

Best-of-Breed-Lösungen für das Sourcing sind den meisten Einkaufsverantwortlichen bereits vertraut. Dies war einer der ersten Prozesse im Einkauf, für den es spezialisierte Software gab. Besonders als Auktionen in das Einkaufsgeschäft aufgenommen wurden, gab es einen Boom der Sourcing-Lösungen. Der Markt ist hier inzwischen konsolidiert. Gartner führt in dem Quadranten von 2015 die folgenden Anbieter als führend im Bereich Sourcing auf: SAP Ariba, BravoSolution, Zycus und Ivalua. Als Visionäre werden Selectica, GEP und IBM eingestuft (Gartner 2015). Neben den von Gartner genannten Anbietern nennt Forrester weitere Marktteilnehmer, die eine sehr gute Unterstützung des Ausschreibungsprozesses bieten können (Forrester 2015): Apttus, Capgemini IBX, Esize, Infor Global, Oracle, Zycus.

Das Thema Sourcing wird von den Anbietern in unterschiedlicher Komplexität und Ausprägung unterstützt. Während einige Lösungen lediglich eine einfache Preisanfrage erlauben, unterstützen andere die Abwicklung komplexer Ausschreibungsprojekte. Wieder andere sind spezialisiert auf Auktionen in verschiedenen Formen.

Insellösungen und integrierte Software

Besonders beim Sourcing zeigt sich traditionell eine große Differenzierung zwischen Insellösungen und integrierter Software. Daher unterscheiden sich die Lösungen in der Regel bei der Handhabung verschiedener Warengruppen und zeigen größere Differenzierung bei der Auswertung der Ausschreibungsergebnisse. Fortgeschrittene Lösungen bieten Szenarioanalysen an (z. B. SciQuest, IBM Emptoris, SAP Ariba), die das Finden der richtigen Beschaffungsstrategie unterstützen. Ebenso wird von manchen Anbietern das Fortschreiben von Einsparungen und somit letztendlich das Erreichen der Ziele im Einkauf abgebildet.

1.5.3 Anbieter für Vertragsmanagement

Vertragsmanagement ist noch ein recht junges Thema in den meisten Unternehmen. Bei vielen hat der Vertrag in der Vergangenheit in der ersten Stufe die Schwelle von der Papierversion im Aktenschrank zur elektronischen Version überschritten. Für den Einkauf wird es jedoch immer wichtiger, den vollständigen Vertragsprozess von der Erstellung über die Verhandlung bis hin zum Monitoring und der operativen Nutzung integrativ abzubilden. Nach Ansicht von Analysten wird die Bedeutung von Vertragslösungen stetig zunehmen.

Da das Thema eine hohe Divergenz in Unternehmen aufweist, gibt es hier eine besonders starke Splittung der Lösungen. Viele der Unternehmen, die Vertragssoftware anbieten, kommen aus dem Kundenbereich. Es gibt zahlreiche Nischenanbieter, die sich auf das Thema insgesamt oder auch nur auf einen spezifischen Abschnitt des Prozesses fokussiert haben. So findet man z. B. auch Lösungen, die nur die Erstellung der Verträge abbilden. Es kommt stark darauf an, wer das Thema umsetzen will: Während Rechtsabteilungen meist auf eine gesamtheitliche Lösung mit Schwerpunkt Klauselbibliothek, Vertragserstellung sowie Auffindbarkeit von Verträgen schauen, suchen Vertriebs- und Einkaufsabteilungen eher nach Lösungen für das interaktive Verhandeln sowie das Monitoring. Auch das operative Management der Verträge wird immer wichtiger, um die Nutzung der verhandelten Konditionen im Tagesgeschäft sicherzustellen.

Anbieter

Forrester nennt für Vertragslösungen die folgenden Anbieter (Forrester 2015): Apptus, SAP Ariba, GEP, IBM Emptoris, Infor Global, Ivalua, Oracle, SAP, SciQuest, Selectica, Zycus.

1.5.4 Lieferanten- und Risikomanagement

Das Lieferanten- und Risikomanagement umfasst in der Regel die folgenden drei Themen:

- Beschaffung von Informationen zum Lieferanten
- Bewertung von Lieferanten
- Lieferantenentwicklung

Nischenanbieter

Da es den Anbietern in der Vergangenheit nicht immer geglückt ist, leistungsfähige Programme für das Lieferantenmanagement zu entwickeln, gibt es eine Vielzahl verschiedener Nischenanbieter. Im deutschsprachigen Raum zählen die Lösungen von Pool4Tool oder Allocation Network dazu. Oft sind die Anwendungen unabhängig vom ERP-System und fokussieren sich besonders auf die Bewertung der Lieferanten. Auch hier gibt es nun die Tendenz, die Lösungen stärker mit den vor- und nachgelagerten Prozessen in Verbindung zu setzen.

Zurzeit wird auch das Risikomanagement relevanter für Unternehmen. Dafür gibt es derzeit noch wenige integrative Lösungen, es sind jedoch einige Nischenanbieter am Markt etabliert. Dazu zählen die Firmen Aravo, HICX und Hisperos, die den finanziellen Status, regulatorische Sicherheit sowie soziale oder ökologische Verantwortung von Unternehmen bewerten (Forrester 2015). Als besonderer Anbieter sei das Unternehmen Achilles genannt, das sich auf die Qualifizierung von Lieferanten spezialisiert hat.

Anbieter

Lösungsanbieter wie SAP Ariba versuchen nun, diese Themen wieder stärker in den Fokus zu rücken und dazu neue Module und Anwendungen zur Verfügung zu stellen. Forrester nennt für das Lieferanten- und Risikomanagement die folgenden Anbieter (Forrester 2015): GEP, GHX, IBM Emptoris, Pool4Tool, Proactis, SAP, SciQuest.

1.5.5 Servicebeschaffung

Vendor Management Systems

Im Trend liegen derzeit Lösungen, die sich der Abwicklung von Beschaffungsprozessen für Services widmen. Besonders von Bedeutung sind dabei die Prozesse zur Beschaffung von Arbeitskräften. Diese *Vendor Management Systems* (VMS) ermöglichen das Verwalten von Profilen, das Abfragen von verfügbaren Ressourcen, die Beschaffung der gewählten Mitarbeiter sowie die Abwicklung der Bezahlung.

Anbieter

Analysten sagen dem Markt für spezialisierte Lösungen in diesem Segment ein starkes Wachstum sowie eine steigende Bedeutung voraus. Als einer der Treiber wird dabei die Flexibilisierung der Arbeitnehmerbasis in Unternehmen genannt. Derzeitige Anbieter sind unter anderem: SAP Fieldglas, IBM Emptoris, Oracle, PerfectCommerce, Beeline, IQ-Navigator, Peoplefluent.

Beeline und IQ-Navigator haben im Dezember 2016 ihre Fusion bekannt gegeben. Zunächst soll dies keine Auswirkungen auf die angebotenen Systeme haben.

1.5.6 Zusammenfassung zur Marktübersicht

Die Aufzählung in diesem Kapitel ist keinesfalls eine vollständige Aufzählung aller am Markt angebotenen Alternativen. Besonders wenn Sie sich mit einem spezifischen Thema auseinandersetzen, werden Sie vermutlich auf eine Vielzahl weiterer Unternehmen treffen.

Als Beispiel sei hier das Thema Vertragsmanagement genannt. Neben den in Abschnitt 1.5.3, »Anbieter für Vertragsmanagement«, dargestellten Lösungen gibt es auch weitere Nischenanbieter, die die Prozesse in guter Form abbilden können. Dazu zählen unter anderem Lösungen, die als Add-on auf dem SAP ERP betrieben werden, wie z. B. das Vertragsmanagement der Firma Circle Unlimited. Darüber hinaus gibt es auch eine größere Anzahl an Sharepoint-Lösungen. Da sich dieses Buch mit Ariba als Source-to-Pay-Suite beschäftigt, zeigt die Marktübersicht in der Regel Anbieter, die mehrere Beschaffungsprozesse unterstützen können.

1.6 Entscheidungskriterien für die Auswahl einer Einkaufslösung

Durch die Vielzahl der verschiedenen Einkaufslösungen ist es nicht immer leicht, einen Kriterienkatalog für die Auswahl der am besten geeigneten Software zu definieren. Dieser Abschnitt beschäftigt sich mit einigen exemplarischen Entscheidungskriterien und soll Sie bei der Auswahl unterstützen.

1.6.1 Zeitpunkt für eine neue Einkaufslösung

Auslöser

Sofern Sie in Ihrem Unternehmen bereits eine Einkaufslösung betreiben, soll an dieser Stelle zunächst die Frage beleuchtet werden, wann die Zeit für eine neue Einkaufslösung gekommen ist. Natürlich gibt es eine Vielzahl von Auslösern für die Suche nach einer optimierten Systemlandschaft, z. B. die folgenden:

- steigende Anforderungen an die Einkaufssysteme, die nicht mehr ohne erheblichen Aufwand abgebildet werden können
- veränderte Rahmenbedingungen wie neue Organisationsformen oder auch die Einführung neuer Software in anderen Bereichen (z. B. Implementierung von SAP S/4HANA)
- wachsende Ansprüche an Integration und Vernetzung verschiedener Systeme

- steigende Unzufriedenheit der Benutzer
- Wunsch nach Abbildung von Prozessen wie dem Vertragsmanagement als Bestandteil der Einkaufsprozesse
- Ablösung von Einkaufssystemen aufgrund der Einstellung des Supports durch den Anbieter

Letztendlich ist eine veraltete Systemlandschaft Ursache für den Wunsch nach Veränderung. In vielen Organisationen wächst damit einhergehend der Entwicklungsaufwand für die Optimierung bestehender Anwendungen überproportional zu den erzielten Verbesserungen.

Natürlich können auch strategische Initiativen, wie z. B. die Erhöhung der E-Invoicing-Quote, ein Auslöser für die Suche nach einer Sourcing-Lösung sein. Fusionen oder organisatorische Veränderungen wie das Einführen eines *Shared Service Centers* sind ebenso oft Treiber für eine Veränderung in den Systemen.

Steigt die Nachfrage nach Unterstützung von Prozessen, die nicht mehr durch bestehende Systeme, sondern nur durch den Zukauf spezialisierter Lösungen gedeckt werden kann, ist ebenfalls der Zeitpunkt zur Re-Evaluierung der Einkaufssysteme gekommen.

1.6.2 Rahmenbedingungen für die Auswahl einer Einkaufslösung

Hilfreiche Fragen

Bei der Bewertung von Software sind natürlich viele Aspekte in die Entscheidungsfindung einzubeziehen. Grundsätzlich gilt es, erst einmal die Rahmenbedingungen abzustecken, z. B. mit den folgenden Fragen:

- Kommt für mich eine Cloud-Lösung infrage?
- Möchte ich ein integriertes System oder eine Kombination von Best-of-Breed-Anbietern?
- Welche Prozesse sollen im zukünftigen System abgebildet sein?
- Welche Schnittstellen zu bestehenden Systemen werden benötigt?
- Welche Anforderungen habe ich an die Verfügbarkeit (räumlich, technisch, zeitlich, organisatorisch etc.) der Lösung?

Mit den gefundenen Antworten kann dann eine detaillierte Analyse und strukturierte Auswahl der geeigneten Software erfolgen. Wir empfehlen Ihnen, dafür eine Bewertungsmatrix zu verwenden, die verschiedene Bewertungskriterien abbildet und zugleich eine konsolidierte Auswertung unterstützt.

1.6.3 Vorgehensweise bei der Auswahl einer Einkaufslösung

Generell empfiehlt sich ein mehrstufiger Auswahlprozess, der in der ersten Stufe eine komprimierte Marktanalyse unterstützt und im zweiten Schritt eine detaillierte Bewertung von selektierten Anbietern ermöglicht.

Anforderungskatalog

In der ersten Auswahlstufe können Sie einen relativ groben Anforderungskatalog verwenden. Dieser sollte den aktuellen Stand Ihrer Systemlandschaft sowie eine Auflistung der Prozesse beinhalten, die im neuen Set-up abgebildet werden sollen. Darüber hinaus bietet es sich an, Ihre bereits definierten Rahmenbedingungen für die Einführung eines neuen Systems zu nennen. Ziel der Marktanalyse ist die Erarbeitung einer Shortlist von Lieferanten, mit denen eine differenzierte Analyse erfolgt.

Anforderungen spezifizieren

Für eine fundierte Auswahl der geeigneten Einkaufslösung ist es notwendig, die Anforderungen etwas mehr zu spezifizieren. Das bedeutet nicht, dass ein umfassendes Pflichtenheft erarbeitet werden muss. Die Anforderungsliste muss aber zumindest so detailliert sein, dass Sie später bewerten können, ob wichtige und notwendige Forderungen erfüllt werden können. Je nach Reifegrad einer Organisation und ihrer Prozesse kann der Inhalt hier sehr stark variieren. Für sehr reife Einkaufsorganisationen gibt es in der Regel sehr klar definierte Prozesse, Genehmigungsabläufe und daraus abgeleitete Systemanforderungen, die als Basis für den Anforderungskatalog dienen können.

Bewertungsteam

Um von Anfang an gut auf die Transformation der Systemlandschaft vorbereitet zu sein, bietet es sich an, ein Bewertungsteam zusammenzustellen. Dies sollte Vertreter der IT sowie des Einkaufs und je nach geplanten Prozessen eine Kombination aus operativen und strategischen Mitarbeitern einbeziehen.

1.6.4 Erstellung einer Bewertungsmatrix zur Auswahl einer Einkaufslösung

Anforderungen abbilden

Eine Bewertungsmatrix sollte idealerweise ein möglichst umfassendes Bild der technischen und fachlichen Anforderungen abbilden. Dabei können folgende Elemente in die Bewertung einfließen:

- **Technologie**
  Fragestellungen hinsichtlich der technischen Leistungsfähigkeit der Lösung
- **Sicherheit**
  Alle Anforderungen im Bezug auf den sicheren Betrieb der Software. Besonders wichtig ist dieses Thema für Cloud-Lösungen, bei denen eine intensive Analyse der Sicherheitsthemen erfolgen sollte.

- **Funktionale Anforderungen**
  alle Bedürfnisse für die Abbildung der Prozesse im System inklusive definierter Schritte, Genehmigungsprozesse sowie bekannter spezifischer Anforderungen
- **Lieferant**
  Anforderungen an bzw. Fragen zur Marktstellung, zur finanziellen Situation sowie zur strategischen Ausrichtung des Lieferanten
- **Preis**
  Bei der Auswahl sollte ein klares Bild der Kosten für die Implementierung und den Betrieb der Lösung entstehen.
- **Präsentation**
  Wenn die Anbieter ihre Lösungen präsentieren, dürfen auch weichere Faktoren wie fachliche Qualifikation, Abbildung der Anforderungen, Präsentationstechnik etc. nicht zu kurz kommen.

Auf Basis der definierten Anforderungen können Sie ein gewichtetes Kriterienset erstellen. So können Sie einzelne Anforderungen zu einem Haupt- bzw. Subkriterium in Relation setzen. Zum Beispiel können Sie Ihre funktionalen Anforderungen in die einzelnen Prozessbereiche untergliedern und so der Abdeckung der Bedürfnisse für das Sourcing eine stärke Bedeutung zumessen als etwa den Anforderungen des Vertragsmanagements. Andererseits können Sie so unter anderem den Sicherheitsanforderungen den richtigen Stellenwert im Vergleich zur Anbieterpräsentation beimessen. Mit diesem Vorgehen können im unternehmensspezifischen Rahmen die Bewertungskriterien in sinnvoller Form abgebildet werden.

Auswertung

Für die Auswertung der Angebote der Softwarelieferanten empfehlen wir die Verwendung eines metrischen Systems. Der Kreativität stehen hier viele Möglichkeiten offen. Typischerweise wird mit Punktzahlen, Schulnoten oder einem Erreichungsgrad in Prozent gearbeitet.

Ähnlich wie bei einer Lieferantenbewertung sollte das Feedback aller Teilnehmer der Analyse eingeholt und zu einem konsolidierten Bewertungsergebnis zusammengeführt werden. Ob dabei die Stimmen von Bewertern zusätzlich unterschiedlich gewichtet werden, ist Geschmackssache, kann aber für manche Organisationen sinnvoll sein.

1.6.5 Technologische Entscheidungskriterien

Nutzer möchten heute in der Regel einen unkomplizierten, möglichst ortsunabhängigen Zugriff auf Daten und Prozesse. Fragestellungen zur Authentifizierung, zur Berechtigungsverwaltung, zum Benutzermanagement sowie zur Geräteunabhängigkeit der Lösung sind daher relevant für die Auswahl einer neuen Software.

Falls in Ihrem Unternehmen Regeln für das Single Sign-on, die Kennwortvergabe oder auch für den Fernzugriff auf Daten definiert sind, sollten diese bei der Entscheidung berücksichtigt und in den Anforderungskatalog aufgenommen werden.

Anpassungsfähigkeit

Sicher möchten Sie auch etwas über die Anpassungsfähigkeit der Lösung wissen. Formulieren Sie also Ihre Anforderungen für Workflows, Formulare, kundenindividuelle Felder oder andere Erweiterungsmöglichkeiten. Lassen Sie sich besonders von Cloud-Anbietern erklären, wie kundenindividuelle Anforderungen in der Lösung umgesetzt werden.

Integration von bestehenden Systemen

Integrationen von bestehenden Systemen in die neue Lösung sollten beschrieben werden und die Konzepte des Anbieters für diese Verzahnung analysiert werden. Lösungen, die z. B. als Add-on auf dem ERP-System betrieben werden, sollten zudem noch hinsichtlich ihrer Releasefähigkeit oder auch Kompatibilität mit der unternehmensinternen Version abgeglichen werden. Für alle On-Premise-Lösungen ist es außerdem ratsam zu klären, welche Hardwarevoraussetzungen für die Installation erfüllt werden müssen.

1.6.6 Sicherheitskriterien

Sicherheitsthemen könnte man bei der Auswahl grob in die folgenden Cluster unterteilen:

- *Zuverlässigkeit*: Ausfallsicherheit, Performance, Zugriffszeiten etc.
- *Datensicherheit*: Absicherung der Daten, Benutzermanagement etc.
- *Tracking*: Nachvollziehbarkeit von Änderungen

Besonders für Cloud-Lösungen spielen darüber hinaus weitere Kriterien eine Rolle, z. B.:

- Standort des Rechenzentrums
- Sicherheit des Rechenzentrums
- Zugriff auf das Rechenzentrum selbst und Umgang mit Daten in der Cloud

Standards

Standards wie ISO 27001 oder ISO 27002 sowie SOX können Ihnen dabei helfen, die Anforderungen für Cloud-Lösungen für Ihr Unternehmen zu definieren.

1.6.7 Funktionale Anforderungen

Die funktionalen Anforderungen sind sicher das Herzstück bei der Auswahl einer neuen Software. Daher sollten diese so beschrieben werden, dass der Anbieter dazu Stellung nehmen kann und eine Bewertung nach erfolgter Analyse möglich ist.

Anforderungsdokumentation

Falls Ihr Unternehmen bereits über eine Anforderungsdokumentation verfügt, kann diese hier an die Anbieter weitergegeben werden. Falls nicht, sollten zumindest die Mindestkriterien genannt werden. Für die Beschreibung der funktionalen Bedürfnisse empfehlen wir die Gliederung in die einzelnen Prozesse, die im neuen System abgebildet werden sollen. Dafür kann es gegebenenfalls auch hilfreich sein, diese Prozesse in einem eigenen Dokument zu beschreiben und zu visualisieren.

Liste aller Funktionen

Auf Basis der Prozesse kann man nun eine Liste aller Funktionen erstellen, die im neuen System abgebildet sein sollen. Dabei kommt es weniger auf Vollständigkeit an als vielmehr darauf, ein möglichst umfassendes Bild der Vor- und Nachteile einer Software zu erhalten. Ein Trick kann dabei auch sein, dass Sie einen Anwendungsfall definieren, für den der Hersteller im Rahmen seiner Anbieterpräsentation eine Lösung vorstellen soll. Falls es sich als schwierig herausstellen sollte, die Anforderungen konkret zu formulieren, sollten Sie sich zuerst über *Best Practices* zu dem jeweiligen Prozess informieren. Nachstehend listen wir einige exemplarische funktionale Anforderungen für die Beschaffungsprozesse auf.

1.6.8 Operative Beschaffungsprozesse

Anforderungen

Typische Anforderungen der operativen Beschaffung sind beispielsweise die folgenden:

- Bedarfe können in einfacher Form bestellt werden, und das System unterstützt hierbei mit Hinweisen, Wizards oder anderen Hilfsmitteln.
- Es wird ein mehrstufiger Genehmigungsprozess anhand des verwendeten Kostenobjekts in der Bedarfsanforderung unterstützt.
- Es wird ein konfigurierbarer Bearbeitungsprozess unterstützt, der die Einbindung der notwendigen Fachfunktionen in den Beschaffungsprozess sicherstellt.
- Die Katalogartikel können einfach im Beschaffungsprozess verwendet werden.
- Die Anlage der Bestellungen soll im zukünftigen System erfolgen, und dies soll auf Basis von Bedarfen oder Vorlagen bzw. ad hoc möglich sein.

- Bestellungen können mit Bezug zu Katalogartikeln, Kontrakten oder Ausschreibungsergebnissen erstellt werden.
- Kontrakte können für die Beschaffung bereitgestellt werden, wodurch die Nutzung vorgegebener Lieferanten und Konditionen sichergestellt wird.
- Die Anlage von mengenbezogenen und wertbezogenen Kontrakten ist möglich.
- Rechnungen können in einem Arbeitsvorrat einem Bearbeiter zugewiesen werden.
- Rechnungen werden anhand von hinterlegten Regeln geprüft, und eine automatische Buchung wird unterstützt.
- Bestellungen, Auftragsbestätigungen, Lieferavis und Rechnungen können elektronisch mit dem Lieferanten ausgetauscht werden.

1.6.9 Sourcing

Typische Anforderungen

Für das Sourcing könnten z. B. folgende Anforderungen gestellt werden:

- Die Sourcing-Prozesse *Request for Information* (RfI), *Request for Proposal* (RfP) und *Request for Quotation* (RfQ) können mithilfe von Vorlagen für verschiedene Warengruppen effizient abgewickelt werden.
- Sowohl direkte als auch indirekte Güter können über den Sourcing-Prozess abgewickelt werden
- Einfache und komplexe Ausschreibungen sind im System abbildbar.
- In die Ausschreibung können bestehende und neue Lieferanten einbezogen werden.
- Angebotsvergleiche sind nicht nur anhand der Preise, sondern auch anhand weicher Faktoren möglich.
- Im Rahmen der Ausschreibung können Informationen vom Lieferanten eingeholt werden, die über einen vor- oder nachgelagerten Bewertungsprozess analysiert werden können.
- Die Analyse verschiedener Szenarien wie »Cherry Picking«, bestes Angebot oder bestes Gesamtergebnis können realisiert werden.

1.6.10 Vertragsmanagement

Anforderungen

Typische Anforderungen an das Vertragsmanagement sind z. B.:

- Die Lösung unterstützt die Hinterlegung von Klauseln und deren einfache Übersetzung.

- Verschiedene Templates für Verträge wie Geheimhaltungsvereinbarung, Liefervertrag oder Servicevertrag können angelegt und verwaltet werden.
- Die Verträge erlauben eine detaillierte Definition von änderbaren und nicht änderbaren Abschnitten.
- Optionen für Klauseln können zur Verfügung gestellt werden.
- Klauseln und Vertrags-Templates können versioniert und mit einem Freigabeverfahren versehen werden.
- Ein Vertragsentwurf kann unter Einbeziehung verschiedener Bereiche innerhalb der Lösung erstellt werden.
- Der Vertrag kann über das System mit dem Lieferanten ausgetauscht werden. Dieser hat die Möglichkeit, den Vertrag zu kommentieren.
- Es können Freigabeprozesse für verhandelte Verträge definiert werden.
- Verträge können mit Erinnerungsfunktionen versehen werden, die z. B. ein Monitoring von auslaufenden Vereinbarungen erlauben.
- Verhandelte operative Verträge können operativ z. B. als SAP Mengenkontrakt bereitgestellt werden.

1.6.11 Lieferanten- und Risikomanagement

Typische Anforderungen

Für das Lieferanten- und Risikomanagement könnten z. B. folgende Anforderungen gestellt werden:

- Der Lieferant kann, in Kombination mit weiteren Kriterien wie Warengruppe oder Region, in einem fragebogengestützten Prozess bewertet werden.
- Der Fragebogen ist frei gestaltbar und kann verschiedene Elemente wie Auswahllisten, Radiobuttons oder auch abhängige Fragen enthalten.
- Fragen können gewichtet werden.
- In die Bewertung können beliebige Teilnehmer einbezogen werden, die nicht zwingend einen Benutzer auf dem System benötigen, um den Fragebogen zu beantworten.
- Die Bewertung kann um harte Faktoren wie Termin- und Mengentreue angereichert werden.
- Schwellenwerte für Kriterien können definiert und in der Bewertungsauswertung grafisch abgebildet werden.
- Risiken können durch Fragebögen strukturiert erfasst werden.

- Dokumente wie Zertifikate können vom Lieferanten einholt und einfach überwacht werden. So ist z. B. die Hinterlegung eines Gültigkeitsdatums möglich, das bei Ablauf eine Erinnerung zur Aktualisierung auslöst.
- Externe Risikokennzahlen wie solche zur finanziellen Stabilität können einfach in das Risikomanagement einbezogen werden.

1.6.12 Servicebeschaffung

Anforderungen

Typische Anforderungen an die Servicebeschaffung sind beispielsweise die folgenden:

- Die Lösung unterstützt die Hinterlegung von Mitarbeiterprofilen. Diese Profile können mit der Verfügbarkeit angereichert werden.
- Verfügbare Ressourcen können angefragt werden.
- Die Abbildung des Bestellprozesses für externe Ressourcen über das System wird unterstützt.
- Onboarding-Maßnahmen wie die Ausstellung einer Zutrittskarte, die Vergabe von Berechtigungen oder auch die Durchführung von Schulungen können abgebildet werden.
- Externe Ressourcen können erbrachte Leistungen im System dokumentieren.

1.6.13 Anforderungen an den Lieferanten

In Ihrem Auswahlkatalog sollten sich auch Kriterien befinden, die eine Analyse des Anbieters erlauben. Fragen Sie nach allgemeinen Informationen, und holen Sie eine Finanzauskunft ein. Lassen Sie sich nicht mit den üblichen Logos als Referenz abspeisen, sondern fordern Sie lieber Erfolgsgeschichten der Unternehmen ein. Interessant kann auch ein Blick auf die strategische Ausrichtung und die Vision sein. Bei der Lieferantenauswahl spielen ferner die Größe des Unternehmens, die geografische Ausrichtung oder die Anzahl der Mitarbeiter eine Rolle.

Support

Bedenken sollten Sie schon vorab, welcher Support vom Lieferanten erbracht werden soll. Besonders bei Cloud-Anbietern ist es notwendig, sich deren Konzept und damit verbunden die Erreichbarkeit, die verfügbaren Support-Sprachen und die Handhabung der Support-Fälle erläutern zu lassen. Fordern Sie Zertifikate zu Sicherheit, Prozessqualität und Umwelt ein, und lassen Sie sich die Eignung von Wirtschaftsprüfern bestätigen, wenn es im Prozess notwendig ist.

Das Ziel der Analyse des Lieferanten ist es abzuschätzen, ob eine stabile Zusammenarbeit für die Dauer des Betriebs des Systems mit dem Anbieter möglich ist.

Implementierung

Falls auch die Implementierung der Lösung vom Softwareanbieter erfolgen soll, empfehlen wir darüber hinaus, folgende Bereiche abzufragen:

- Vorgehensmodell für die Einführung
- Dauer, Aufwand und Voraussetzungen für die Einführung
- Projektstruktur und daraus folgende Verantwortlichkeiten
- vorhandene Erfahrungen sowie Best Practices
- Profile der Mitarbeiter im Projekt

Code of Conduct

Wenn in Ihrem Unternehmen die Unterzeichnung eines *Codes of Conduct* für Lieferanten notwendig ist, so sollten Sie diesen bereits im Rahmen der Auswahl mit den Anbietern abschließen. Ebenso kann der Abschluss einer Geheimhaltungsvereinbarung sinnvoll sein, besonders wenn sensible Unternehmensdaten an den Lieferanten weitergegeben werden.

1.6.14 Anforderungen an den Preis

Total Cost of Ownership

Die Gestaltung der Preise bei den Softwareherstellern ist vielfältig. Es gibt nutzerbasierte Kosten, transaktionale Preise oder auch Plattformgebühren. Wichtig für eine fundierte Softwareauswahl ist es, die Gesamtkosten für die Einführung und den Betrieb der Lösung zu analysieren. Wir empfehlen die Erstellung einer Betrachtung der Gesamtkosten, auch Total Cost of Ownership (TCO) genannt. Die TCO sollten nicht nur den Zeitraum der Einführung der Lösung umfassen, sondern auch den darauffolgenden Regelbetrieb. Je nach Umfang der geplanten Transformation kann so die Abbildung eines Zeitraumes von 5 bis 10 Jahren sinnvoll sein.

Implementierungskosten

Um die Implementierungskosten von den operativen Kosten unterscheiden zu können, sollte man diese getrennt auflisten. Folgende Elemente können für die Preisanalyse relevant sein:

- Lizenzgebühren pro Benutzer, Transaktion oder Anzahl der Dokumente für den angenommenen Zeitraum (können mit der Metrik abgebildet werden)
- einmalige Kosten für die Implementierung, wie z. B. Einrichtungs- oder Bereitstellungsgebühren
- Kosten für Systeme, die parallel betrieben und durch die neue Software abgelöst werden

- Kosten für die Durchführung von Schulungen sowie die Erstellung von Schulungsunterlagen
- Migrationskosten für die Übernahme von Daten aus Altsystemen
- anfallende Kosten für den Support, für Fehlerkorrekturen oder neue Softwareversionen
- Interne und externe Aufwände für die Implementierung, den Support sowie den Roll-out. Hierbei sollten auch die Reisekosten berücksichtigt werden.
- Wartungskosten für die Software

Da es sich als herausfordernd erweisen kann, Kosten ohne Verhandlung genau vorherzusagen, kann man verschieden Szenarien für die TCO erstellen, die erhöhte, wahrscheinliche und niedrige Kosten abbilden.

Return on Investment

Viele Entscheider werden außerdem die Vorlage einer Betrachtung des Returns on Investment (ROI) verlangen. Dabei werden den Kosten erzielbare Einsparungen in Verbindung mit der Einführung der neuen Software entgegengesetzt. Typische Einsparungen für die Transformation einer Einkaufslandschaft sind unter anderem:

- wegfallende Kosten für Altsysteme wie Lizenzen, Wartung oder Hardwarekosten
- reduzierte Aufwände für den Support der Software
- Erhöhung der Einsparungen durch vermehrte Ausschreibungen bzw. durch Intensivierung des Wettbewerbs in Ausschreibungen
- bessere Nutzung der verhandelten Vertragsinhalte durch das Verlinken des Vertrags mit dem operativen Prozess und somit nachhaltige Kostenreduktion
- Reduktion von Prozesskosten durch höhere Automatisierung und verkürzte Durchlaufzeiten
- Erhöhung der Nutzung von Skonti durch verkürzte Bearbeitungszeiten von Rechnungen
- Kostenreduktion durch bessere Nutzung von Katalogen

Nicht immer ist es einfach, die positiven Effekte mit Zahlen zu versehen. Hier können Benchmarking-Analysen hilfreich sein.

1.6.15 Anforderungen an die Präsentation

Anbieterpräsentation

Ein wichtiger Schritt im Auswahlprozess ist sicher die Anbieterpräsentation, die meist mehrere Ziele kombiniert, z. B.:

- Kennenlernen des Softwareherstellers
- Beurteilung des fachlichen Know-hows des Anbieters
- Kennenlernen der Lösung
- Besprechung von Anforderungen
- Klärung von technischen, fachlichen oder prozessualen Fragen
- Besprechung der Vorgehensweise der Implementierung

Wir empfehlen, für die Anbieterpräsentation eine Agenda zu vereinbaren und diese mit verschiedenen Vertretern Ihres Unternehmens durchzuführen. Ein Teil der Präsentation sollte idealerweise ein spezifischer definierter Anwendungsfall sein. Das könnte z. B. folgender Prozess sein:

- Durchführung einer Ausschreibung mit einem neuen Lieferanten inklusive Erläuterung des Anlageprozesses des Stammsatzes
- Erstellung eines Angebotsvergleichs mit Zuschlagserteilung
- Überführung des ausgewählten Angebots in einen Vertrag
- Durchführung der Vertragsverhandlung inklusive Vertragsabschluss
- Überführung bzw. Verknüpfung des Vertrags mit einem Katalog

Der definierte Anwendungsfall sollte möglichst die Themenbereiche abdecken, die für Ihr Unternehmen relevant sind.

Weitere Auswahlkriterien

Bei der Präsentation sollten auch weiche Auswahlkriterien nicht zu kurz kommen. Sieht das System anwenderfreundlich aus? Tritt der Anbieter kompetent und sympathisch auf? Planen Sie genügend Zeit für die Diskussion von Fragen ein. Oftmals empfiehlt es sich auch, einen eigenen Agendapunkt für technische Aspekte wie Integration, Sicherheit, Workflow-Konfiguration etc. einzuplanen. Am Ende der Vorstellung sollten die offenen Punkte zusammengefasst sowie eine Vereinbarung über die nächsten Schritte getroffen werden. Bitte vergessen Sie nicht, sich gegenseitig ein Feedback zu geben.

1.6.16 Bewertung aller Anforderungen und Erstellung eines Rankings

Spinnennetzdiagramm

Mit der definierten Anforderungsliste kann eine Bewertung des Softwareherstellers sowie der Lösung erfolgen. Dabei sollten möglichst die Stimmen aller Beteiligten des Auswahlprozesses eingeholt werden. Sind alle Ergebnisse sowie Informationen vorhanden, können die Lösungen gegenübergestellt werden. Ein gutes Hilfsmittel kann hier ein Spinnennetzdiagramm (siehe Abbildung 1.2) sein.

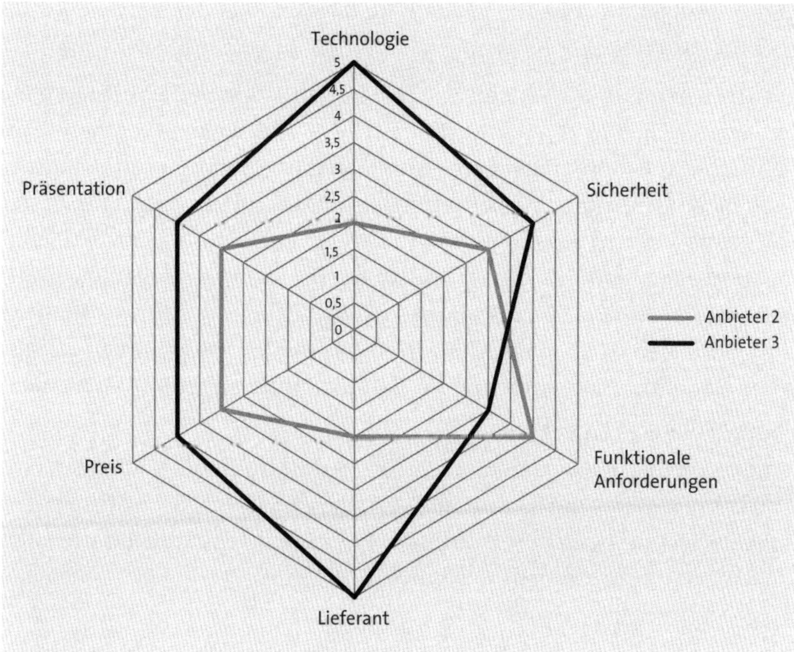

Abbildung 1.2 Spinnennetzdiagramm zur Visualisierung von Bewertungsergebnissen

Mit diesem Ranking können Sie die infrage kommenden Lösungen auswählen und in die Vertragsverhandlungen einsteigen.

1.7 Wo ist der Einsatz von SAP Ariba sinnvoll?

Im Gegensatz zu anderen Suite-Lösungen kann SAP Ariba in verschiedenen Anwendungsszenarien zum Einsatz kommen, nicht nur weil das System völlig unabhängig vom SAP-ERP-System eingeführt werden kann, sondern auch weil es eine Abbildung der Prozesse für indirekte Materialen und Services genauso unterstützt wie für Direktmaterialien.

1.7.1 SAP Ariba als strategische Einkaufslösung

Integration: Vor- und Nachteile

Gerade die strategischen Komponenten wie Sourcing, Lieferantenmanagement und Vertragsmanagement können ohne jegliche Integration betrieben werden. Das erlaubt Unternehmen den Einsatz ohne Berücksichtigung hoher Aufwände für die Erstellung bzw. den Betrieb von Schnittstellen. Natürlich hat eine völlig unabhängige Lösung auch Nachteile. Insbesondere Stammdaten, wie z. B. Lieferanten, müssen in einem solchen Set-up mehrfach gepflegt werden.

Für Unternehmen mit einem SAP-ERP-System empfiehlt es sich deshalb, für strategische Prozesse eine Schnittstelle zu realisieren. Über diese können unter anderem Lieferanten- und Materialstammdaten ausgetauscht werden. Zudem ist die Durchführung eines Ausschreibungsprozesses auf Basis einer SAP-Anfrage möglich, die auch eine Rückführung des Ausschreibungsergebnisses in Form eines SAP-Kontrakts oder einer Bestellung in das ERP-System umfasst. Somit können nicht nur administrative, sondern auch prozessuale Medienbrüche vermieden werden. Dies führt zu effektiveren und effizienteren Prozessen. Natürlich unterstützt SAP Ariba auch die Integration mit anderen ERP-Systemen.

Vertragsmanagement

Für den Vertragsmanagementprozess kann die Lösung auch über den Einkauf hinaus interessant sein, da alle Verträge im System abgebildet werden können. So kann die Umsetzung sowohl von Kundenverträgen wie auch Einkaufsverträgen ermöglicht werden.

1.7.2 SAP Ariba als operative Einkaufslösung

SAP Ariba unterstützt auf der operativen Ebene insbesondere die Abwicklung der Beschaffung indirekter Materialien und Services. Neben der Anlage von Anforderungen auf Basis eines Katalogs können auch Freitextanforderungen auf Basis eines Formulars angelegt werden. Geführte Prozesse wie das Guided Buying garantieren zudem ein benutzerorientiertes Systemerlebnis.

Als operative Lösung ist SAP Ariba für Unternehmen geeignet, die eine neue Plattform für indirekte Materialien und Services suchen. Auch Nutzer von SAP SRM finden mit dem System eine mögliche Zukunft.

Schnittstellen berücksichtigen

Bei der Realisierung von operativen Beschaffungsprozessen ist es besonders wichtig, über die notwendigen Schnittstellen zu sprechen und diese in das Set-up einfließen zu lassen. Am einfachsten ist dies sicher, wenn alle Prozesse von der Bedarfsanforderung bis hin zur Rechnungsfreigabe über SAP Ariba abgewickelt werden. Unternehmen, deren Beschaffungsprozesse derzeit vollständig in einem ERP-System abgewickelt werden, sollten eine detaillierte Analyse der Vor- und Nachteile einer Auslagerung an SAP Ariba durchführen. Bei einer zu hohen Integration der Einkaufsprozesse in andere ERP-Module wie Planung, Disposition, Fertigung oder Qualitätsmanagement ist der Umstieg in der Regel nicht sinnvoll.

1.7.3 SAP Ariba Network nutzen

Die Verwendung des Ariba Network für den Austausch von Bestellungen, Auftragsbestätigungen, Rechnungen etc. ist für eine Vielzahl von Unternehmen interessant.

Als Kunde verbindet man sich einmal mit dem Ariba Networl und kann auf der anderen Seite beliebig viele Lieferanten erreichen. Damit sind die Zeiten von Electronic-Data-Interchange-(EDI-)Verbindungen vorbei, die eine individuelle Anbindung eines einzigen Lieferanten erfordert haben. Der Prozess ist auch für kleinere Unternehmen interessant, die gegebenenfalls nicht über eine entsprechende technische Abteilung verfügen, die einen solchen Belegaustausch für die Lieferanten umsetzen kann.

Automatisierung

SAP Ariba bietet viele Standards für die Anbindung an Ariba Network an. Durch die Hinterlegung von Regeln für den Belegaustausch kann eine hohe Automatisierungsquote erzielt werden.

1.7.4 SAP Ariba Suite

Den insgesamt höchsten Mehrwert des Ariba-Systems erzielt man sicher, wenn man eine Landschaft aufbaut, die möglichst viele Komponenten nutzt. Da alle Module ineinandergreifen, kann z. B. der operative Prozess auf den Ergebnissen des Vertragsmanagements aufbauen.

Guided Buying

Diese besondere Vernetzung zeigt sich vor allem im *Guided Buying*. Hier sucht der Nutzer nach einem Begriff und wird zu einem Katalog, einem Formular oder einem Vertrag geführt, der oder das dann für die Beschaffung verwendet wird. Auch das Reporting wird bei einer umfassenden Nutzung erleichtert. Schließlich befinden sich alle Daten im selben System und können einfach in Beziehung gesetzt werden.

Die Suite kann ohne tiefe Anbindung des ERP-Systems installiert und konfiguriert werden. Dies gilt besonders, wenn auch die Rechnungsbearbeitung in SAP Ariba erfolgt und keine Prozesse mit ERP-Bedarfen bzw. -Materialien erfolgen müssen.

1.7.5 Heterogene Nutzung von SAP Ariba

Viele Unternehmen verfügen über eine bunte Systemlandschaft und/oder über komplexe organisatorische Strukturen. SAP Ariba kann in diesem Fall sinnvoll eingesetzt werden, um z. B. definierte Prozesse zu standardisieren bzw. zu zentralisieren. Nach der Einführung nutzen die betroffenen Abteilungen und Bereiche SAP Ariba.

Ist aber z. B. an einem Standort eine gut etablierte Vertragslösung im Einsatz, kann es sinnvoll sein, diese Software vor Ort beizubehalten. Obwohl die Module in SAP Ariba aufeinander aufbauen, bedingen sie sich nicht. Dies führt zu einer hohen Flexibilität und Einsatzvielfalt der Suite. Beachten Sie jedoch, dass heterogene Szenarien automatisch zu einer erhöhten Komplexität führen.

Kapitel 2
Bestandteile von SAP Ariba

SAP Ariba ist eine umfassende Lösung für die Unterstützung aller Einkaufsprozesse. Wir stellen Ihnen vor, wie die verschiedenen SAP-Ariba-Komponenten Sie beim strategischen und operativen Einkauf unterstützen können. Außerdem lernen Sie, was das Ariba Network bietet.

In diesem Kapitel lernen Sie die Bestandteile von SAP Ariba und deren Funktionen sowie die Integration der Komponenten kennen. Die wichtigsten Elemente der Benutzeroberfläche werden ebenfalls erklärt.

2.1 Komponenten im Überblick

Das SAP-Ariba-Portfolio deckt die Einkaufsprozesse von der Analyse der Ausgaben bis hin zur Zahlung ab. In diesem Zusammenhang finden zwei Hauptprozesse besondere Berücksichtigung: der strategische und der operative Einkauf.

Strategischer Einkauf

Der erste Hauptprozess deckt den strategischen Einkauf ab und reicht von der Analyse der Ausgaben bis hin zur Erstellung von Kontrakten (siehe Abbildung 2.1).

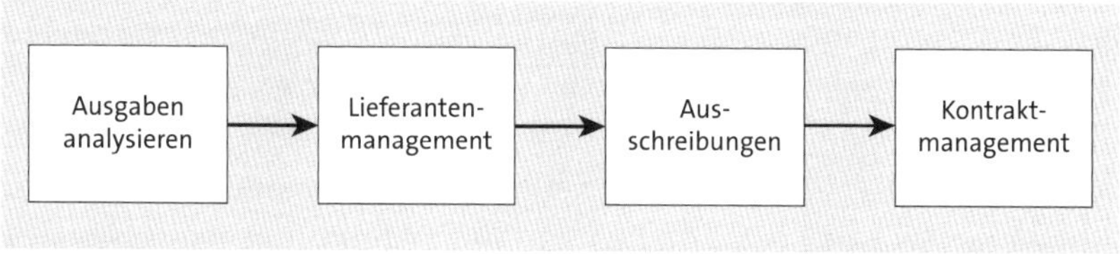

Abbildung 2.1 Von der Analyse der Ausgaben bis zum Kontrakt

Operativer Einkauf

Der operative Einkauf reicht von der Anforderung bis zur Zahlung (siehe Abbildung 2.2).

Eine moderne Einkaufsorganisation nutzt das Konzept der *Lead Buyer*, bei dem Lead Buyer mit ihren Teams jeweils regional oder global für ein Bündel von Warengruppen zuständig sind. Oft wird das Lead-Buyer-Konzept auch als Commodity Management bezeichnet. Im Rahmen dieses Buches werden diese beiden Begriffe als Synonyme behandelt.

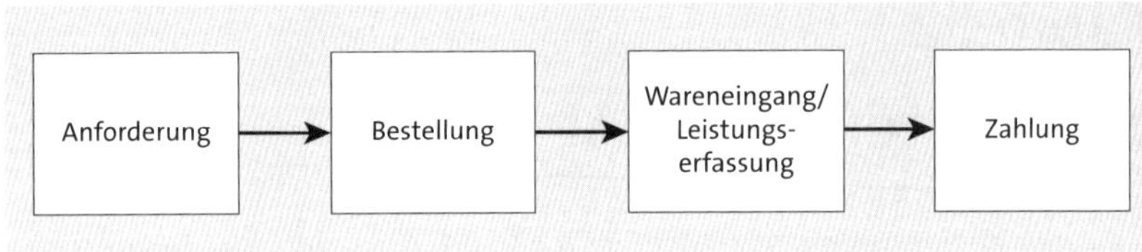

Abbildung 2.2 Von der Anforderung bis zur Zahlung

Virtuelle Teams

Globale Lead-Buyer-Teams sind mitunter verschiedenen Unternehmensstandorten zugeordnet und arbeiten in unterschiedlichen Zeitzonen. Dieses Arbeiten in virtuellen Teams stellt besondere Anforderungen an Einkaufsabteilungen und damit auch an Einkaufslösungen.

Zum einen ist es wichtig, vorgeschriebene Prozesse und Arbeitsweisen durchzusetzen, z. B. sollte es für Ausschreibungen passende Vorlagen geben, oder der Zuschlag bei der Ausschreibung muss vom Lead Buyer freigegeben werden. Zum anderen ist es erforderlich, den richtigen Personen Zugang zu Dokumenten und Daten zu gewähren. Was bringt der beste globale Rahmenvertrag für einen Rohstoff, wenn der Einkäufer in einem bestimmten Werk keinen Zugriff darauf hat oder gar nicht weiß, dass dieser existiert?

Die SAP-Ariba-Lösungen sind darauf ausgelegt, das Arbeiten in globalen Lead-Buyer-Organisationen zu unterstützen.

2.1.1 Strategischer Einkauf

Ausgehend von einer Analyse der Ausgabendaten in SAP Ariba Spend Analysis kann sich das Einkaufsmanagement einen Überblick über die Ausgaben des Unternehmens verschaffen. Hierbei werden die Ausgabendaten aus einem oder mehreren IT-Systemen in die Lösung geladen und bereinigt. Die Bereinigung erfolgt regelmäßig, je nach Vertrag vierteljährlich oder monatlich. Im ersten Schritt werden die Lieferantendaten bereinigt, im zweiten Schritt die Zuordnung zu Commodities und Warengruppen überarbeitet. Das Ergebnis sind »saubere« Ausgabendaten. Diese Daten dienen den Lead Buyern und strategischen Einkäufern als Grundlage, um Potenziale für die Generierung zusätzlicher Einsparungen, für die Verbesserung des Lieferantenmanagements oder für die Risikominimierung zu identifizieren.

Maßnahmen ableiten

Dieser Überblick über die Ausgaben ist zum einen bei der Formulierung von Warengruppenstrategien nützlich. Zum anderen können aus dieser Analyse konkrete Maßnahmen für die einzelnen Commodities abgeleitet werden. Dabei kann es sich um Änderungen im Lieferantenmanagement handeln, um Änderung der Anzahl an Lieferanten in einer Commodity, um ein besseres aktives Risikomanagement oder das Vorhalten geprüfter Lieferanten, die bestimmte Güter oder Leistungen in einer vorgegebenen Qualität liefern können.

Bei Ausschreibungen im strategischen Einkauf geht es meistens darum, Bedarfe in einem Bereich für einen längeren Zeitraum abzudecken. Dabei kann es sich um den Jahresbedarf an einem Rohstoff handeln, wofür wahrscheinlich ein mehrstufiges Verfahren mit mehreren Ausschreibungsrunden, eventuell auch einer Auktion, nötig sein wird. Es könnte stattdessen der Catering-Bedarf für einen bestimmten Standort ausgeschrieben werden, oder ein zu hoher Lagerbestand soll mit einer Vorwärtsauktion losgeschlagen werden.

Verträge schließen

Schließlich sollen Verträge mit Lieferanten geschlossen werden, von einfachen Werkverträgen mit geringem Umfang bis hin zu globalen Rahmenverträgen mit wichtigen Lieferanten. Hierbei wird das Augenmerk sowohl auf die Erstellung des legalen Vertragstextes als auch auf die Überwachung des Vertrags bezüglich Terminen und Ausschöpfungsgrad gelegt.

Prozesse

Die drei Prozesse Lieferantenmanagement, Ausschreibung und Kontraktmanagement sind nicht isoliert zu betrachten, sondern direkt voneinander abhängig und gehen ineinander über:

- Eine Ausschreibung kann dann zügig abgewickelt werden, wenn im Vorfeld Lieferanten für die betreffende Kategorie qualifiziert worden sind. Man kann sich dann in der Ausschreibung die Durchführung einer Marktanalyse sparen und direkt die qualifizierten Bieter einladen.
- Das Ergebnis einer Ausschreibung mündet unmittelbar in einen Vertrag, d. h., die Ergebnisse der Ausschreibung wie Preise, Konditionen, Wechselkurse, Lieferbedingungen und -mengen sollen weiterverwendet werden.
- Die Ergebnisse vergangener Ausschreibungen wiederum liefern Ansatzpunkte für das nachhaltige Lieferantenmanagement. Wie oft nehmen Lieferanten an Ausschreibungen teil, wenn sie eingeladen werden? Wie oft gewinnen bestimmte Lieferanten? Ist der Bieterkreis vielleicht zu klein, und sollten mehr Lieferanten eingeladen werden?

Die Prozesse des strategischen Einkaufs können in den SAP-Ariba-Komponenten durchgängig abgebildet werden. SAP Ariba Supplier Lifecycle and Performance deckt das Lieferantenmanagement ab, SAP Ariba Sourcing unterstützt alle Arten von Ausschreibungen und Auktionen, und SAP Ariba Contracts unterstützt die Erstellung von Verträgen unternehmensintern sowie im Zusammenspiel mit den Lieferanten.

Funktionen

Alle drei Komponenten unterstützen mit verschiedenen Funktionen Einkaufsprojekte in einer globalen Lead-Buyer-Organisation. Jedem Projekt kann ein Zeitplan mit Meilensteinen und Workflows zugeordnet werden, es werden Projektmitglieder definiert, Dokumente können abgelegt und Aufgaben verwalten werden. Auch gibt es einen Bereich **Nachrichten**, in dem die zum Projekt gehörende Kommunikation abgebildet werden kann (siehe Abbildung 2.3). Jedes SAP-Ariba-Projekt verfügt über eine eigene E-Mail-Adresse. An diese Adresse gesendete E-Mails werden automatisch im Bereich **Nachrichten** angezeigt.

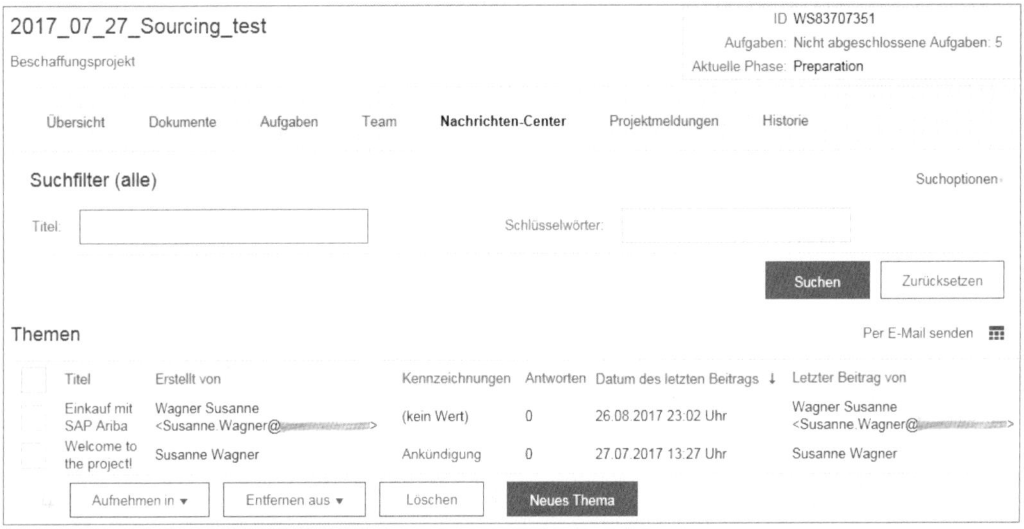

Abbildung 2.3 Nachrichten-Center

2.1.2 Der Übergang vom strategischen zum operativen Einkauf

Für viele Unternehmen ist der Übergang vom strategischen zum operativen Einkauf ein kritischer Schritt. Die Kondition, die im Rahmen einer Ausschreibung in einem Vertrag festgelegt wurde, soll auch bei allen relevanten Bestellungen genutzt werden. Was trivial klingt, ist für global agierende Unternehmen nicht selbstverständlich. Viele Personen verschiedener Standorte sind beteiligt und verschiedene IT-Lösungen im Einsatz. Oft sind die IT-Lösungen nicht harmonisiert und bieten keine durchgängige Unterstützung der Einkaufsprozesse von der Ausgabenanalyse bis hin zur Zahlung. Somit ist es in der Praxis oft schwierig sicherzustellen, dass bei einer bestimmten Bestellung genau der Preis mit allen Konditionen zum Einsatz kommt, der in der Ausschreibung einige Zeit davor ausgehandelt wurde.

SAP-Ariba-Lösungen

Die SAP-Ariba-Anwendungen bieten für diese Problemstellung mehrere Lösungen an. So können aus SAP Ariba Sourcing oder SAP Ariba Contracts Verträge in SAP ERP bzw. SAP S/4HANA übertragen werden. Dort können diese operativen Verträge als Bezugsquellen genutzt werden. Im Fall einer automatischen Ermittlung von Bezugsquellen können Orderbucheinträge in SAP ERP bzw. SAP S/4HANA dafür sorgen, dass der Vertrag bei der automatischen Bezugsquellenfindung immer genutzt wird. Zusätzlich ist es möglich, Verträge direkt in einen Katalog in SAP Ariba Catalog, SAP Ariba Buying oder SAP Ariba Buying and Invoicing zu überführen. Aus Kontraktpositionen werden dann Katalogartikel mit einer direkten Verbindung zu einem Rahmenvertrag in SAP Ariba Contracts.

In beiden Fällen, also bei der automatischen Ermittlung einer Bezugsquelle und bei der Nutzung einer Katalogposition, wird eine Bestellung mit Kontraktbezug erstellt. Somit wird sichergestellt, dass über den Kontraktabruf die Konditionen genutzt werden, die in der Ausschreibung ausgehandelt wurden. Die Abrufdokumentation des Kontrakts wird im Hintergrund fortgeschrieben. Somit kann der Einkauf die Nutzung des Kontrakts überwachen.

2.1.3 Operativer Einkauf

Aus Sicht des Einkaufs soll die Ermittlung von Bedarfen vorzugsweise automatisch erfolgen. Dies ist möglich, wenn sich Bedarfe aus vorangegangenen Prozessen ermitteln lassen, also beispielsweise aus Kundenaufträgen, der Materialbedarfsplanung oder der Instandhaltung.

Bedarf bekanntgeben

Gerade im indirekten Einkauf gibt es Bedarfe, die sich nicht automatisch ermitteln lassen. In diesem Fall ist es notwendig, dass ein Mitarbeiter den Bedarf bekannt gibt. Im Sinne einer Prozessoptimierung sollte die Bekanntgabe des Bedarfs in einem geeigneten IT-System und die weitere Verarbeitung möglichst automatisiert erfolgen. In diesem Szenario erweitert sich der Benutzerkreis der Einkaufslösungen von den Einkäufern auf alle Mitarbeiter des Unternehmens. Statt Einkaufsprofis mit Prozesswissen und Erfahrung sind nun Personen in den Prozess eingebunden, die kein fachspezifisches Vorwissen mitbringen und die vielleicht nur sehr selten an Einkaufsprozessen in Unternehmen beteiligt sind. Viele dieser Personen sind es gewohnt, im privaten Bereich online einzukaufen und soziale Medien zu benutzen. Plattformen wie Amazon zeigen, wie einfach ein Einkaufsvorgang in einer IT-Lösung abgebildet werden kann.

Usability

Die Anwender erwarten von Geschäftsapplikationen den gleichen Komfort, den sie aus dem privaten Bereich gewohnt sind. Die einfache Bedienbarkeit und die Möglichkeit der Nutzung von mobilen Endgeräten werden also immer wichtiger. Lösungen zur Bedarfserfassung sollten ohne Schulungen nutzbar sein, was die unternehmensweite Einführung der Lösungen beschleunigt und die Kosten senkt. Die Kataloglösung SAP Ariba Catalog und die Self-Service-Beschaffungslösungen SAP Ariba Buying und SAP Ariba Buying and Invoicing berücksichtigen diese besonderen Anforderungen und bieten eine intuitiv zu bedienende Benutzeroberfläche, die auch von mobilen Geräten aus genutzt werden kann. Für bestimmte Aufgaben des Einkäufers und des Lieferanten stehen eigene Apps zur Verfügung. Die Lösungen können für den Anwender weitgehend selbsterklärend sein, wenn bei der Implementierung großes Augenmerk auf diesen Aspekt gelegt wird. Entscheidend sind hier nicht nur die SAP-Ariba-Applikationen, sondern auch Einfachheit und Klarheit der darin abgebildeten Prozesse.

Prozessschritte

Die SAP-Ariba-Lösungen können unterschiedliche Prozessschritte im operativen Einkaufsprozess abbilden. Abbildung 2.4 zeigt ein Beispiel.

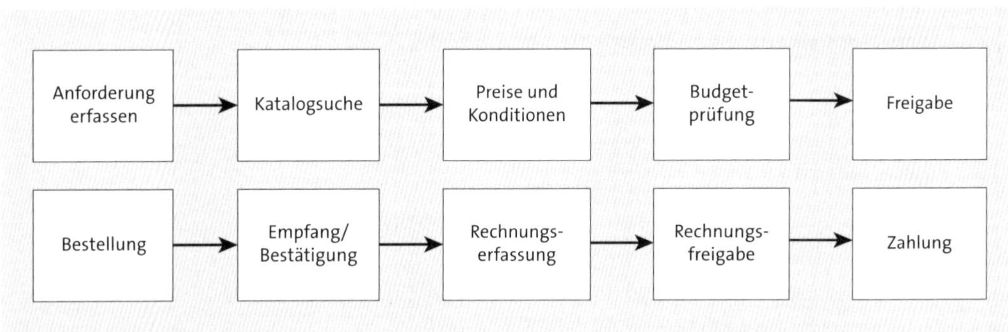

Abbildung 2.4 Operativer Einkaufsprozess in zehn Schritten

- SAP Ariba Catalog unterstützt die Schritte Katalogsuche sowie Preise und Konditionen.
- Bei SAP Ariba Buying kommen die Schritte Anforderung erfassen, Budgetprüfung, Freigabe, Bestellung und Empfang/Bestätigung dazu.
- SAP Ariba Buying and Invoicing deckt nahezu den gesamten operativen Einkaufsprozess ab. Neben den bisher genannten Schritten werden auch die Rechnungserfassung und -freigabe unterstützt.

2.1.4 Business-Netzwerk Ariba Network

Neben den Einkäufern und Anforderern gibt es eine weitere wichtige Gruppe von Teilnehmern am Einkaufsprozess: die Lieferanten. In der Vergangenheit wurde in SAP-ERP-Systemen sehr viel Augenmerk auf die Optimierung von Prozessen innerhalb von Unternehmen gelegt. Vorgelagerte oder nachgelagerte Prozessschritte außerhalb des Unternehmens waren weniger im Fokus. Wenn man den Einkaufsprozess von der Ausgabenanalyse bis hin zur Zahlung von Anfang bis Ende durchgängig gestalten und optimieren will, muss man auch die Lieferanten in die entsprechenden Prozesse einbinden. Viele Einkaufslösungen bieten dies an. Es ist schon seit einigen Jahren möglich, Bestellungen, Rechnungen und andere Dokumente mit Lieferanten über einen elektronischen Datenaustausch (engl. electronic data interchange, EDI) auszutauschen. Ausschreibungslösungen bieten Lieferanten die Möglichkeit, Dokumente herunterzuladen und ihre Angebote am Ende wieder hochzuladen. Im Lieferantenportal können sich Lieferanten registrieren und gewisse Stammdaten wie Adressen und Telefonnummern hinterlegen.

Konzept

Das Business-Netzwerk *Ariba Network* verfolgt einen ganzheitlicheren Ansatz. Das Prinzip ist denkbar einfach. Jeder Teilnehmer des Netzwerkes registriert sich einmal und kann dann sowohl als Einkäufer als auch als Lieferant an Geschäftsprozessen teilnehmen. Über Ariba Network werden alle Berührungspunkte zwischen Einkauf und Lieferant abgebildet. Dabei kann ein Lieferant über eine einzige Verbindung viele Kunden bedienen, der Einkäufer über die gleiche Verbindung mit vielen Lieferanten interagieren.

Lieferantenmanagement

Die Einbindung des Lieferanten umfasst alle Aspekte des Lieferantenmanagements. Der Lieferant registriert sich, pflegt Stammdaten, lädt Zertifikate hoch, erfasst im Zuge der Lieferantenbewertung eine Selbstbeurteilung und arbeitet an Maßnahmen, die im Rahmen der Lieferantenentwicklung mit dem Kunden vereinbart wurden. Der Lieferant nimmt dann an Ausschreibungen und Auktionen teil. Verfahren mit mehreren Runden und Nachverhandlungen können über SAP Ariba Sourcing abgebildet werden.

Als Resultat einer Ausschreibung wird mit dem Lieferanten ein Vertrag erstellt. Der Lieferant erhält über das Ariba Network Zugriff auf den Vertragstext mit Versionierung und Verhandlung. In der Folge werden die betreffenden Katalogartikel automatisch aus dem Vertrag erzeugt. Alternativ kann der Lieferant für den Kunden Kataloge über Ariba Network hochladen.

Integration

Von besonderer Wichtigkeit ist die *Integration* zwischen Einkäufer und Lieferant im operativen Einkaufsprozess. Die Anzahl der Transaktionen und der ausgetauschten Dokumente ist groß. Auf jede Bestellung, die an den Lieferanten gesendet wird, folgen viele weitere Dokumente, die ausgetauscht werden, wie Bestellbestätigung, Bestelländerungen, Lieferavis, Leistungserfassung, Rechnung, Gutschriftenanzeige, Zahlungsstatus, um nur ein paar Beispiele zu nennen. Hier ist der Nutzen einer effizienten und automatisierten Abwicklung sowohl für den Einkäufer und den Buchhalter als auch für den Lieferanten besonders hoch. Das Ariba Network bietet mehrere Vorteile. Zum einen verbindet man sich nur einmal mit dem Netzwerk. Ob man mit einem oder vielen Geschäftspartnern interagiert, macht dabei keinen Unterschied. Zum andern muss man sich über die technischen Formate der ausgetauschten Dokumente keine Gedanken machen. Die Anbindung von SAP-S/4HANA- bzw. SAP-ERP-Systemen ist einfach. Die unterstützten Dokumente können in SAP S/4HANA im Standard erzeugt und versendet bzw. empfangen und verarbeitet werden. Bei SAP-ERP-Systemen ermöglicht dies das Add-on Ariba Network Integration for SAP Business Suite. Details zu diesem Add-on können Sie unter *http://help.sap.com/bni* finden. Auch ERP-Systeme anderer Hersteller können angebunden werden. Es werden verschiedene technische Formate unterstützt, wie z. B. cXML und EDI. Die Konvertierung zwischen den unterstützten Formaten findet im Ariba Network statt.

Anbindung

Ein Unternehmen kann auf verschiedene Arten an das Ariba Network angebunden werden:

- **Technische Integration**
  Bei einer technischen Integration wird das Ariba Network direkt an das ERP-System des Unternehmens angebunden, alle Nachrichten werden elektronisch ausgetauscht. Dies ist sinnvoll, wenn eine bestimmte Anzahl von Transkationen über das Ariba Network abgewickelt wird. Als Richtwert kann die Zahl von 500 Belegen angenommen werden. Auf der Seite des Einkäufers wird diese Zahl immer erreicht, da eine Anbindung an das Ariba Network für Einkäufer nur sinnvoll ist, wenn zumindest einige 10.000 Belege ausgetauscht werden. Somit kann angenommen werden, dass alle Einkäufer diese Form der Anbindung an das Ariba Network nutzen. Sind sowohl Einkäufer als auch Lieferant auf diese Weise ans Ariba Network angebunden, kann man von einer Maschine-zu-Maschine-Kommunikation sprechen, der operative Einkaufsprozess kann weitgehend automatisiert ablaufen.
- **Als Portal**
  Bei einer Anbindung als Portal registriert sich der Lieferant am Ariba Network und kann empfangene Bestellungen in einer webbasierten Benutzeroberfläche einsehen. Folgebelege wie Bestellbestätigung, Lieferavis, Leistungserfassung und Rechnung werden in diesem Portal aus der Bestellung erzeugt.

- **Über interaktive E-Mail (Light Account)**
  Lieferanten können, basierend auf interaktiven E-Mails, Bestellungen über das Ariba Network empfangen sowie Bestellbestätigungen, Lieferavise und Rechnungen versenden. Dafür ist keine Registrierung erforderlich. Diese Art der Anbindung wird als *Light Account* bezeichnet. Es ist geplant, die Funktionen des Light Account weiter auszubauen.

Netzwerkeffekte

Das Business-Netzwerk Ariba Network hat inzwischen eine Größe erreicht, bei der positive Netzwerkeffekte auftreten (Forrester, Vendor Landscape: B2B Business Networks, 2015). Durch die große Anzahl der Teilnehmer ergeben sich für Einkäufer und Lieferanten zusätzliche Vorteile.

Wenn viele Ihrer Lieferanten bereits auf Ariba Network sind, geht die Einführung einer Einkaufslösung schneller. Es ist relativ einfach, einen Lieferanten dazu zu bewegen, an einer Ausschreibung mit SAP Ariba Sourcing teilzunehmen oder bestellbezogene Dokumente über Ariba Network auszutauschen, wenn dieser Lieferant dies bereits mit mehreren anderen Kunden macht. Idealerweise ist der Lieferant bereits technisch mit dem Ariba Network verbunden, dann ist eine vollautomatisierte Kommunikation von Maschine zu Maschine möglich.

Für den Lieferanten ist es ebenfalls vorteilhaft, wenn viele seiner Kunden bereits im Ariba Network sind. Eine einzige Registrierung reicht aus. Es ist nicht nötig, sich für jeden Kunden immer wieder von Neuem zu registrieren. Auch die Pflege von Daten wie Adresse, Telefonnummer und Bankverbindung erfolgt einmalig und zentral für alle Kunden. Die Ausschreibungen von verschiedenen Kunden laufen nach einem ähnlichen Prinzip ab. Auch die technische Integration mit dem Ariba Network muss nur einmal durchgeführt werden. Danach kann der Lieferant bestellbezogene Dokumente mit beliebig vielen Kunden austauschen.

2.2 Die Benutzeroberfläche von SAP Ariba

In diesem Abschnitt sollen die wesentlichen Elemente der Benutzeroberfläche von SAP Ariba erläutert werden. Diese sind bei den einzelnen SAP-Ariba-Anwendungen immer gleich. Ein Anwender, der mit einer Anwendung vertraut ist, findet sich auch schnell in den übrigen zurecht.

2.2.1 Dashboards

Home

Nach der Anmeldung landet der Benutzer auf dem Dashboard mit der Bezeichnung **Home**, also dem Einstiegsbildschirm (siehe Abbildung 2.5).

Dieser zentrale Arbeitsbereich verschafft dem Anwender einen Überblick über alle SAP-Ariba-Komponenten, die vom Unternehmen gekauft und eingerichtet wurden.

Einstellungen Am rechten oberen Rand des Bildschirms können Sie eine Vielzahl von Einstellungen vornehmen, z. B.:

- das Passwort ändern
- die eigene Vollmacht delegieren
- die Voreinstellungen für E-Mail-Benachrichtigungen bearbeiten
- die Anmeldesprache wählen
- ein mobiles Gerät für die Nutzung von Apps aktivieren

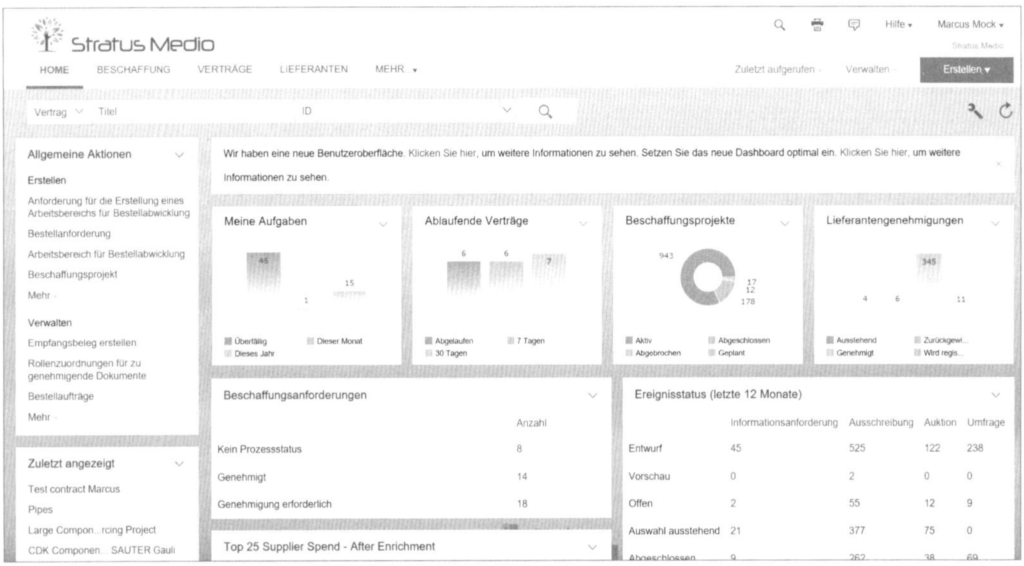

Abbildung 2.5 Dashboard »Home«

2.2.2 Ariba Mobile App

Auf einem mobilen Gerät kann die Ariba Mobile App heruntergeladen werden. Die App steht für iOS- und Android-Geräte zur Verfügung. Abbildung 2.6 zeigt die App im App Store.

Startbildschirm Nach der Freischaltung des mobilen Geräts können Sie als Einkäufer bestimmte Aufgaben direkt in der App ausführen. Abbildung 2.7 zeigt einen typischen Startbildschirm mit verschiedenen Kacheln.

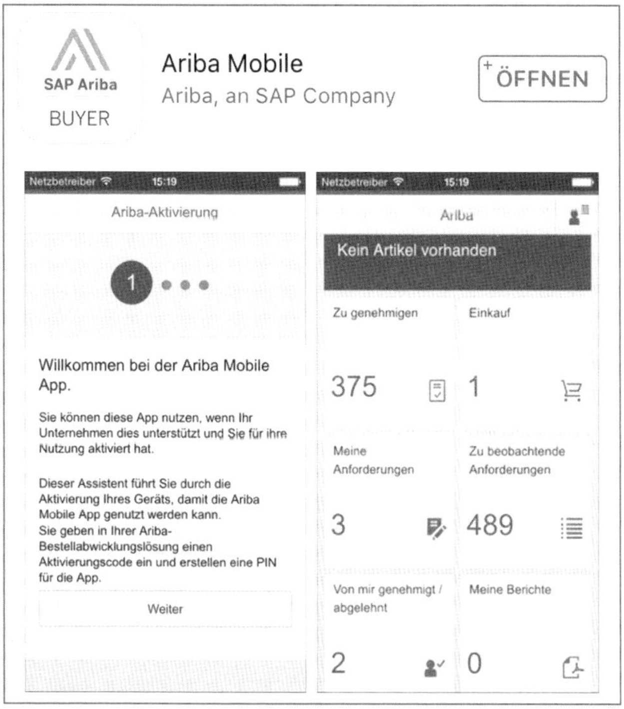

Abbildung 2.6 Ariba Mobile App im Apple App Store

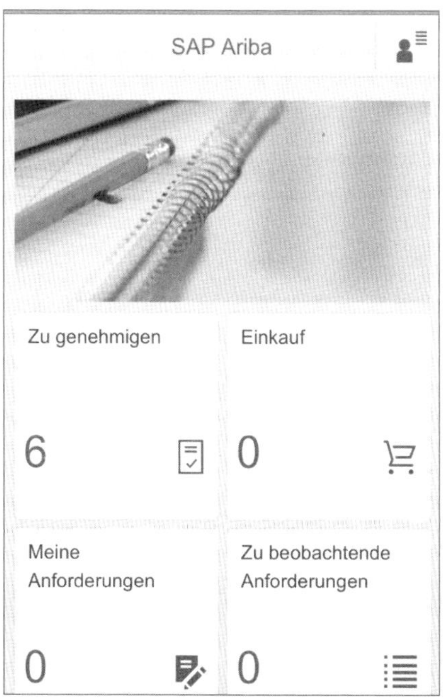

Abbildung 2.7 Kacheln in der Ariba Mobile App

Zu genehmigende Anforderungen

Hinter der Kachel **Zu genehmigen** verbergen sich aktuelle Anforderungen, die freigegeben werden müssen. Auf diese Weise können Sie als Genehmiger bequem an jedem Ort Entscheidungen fällen und die weitere Verarbeitung der Anforderungen ermöglichen.

Abbildung 2.8 zeigt eine Liste der zu genehmigenden Anforderungen in der Ariba Mobile App.

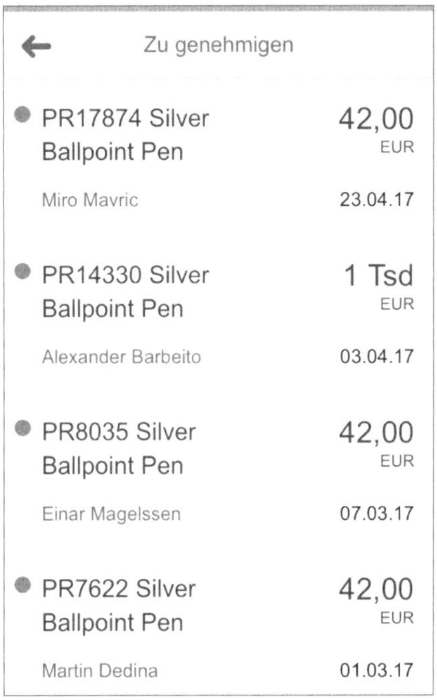

Abbildung 2.8 Liste der zu genehmigenden Anforderungen

2.2.3 Registerkarten

Weitere Registerkarten

Vom Dashboard aus haben Sie als Anwender Zugriff auf alle SAP-Ariba-Komponenten, für die Ihrem Benutzerstamm Zugriffsrechte hinterlegt wurden. Für alle SAP-Ariba-Komponenten gibt es eigene Registerkarten, die zusätzlich zur ersten Registerkarte **Home** angezeigt werden (siehe Abbildung 2.9).

Hinter jeder Registerkarte verbirgt sich ein eigenes Dashboard. Jedes dieser Dashboards kann vom Anwender nach seinen individuellen Bedürfnissen angepasst werden.

Abbildung 2.9 Registerkarten in SAP Ariba

2.2.4 Kacheln

Wichtige Informationen

Im oberen Bereich des Bildschirms können pro Dashboard bis zu fünf Kacheln eingeblendet werden, die auf einen Blick wichtige Informationen zu einem Thema anzeigen. Zur Auswahl stehen über 20 Kacheln, z. B. **Ablaufende Verträge**, **Meine Rechnungen**, **Ablaufende Zertifikate** oder **Beschaffungsprojekte**.

Als strategischer Einkäufer könnten Sie sich die Kacheln des **Home**-Dashboards einrichten, wie in Abbildung 2.10 gezeigt.

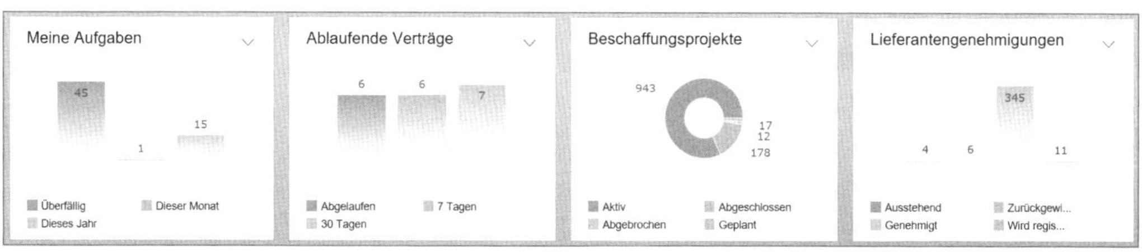

Abbildung 2.10 Kacheln auf dem Home-Dashboard

Auf diese Weise erkennen Sie auf einen Blick z. B. Ihre offenen Aufgaben, in der nächsten Zeit ablaufende Verträge sowie Beschaffungsprojekte und Lieferantengenehmigungen (nach Status sortiert).

Detailinformationen aufrufen

Die Kacheln bieten die Möglichkeit, direkt zu einer Liste der dahinterliegenden Objekte zu gelangen. Ein Klick auf die Lieferanten mit dem Status **Wird**

registriert führt zu der Liste von elf Lieferanten aus Abbildung 2.11. In dieser Liste können Sie z. B. weiter ins Organisationsprofil des Lieferanten verzweigen (Drilldown).

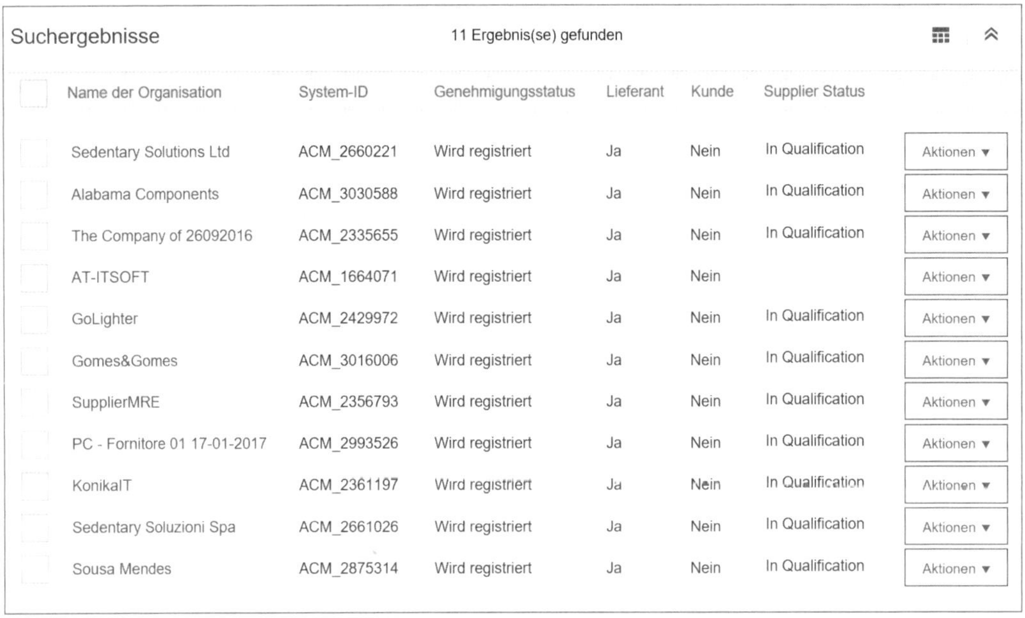

Suchergebnisse — 11 Ergebnis(se) gefunden

Name der Organisation	System-ID	Genehmigungsstatus	Lieferant	Kunde	Supplier Status	
Sedentary Solutions Ltd	ACM_2660221	Wird registriert	Ja	Nein	In Qualification	Aktionen ▼
Alabama Components	ACM_3030588	Wird registriert	Ja	Nein	In Qualification	Aktionen ▼
The Company of 26092016	ACM_2335655	Wird registriert	Ja	Nein	In Qualification	Aktionen ▼
AT-ITSOFT	ACM_1664071	Wird registriert	Ja	Nein		Aktionen ▼
GoLighter	ACM_2429972	Wird registriert	Ja	Nein	In Qualification	Aktionen ▼
Gomes&Gomes	ACM_3016006	Wird registriert	Ja	Nein	In Qualification	Aktionen ▼
SupplierMRE	ACM_2356793	Wird registriert	Ja	Nein	In Qualification	Aktionen ▼
PC - Fornitore 01 17-01-2017	ACM_2993526	Wird registriert	Ja	Nein	In Qualification	Aktionen ▼
KonikalT	ACM_2361197	Wird registriert	Ja	Nein	In Qualification	Aktionen ▼
Sedentary Soluzioni Spa	ACM_2661026	Wird registriert	Ja	Nein	In Qualification	Aktionen ▼
Sousa Mendes	ACM_2875314	Wird registriert	Ja	Nein	In Qualification	Aktionen ▼

Abbildung 2.11 Liste der Lieferanten mit dem Status »Wird registriert«

2.2.5 Weitere Inhalte

Auf dem Dashboard können eine Reihe von weiteren Inhalten eingeblendet werden (siehe Abbildung 2.12).

- Im Bereich **Allgemeine Aktionen** können neue Belege angelegt und bestehende bearbeitet werden.
- Der Bereich **Zuletzt angezeigt** zeigt eine Liste der Objekte an, die vom Benutzer zuletzt verwendet wurden.
- Es können Beschaffungsanforderungen sowie verschiedene Arten von Ereignissen wie Ausschreibungen und Auktionen nach Status sortiert angezeigt werden.
- Schließlich können beliebige vordefinierte oder benutzerspezifische Berichte als Tabelle oder Grafik auf dem Dashboard eingeblendet werden, z. B. der **Top 25 Supplier Spend**.

Grundeinstellungen Bei Bedarf kann der Anwender das Dashboard wieder auf die vom Administrator hinterlegten Grundeinstellungen zurücksetzen.

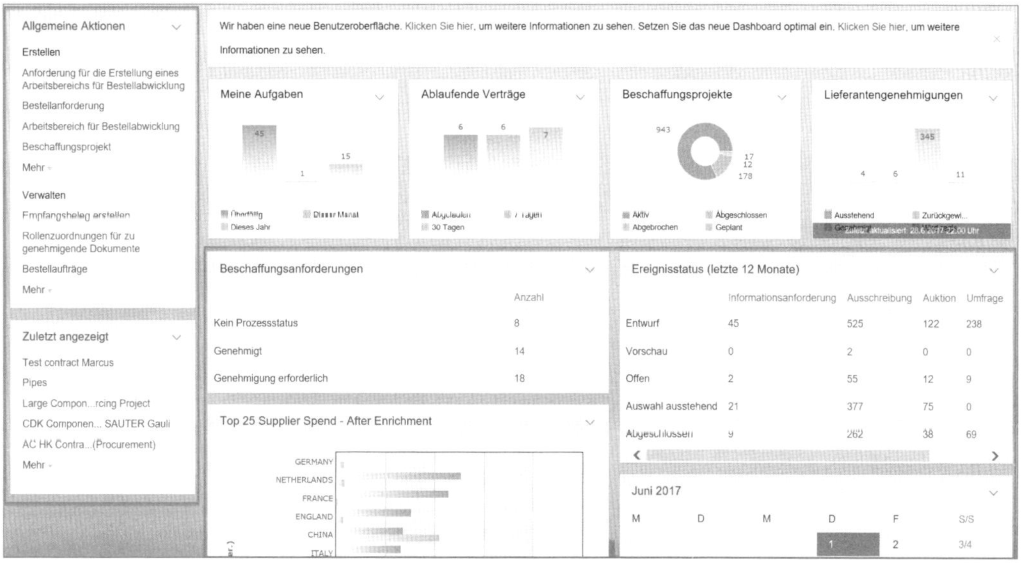

Abbildung 2.12 Eine Auswahl weiterer Inhalte auf dem Dashboard

2.3 Ariba Network

Über das größte Business-Netzwerk der Welt verbinden sich Kunden und Lieferanten mit dem gemeinsamen Ziel, effizienter zusammenzuarbeiten und neue geschäftliche Potenziale auszuschöpfen. Mehr als 2 Millionen Teilnehmer aus 190 Ländern interagieren auf der Plattform und wickeln täglich über 71.000 Aufträge und 224.000 Rechnungen ab (SAP, 2017).

2.3.1 Was ist das Ariba Network?

Dokumentenaustausch

Das Ariba Network ist eine cloud-basierte Plattform zum Austausch von Dokumenten zwischen verschiedenen Unternehmen. Es standardisiert die Formate zwischen Sender und Empfänger und erlaubt somit die Bildung von netzartigen Verknüpfungen zwischen Unternehmen. Anders ausgedrückt, kann sich ein Kunde mit beliebig vielen Lieferanten verknüpfen und ein Lieferant mit beliebig vielen Kunden in Kontakt treten (siehe Abbildung 2.13).

Als Kunde verbindet man sich mit dem Netzwerk, das die Daten dann weiter an den Lieferanten sendet. Dies funktioniert einerseits über das *Benutzerkonto* des einkaufenden Unternehmens und andererseits über das Konto des Lieferanten. Versendet der Kunde einen Beleg an das Netzwerk, wird dieser im Benutzerkonto zunächst abgelegt und nach den dort definierten Regeln an den Lieferanten weitergegeben. Schickt der Lieferant von seiner Seite ein Dokument, dann wird dieses zunächst auf dem Kundenkonto abgelegt sowie geprüft und anschließend weitergegeben.

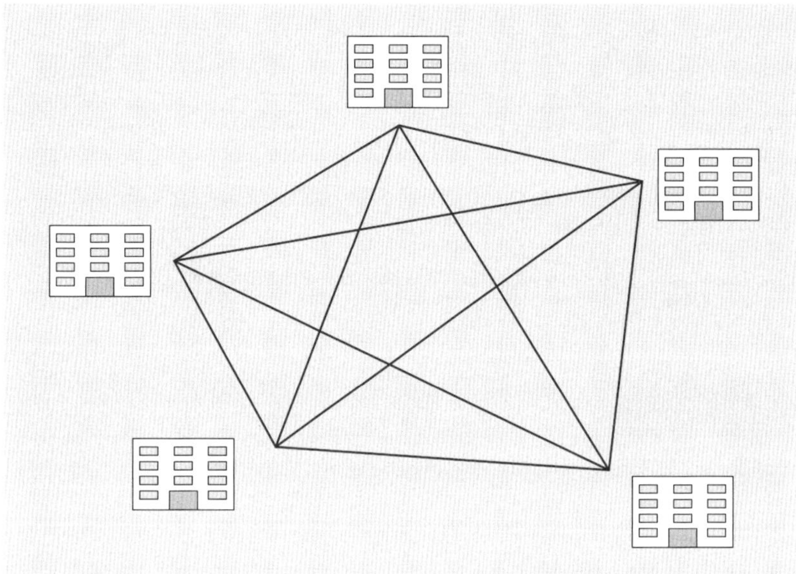

Abbildung 2.13 Unternehmensnetzwerke

Portal

Das Netzwerk stellt sowohl dem Kunden als auch dem Lieferanten ein Portal zur Verfügung, um Einstellungen vorzunehmen oder auch um Belege zu erfassen. Werden Lieferanten in den Ausschreibungsprozess oder den Vertragsmanagementprozess in SAP Ariba einbezogen, so arbeitet der Lieferant ebenfalls im Netzwerk an den Dokumenten. Stellt der Anbieter zusätzlich einen Katalog in SAP Ariba Catalog bereit, erfolgt diese Administration im Konto des Lieferanten. Das Netzwerk ist somit eine Drehscheibe für Transaktionen zwischen Unternehmen.

2.3.2 Wie werde ich Mitglied im Ariba Network?

Um als Lieferant im Netzwerk aktiv zu werden, muss man zunächst ein Benutzerkonto mit den Unternehmensdaten wie Name bzw. Anschrift anlegen. Außerdem können auch allgemeine Angaben zum Unternehmen, z. B. zu der Anzahl der Mitarbeiter, dem Umsatz oder Verlinkungen auf soziale Medien, erfasst werden. Zudem können Bankverbindungen und Zertifikate eingegeben werden.

Registrierung

Wird ein Lieferant von einem Kunden zu einem Beitritt in das Netzwerk eingeladen, muss er neben der generellen Registrierung auch das Registrierungsformular des Kunden ausfüllen. Mit diesem Fragebogen werden die Daten für die Einkäuferseite erfasst. Unternehmen verwalten außerdem die Benutzer im Konto. So wird ein geregelter Zugriff sichergestellt. Jeder erfasste Benutzer hat Zugriff auf die Dokumente, die über das Netzwerk ausgetauscht werden.

Einkäuferkonto

Auch Kunden durchlaufen eine Registrierung und erfassen ihre Daten. Das Ergebnis ist das *Einkäuferkonto*, das auch eine Verwaltung sowie ein Monitoring der Netzwerkfunktionen ermöglicht.

2.3.3 Einkaufsbelege im Ariba Network

Unterstützte Dokumente

Über das Netzwerk können verschiedene Dokumente zwischen Unternehmen ausgetauscht werden. Die folgenden Dokumente werden derzeit unterstützt:

- Bestellung, Bestelländerung, Bestellstornierung
- Anfrage, Angebot/Zuschlag (Quote Automation)
- Auftragsbestätigung
- Leistungserfassungsblatt, Rückmeldung zum Leistungserfassungsblatt
- Lieferavis
- Wareneingangsmeldung
- Rechnung, Rechnungsstatus
- Zahlungsaufforderung (nur in Verbindung mit Procurement)
- Zahlungsavis
- Planungsvorschau (Collaborative Supply Chain)
- Bestände (Collaborative Supply Chain)
- Lohnbeistellungsbestellungen

In Abbildung 2.14 werden die Belege in einer Übersicht dargestellt.

Die Dokumente werden entweder vom Kunden oder vom Lieferanten erzeugt und über das Netzwerk versendet. Für diesen Austausch gibt es verschiedene Möglichkeiten der Abwicklung:

- Nutzung des Light Accounts
- PO-Flip-Szenario
- Integration von Maschine zu Maschine

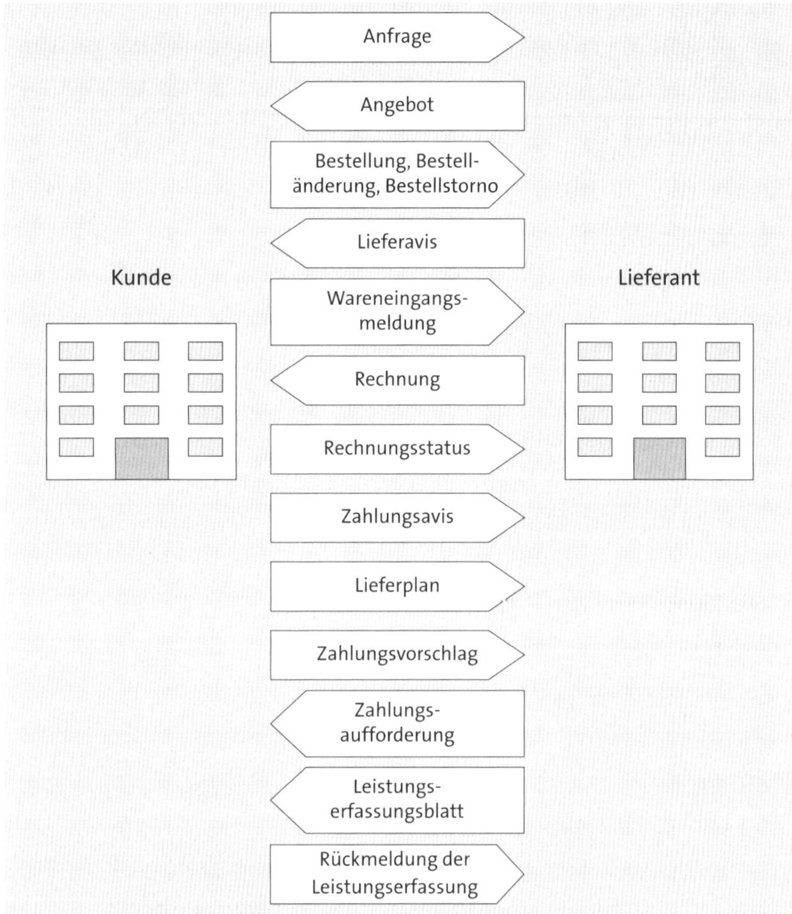

Abbildung 2.14 Belegaustausch über das Ariba Network

2.3.4 Wie kann ich mich mit dem Ariba Network verbinden?

Um das eigene ERP-System mit dem Netzwerk zu verbinden, gibt es verschiedene Möglichkeiten. Für alle Unternehmen, die mit SAP ERP arbeiten, gibt es folgende Anbindungsformen:

- Nutzung eines SAP-Add-ons auf Basis von SAP ERP Central Component (ECC)
- Native Integration über SAP S/4HANA
- Nutzung einer Middleware
- Hybridszenarien

Für Kunden, die kein SAP-ERP-System verwenden, werden ebenfalls verschiedene Möglichkeiten der Anbindung bereitgestellt.

2.3.5 Der Light Account

Seit Mai 2017 gibt es den *Light Account*, der die Funktion des Light Enablements ersetzt. Der Light Account unterstützt die einfachste Form des Belegaustauschs. Dabei sendet der Kunde seine Bestellung über das Netzwerk als interaktive E-Mail an den Lieferanten. Auf diese E-Mail antwortet der Lieferant, indem er auf den mitgelieferten Link klickt. Der Link öffnet eine Webseite, auf der die Daten für eine Auftragsbestätigung bzw. eine Rechnung erfasst werden können. Bei der Erfassung werden die Daten der Bestellung automatisch übernommen, sodass weniger Fehleingaben möglich sind.

Die vom Lieferanten erfassten Dokumente werden an das Einkäuferkonto des Kunden gesendet, wo sie anhand der hinterlegten Regeln geprüft werden. Verstößt das Lieferantendokument gegen diese Validierungsvorgaben, wird eine Fehlermeldung an den Versender ausgegeben.

Unterschiede

Tabelle 2.1 stellt die Unterschiede zwischen den beiden Lösungen im Überblick dar.

Merkmal	Light Enablement	Light Account
Kosten für den Lieferanten	kostenfrei	kostenfrei
Art der Anbindung	Dokumente werden per interaktive E-Mail an den Lieferanten versendet.	Dokumente werden per interaktive E-Mail an den Lieferanten versendet
Anmeldung beim Ariba Network	nicht erforderlich	erforderlich
unterstützte Dokumente	Bestellung, Auftragsbestätigung, Rechnung	Bestellung, Auftragsbestätigung, Lieferavis, Rechnung
Sicherheit	einmaliges Passwort pro Beleg	Lieferantenkonto mit Nutzer und Passwort
Zusatzleistungen	nicht möglich	Lieferant kann zusätzliche Services von SAP erwerben.

Tabelle 2.1 Vergleich zwischen Light Enablement und Light Account

Aktivierung

Im Vergleich mit der regulären Aktivierung des Lieferanten innerhalb des Ariba Network gibt es grundlegend folgende Unterschiede:

- Die Nutzung des Light Accounts ist für den Lieferanten immer kostenfrei. Bei der Nutzung des regulären Kontos fallen für den Lieferanten

Kosten an, wenn innerhalb eines Jahres im Belegaustausch mit einem Kunden sowohl eine bestimmte Anzahl von Dokumenten als auch ein bestimmtes Transaktionsvolumen überschritten wird.

- Das reguläre Konto bietet Zugang zu allen Funktionen des Netzwerkes inklusive der Anbindung an das ERP-System oder die Bereitstellung von Katalogen.
- Nur über reguläre Konten können derzeit alle Belegarten ausgetauscht werden.

Vorteile Der Light Account bietet eine einfache und kostengünstige Möglichkeit, auch die vielen kleinen Lieferanten der Einkaufsorganisation über einen elektronischen Belegaustausch zu integrieren (siehe Abbildung 2.15). Der Vorteil liegt besonders darin, dass auch für diese Art der Abwicklung die Validierungsregeln des Netzwerkes zur Anwendung kommen und somit die Fehlerquote, die Anzahl der Rückfragen und Klärungen sowie der manuelle Bearbeitungsbedarf für Rechnungen deutlich reduziert werden kann.

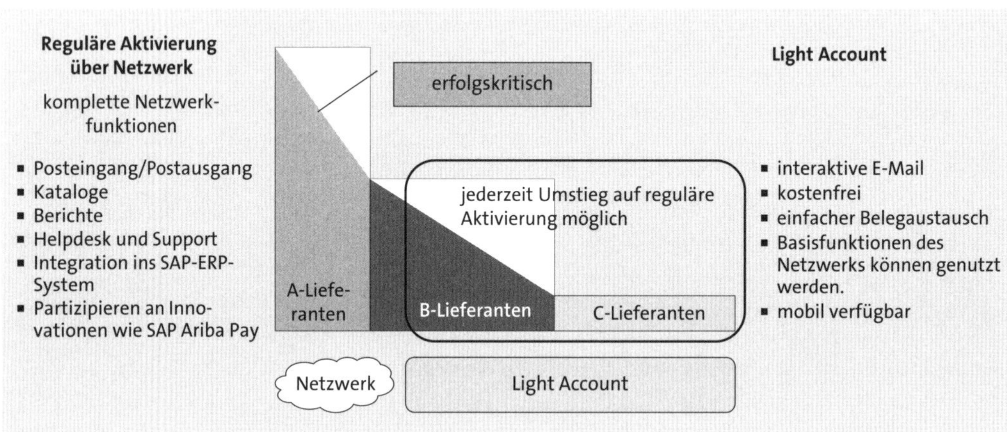

Abbildung 2.15 Nutzung des Light Accounts

2.3.6 Das Enablement Dashboard

Mit dem *Enablement Dashboard* (siehe Abbildung 2.16) wird dem Kunden eine Übersicht über den Status (z. B. über ausstehende Rückmeldungen) der Lieferanten geboten, die zu einer Anbindung über das Netzwerk eingeladen wurden und einer erhöhten Aufmerksamkeit bedürfen. Das Dashboard stellt somit eine Möglichkeit dar, die Anbindung und Integration der Lieferanten aktiv zu überwachen.

Abbildung 2.16 Das Enablement Dashboard

2.3.7 PO-Flip-Szenario

Im *PO-Flip-Szenario* arbeitet der Lieferant auf seinem Konto innerhalb des Netzwerkes. Der Kunde versendet die Dokumente über das Einkäuferkonto an den Lieferanten. Der Lieferant loggt sich in seinem Konto ein und kann dann direkt auf das gesendete Dokument antworten. Alle bestellbezogenen Vorgänge passieren dabei durch das Umwandeln der Bestellung in das Folgedokument. Die Angaben der Bestellung werden dabei übernommen.

Validierungen

Bestimmte grundlegende Validierungen können bereits bei der Erfassung des Belegs durchgeführt werden. Abbildung 2.17 zeigt, wie eine Lieferantenrechnung mit der Begründung zurückgewiesen wurde, dass die Lieferantenteilenummer in der Rechnungsposition nicht mit der Nummer in der ursprünglichen Bestellposition übereinstimmt.

Abbildung 2.17 Fehlermeldung zu erfasster Rechnung

Die Validierungen verhindern, dass falsche bzw. unvollständige Dokumente erfasst werden können. Nachdem der Beleg vom Lieferanten abgesendet wurde, wird er im Einkäuferkonto weitergehend geprüft. Bei Fehlern erfolgt eine Rückmeldung an den Versender. Sind alle Prüfungen erfolgreich, erfolgt die Übergabe des Belegs an das ERP-System des Kunden.

Direkter Austausch Der Austausch direkt über das Netzwerkkonto ist für Unternehmen geeignet, die eine gewisse Anzahl an Dokumenten abwickeln oder nicht über technische Möglichkeiten verfügen, das eigene ERP-System anzubinden. Sie schaffen sich damit zugleich eine Möglichkeit, weitergehende Vorgänge wie Ausschreibungen oder Katalogbereitstellungen abzubilden. Außerdem können Lieferanten, wenn diese es einrichten, über SAP Ariba Discovery gefunden werden. Damit können neue Kunden und Vertriebsmöglichkeiten erschlossen werden.

2.3.8 Integration von Maschine zu Maschine

Für Lieferanten, die eine hohe Anzahl an Dokumenten über das Netzwerk austauschen wollen, empfiehlt sich die Anbindung des eigenen ERP-Systems. Diese Anbindung kann, wie bereits in Abschnitt 2.3.4, »Wie kann ich mich mit dem Ariba Network verbinden?«, beschrieben, über verschiedene Wege erfolgen.

Vorteil Der Vorteil einer direkten Anbindung ist, dass Lieferanten wie gewohnt in ihrem ERP-System arbeiten können und administrative Aufwände für die doppelte Erfassung von Belegen im Netzwerk entfallen.

2.3.9 Elektronische Rechnung über das Ariba Network

Lieferanten können elektronische Rechnungen über das Netzwerk an ihre Kunden senden. SAP garantiert, dass bei richtiger Einstellung der Ariba-Network-Prüfregeln die Einhaltung der Rechnungslegungsvorschriften in derzeit 37 Ländern erreicht werden kann, wie in Tabelle 2.2 dargestellt.

Australien	Irland	Portugal
Belgien	Italien	Rumänien
Brasilien	Kanada	Schweden

Tabelle 2.2 Liste der Länder für elektronischen Rechnungsaustausch (Stand März 2017)

Bulgarien	Kroatien	Schweiz
Chile	Lettland	Singapur
Dänemark	Luxemburg	Slowakei
Deutschland	Malaysia	Südafrika
Estland	Mexiko	Tschechische Republik
Finnland	Neuseeland	Ungarn
Frankreich	Niederlande	Vereinigte Staaten von Amerika
Griechenland	Norwegen	Zypern
Großbritannien	Österreich	
Hong Kong	Polen	

Tabelle 2.2 Liste der Länder für elektronischen Rechnungsaustausch (Stand März 2017) (Forts.)

In über 30 weiteren Ländern, z. B. Indien und Russland, kann eine Konformität mit Rechnungslegungsrichtlinien erreicht werden, wenn die Lieferanten neben der elektronischen Rechnung auch eine Papierrechnung an den Kunden senden.

Lokale Anforderungen

Beim Austausch der Rechnungen werden die jeweiligen lokalen Anforderungen unterstützt, z. B. zur Signierung der Dokumente. Darüber hinaus können weitere spezifische Regeln, z. B. für die Steuerermittlung oder auch hinsichtlich des Prozesses im Einkäuferkonto, hinterlegt werden. So kann der Kunde unter anderem definieren, ob der Lieferant eine Rechnung ohne Bezug zu einer Bestellung erfassen darf oder ob die Rechnung bereits vor der Wareneingangsbuchung gestellt werden kann.

2.3.10 Kollaborative Lieferketten im Ariba Network abbilden

Mit der kontinuierlichen Ausweitung der Funktionen für die Beschaffung direkter Materialien werden diverse Möglichkeiten für Unternehmen geboten, das Supply Chain Management zu optimieren. Kunden können Vorschauzahlen an die Lieferanten weitergeben, die darauf ihre vorhandenen Bestände bzw. Kapazitäten erfassen können. So können frühzeitig auftretende Engpässe erkannt werden.

Transparenz

Bestandteile der Lösung sind auch der Austausch von Lieferplänen sowie Lohnbeistellungsbelegen inklusive der zugehörigen Komponenten. Somit wird auch Transparenz über ausgelagerte Prozessschritte der Lieferkette hergestellt. Bestellerweiterungen erlauben den Lieferanten, detailliertere Angaben zu den Artikeln oder auch zur Verpackung zu erfassen. Außerdem erhält der Lieferant über einen Monitor eine Übersicht der noch offenen Lieferavis. Dies ermöglicht eine Bündelung von Transporten und somit eine kostenoptimierte Abwicklung der Anlieferungen.

2.3.11 Kosten der Nutzung des Ariba Network

Sich am Ariba Network anzumelden ist für Lieferanten mit keinen Kosten verbunden. Auch die Teilnahme an Ausschreibungen bzw. an Vertragsprojekten ist kostenfrei. Der elektronische Dokumentenaustausch ist kostenpflichtig, wenn mehr als fünf Dokumente ausgetauscht werden und gleichzeitig ein definiertes Transaktionsvolumen überschritten wird. Das Volumen ist länderspezifisch unterschiedlich gestaltet. Die Nutzung des Belegaustauschs über das Light Enablement bzw. den Light Account ist ebenfalls kostenfrei.

Kosten

Relevant für die Berechnung der Kosten sind die Anzahl der Bestellungen, Leistungserfassungen und Rechnungen, die mit den Kunden ausgetauscht werden. In Rechnung gestellt werden folgende Kosten:

- Transaktionsgebühren, die auf dem Transaktionsvolumen basieren, das auf dem Netzwerk abgewickelt wird
- Beitragssätze, die sich nach der Anzahl der ausgetauschten Belege über das Netzwerk bemessen

Transaktionsgebühren

Die Transaktionsgebühren betragen aktuell 0,155 % des jährlichen Gesamtvolumens. Der Beitragssatz liegt derzeit zwischen 45 und 4.900 €.

Da sich die Kosten permanent verändern, möchten wir an dieser Stelle auf die Webseite *http://s-prs.de/v457501* verweisen, wo aktuelle Informationen zur Verfügung stehen.

Kunden zahlen Lizenzen für die Nutzung des Netzwerkes, die sich an der Anzahl der Transaktionen (Bestellungen, Leistungserfassungen, Rechnungen) orientieren, die über das Netzwerk ausgetauscht werden. Für die gezahlten Beiträge werden einerseits Weiterentwicklungsmaßnahmen für die Plattform gezahlt. Zugleich unterstützt SAP Ariba die Lieferanten bei der Anmeldung sowie Nutzung des Netzwerkes und bietet einen Support in mehreren Sprachen an verschiedenen Standorten der Welt.

2.3.12 Arbeiten mit Validierungsregeln im Netzwerk

Gruppen

Auf dem Einkäuferkonto können Regeln für den Belegaustausch mit den Lieferanten hinterlegt werden. Dafür werden im ersten Schritt sinnvolle Gruppen definiert. Beispiele dafür sind:

- Lieferanten mit Light Enablement
- Lieferanten mit Wareneingang
- Lieferanten ohne Wareneingang
- Lieferanten mit Rechnung ohne Bestellbezug

Transaktionsregeln

Innerhalb der definierten Gruppen werden dann die Transaktionsregeln definiert. Beispiele für Transaktionsregeln sind:

- Erfassung von Teilbestätigungen ist möglich.
- Toleranzen für Mengen und Termine
- Änderung der Zahlungsbedingungen ist möglich.
- Erfassen von Anlagen ist möglich.

Abbildung 2.18 zeigt einige beispielhafte Validierungsregeln.

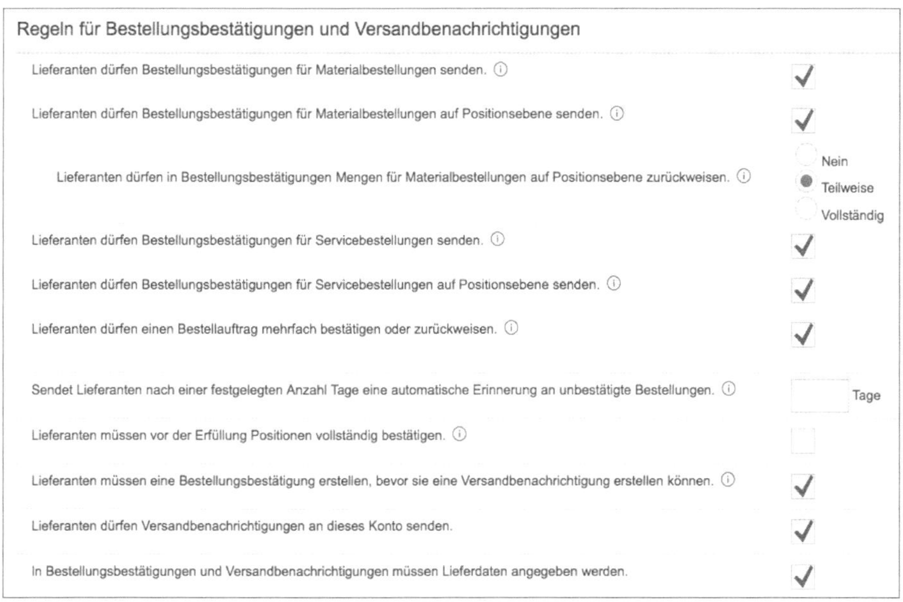

Abbildung 2.18 Validierungsregeln für das Ariba Network

Das Regelwerk bietet Unternehmen höchste Flexibilität bei der Optimierung der Prozesse für den interaktiven Dokumentenaustausch. Eine Beschreibung von weiteren Regeln finden Sie in Anhang A, »Ariba-Network-Transaktionsregeln«.

2.3.13 Funktionen des Einkäuferkontos

Das Einkäuferkonto bietet diverse Funktionen. Auf der einen Seite ist es die Plattform, auf der die Unternehmensdetails wie der Name, die Branche oder der Umsatz, die Anzahl der Mitarbeiter oder Angaben zu sozialen Medien erfasst werden. Darüber hinaus werden hier, wie bereits beschrieben, die Validierungsregeln für den Dokumentenaustausch festgelegt.

Enablement Dashboard

Als neue Funktion gibt es das Enablement Dashboard, das auf einem Monitor alle Lieferanten zeigt, die am Dokumentenaustausch teilnehmen sollen. Dieses Dashboard bietet auch eine Übersicht über die Lieferanten, die bereits auf die Einladung zur Aktivierung reagiert haben. Es zeigt die Anzahl der Transaktionen aus der Aktivierung und bietet ebenfalls eine einfache Möglichkeit, die Lieferanten zu identifizieren, bei denen noch Handlungsbedarf besteht. Das Dashboard soll Sie bei der komplexen Aufgabe der Lieferantenaktivierung unterstützen.

Lieferantenaktivierung

Für die Lieferantenaktivierung wird der Lieferant mit seiner Netzwerkidentifikation (ANID) gesucht und zur Abwicklung des Belegaustauschs eingeladen. Nimmt er diese Einladung an, besteht eine Verknüpfung zwischen Käufer und Verkäufer. Die Lieferanten können zu Gruppen zusammengefasst werden, um verschiedene Regeln für den Belegaustausch abzubilden. Ein gutes Beispiel ist hier die Frage, ob der Lieferant eine Rechnung ohne Bestellbezug erstellen darf oder nicht. Lieferanten, die das dürfen, können Sie in einer Gruppe zusammenfassen. Allen anderen Lieferanten können Sie diesen Prozess untersagen.

Reports

Da der Belegaustausch von der Bestellung bis zur Rechnung über das Einkäuferkonto abgewickelt wird, gibt es zahlreiche Reports (siehe Abbildung 2.19), um diesen Austausch zu überwachen.

Abbildung 2.19 Berichte erstellen

Die erstellten Berichte können Sie auch nach Microsoft Excel (siehe Abbildung 2.20) exportieren, um detailliertere Auswertungen durchzuführen.

AN12345682

A	B	C	D	E	F	G	H	I	J	K	L	M	N	O
Bestellnumn	Kunde	Kunden_ANID	Revision	WÃ¤hrung	Betrag	Bestrittener	Datum	Weiterleitur	Bestellstatu:	In Rechnung	Begleichung	Ausgleich	Rahmenbest	Art des Rahr
46901574	Test	AN12345678	Original	EUR	100		17.Mai.17	20:23:51 Uhr	Anerkannt	BestÃ¤tigt	Nein	Rechnung	0	Nein
46901547	Test	AN12345679	Original	EUR	1.550,00		16.Mai.17	8:20:38 Uhr (	Anerkannt	Versandt	Nein	Rechnung	0	Nein
46901542	Test	AN12345680	Original	EUR	110,5		15.Mai.17	18:20:26 Uhr	Anerkannt	In Rechnung	Ja	Rechnung	110,5	Nein
46901541	Test	AN12345681	Original	EUR	110,5		15.Mai.17	17:52:18 Uhr	Anerkannt	Versandt	Nein	Rechnung	0	Nein
46901540	Test	AN12345682	Original	EUR	110,5		15.Mai.17	17:26:40 Uhr	Anerkannt	Teilweise in	Ja	Rechnung	60,5	Nein
46901538	Test	AN12345683	GeÃ¤ndert	EUR	11.000,00		15.Mai.17	10:33:04 Uhr	Gesendet	GeÃ¤ndert	Nein	Rechnung	0	Nein
46901538	Test	AN12345684	Original	EUR	10.000,00		15.Mai.17	10:28:05 Uhr	Anerkannt	Veraltet	Nein	Rechnung	0	Nein
46901537	Test	AN12345685	GeÃ¤ndert	EUR	1.000,00		15.Mai.17	10:19:47 Uhr	Anerkannt	Teilweise be	Nein	Rechnung	0	Nein

Abbildung 2.20 Export von Berichten

Im Posteingang und -ausgang können Sie alle Dokumente finden, die auf dem Einkäuferkonto ein- und ausgehen, wie z. B. die folgenden:

Posteingang und -ausgang

- Bestellungen
- Rechnungen
- Preisanfragen
- Angebote
- Lieferavis
- Auftragsbestätigungen

Somit ist eine Überwachung der Belege jederzeit möglich.

2.3.14 Funktionen des Lieferantenkontos

Der Lieferant hat zunächst einen Monitor, der alle Belege anzeigt, die er mit seinen Kunden austauscht. Die Historie (siehe Abbildung 2.21) kann er auch grafisch darstellen lassen.

Historie

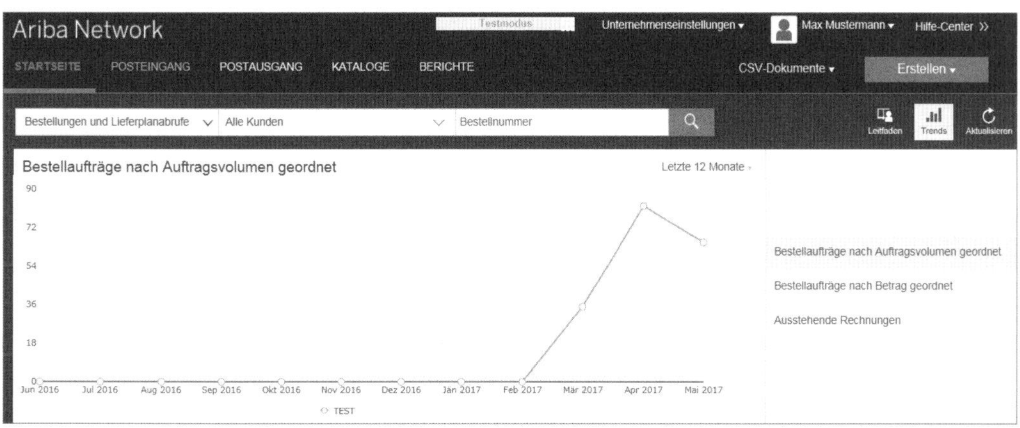

Abbildung 2.21 Der Belegmonitor

Die Belege kann er nach bestimmten Kriterien filtern (siehe Abbildung 2.22), wie z. B.:

Filtern

- neue Bestellungen
- Bestellungen, die zum Versand bereit sind
- Rechnungen, bei denen die Zahlung aussteht

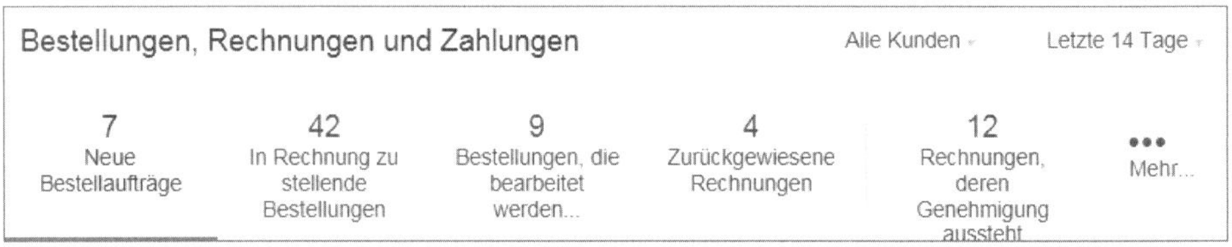

Abbildung 2.22 Filtern der Belege

Auftragsbestätigung

Auch der Lieferant hat eine Eingangs- und eine Ausgangsbox wie das Einkäuferkonto, um die Belege zu überwachen. Möchte der Lieferant nun eine Auftragsbestätigung erfassen, dann wählt er zuerst die Bestellung aus. Anschließend startet er die Erfassung der Bestätigung. Dabei wird die Bestellung als Ausgangsbasis verwendet, wie in Abschnitt 2.3.7, »PO-Flip-Szenario«, erläutert. Die Bestellnummer und die Positionen werden übernommen. Je nach den von Ihnen definierten Regeln kann der Lieferant verschiedene Prozesse durchlaufen, muss Angaben erfassen oder darf Änderungen vornehmen. So definieren Sie z. B., ob das Lieferdatum Pflicht ist oder ob der Preis oder die Artikelbeschreibung angepasst werden dürfen. Sie geben auch vor, ob Lieferanten eine Bestellung ablehnen können oder nicht. Hat der Lieferant alle Angaben erfasst, kann er die Auftragsbestätigung versenden, die Sie dann in Ihrem ERP-System verarbeiten können. Abbildung 2.23 zeigt die Daten, die auf der oberen Ebene erfasst werden müssen.

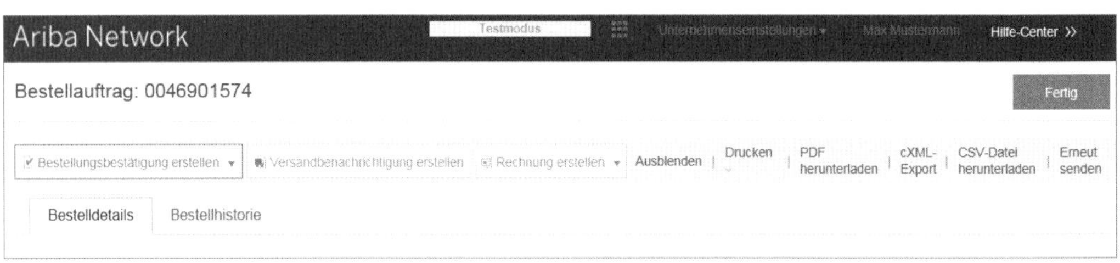

Abbildung 2.23 Kopfdaten der Auftragsbestätigung

Lieferavis

Als Nächstes kann das Lieferavis erfasst werden. Sie legen mit Validierungsregeln fest, ob der Lieferant verpflichtet ist, ein Lieferavis zu senden. Für das Lieferavis können weitere Validierungsregeln hinterlegt werden. Neben der Erfassung der Daten zum Versand bzw. zum geplanten Liefertermin kann der Lieferant Details zum Versand wie die Versandnummer oder den Versender angeben. Bei der Anlage der Versandbestätigung wird ebenfalls die Bestellung als Ausgangsbasis verwendet. Abbildung 2.24 zeigt die allgemeinen Daten der Lieferbestätigung.

Abbildung 2.24 Kopfdaten des Lieferavis

Am Beispiel des Lieferavis soll das Konzept der Umwandlung der Bestellung dargestellt werden. In der Abbildung sind die Daten der Bestellung sowie der zuvor erfassten Auftragsbestätigung zu sehen. Der Lieferant erfasst nun sein Lieferavis basierend auf diesen Daten. Angaben zu Bestelltexten, Mengen, Mengeneinheiten etc. werden direkt in das Avis übernommen (siehe Abbildung 2.25).

Umwandlung der Bestellung

Abbildung 2.25 Positionsdaten des Lieferavis

Rechnung Nun fehlt nur noch die Rechnung, die wiederum auf Basis der Bestellung erfasst wird. Für die Bearbeitung bzw. die elektronische Abwicklung von Rechnungen gelten länderspezifische Regelungen, die genau definieren, welche Angaben in der Rechnung enthalten sein müssen und welche sonstigen Informationen der Beleg enthalten muss, um als steuerliches Dokument zu gelten. Deshalb gibt es für die Rechnungsabwicklung Länderregeln, die diesen Vorgaben Rechnung tragen und z. B. auch sicherstellen, dass die Belege digital signiert werden, wenn dies notwendig ist. Weitere Definitionen, wie z. B., ob der Lieferant zusätzliche Zeilen für Nebenkosten erfassen darf oder ob er Änderungen an Preisen vornehmen darf, legen Sie gemäß den unternehmensinternen Regeln fest. In Abbildung 2.26 werden die allgemeinen Informationen zur Rechnung dargestellt.

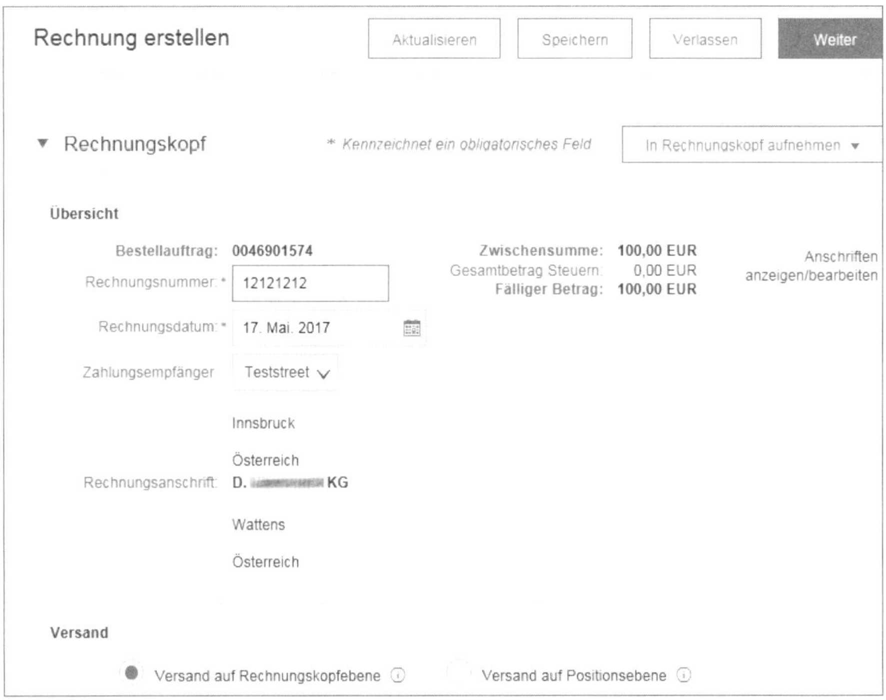

Abbildung 2.26 Kopfdaten der Rechnung

In der Rechnung werden die Details zu Steuersätzen erfasst (siehe Abbildung 2.27). Dabei können Sie dem Lieferanten eine Auswahlliste erlaubter Sätze zur Verfügung stellen. Diese Sätze können Sie den Einträgen im SAP ERP zuordnen, wodurch Sie eine reibungslose Verbuchung ermöglichen. Auch für die Rechnung gilt das Verfahren der Umwandlung der Bestellung.

Abbildung 2.27 Positionsdaten der Rechnung

Transaktionsstatus

Der Status einer Transaktion ist für den Lieferanten jederzeit transparent. So ist erkennbar, ob der Kunde bereits einen Wareneingang gebucht hat, ob eine Rechnung angekommen, freigegeben oder bereits zur Zahlung angewiesen ist. Diese Transparenz verringert die Notwendigkeit von Rückfragen per Telefon oder E-Mail, was ein Vorteil für Einkäufer und Lieferanten ist.

2.3.15 Vor- und Nachteile der Nutzung des Ariba Network

Mit der Nutzung des Ariba Network können sich sowohl Kunden als auch Lieferanten individuelle Dokumentenaustauschlösungen sparen. Der Kunde sowie der Lieferant verbinden sich jeweils nur ein einziges Mal mit dem Netzwerk. Über diese Schnittstelle können dann beliebig viele Partner angesprochen werden. Das ermöglicht eine kosteneffektive Abwicklung des elektronischen Belegaustauschs.

Datenformat

Ein weiterer Vorteil ist die Normierung des Datenformats für den Dokumentenaustausch. Ariba unterstützt C-XML und erfordert vom Versender alle Dokumente in diesem Format und schickt sie im selben Format an den Empfänger.

Manuelle Prozessschritte wie die Erfassung der Auftragsbestätigung aufseiten des einkaufenden Unternehmens oder das Scannen der Rechnung entfallen durch den elektronischen Belegaustausch. Fehlerquellen werden durch die Validierung der Belege über das Einkäuferkonto minimiert. Dadurch können Prüfschritte reduziert werden bzw. entfallen komplett.

Übersicht

Da Kunden und Lieferanten stets einen aktuellen Blick über jeden Vorgang haben, werden Transparenz und Nachvollziehbarkeit enorm gesteigert. Rückfragen, wie z. B. zum Status der Zahlung, entfallen dadurch. Lieferanten profitieren darüber hinaus davon, dass Rechnungen schneller gezahlt werden. Lieferanten sind auf dem Netzwerk für Kunden sichtbar und können so auch neue Geschäftsfelder erschließen.

Kosten

Der Austausch von Belegen ist mit Kosten und auch mit Aufwand verbunden. Auf der einen Seite gibt es die Implementierungskosten, die für die Einrichtung der Schnittstelle zum Netzwerk anfallen. Diese Kosten variieren natürlich sehr stark, abhängig von der Integrationsform und der vorhandenen technischen Basis. Außerdem müssen transaktionale Kosten entrichtet werden. Es besteht die Gefahr, dass diese Kosten in die Verkaufspreise eingerechnet werden und somit vom Kunden übernommen werden müssen. Kritiker behaupten, dass nur kostenfreie Netzwerke mittelfristig erfolgreich sind.

Ob die hohe Transparenz nun tatsächlich Fluch oder Segen ist, darüber lässt sich streiten. Ein Beispiel ist der Prozess der Rechnungserfassung über das Netzwerk. Versendet der Kunde eine Statusmeldung über den Erhalt der Rechnung, so ist für den Lieferanten nachvollziehbar, ab welchem Datum die Zahlungsfrist läuft. Dadurch hat der Kunde keinerlei Spielraum mehr bei der Nutzung der Zahlungsfristen.

Die bereits in Abschnitt 1.2.4, »Vor- und Nachteile von Cloud-Lösungen«, beschriebenen Vorbehalte gegenüber der Nutzung von cloud-basierten Anwendungen sind ebenfalls als Nachteile zu nennen. Unternehmen, die sich gegen den Austausch von Daten entscheiden, werden nur schwer vom Gegenteil zu überzeugen sein.

Kapitel 3
Strategischer Einkauf

Der strategische Einkauf hat meist eine zentrale Stellung in Unternehmen, denn in dieser Funktion kann ein großer Wertbeitrag erwirtschaftet werden. Um dies auch effizient zu tun, braucht der Stratege geeignete Tools, z. B. für das Lieferantenmanagement, den Ausschreibungsprozess oder auch für die Vertragsverhandlung. In diesem Kapitel wird erläutert, wie SAP Ariba den Einkauf bei der Wahrnehmung seiner Aufgaben unterstützt.

Die Prozesse des strategischen Einkaufs umfassen alle Aktivitäten, die dazu dienen, einerseits die Beschaffungskosten für Unternehmen nachhaltig zu senken oder Kosten zu vermeiden und andererseits die Lieferantenbasis zu managen. Sie umfassen unter anderem die Marktanalyse, die Entwicklung von Beschaffungsstrategien, die Standardisierung der Beschaffungsgüter, die Lieferantenentwicklung, die Lieferantenbewertung und die Verhandlung von Preisen.

Methoden

Typische Methoden des strategischen Einkaufs sind z. B. Risikomanagement, Lieferantenmanagement, Benchmarking, Einbindung in die Produktentwicklung, Ausschreibungen, Betrachtung der Kosten für den Lebenszyklus oder auch die Durchführung von Ausgabenanalysen.

Aspekte

SAP Ariba unterstützt verschiedene Aspekte des strategischen Einkaufs:

- Ausgabenanalyse mithilfe von SAP Ariba Spend Analysis
- Risikomanagement mit SAP Ariba Supplier Risk
- Lieferantenmanagement mit SAP Ariba Supplier and Information Management bzw. SAP Ariba Supplier Lifecycle and Performance
- Ausschreibungen und Auktionen mit SAP Ariba Sourcing
- Erschließung neuer Bezugsquellen mit SAP Ariba Discovery
- Vertragsmanagement mit SAP Ariba Contracts

In den nachfolgenden Abschnitten werden die einzelnen Komponenten detailliert vorgestellt.

3.1 Ausgabenanalyse mit SAP Ariba Spend Analysis

Mit *SAP Ariba Spend Analysis* werden interne Daten zu Lieferanten, Informationen zu Lieferanten sowie Marktanalysen kombiniert. Das Ziel ist es, die Ausgaben zu analysieren, um neue Einsparpotenziale zu identifizieren.

Ausgaben analysieren

Dafür werden im ersten Schritt alle Ausgabedaten der Lieferanten aus allen Systemen in die Lösung geladen. Anschließend werden die Daten bereinigt und durch SAP-Mitarbeiter klassifiziert. Zum Beispiel werden Ausgaben ohne Bestellbezug mit einer Warengruppenzuordnung angereichert. Danach werden die Daten durch externe Informationen wie Finanzdaten oder Marktdaten ergänzt. In Abbildung 3.1 und Abbildung 3.2 sehen Sie eine beispielhafte Darstellung der Ausgabenanalyse mit und ohne Anreicherung der Daten. Diese macht deutlich, wie groß der Unterschied zwischen den Rohdaten und den ausgewerteten Daten sein kann. Somit wird auch klar, wie eine tiefere Analyse Ihrem Unternehmen dabei helfen kann, weiße Flecken für Einkaufsaktivitäten zu entdecken und somit Potenziale zur Optimierung zu heben.

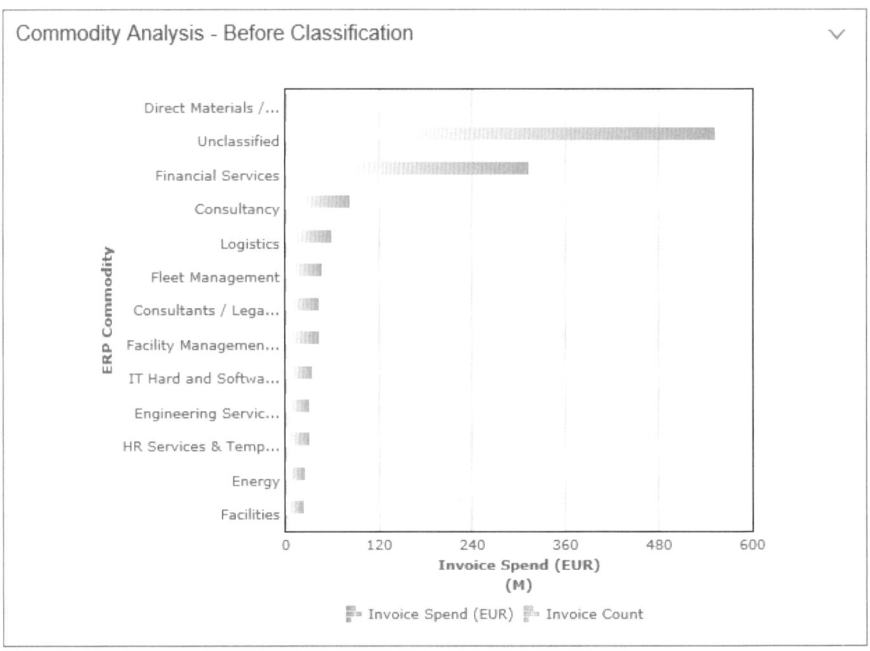

Abbildung 3.1 Rechnungsanalyse mit angereicherten Daten – Teil 1

Auswertung der Daten

Das Spend-Analysis-Modul wird durch die SAP-HANA-Technologie unterstützt, die eine zügige Datenanalyse sowie ein benutzerorientiertes Reporting auch von großen Datenmengen ermöglicht.

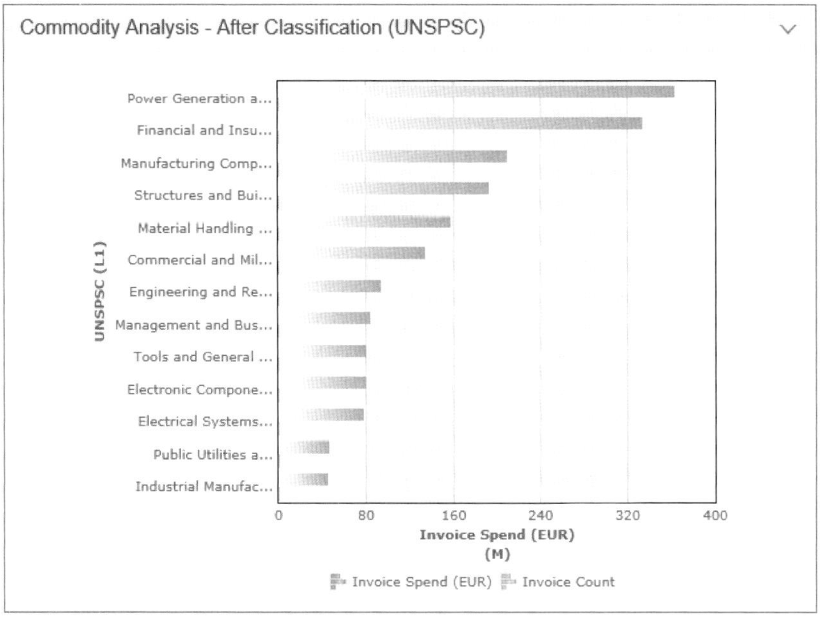

Abbildung 3.2 Rechnungsanalyse mit angereicherten Daten – Teil 2

Abbildung 3.3 zeigt eine Auswertung der monatlichen Ausgabedaten mit Bezug zu den Regionen.

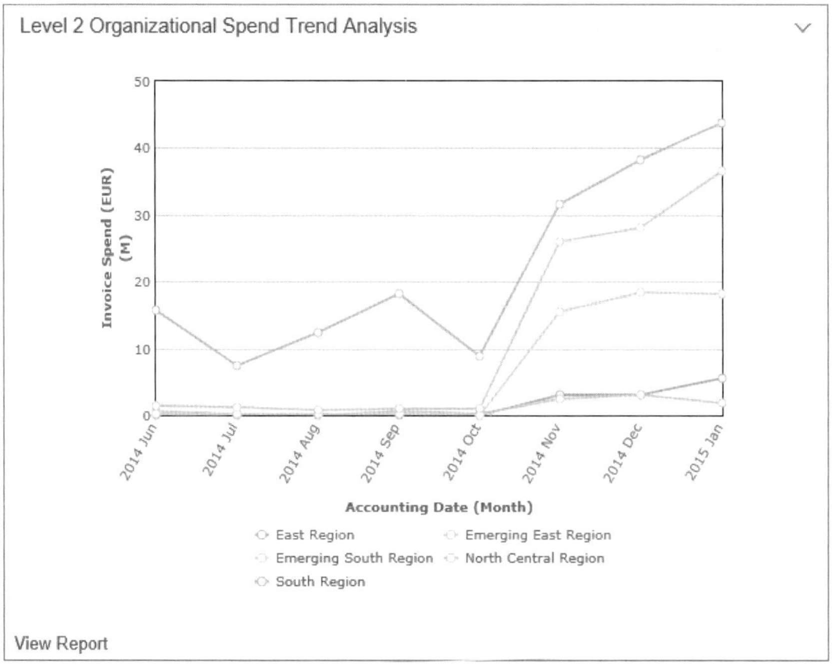

Abbildung 3.3 Ausgaben im Zeitverlauf

Oberstes Ziel der Auswertungen ist ein umfassender Blick auf die Ausgaben Ihres Unternehmens, und dies ohne Einschränkungen. Folgende Aspekte können unter anderem beleuchtet werden:

- Betrachtung der Ausgaben mit Lieferanten auf allen Ebenen inklusive der Berücksichtigung von Unternehmensverflechtungen
- Analyse der Ausgaben innerhalb der Warengruppen
- Identifizierung der Potenziale für weitere Einsparungen
- Durchführung eines Vergleichs der Ausgaben mit Branchendaten
- Analyse der Diversität der Lieferantenbasis
- Betrachtung der Ausgaben mit Vertragsbezug im Vergleich zu den Ausgaben ohne Vertragsbezug in einem bestimmten Zeitraum
- Identifizierung der Optionen zur Rationalisierung des Lieferanten- bzw. Produktportfolios

Fragmentierungsreport

Mit Dashboards wie dem *Fragmentierungsreport* erhalten Sie einen neuen Blick auf Ihre Lieferantenbasis. Die Auswertung in Abbildung 3.4 zeigt dies anschaulich. Hierin werden Ausgaben pro Kategorie sowie die Anzahl der Rechnungen und die Anzahl der Lieferanten in der Warengruppe gezeigt.

Supplier Fragmentation Analysis

	Invoice Spend (EUR)	Enriched Intermediate Parent Count	Invoice Count	Line Count	Average Invoice Spend Per Enriched Supplier (EUR)
Total	**2,092,359,649.49**	**6,177**	**10,463.00**	**10,463.00**	**311,734.16**
Engineering and Research and Technology Based Services	91,220,531.87	870	1,222.00	1,222.00	97,981.24
Travel and Food and Lodging and Entertainment Services	8,292,823.52	615	655.00	655.00	13,462.38
Manufacturing Components and Supplies	208,826,727.59	602	951.00	951.00	338,454.99
Material Handling and Conditioning and Storage Machinery and their Accessories and Supplies	150,974,460.34	548	1,007.00	1,007.00	261,201.49
Electrical Systems and Lighting and Components and Accessories and Supplies	74,215,874.86	510	832.00	832.00	138,204.61
Power Generation and Distribution Machinery and Accessories	361,632,388.85	364	770.00	770.00	879,884.16
Commercial and Military and Private Vehicles and their Accessories and Components	132,048,117.25	333	616.00	616.00	357,853.98
Management and Business Professionals and Administrative Services	82,574,035.21	326	522.00	522.00	237,281.71
Structures and Building and Construction and Manufacturing Components and Supplies	190,073,518.51	285	475.00	475.00	653,173.60
Chemicals including Bio Chemicals and Gas Materials	12,045,222.60	239	299.00	299.00	47,236.17
Information Technology Broadcasting and Telecommunications	24,468,895.74	210	355.00	355.00	106,386.50
Industrial Manufacturing and Processing Machinery and Accessories	40,131,481.71	199	244.00	244.00	194,813.02
Tools and General Machinery	78,334,118.49	188	322.00	322.00	371,251.75
Published Products	8,467,958.93	183	226.00	226.00	46,527.25
Electronic Components and Supplies	79,222,384.92	172	275.00	275.00	442,583.16

Abbildung 3.4 Fragmentierungsreport

Weitere Funktionen des Moduls sind beispielsweise das integrierte sowie rollenbasierte Dashboard, die mehrdimensionale Datenanreicherung basierend auf einer Logik von Dun and Bradstreet (D&B) sowie die Erstellung von Vorschauen und Analysen mit kurzen Antwortzeiten. Ein weiterer Aspekt ist die flexible Klassifizierung auf Basis kundenspezifischer Warengruppenstrukturen, von Industriestandards sowie auf der Taxonomie von SAP Ariba. Außerdem wird ein Benchmarking mit Unternehmen der gleichen Branche unterstützt. Die Expertise der SAP-Gemeinschaft kann genutzt werden, um einen Austausch von bewährten Vorgehensweisen zu ermöglichen.

3.2 Risikomanagement mit SAP Ariba Supplier Risk

Das Risikomanagement deckt den Bedarf von Einkaufsorganisationen ab, Beschaffungsrisiken einfach und effizient zu überwachen und diese Daten im Rahmen des Lieferantenmanagements verwenden zu können.

Risikobereiche

Die Lösung deckt verschiedene Risikobereiche ab, z. B. geografische, operative und finanzielle Risiken. Warnungen für die definierten Risikoparameter erleichtern die Überwachung. Aus mehr als 200.000 Quellen werden für das Risikomanagement Daten herangezogen und ausgewertet. Die Informationen stammen unter anderem aus Nachrichtenseiten, Daten von Regierungen, Meldungen über Naturereignisse sowie aus einer Vielzahl öffentlicher und privater Datenquellen. Die Ergebnisse werden im System gesammelt, konsolidiert, gewichtet und dann in einem Risikobericht zusammengefasst. Der Kunde bestimmt dabei auf Basis seiner Definitionen, welche Risiken mit welcher Gewichtung in eine Analyse einfließen sollen.

Es besteht außerdem die Möglichkeit, dass Lieferanten Angaben beisteuern, indem sie einen risikobezogenen Fragebogen ausfüllen. Aus interner Sicht können Ereignisse, wie z. B. Beobachtungen aus Audits, erfasst und der Risikobetrachtung zugeführt werden.

Risikoprofil

Aus der Zusammenführung von Informationen entsteht das Risikoprofil des Lieferanten, das unter anderem folgende Elemente enthält:

- Übersicht der Risikokennzahlen
- Auflistung der Meldungen
- Darstellung des Lieferantenprofils
- Visualisierung der Unternehmensverflechtungen

Risikokennzahlen

In der Übersicht der Risikokennzahlen werden die aus den diversen Quellen zusammengetragenen Daten konsolidiert und in Form von Kennzahlen dargestellt. Abbildung 3.5 zeigt folgende Kennzahlen:

- übergreifendes Risiko
- Risiken, die regulatorische oder rechtliche Parameter betreffen
- Risiken, die Umwelt und Soziales betreffen
- operative Risiken
- finanzielle Risiken

Die Risiken werden zusätzlich im Zeitverlauf dargestellt.

Abbildung 3.5 Detaillierte Darstellung des Lieferantenrisikos

Meldungen

Die aus den Quellen ermittelten Meldungen, wie z. B. Nachrichten über eingereichte Klagen, Hinweise zu Verstößen gegen Auflagen etc., werden wie in Abbildung 3.6 dargestellt.

Abbildung 3.6 Meldungen zum Lieferanten

Die Meldung wird angezeigt, nach Risiko bewertet, und ein Link wird bereitgestellt, unter dem die Meldung aufrufbar ist. Außerdem ist der Ursprung der Meldung sichtbar.

Lieferanteninformationen

In einem weiteren Bereich des Risikoprofils werden Informationen zum Lieferanten aufgezeigt, die unter anderem den Umsatz, die Anzahl der Mitarbeiter oder das Gründungsjahr dokumentieren (siehe Abbildung 3.7).

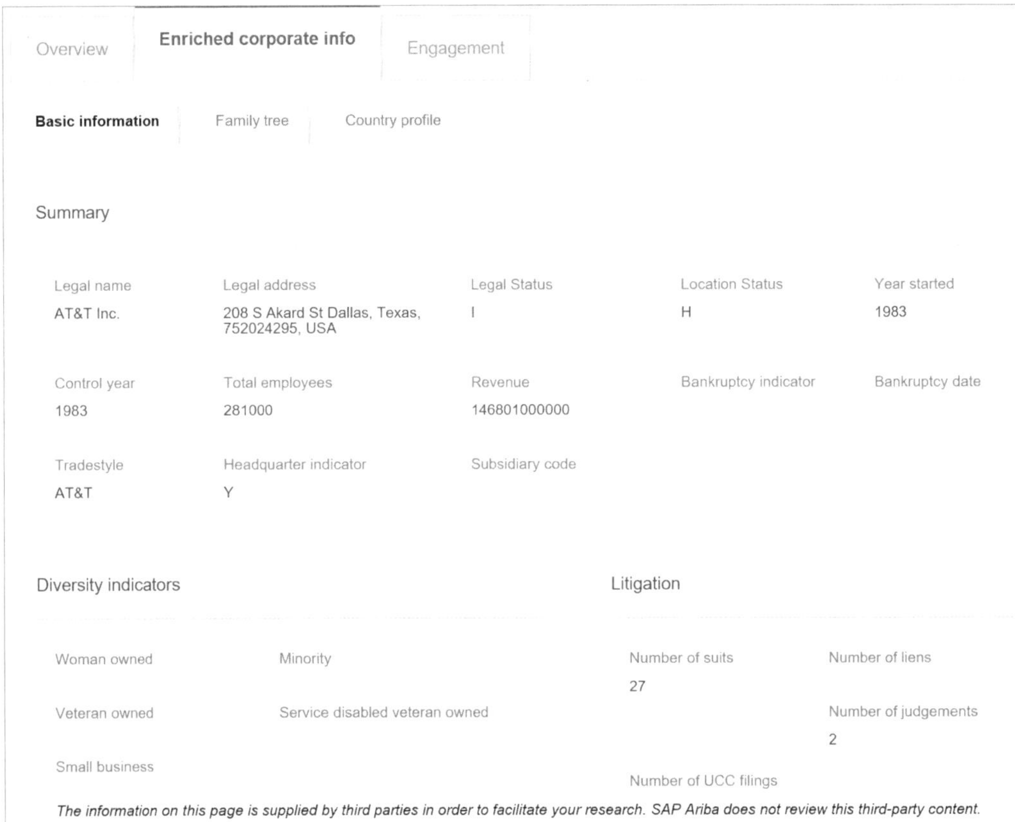

Abbildung 3.7 Angereicherte Informationen zum Lieferanten

Unternehmensverflechtungen

Aus den Daten von Dun and Bradstreet werden die Unternehmensverflechtungen abgeleitet und grafisch dargestellt (siehe Abbildung 3.8).

Das Gesamtergebnis einer Risikobetrachtung kann in das Lieferantenprofil in SAP Ariba Supplier Lifecycle and Performance einfließen und dort mit den Daten aus der Registrierung, Qualifizierung oder Bewertung zusammengeführt werden. So wird eine Gesamtsicht auf den Lieferanten möglich.

Abbildung 3.8 Unternehmensverflechtungen

Übergreifende Sicht aller Risiken

Die Lösung unterstützt aber nicht nur die Einzelbetrachtung eines Lieferanten, sondern auch eine übergreifende Sicht. Dazu wird z. B. ein Monitor angeboten, der Risiken wie in Abbildung 3.9 übersichtlich darstellt.

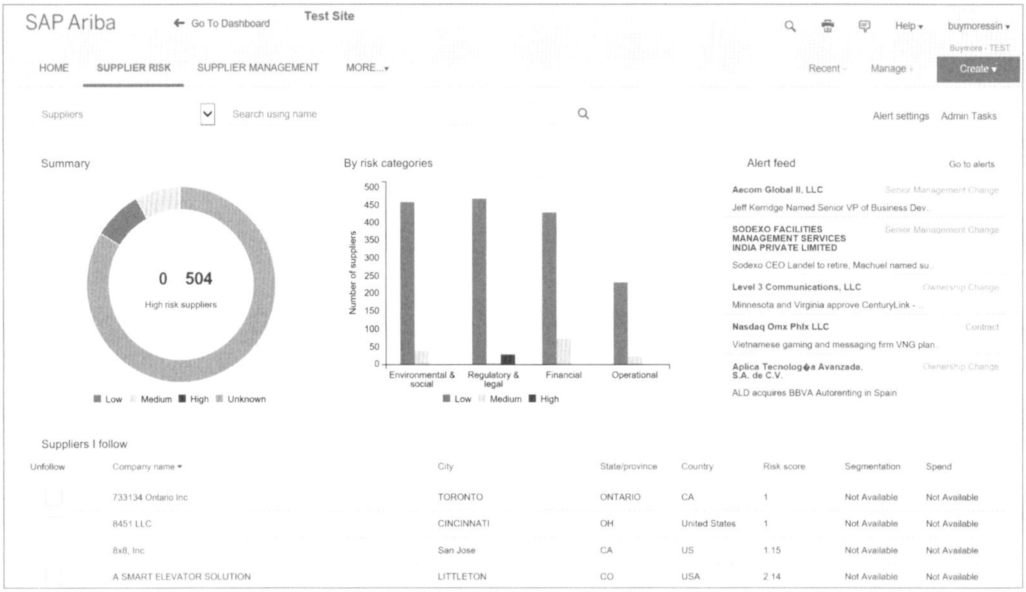

Abbildung 3.9 Risikomonitor

Um eine einfache Analyse zu ermöglichen, kann der Risikomonitor z. B. genutzt werden, um sich alle Lieferanten einer bestimmten Risikostufe anzeigen zu lassen (siehe Abbildung 3.10).

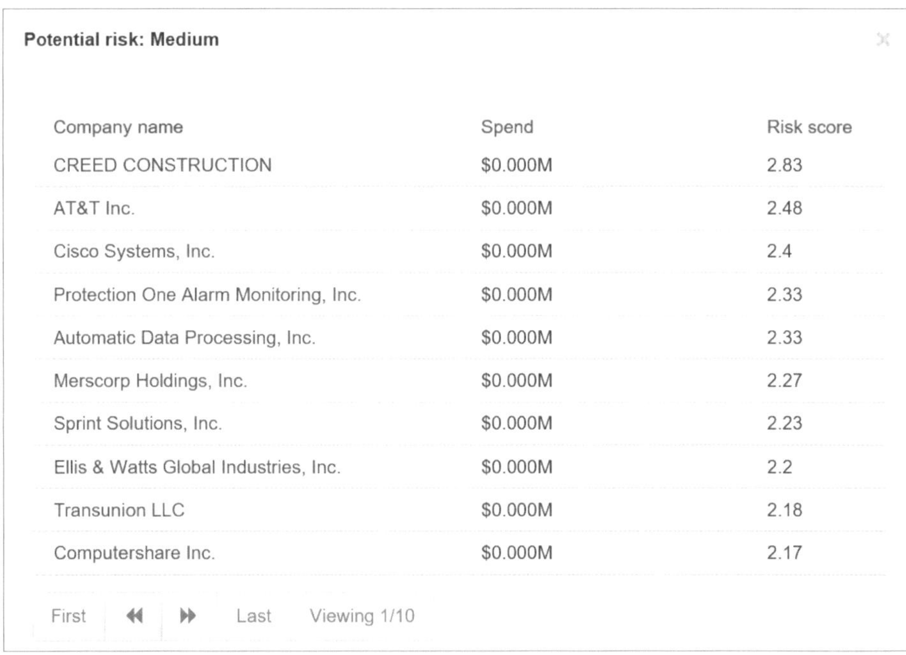

Potential risk: Medium

Company name	Spend	Risk score
CREED CONSTRUCTION	$0.000M	2.83
AT&T Inc.	$0.000M	2.48
Cisco Systems, Inc.	$0.000M	2.4
Protection One Alarm Monitoring, Inc.	$0.000M	2.33
Automatic Data Processing, Inc.	$0.000M	2.33
Merscorp Holdings, Inc.	$0.000M	2.27
Sprint Solutions, Inc.	$0.000M	2.23
Ellis & Watts Global Industries, Inc.	$0.000M	2.2
Transunion LLC	$0.000M	2.18
Computershare Inc.	$0.000M	2.17

First Last Viewing 1/10

Abbildung 3.10 Anzeige aller Lieferanten einer Risikostufe

Das Risikomodul befindet sich im Aufbau, und so sind Erweiterungen und zusätzliche Funktionen in Zukunft zu erwarten.

3.3 Lieferantenmanagement mit SAP Ariba Supplier Lifecycle and Performance

In den folgenden Abschnitten beschreiben wir die Funktionen von *SAP Ariba Supplier Lifecycle and Performance*. Dies umfasst einerseits die Prozesse, die den Lebenszyklus betreffen, andererseits auch solche Bereiche, die dem Lieferantenmanagement zuzuordnen sind. Insbesondere stellen wir nachfolgend den Registrierungs- sowie den Qualifizierungsprozess in SAP Ariba dar.

3.3.1 Unterschiede zwischen SAP Ariba SIPM und SAP Ariba SLP

SAP Ariba Supplier Information and Performance Management (SIPM) ist die ältere Komponente für die Abbildung der Lieferantenmanagementprozesse. Sie umfasst die Registrierung der Lieferanten und das Durchführen von Performancemessungen.

360-Grad-Betrachtung

Die Komponente SAP Ariba Supplier Lifecycle and Performance (SLP) ist seit Ende 2016 erhältlich und hat das Ziel, alle Lieferanteninformationen zu einer 360-Grad-Betrachtung zu konsolidieren. Dabei sollen die Prozesse der Registrierung, der Qualifizierung, der Performancemessung, der Entwicklung sowie des Phase-out abgebildet werden. Ein Schwerpunkt bei der Bereitstellung dieser Lösung ist die Einführung eines neuen Lieferantendatenmodells in SAP Ariba, das z. B. die Qualifizierung des Lieferanten unter Berücksichtigung der Warengruppe, der Region und zwei weiterer Kategorien ermöglicht. Zudem werden mit SLP vorhandene Prozesslücken geschlossen. Ein weiteres wichtiges Thema bei der Entwicklung von SLP ist die vereinfachte Integration des Moduls in SAP ERP zum Austausch der Lieferanten- und weiterer Stammdaten wie der Einkaufsorganisation oder auch der Warengruppen. In dieser Publikation wird lediglich das Modul SLP vorgestellt.

3.3.2 Der Lieferantenlebenszyklus mit SAP Ariba SLP

Die Vision von SLP ist es, alle lieferantenbezogenen Daten an einer zentralen Stelle zu konsolidieren sowie diese Informationen in angrenzenden Prozessen bereitzustellen. Damit soll eine umfassende Sicht auf den Lieferanten ermöglicht werden (siehe Abbildung 3.11).

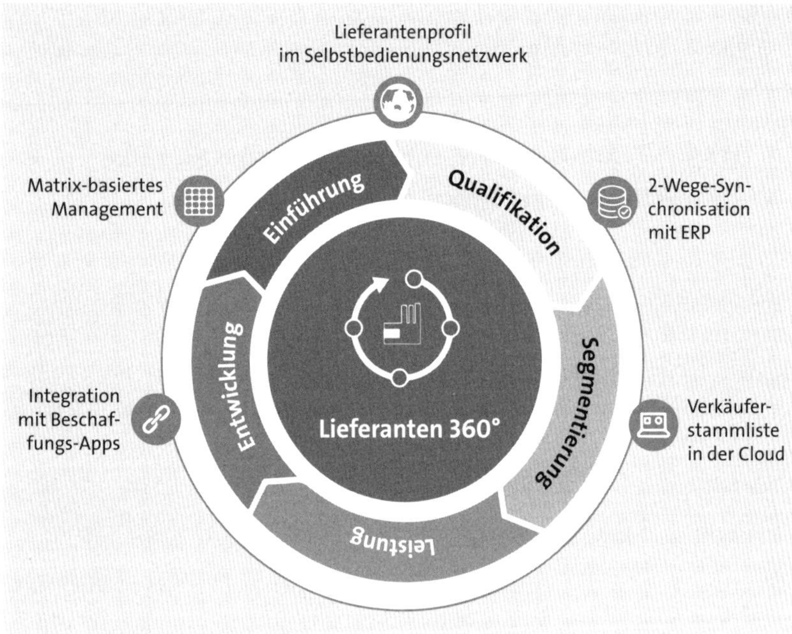

Abbildung 3.11 Der 360-Grad-Blick auf den Lieferanten

Lieferanten-
lebenszyklus

Wenn die Lösung für den Kunden konfiguriert ist, sollten alle Prozesse des Lieferantenlebenszyklus in SAP Ariba abgedeckt sein. Das umfasst die Registrierung, die Qualifizierung, die Segmentierung, die Performancemessung, die Lieferantenentwicklung sowie das Phase-out des Lieferanten. Außerdem werden Schnittstellen zur Verfügung gestellt, die die Einbindung von Lieferantenauswertungen entweder aus anderen SAP-Ariba-Komponenten (z. B. Sourcing) oder externen Datenquellen (z. B. ERP-Bestelldaten) ermöglichen.

3.3.3 Die Lieferantenanfrage

Die *Lieferantenregistrierung* ist eine wichtige Voraussetzung für die Nutzung des Lieferanten in strategischen Einkaufsprozessen. Für das Onboarding des Lieferanten ist ein zweistufiger Prozess aus Lieferantenanfrage sowie der eigentlichen Registrierung vorgesehen.

Lieferanten-
anforderungs-
formular

Die Anfrage zur Anlage eines neuen Lieferanten wird von einem berechtigten Nutzer erstellt. Welche Daten dabei abgefragt werden, wird im zugrunde liegenden Formular vom Kunden selbst definiert. Es empfiehlt sich, die Anfrage schlank zu halten und auf die wesentlichen Angaben zu beschränken. Abbildung 3.12 zeigt ein mögliches Lieferantenanforderungsformular.

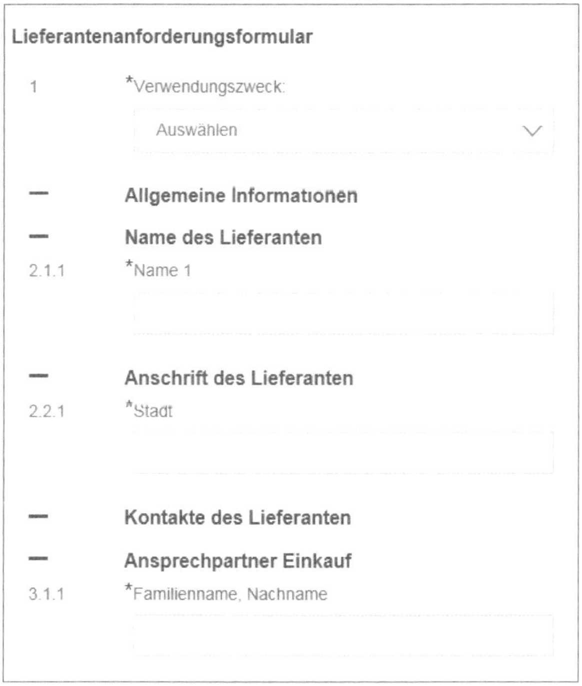

Abbildung 3.12 Die Lieferantenanfrage

Wie bei allen Formularen im System gibt es hier zahlreiche Gestaltungsspielräume, beginnend bei optionalen und verpflichtenden Angaben bis hin zu Auswahllisten oder Ja-/Nein-Fragen.

Einladung zur Registrierung

Ziel der Anfrage ist es, den Lieferanten zur Registrierung einladen zu können. Daher sind einerseits der Name des Lieferanten und andererseits der Registrierungskontakt für die Anfrage wichtig. Wichtig ist auch, dass die stammdatenrelevanten Felder wie der Unternehmensname oder die Angaben zum Kontakt einem Systemfeld zugeordnet werden. Dieses Mapping ermöglicht einerseits eine Anzeige der Stammdaten im 360-Grad-Profil, aber auch eine Übergabe in ein ERP-System.

Freigabe

Die Lieferantenanfrage kann mit einem Freigabeprozess abgeschlossen werden. Ein mögliches Szenario ist z. B. die Freigabe der Anfrage durch einen Stammdatenverantwortlichen oder auch durch einen Lieferantenmanager (siehe Abbildung 3.13). Sobald die Anfrage freigegeben ist, kann der Lieferant zur Registrierung eingeladen werden.

Anfragen können vom Anforderer abgebrochen werden und verbleiben noch eine Weile im System. Sie können später aufgegriffen und abgeschlossen werden. Abgeschlossene Anfragen stellen Stammdaten für das System dar. Man kann danach suchen und diese auch weiterbearbeiten.

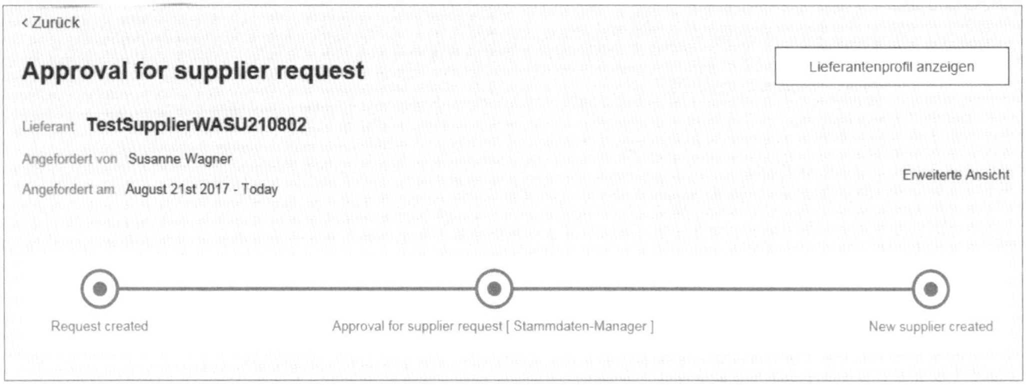

Abbildung 3.13 Genehmigungsprozess der Lieferantenanfrage

SLP verfügt über eine *Duplikatsprüfung*, die unter anderem auf dem Namen des Lieferanten, aber auch auf weiteren Feldern wie der Steuernummer oder der DUNS-Nummer basiert.

3.3.4 Die Lieferantenregistrierung

Registrierungsprozess

Die *Lieferantenregistrierung* wird einerseits durch einen Prozess und andererseits durch den Registrierungsfragebogen sowie interne Fragebögen abgebildet. Ein beispielhafter Prozess der Registrierung könnte in etwa so wie in Abbildung 3.14 gestaltet sein.

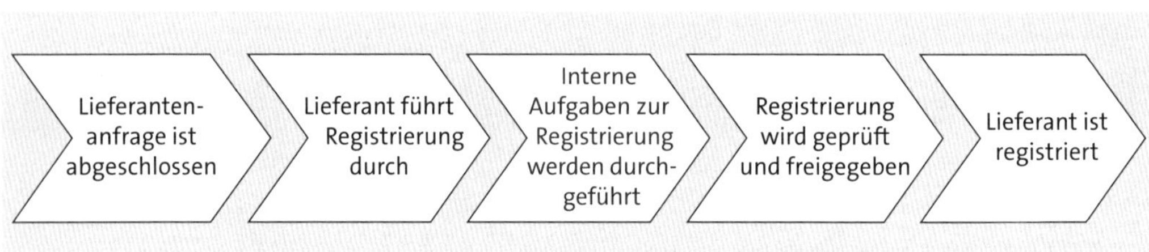

Abbildung 3.14 Der Prozess der Lieferantenregistrierung

Prozess starten

Für den Start des Prozesses werden zunächst der Lieferant, das Registrierungsformular sowie schlussendlich der Empfänger der Registrierung ausgewählt. Der Prozess mit den Verantwortlichen, den zugeordneten Dokumenten sowie allen weiteren Definitionen wird im entsprechenden Ariba-Template definiert.

Abbildung 3.15 zeigt den Schritt der Einladung zur Registrierung, bei dem der Fragebogen sowie der Empfänger der Registrierung ausgewählt werden.

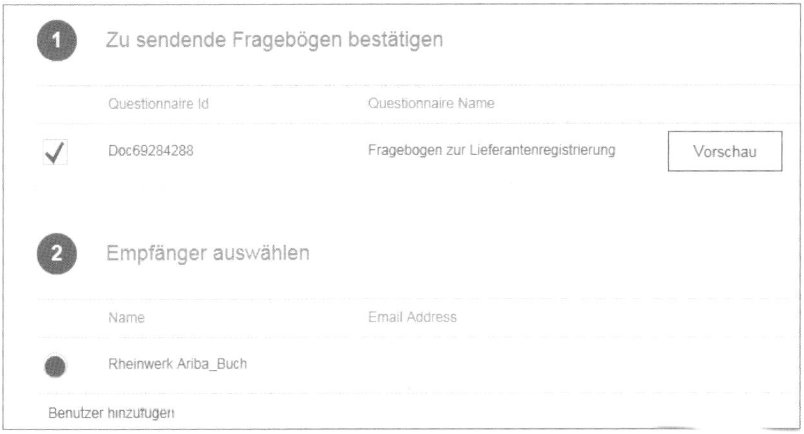

Abbildung 3.15 Auswahl des Fragebogens zur Registrierung

Das Formular zur Registrierung wird ebenso wie die Lieferantenanfrage kundenspezifisch definiert. Ziel dieses Prozesses ist es, den Lieferanten mit seinen wichtigsten Angaben im System zu erfassen. Das betrifft z. B. klassische Stammdaten wie Adresse und Bankverbindungen. Was Sie hier von Ihren Lieferanten erfragen, sollte möglichst warengruppenneutral sein. Die im Formular verwendeten Angaben müssen den Systemfeldern zugeordnet werden, um die Anzeige im bzw. die Übergabe in ein ERP-System zu ermöglichen.

Der Registrierungskontakt erhält für die Durchführung der Anmeldung eine E-Mail mit einem Link, wie in Abbildung 3.16 dargestellt.

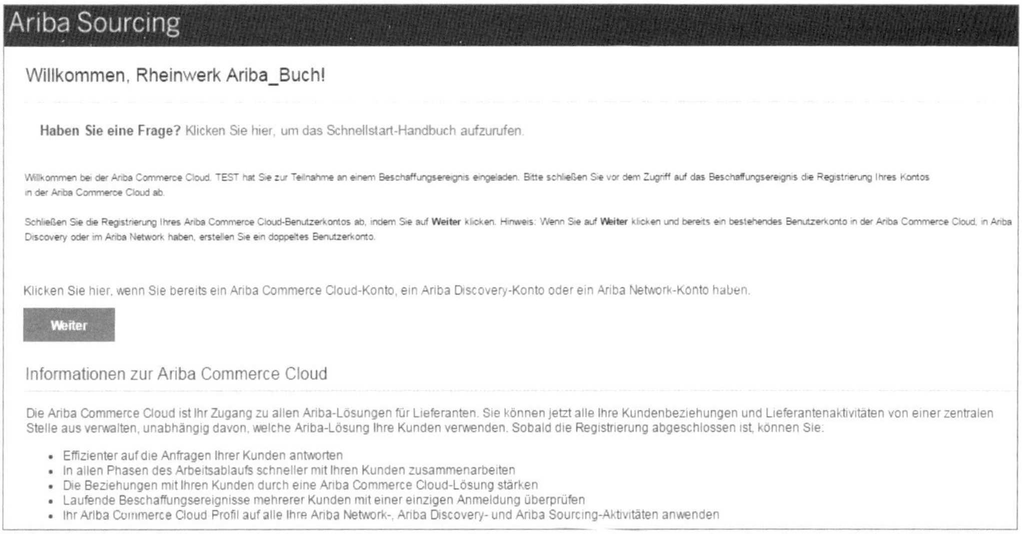

Abbildung 3.16 Einladung zur Lieferantenregistrierung

Unternehmensangaben erfassen

Als Erstes muss der Lieferant nun seine allgemeinen Unternehmensangaben erfassen. Dies ist natürlich nur notwendig, wenn noch kein Ariba-Netzwerkkonto vorhanden ist. Abbildung 3.17 zeigt einen Ausschnitt der Registrierung des Lieferanten auf dem Netzwerk.

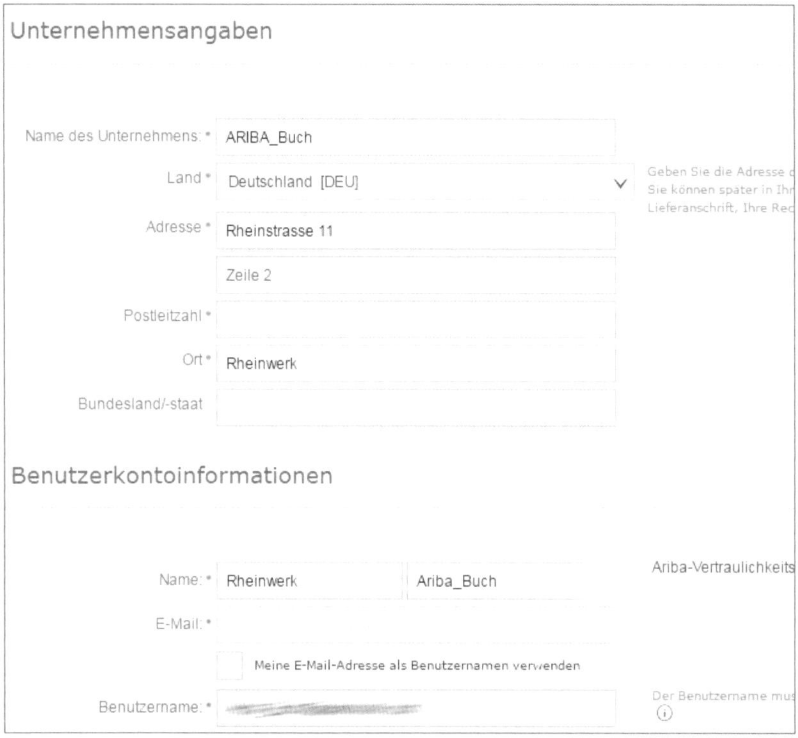

Abbildung 3.17 Unternehmensangaben erfassen

Fragebogen

Anschließend wird der Lieferant zum Registrierungsfragebogen Ihres Unternehmens geleitet. Der Fragebogen wird direkt geöffnet und kann anschließend vervollständigt werden. Der Fragebogen ist, wie in Abbildung 3.18 dargestellt, jederzeit verfügbar und kann z. B. zur Aktualisierung der Unternehmensinformationen verwendet werden.

Der Fragebogen für den Lieferanten ist zur besseren Übersicht in Kapitel untergliedert. Hieraus können Sie auswählen, welche Punkte Sie in Ihrem Formular vorgeben möchten. Verpflichtende Felder sind mit einem Stern gekennzeichnet. Außerdem werden bereitgestellte Erklärungstexte, Anlagen oder auch Auswahllisten an den Lieferanten weitergegeben. Abbildung 3.19 zeigt einen beispielhaften Ausschnitt eines Fragebogens. Der Lieferant kann seine Angaben während der Erfassung zwischenspeichern und die Daten zu einem späteren Zeitpunkt vervollständigen oder auch das Formular in Excel herunterladen und offline ausfüllen.

Abbildung 3.18 Fragebogen zur Registrierung

Abbildung 3.19 Struktur eines Fragebogens zur Registrierung

Registrierung abschließen

Sie geben den weiteren Prozess für den Abschluss der Registrierung vor. Im in Abbildung 3.20 dargestellten Screenshot schließt sich an die Freigabe des Registrierungsfragebogens durch den Stammdatenmanager eine interne Aufgabe zur Anreicherung des Stammdatenprofils an.

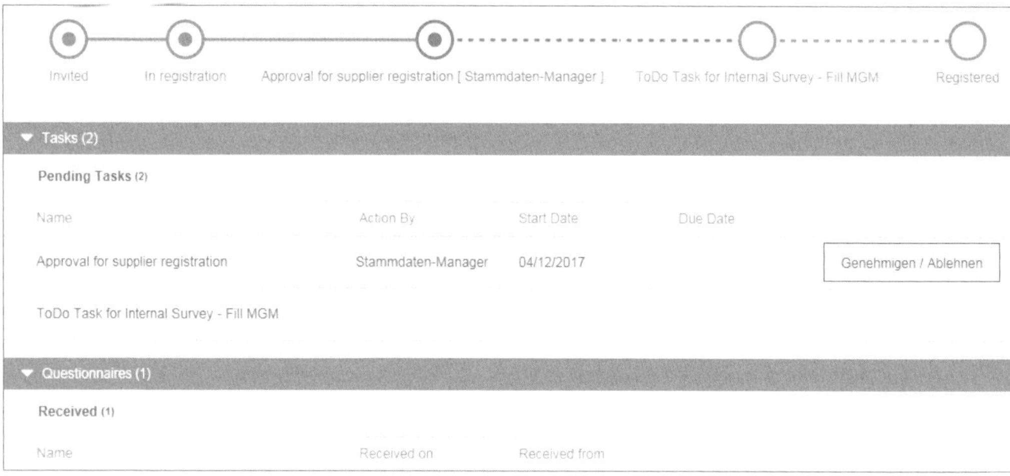

Abbildung 3.20 Prozess der Lieferantenregistrierung

Der Stammdatenmanager muss in diesem Beispiel die Angaben des Lieferanten prüfen und freigeben. Die Prüfung kann mit einer Rückfrage an den Lieferanten unterstützt werden, wenn z. B. eine Angabe im Fragebogen unvollständig ist. Außerdem kann der Freigebende den Fragebogen, wie in Abbildung 3.21 dargestellt, ablehnen oder genehmigen.

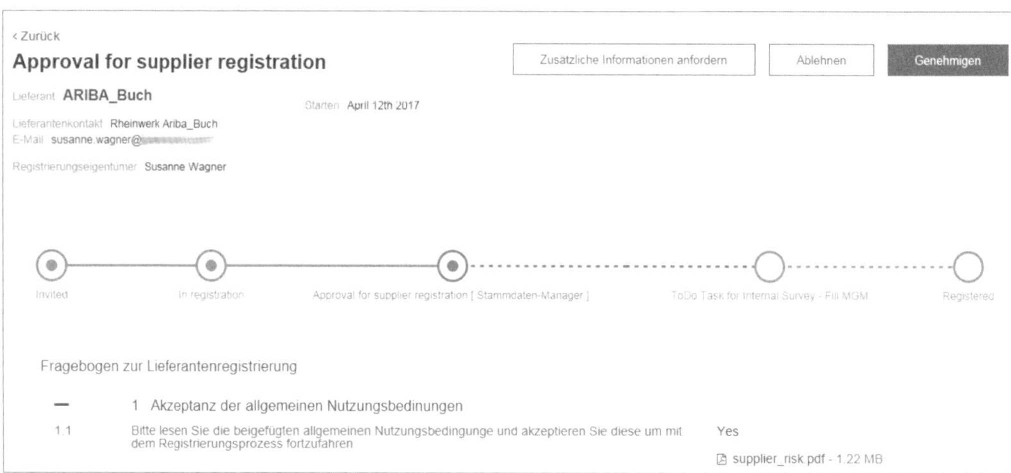

Abbildung 3.21 Freigabe der Registrierung

Die hier als Beispiel dargestellte interne Aufgabe dient der Erfassung eines Lieferantenmanagers im Lieferantenprofil. Wenn diese Erfassung erledigt ist, ist der Prozess der Registrierung abgeschlossen, und der Lieferant wird in den Qualifizierungsprozess überführt.

Zur besseren Übersicht der Prozesse bietet das System verschiedene Status an, die z. B. eine Suche nach allen Lieferantenstämmen ermöglichen, deren Registrierung noch nicht abgeschlossen ist.

Registrierungs-prozess abschließen

Durch den Abschluss des Registrierungsprozesses wird das 360-Grad-Profil des Lieferanten weiter vervollständigt. Abbildung 3.22 gibt einen Überblick über dieses Profil.

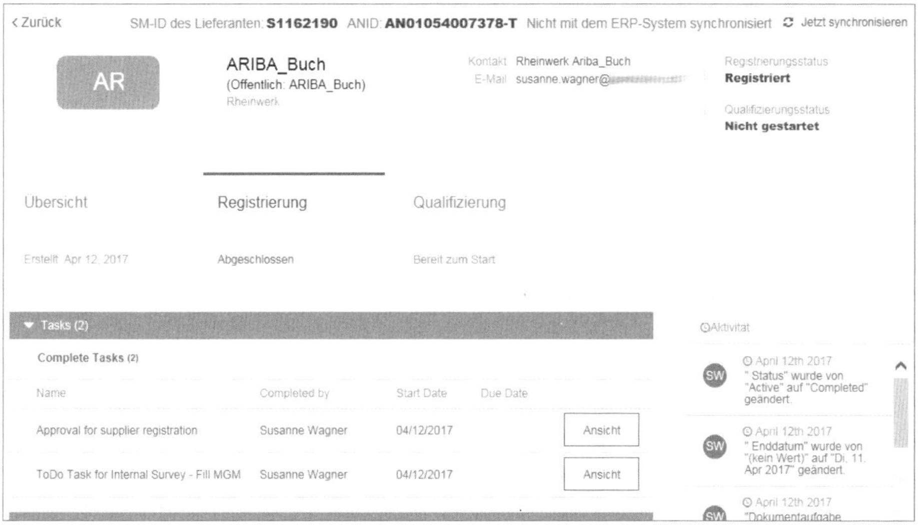

Abbildung 3.22 Lieferantenprofil nach Registrierung

Das Beispiel zeigt eine Übersicht des Registrierungsprozesses sowie den Blick auf das Lieferantenprofil. Neben dem Namen sowie der SLP-Nummer des Lieferanten wird auch die Netzwerknummer (ANID) angezeigt. Außerdem ist klar ersichtlich, in welchem Prozess sich der Lieferant derzeit befindet, wer der Hauptkontakt des Lieferanten ist und welche Änderungen in letzter Zeit am Profil vorgenommen wurden. Inhalte des öffentlichen Profils werden ebenfalls angezeigt. Dazu zählen unter anderem der Name des Lieferanten im Netzwerk, aber auch Angaben zur Unternehmensgröße, der Anzahl der Beschäftigten oder auch zu den verfügbaren Zertifikaten.

3.3.5 Die Lieferantenqualifizierung

Die *Lieferantenqualifizierung* ermöglicht die Freigabe des Lieferanten unter Berücksichtigung der Region sowie der Warengruppen. Zwei weitere Parameter wie der Geschäftsbereich sowie ein kundeneigenes Element sind geplant. Das Ergebnis dieses Vorgehens ist eine Qualifizierungsmatrix (siehe Tabelle 3.1). So kann der Lieferant z. B. für die EMEA-Region freigegeben werden, aber nicht für die AMERICAS-Region.

Lieferant	Region EMEA	Region AMERICAS
ABC GmbH	Software *Qualified*	
DEF AG	Hardware *Qualified*	Hardware *Qualified*

Tabelle 3.1 Qualifizierungsmatrix

Lieferant einschränken

Die Qualifizierungsinformation kann für Ausschreibungs- und Vertragsprojekte verwendet werden. So kann man z. B. die Verwendung von Lieferanten für Ausschreibungen einschränken (siehe Abbildung 3.23). Ob und in welchen Fällen Sie diese Einschränkung vornehmen wollen, hinterlegen Sie im jeweiligen Template für die Ausschreibung bzw. den Vertrag.

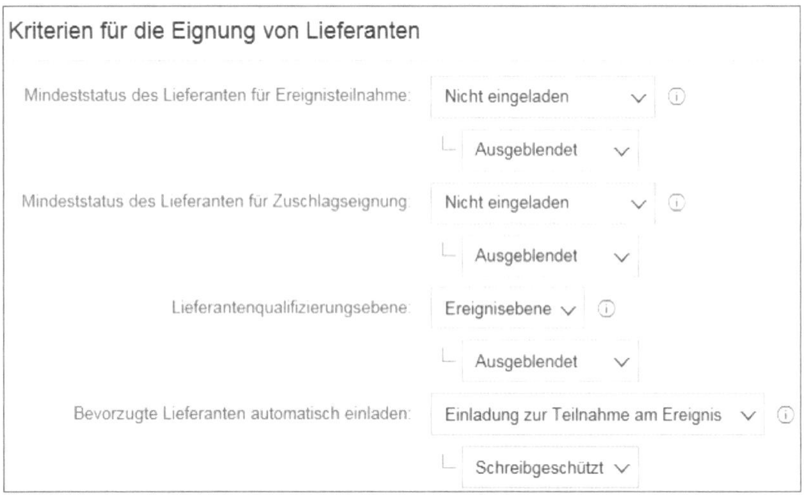

Abbildung 3.23 Lieferantenstatus in Ausschreibungen verwenden

Der Prozess der Qualifizierung umfasst einen Lieferantenfragebogen (Self-Assessment), notwendige interne Aufgaben bzw. Angaben sowie die Freigabe. Die Ausgestaltung des Prozesses liegt in der Obhut des Kunden. Abbildung 3.24 zeigt einen beispielhaften Prozess.

Qualifizierungsprozess

Im in Abbildung 3.24 dargestellten Beispiel besteht der Qualifizierungsprozess aus folgenden Schritten:

- der Durchführung einer Selbstauskunft auf Basis des Qualifizierungsfragebogens durch den Lieferanten
- der Abarbeitung von internen Aufgaben für die Qualifizierung, wie z. B. die Durchführung eines Erstaudits in der Herstellung des Lieferanten
- der Freigabe der Qualifizierung

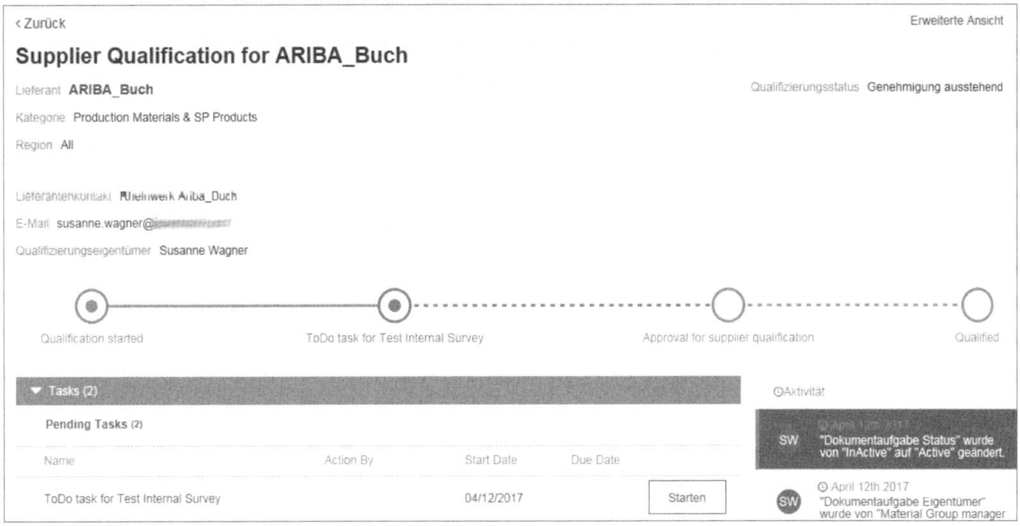

Abbildung 3.24 Qualifizierungsprozess

Die Self-Assessment-Fragebögen werden durch die Matrix bestimmt. So werden Sie sicher auch in Ihrem Unternehmen Fragen haben, die von allen Unternehmen beantwortet werden müssen. Typische Beispiele sind hier Unternehmensangaben wie die Anzahl der Mitarbeiter oder die Beschreibung der Unternehmensstruktur.

Andere Fragen sind spezifisch für Regionen, wie z. B. die Frage, ob eine Vertriebslizenz in bestimmten Ländern notwendig ist. Wiederum andere Anforderungen leiten sich aus der Warengruppe des Lieferanten ab. Hier seien notwendige Bescheinigungen, Zertifikate oder auch andere Qualitätsanforderungen genannt. Aus dieser Situation heraus ergeben sich mehrere Fragebögen, die entweder auf alle oder nur auf bestimmte Qualifizierungsmaßnahmen zutreffen.

Fragebögen

Beim Start des Qualifizierungsprozesses werden dann neben dem Lieferanten auch die zutreffenden Fragebögen ausgewählt und an die entsprechende Kontaktperson gesendet. Dieses Konzept wird in Abbildung 3.25 dargestellt. Der Lieferant erhält eine einzige Anfrage vom einkaufenden Unternehmen.

Qualifizierung abschließen

Der Abschluss des Prozesses ist mit der finalen Freigabe und dem Setzen des Lieferantestatus auf **Qualifiziert** gegeben. Im Profil des Lieferanten (siehe Abbildung 3.26) ist jederzeit erkenntlich, für welche Regionen und Warengruppen eine Freigabe erfolgt ist.

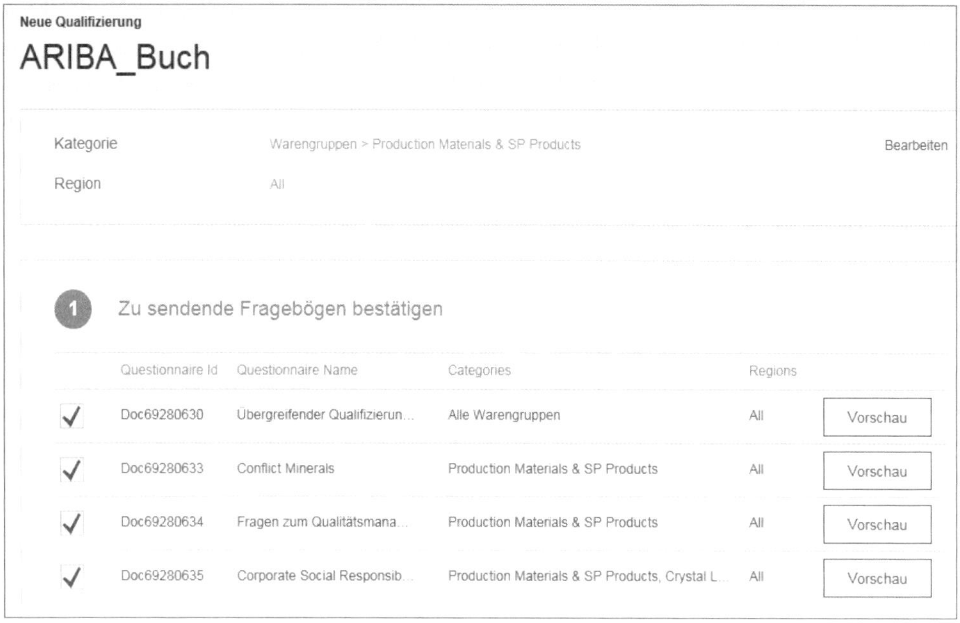

Abbildung 3.25 Auswahl der Qualifizierungsfragebögen für die Versendung

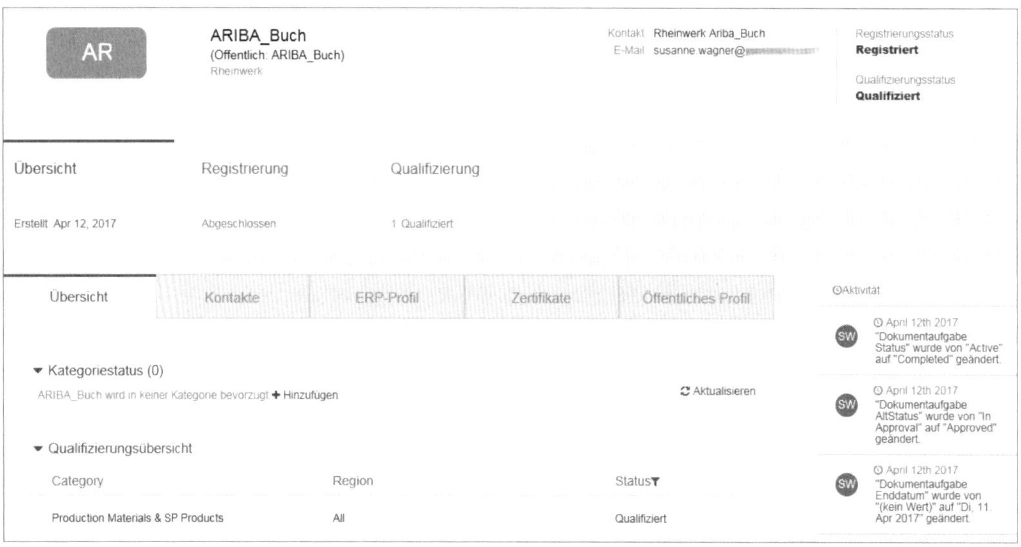

Abbildung 3.26 Profil mit Angabe zur Qualifizierung

Disqualifizierung

Der gesetzte Status kann durch die Durchführung einer *Disqualifizierung* aufgehoben werden. Das ist z. B. notwendig, wenn der Lieferant wegen Qualitätsmängeln nicht mehr für Ausschreibungen verwendet werden soll. Auch für diesen Prozess bestimmen Sie als Kunde, welche Aufgaben in welcher Reihenfolge durchlaufen werden sollen. Abbildung 3.27 zeigt einen sehr einfachen Prozess mit einer internen Aufgabe und einer Freigabe der Disqualifizierung.

Abbildung 3.27 Prozess der Disqualifizierung

Ebenso wie für Lieferantenanfragen und Registrierungen müssen auch im Qualifizierungsfragebogen die notwendigen Feldzuordnungen erfolgen, um die Suche nach Qualifizierungsinhalten oder die Bereitstellung von Informationen im Lieferantenprofil zu ermöglichen.

3.3.6 Definition des bevorzugten Lieferanten

Ein wichtiges Thema im Einkauf ist die Definition der Kernlieferanten oder der bevorzugten Lieferanten. Mit Lieferanten, die diesen Kategorien zugeordnet sind, besteht in der Regel eine enge Geschäftsbeziehung, Mit ihnen werden Rahmenvereinbarungen abgeschlossen, die die Anforderungen an Kosten, Qualität und Zeit erfüllen. In vielen Einkaufsorganisationen gibt es Prozesse, die eine verpflichtende Nutzung der Kernlieferanten vorschreiben, besonders wenn Einkaufsaufgaben an andere Funktionen, wie z. B. ein Shared-Service-Center, übergeben werden sollen. Ist ein solches Servicecenter für die Durchführung von Ausschreibungen bis zu einem definierten Wert verantwortlich, wollen die Einkäufer gerne sicherstellen, dass die bestehenden Kernlieferanten verwendet werden. Oftmals dürfen Servicecenter gar keine neuen Lieferanten suchen. Für diesen Prozess gibt es in SLP die Möglichkeit, den Lieferanten mit einem Kennzeichen zu versehen.

Fragebogen

Dazu wird ebenfalls ein Fragebogen definiert, der mindestens die Dimension Warengruppe, Region und das Kennzeichen **Bevorzugter Lieferant** enthalten muss. Dieser Fragebogen kann im Profil des Lieferanten gefüllt werden. Falls eine Genehmigung notwendig sein sollte, kann man diese ebenfalls im Prozess vorsehen, wie in Abbildung 3.28 visualisiert.

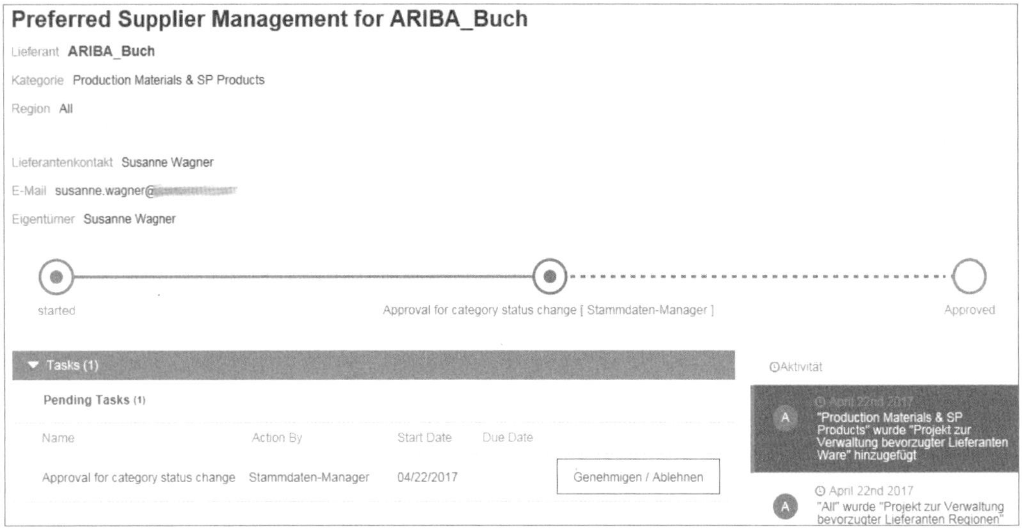

Abbildung 3.28 Definition bevorzugter Lieferant

Status

Der bevorzugte Status des Lieferanten wird im Profil des Lieferanten angezeigt und kann für Folgeprozesse wie das Sourcing verwendet werden. Der Status wird, wie in Abbildung 3.29 zu sehen, als **Stufe 1** mit Bezug auf die Qualifizierungsmatrix angezeigt. Das bedeutet, dass nur ein qualifizierter Lieferant auch ein bevorzugter Lieferant sein kann. Und diese Definition ist auch nur auf den Parametern, auf denen die Qualifizierung erfolgt ist, möglich. Er enthält somit die Dimension der Region (hier **All**) genauso wie die der Warengruppe (hier **Commodity**).

Abbildung 3.29 Anzeige des bevorzugten Lieferanten

3.3.7 Synchronisation der Lieferantenstammdaten zwischen SAP Ariba SLP und SAP ERP

Stammdaten übergeben

An einem bestimmten Punkt des Registrierungs- oder Qualifizierungsprozesses kann es notwendig sein, die Stammdaten des Lieferanten an das ERP-System zu übergeben. Dafür kann im System einerseits der Zeitpunkt definiert werden, ab dem dieser Austausch frühestens möglich ist. Andererseits kann auch die Methodik der Synchronisation (siehe Abbildung 3.30) festgelegt werden.

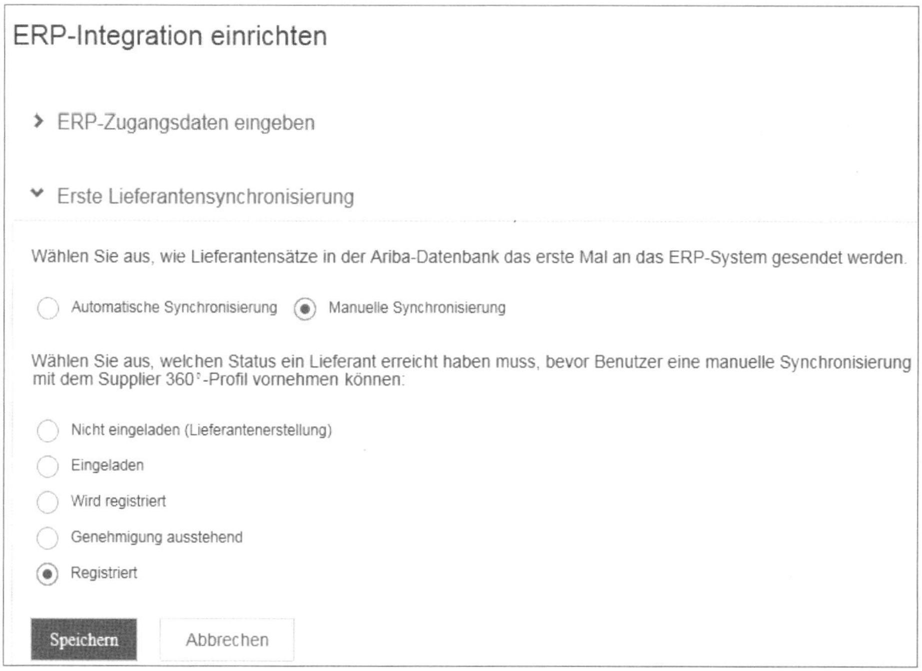

Abbildung 3.30 Zeitpunkt der Synchronisation

Einstellungen

Sie können folgende Einstellungen vornehmen:

- Synchronisation erfolgt automatisch im Hintergrund.
- Synchronisation mit dem ERP-System wird manuell angestoßen.
- Der Lieferantenstamm kann synchronisiert werden, wenn der Kontakt noch nicht zur Anmeldung eingeladen wurde.
- Der Lieferantenstamm kann synchronisiert werden, wenn die Einladung zur Registrierung bereits erfolgt ist.
- Der Lieferantenstamm kann synchronisiert werden, wenn der Lieferant den Registrierungsfragebogen bereits ausgefüllt hat, aber noch keine interne Freigabe erfolgt ist.

- Der Lieferantenstamm kann synchronisiert werden, wenn die Lieferantenregistrierung abgeschlossen ist.

Im Rahmen der Integration der Stammdaten werden einerseits die Ariba-Informationen an SAP ERP übergeben und andererseits die in SAP ERP erzeugten Daten zurück an SLP gespielt. So sind dann auch in SLP die SAP-ERP-Lieferantennummer sowie Angaben zu den Buchungskreisdaten oder Einkaufsdaten verfügbar.

Synchronisation

Für die Synchronisation zwischen SAP ERP und SLP werden Komponenten von SAP Master Data Governance (MDG) verwendet. Die Aktivierung von SAP Business Partner sowie die Nutzung der Kunden-/Lieferantenintegration (CVI) in SAP ERP ist eine Grundvoraussetzung für den bidirektionalen Austausch der Stammdaten, wenn Sie über ein SAP-System verfügen, das noch nicht auf SAP S/4HANA läuft.

3.3.8 Das 360-Grad-Profil von SAP Ariba SLP

Kopfelemente des Profils

Das *360-Grad-Profil* von SLP ist das Herzstück des Lieferantenmanagements. Es soll in Zukunft die Übersicht über alle Prozesse und Daten zu einem Lieferanten an einer einzigen Stelle konsolidieren. Das Profil besteht grundsätzlich aus den in Tabelle 3.2 genannten Kopfelementen.

Bezeichnung	Beschreibung
SM-ID	Lieferantennummer in SLP
ANID	Nummer des Lieferanten im Ariba-Netzwerk
Synchronisation	Angaben, ob der Lieferantenstamm mit dem SAP-ERP-System synchronisiert wurde. Falls ja, wird hier die ERP-Lieferantennummer angezeigt.
Initialen	Aus den Anfangsbuchstaben des Lieferantennamens wird ein Kürzel generiert.
Name	Name des Lieferanten in SLP
öffentlicher Name	Name des Lieferanten im Netzwerk
Ort	Ort, den der Lieferant im Rahmen der Registrierung angegeben hat
Kontakt	Name sowie E-Mail-Adresse des Hauptkontakts

Tabelle 3.2 Kopfinformationen im Lieferantenprofil

Bezeichnung	Beschreibung
Status	Angaben zum Registrierungs- und Qualifizierungsstatus des Lieferanten

Tabelle 3.2 Kopfinformationen im Lieferantenprofil (Forts.)

Kacheln

Unterhalb der Kopfinformationen werden einzelne Kacheln dargestellt, die den Verlauf des Lieferanten durch den Lebenszyklus im System widerspiegeln (siehe Abbildung 3.31).

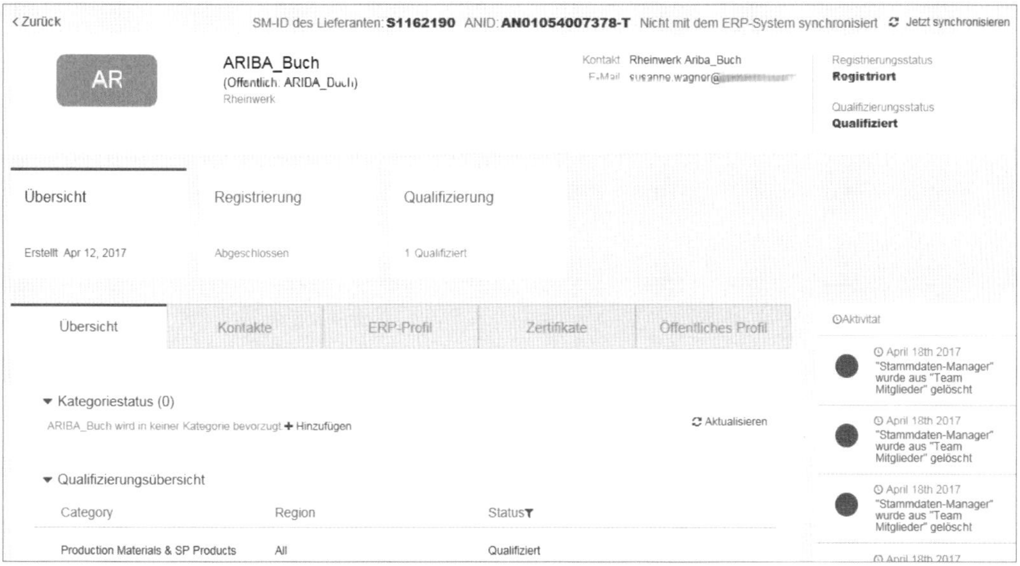

Abbildung 3.31 Übersicht zum Profil

Neben der **Übersicht**, die eine Zusammenfassung aller Daten darstellt, werden hier auch die Prozesse der **Registrierung**, der **Qualifizierung**, der Disqualifizierung sowie die Übersicht zur Performancemessung oder auch zum Risiko angezeigt.

Die Übersicht nutzt Inhalte aus den diversen Prozessen und stellt diese konsolidiert dar. Sie besteht aus der allgemeinen Übersicht, den Kontakten, dem ERP-Profil, den Zertifikaten sowie dem öffentlichen Profil. Das Register **Übersicht** enthält die Lieferantenanfrage, die Übersicht aller durchgeführten Qualifizierungen sowie die Angaben zum Kategoriestatus (**Bevorzugter Lieferant**).

Profilinhalte

Abbildung 3.32 zeigt die Zusammenfassung der Profilinhalte, also die verschiedenen Statusinformationen sowie den Fragebogen aus der Lieferantenanfrage.

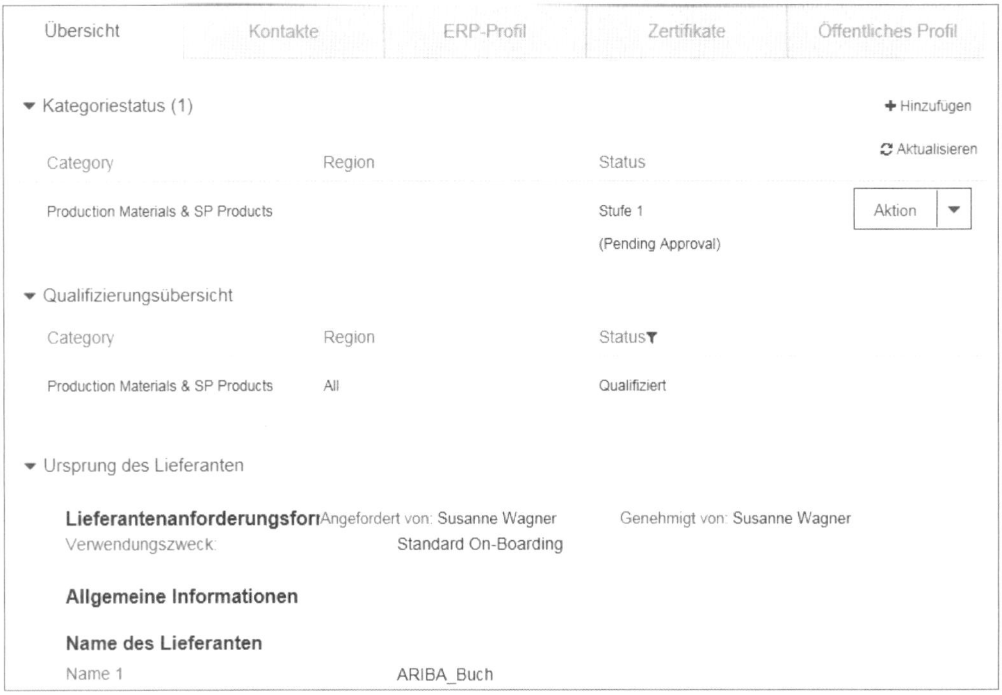

Abbildung 3.32 Die Übersicht

Kontakte Im zweiten Register werden die **Kontakte** mit Ansprechpartnern und den dazugehörigen Daten im Überblick angezeigt (siehe Abbildung 3.33). Hier können alle Kontakte des Lieferanten mit den Angaben zu Name, Titel, Telefonnummer, E-Mail-Adresse, Sprache und Kontakttyp (z. B. Vertrieb, Qualität) sowie die Angaben zur Region und Warengruppe, für die der Kontakt verantwortlich ist, erfasst werden.

Abbildung 3.33 Kontaktpersonen im Profil

ERP-Profil

Weiter schließen sich die Daten des Lieferanten im Register **ERP-Profil** an. Dieses Register fasst die in SLP erfassten Stammdaten zusammen, wenn diese entweder im Fragebogen für die Lieferantenanfrage oder im Registrierungsfragebogen entsprechenden Anzeigefeldern zugeordnet wurden. Darüber hinaus werden im Fall einer Synchronisation die Daten aus SAP ERP für den Buchungskreis sowie die Einkaufsorganisation angezeigt.

Profildaten

Die Profildaten stellen die eigentlichen Stammdaten des Lieferanten dar. Sie enthalten unter anderem Informationen zu Name, Lieferantennummern, Steuerdaten, Bank- und Adressdaten etc. Abbildung 3.34 zeigt ein beispielhaftes Profil.

Abbildung 3.34 Angaben im ERP-Profil

Wenn Sie die Lieferantenstammdaten mit einem angrenzenden System wie SAP ERP synchronisieren, werden die Daten bidirektional ausgetauscht. Für die Erstellung des Profils sowie die Synchronisation ist unter anderem ein hinterlegtes Mapping im Registrierungsfragebogen verantwortlich. Aus SAP ERP werden die Organisationsdaten wie Buchungskreisinformationen oder die Einkaufsdaten in die SLP-Komponente übergeben und dort angezeigt.

Zertifikate

Sind in einem der Lieferantenmanagementprozesse Zertifikate vorhanden, dann werden diese im entsprechenden Register **Zertifikate** zusammengefasst dargestellt. Wurde eine Frage z. B. in der Registrierung oder Qualifizierung als Zertifikat klassifiziert und wurde dieses Feld der Anzeige zugeordnet, dann werden die Angaben zu diesen Fragen hier angezeigt. Angaben zu Zertifikaten sind unter anderem der Zertifikatstyp oder die Nummer.

In Abbildung 3.35 wird das Zertifikat mit dem Namen, der Art sowie dem Status angezeigt.

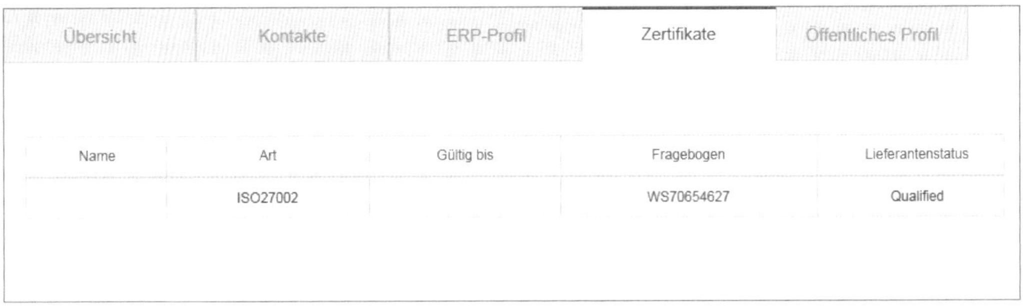

Abbildung 3.35 Lieferantenzertifikate

Über einen Link gelangen Sie in den Fragebogen, in dem das Zertifikat erfasst wurde. Dort können Sie sich dann die Details (siehe Abbildung 3.36) zum Zertifikat anschauen und das hinterlegte Dokument einsehen.

Abbildung 3.36 Details zum Lieferantenzertifikat

Öffentliches Profil

Im Register **Public Profile** werden Angaben aus dem öffentlichen Profil des Lieferanten auf dem Netzwerk angezeigt. In Abbildung 3.37 sind die Angaben aus dem öffentlichen Profil sichtbar.

Pflegt der Lieferant z. B. Angaben zum rechtlichen Namen, der Anzahl der Mitarbeiter oder auch zum Gründungsjahr, sind diese Daten hier sichtbar.

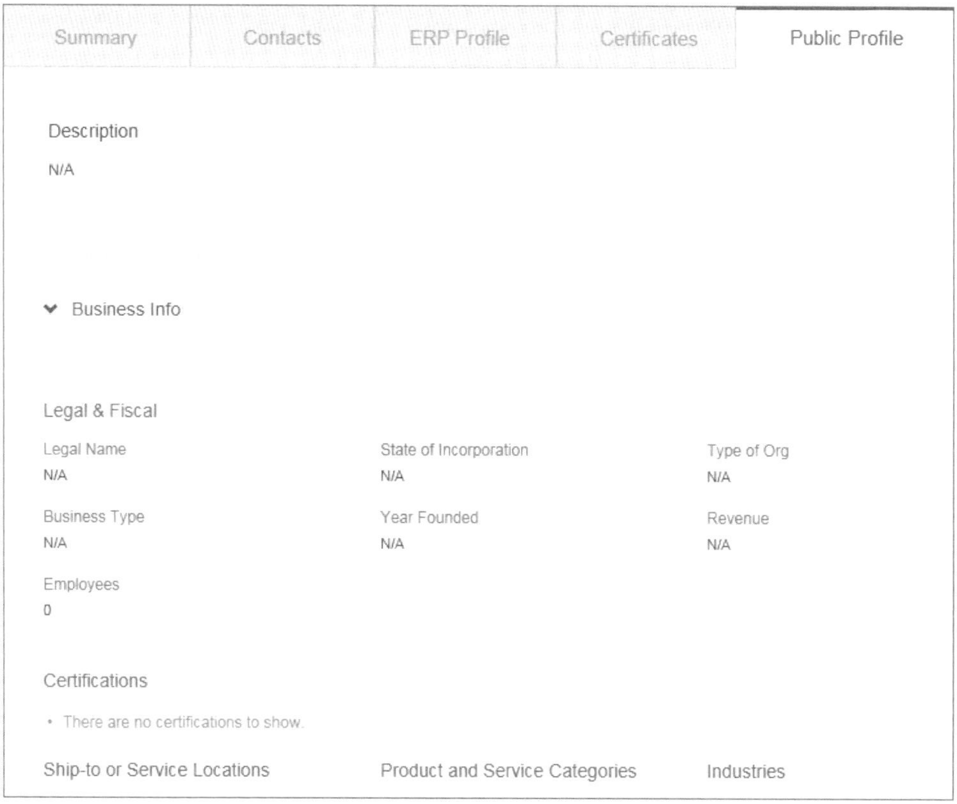

Abbildung 3.37 Daten aus dem Profil im Lieferantennetzwerk

Übersichten

Den Prozessen des Lieferantenlebenszyklus sind jeweils Übersichten zugeordnet, die einerseits die Dokumente zusammenfassen, die für den Prozess verwendet wurden, und andererseits die erledigten bzw. anstehenden Aufgaben auflisten. Für die Registrierung wird hier z. B. der Registrierungsfragebogen angezeigt. Außerdem wird dargestellt, wer diesen auf Lieferantenseite beantwortet hat. Wenn es in Ihrem Prozess vorgesehen ist, wird angezeigt, wer die Registrierung freigegeben und wer die internen Aufgaben durchgeführt hat. Falls der Prozess noch nicht abgeschlossen ist, wird der Workflow mit den noch notwendigen Schritten im Profil angezeigt.

Registrierung und Qualifizierung

Zu jeder Kachel, die in der Regel einen Prozess oder Daten aus einem anderen Prozess reflektiert, gibt es eine eigene Übersicht. Für die Registrierung und Qualifizierung wird in der Übersicht z. B. Folgendes gezeigt:

- die für den Prozess verwendeten Fragebögen mit Angaben zum Ersteller und dem Tag des Finalisierens bzw. der Dauer seit der Aussendung

- die für den Prozess durchgeführten Aufgaben mit Angaben zum jeweiligen Verantwortlichen und dem Tag, an dem die Aufgabe erledigt wurde

Falls eine Aufgabe noch nicht abgeschlossen ist, wird dies ebenfalls ersichtlich, und die Übersicht mit allen hinterlegten Schritten wird visualisiert. Um die Details einzusehen, können Sie in die zugehörigen Dokumente (Fragebögen) wechseln.

3.3.9 Weiterentwicklung von SAP Ariba SLP

Roadmap

SLP befindet sich noch am Anfang der Entwicklung, und ein weiterer Ausbau ist für die nächsten Releases zu erwarten. Dabei wird SAP das Ziel verfolgen, eine möglichst vollständige Transparenz über den Lieferanten zu generieren. Dies wird nach jetzigem Kenntnisstand mit einer Zusammenführung der Daten aus verschiedenen SAP-Ariba-Komponenten wie dem Sourcing, dem Risikomanagement oder dem Vertragsmanagement, aber auch durch die Unterstützung aller Lieferantenprozesse im Lebenszyklus vom ersten Kontakt bis zur Beendigung der Geschäftsbeziehung erreicht. Da wir im Rahmen dieser Veröffentlichung nur teilweise auf geplante Weiterentwicklungen eingehen können, empfehlen wir Ihnen, die Roadmap für SLP unter folgendem Link einzusehen: *http://s-prs.de/v457502*.

3.4 Ausschreibungen mit SAP Ariba Sourcing

Funktionen

Das Lösungsportfolio für Ausschreibungsprozesse ist umfangreich und bietet z. B. die folgenden Funktionen:

- Anfragen und Angebote können über SAP Ariba Discovery direkt im Rahmen des *Quote-Automation*-Prozesses abgewickelt werden.
- Eine Überführung der SAP-Anfragen in die Sourcing-Komponente ist möglich.
- Ausschreibungen und Auktionen können in der SAP-Ariba-Sourcing-Komponente durchgeführt werden.
- Produkte können in der Sourcing-Komponente ausgeschrieben werden.

Abbildung 3.38 zeigt die Lösung zum Thema Ausschreibungen mit SAP Ariba im Überblick.

Im System gibt es zahlreiche Möglichkeiten zur Abbildung und Einrichtung von Vorlagen, die eine effiziente Abwicklung von Ausschreibungen ermöglichen sollen.

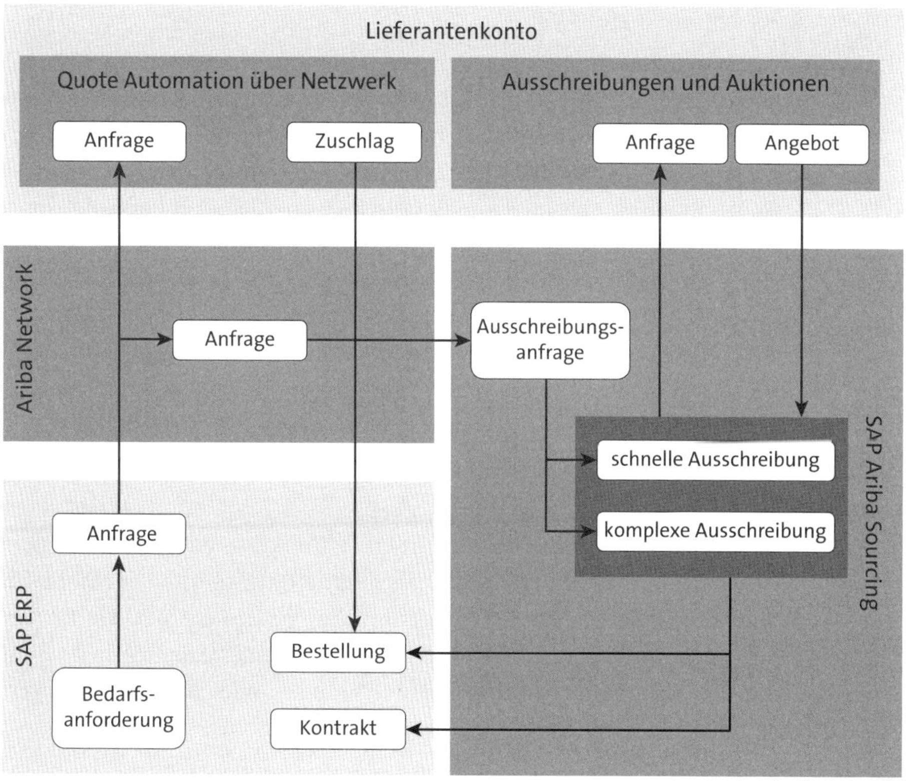

Abbildung 3.38 Ausschreibungen mit SAP Ariba

3.4.1 Anfragen und Angebote über SAP Ariba Discovery

Die SAP-ERP-Anfrage kann als Ausgangsbasis genutzt werden, um einerseits eine Anfrage direkt über SAP Ariba Discovery zu senden oder andererseits einen Ausschreibungsvorgang in SAP Ariba Sourcing anzulegen.

Angebot und Zuschlag

Bei einer Abwicklung über das Netzwerk wird die Anfrage an das Einkäuferkonto und von dort an den Lieferanten weitergesendet. Der Lieferant erstellt auf Basis des Belegs ein *Angebot*, das als *Zuschlag* in das ERP-System übernommen wird.

Grenzen des Verfahrens

Der Prozess kann nur für solche Prozesse verwendet werden, in denen der Lieferant bereits bekannt ist. Ebenso besteht in diesem Set-up eine 1:1-Beziehung zwischen der Anfrage und dem Lieferanten. Eine Anfrage kann also nicht an mehrere Bieter versendet werden. Ein Angebotsvergleich ist somit im Umkehrschluss ebenfalls nicht möglich. Das Vorgehen eignet sich daher nur für einen eingeschränkten Anwendungsbereich. Ein Beispiel für die Verwendung des Prozesses ist die Einholung der aktuellen Preise für das kommende Jahr bei einem definierten Lieferanten.

3.4.2 Product Sourcing

Die Lösungen für das Product Sourcing sind neu in der SAP-Ariba-Welt. Für das Product Sourcing werden Materialstücklisten aus SAP ERP in SAP Ariba übernommen. Diese können dann in eine einfache Ausschreibung überführt werden. Ein Dashboard zeigt die Materialstammdaten inklusive der Informationen zu vorhandenen Preisen im System an. Ein Einkäufer kann sich hier einen schnellen Überblick verschaffen, welche Materialien in eine Ausschreibung überführt werden müssen

Einkaufsinfosatz

Das Ergebnis dieses Prozesses ist die Anlage bzw. die Aktualisierung eines Einkaufsinfosatzes in SAP ERP. Der Einkaufsinfosatz wird dann als Bezugsquelleninformation oder auch als Kalkulationsbasis für Folgeprozesse verwendet. Dieser Prozess wird z. B. genutzt, wenn Sie eine Stückliste für ein weitgehend standardisiertes Produkt ausschreiben, wie z. B. ein Handy. Die Komponenten sind klar definiert, ebenso Varianten, etwa verschiedene Akkugrößen. Die Stückliste(n) können dafür verwendet werden, neue Modelle anzufragen und Preise für die definierten Varianten anzufordern. Ergebnisse dieses Beispiels wären dann Daten für die Stückliste für ein neues Handy mit kleinem Akku und Angaben für eine Variante mit großem Akku. Die eingeholten Informationen können nun leicht verwendet werden, um die Marktentscheidung zu treffen.

Roadmap

Auch für das Product Sourcing ist ein kontinuierlicher Ausbau geplant. Weitere Angaben zur Roadmap finden Sie unter folgendem Link:

http://s-prs.de/v457503.

3.4.3 Ausschreibungen auf Basis von SAP-ERP-Anforderungen

Ausschreibungen können auch auf Basis von ERP-Anforderungen durchgeführt werden. Dabei wird die ERP-Anforderung in eine SAP-Anfrage umgewandelt (siehe Abbildung 3.39) und diese an SAP Ariba Sourcing übergeben.

Abbildung 3.39 ERP-Ausschreibung als Ausgangspunkt

Ausschreibungsanfrage

Die ERP-Anfrage erzeugt in SAP Ariba Sourcing eine Ausschreibungsanfrage. Bei der Übergabe ist das Einrichten der Zuordnungen wichtig, sodass z. B. die Einkaufsorganisation oder auch die Einkäufergruppe aus dem ERP-System im Prozess verwendet werden können (siehe Abbildung 3.40). Auf Basis der Ausschreibungsanfrage kann ein schnelles oder umfassendes Ausschreibungsprojekt angelegt werden.

Abbildung 3.40 Integrationsdaten

Ausschreibungsvergabe

Bei der Vergabe der Ausschreibung wird das Zieldokument für die Rückgabe des Ausschreibungsergebnisses an das ERP-System definiert (siehe Abbildung 3.41). Möglich ist die Anlage einer Bestellung oder auch die Anlage eines Mengen- oder Wertkontrakts.

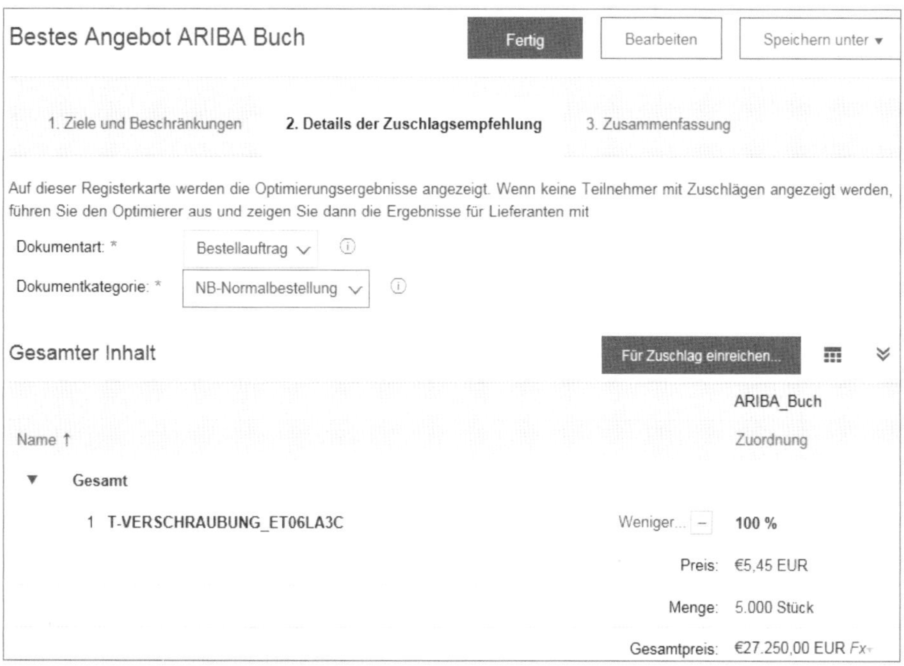

Abbildung 3.41 Folgebeleg anlegen

Übernahme der Ausschreibungsergebnisse

Der Prozess kann für jegliche Materialien, Freitexte, aber auch Dienstleistungen verwendet werden. Da hier als Ausgangsbasis die ERP-Bedarfsanforderung verwendet wird, können die Positionen auch Kontierungsinformationen wie eine Kostenstelle und ein Sachkonto enthalten. Bei der Übernahme der Ausschreibungsergebnisse aus SAP Ariba nach SAP ERP werden die Kontierungsangaben der Bedarfsanforderung wieder verwendet, um z. B. die Bestellung im ERP-System anzulegen. Abbildung 3.42 zeigt als Beispiel die Anlage eines Mengenkontrakts auf Basis einer SAP-Ariba-Ausschreibung.

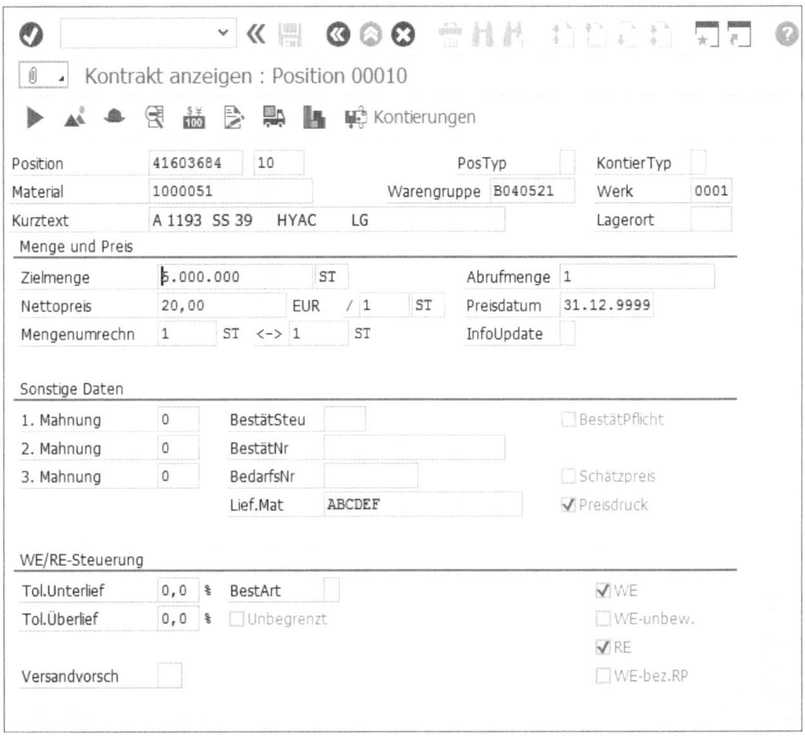

Abbildung 3.42 ERP-Mengenkontrakt anlegen

3.4.4 Ausschreibungen mit Materialstammdaten

Für SAP Ariba Sourcing können Materialstammdaten aus dem ERP-System geladen und in Ausschreibungsprozessen verwendet werden. Mit einem Report in SAP ERP legen Sie dabei zunächst fest, welche Materialstammdaten übernommen werden sollen. Filter wie die Materialart, das Werk oder auch die Warengruppe stehen bei der Selektion zur Verfügung. Wenn die Einrichtung der Replikation erfolgt ist, werden die Stammdaten mit allen notwendigen Angaben wie Mengeneinheit, Bezeichnung, Werk, Materialgruppe etc. übernommen, wie in Abbildung 3.43 gezeigt.

✓	PCE	3501AB00	000000001000001460	WMAT	71.13.03.007A_DICHTPLATTE-AUßEN	0001
✓	PCE	3501AB00	000000001000001409	WMAT	71.13.35.004A_DUESE	0001
✓	PCE	3501AB00	000000001000001352	WMAT	74.01.04.004A_FRONTPLATTE	0001
✓	PCE	23050000	000000001000001276	WMAT	AXIAL-RILLENKUGELLAGER_51100	0001
✓	PCE	2311AB00	000000001000001269	WMAT	PASSFEDER_DIN6885A_2x2x6	0001

Abbildung 3.43 Materialstammdaten aus dem ERP-System

Stammdaten verwenden

Die im System angelegten Stammdaten können dann sowohl in schnellen wie auch projektbasierten Ausschreibungen auf Basis der Materialstammdatenbibliothek verwendet werden. Das Ergebnis ist in Abbildung 3.44 dargestellt.

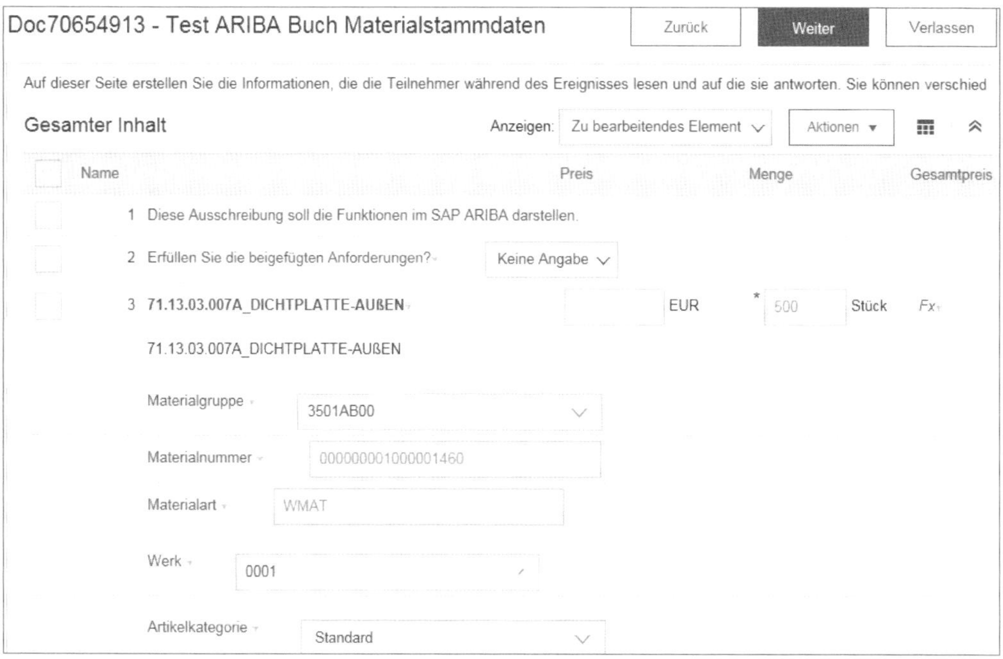

Abbildung 3.44 Materialstammdaten in Ausschreibungen

Der Vorteil ist, dass bei der Zuschlagserteilung eine Verteilung der Ergebnisse in SAP ERP definiert werden kann. Außerdem kann eine Bestellung bzw. ein Rahmenvertrag als Zielobjekt angelegt werden. Diese Funktion wird als *Direct Material Sourcing* bezeichnet, weil für diesen Prozess keine Kontierungsinformationen erfasst werden können. Deshalb können nur Materialien verwendet werden, die keiner Kontierung bedürfen.

3.4.5 Ausschreibungen und Auktionen in SAP Ariba Sourcing

Ausschreibungsprozess

Der Ausschreibungsprozess in SAP Ariba beginnt mit der Anfrage zur Ausschreibung. Diese Anfrage ist ein Vorgang, der z.B. von einem Mitarbeiter im Marketing erfasst werden kann. Der Anforderer muss dabei die im Anfrageformular (siehe Abbildung 3.45) vorgesehenen Daten erfassen und die ihm zugeordneten Aufgaben erledigen. Aus der Anfrage legt dann der verantwortliche Einkäufer die Ausschreibung im System an.

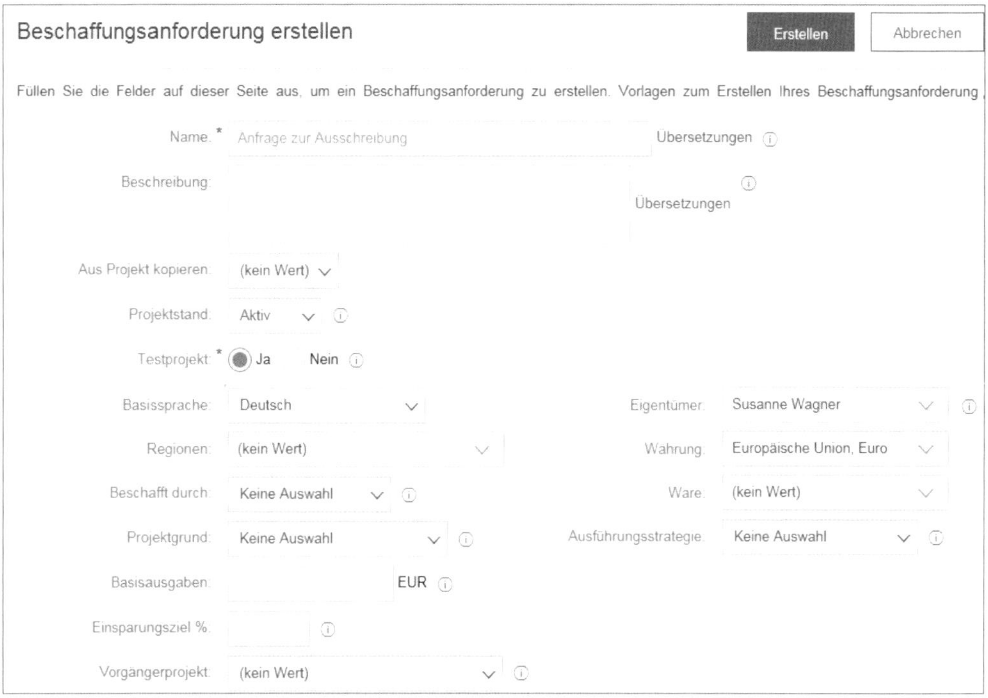

Abbildung 3.45 Ausschreibungsanfrage

Vorgehensweisen

Generell werden zwei verschiedene Vorgehensweisen für Ausschreibungsprozesse vom System unterstützt:

- Die erste Form wird als *schnelles Projekt* bezeichnet und beinhaltet lediglich den Ausschreibungsvorgang mit dem Start- und Enddatum, den eingeladenen Lieferanten, dem Ausschreibungsinhalt sowie den Bieterregeln.
- Die zweite Variante wird als *vollständiges Projekt* bezeichnet und bildet ein Projekt ab, das eine Ausschreibung umfasst. Ein solches Projekt beinhaltet Phasen, Aufgaben, Termine, Dokumente und Verantwortlichkeiten. Der eigentliche Ausschreibungsvorgang ist wiederum in einem schnellen Projekt abgebildet.

Vorlagen

Sowohl Anfragen als auch Projekte können im System vorkonfiguriert und als Vorlagen zur Verfügung gestellt werden. So können in der Anfrage die Muss- und Kann-Felder gesteuert und auch die Schritte definiert werden, die der Anforderer bei der Erstellung der Anfrage durchlaufen muss.

Beim Anlegen einer Ausschreibung bestimmen Sie durch Parameter, welche Vorlage dem Einkäufer oder auch dem Anforderer zur Verfügung gestellt wird. So können unter anderem verschiedene warengruppenspezifische Vorlagen übersichtlich für den Anwender bereitgestellt werden. Die Vorlage gibt dann Strukturen, Dokumente etc. für den Ausschreibungsprozess vor.

Bibliothek

Inhalte für Ausschreibungen können zusätzlich in einer Bibliothek abgelegt werden. Diese Bibliothek kann dann vom Einkäufer genutzt werden. So können wiederum Vorlagen für Fragebögen, Preislisten oder andere Aspekte von Ausschreibungen bereitgestellt werden.

Ausschreibungsformen

Als Ausschreibungsformen stehen der *Request for Information* (RfI), der *Request for Proposal* (RfP) sowie die *Auktion* und die *Vorwärtsauktion* zur Verfügung. Kunden, die eher mit dem *Request for Quotation* (RfQ) arbeiten, finden ebenfalls alles Notwendige im System vor.

3.4.6 Das schnelle Ausschreibungsprojekt

Das schnelle Projekt umfasst fünf Schritte, die den Anwender bei der Erstellung der Ausschreibung unterstützen. Es wird durch die Angabe verschiedener Kriterien angelegt, wie in Abbildung 3.46 abgebildet.

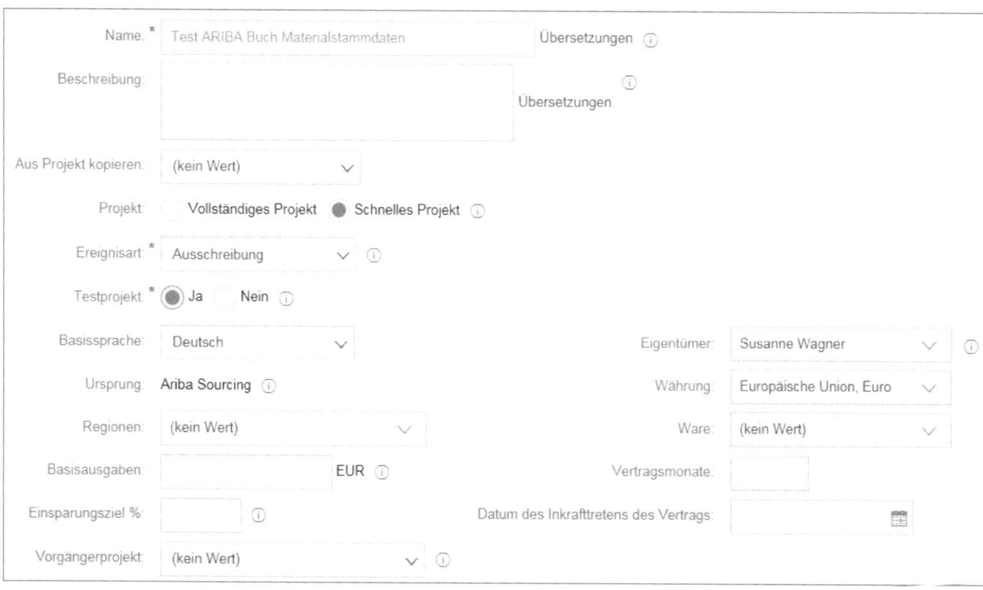

Abbildung 3.46 Kriterien zur Anlage eines schnellen Ausschreibungsprojekts

Projektschritte

Welche der Angaben verpflichtend sind, z. B. Region oder Warengruppe, können Sie definieren. Die folgenden Schritte aus Tabelle 3.3 müssen bei der Durchführung einer Ausschreibung durchlaufen werden.

Nr.	Bezeichnung	Beschreibung
1	Regeln	Hier werden die Regeln für die Ausschreibung definiert.
2	Team	Personen oder Personengruppen, die an der Ausschreibung beteiligt sein sollen
3	Lieferanten	Es können bestehende Lieferantenkontakte oder neue Kontakte zur Ausschreibung eingeladen werden. Auch das Anlegen einer Anfrage in SAP Ariba Discovery ist möglich.
4	Inhalt	Inhalte der Ausschreibung, wie Spezifikationen, Mengen, Fragebögen etc.
5	Zusammenfassung	Zusammenfassung aller wesentlichen Parameter und Inhalte der Ausschreibung

Tabelle 3.3 Fünf Schritte zur Erstellung einer Ausschreibung

Diese fünf Schritte werden auf dem Benutzerbildschirm auf der linken Seite angezeigt (siehe Abbildung 3.47). Durch Anwahl des jeweiligen Schrittes können Sie zwischen den einzelnen Aktionen beliebig wechseln. Alternativ können Sie auch durch das Klicken auf **Weiter** von einer Aktivität zur nächsten wechseln.

Abbildung 3.47 Fünf Schritte für ein schnelles Projekt

Das schnelle Ausschreibungsprojekt ist für solche Ausschreibungen gedacht, die kein umfassendes Projektmanagement erfordern. Das Ziel ist hier ein schnelles Ergebnis. Mit dem schnellen Projekt können sowohl Informationen wie auch Preise eingeholt werden. Eine Durchführung von RfI, RfP oder einer Auktion ist möglich.

Voraussetzungen und Vorgehensweise

Das schnelle Projekt kann entweder auf Basis einer Ausschreibungsanfrage, einer ERP-Anfrage oder direkt im System angelegt werden. Für die Definition der Regeln sowie der Inhalte für eine Ausschreibung finden Sie mehr Details in Abschnitt 3.4.8, »Verwendung von Vorlagen für Ausschreibungen«.

Bei der Anlage werden zunächst die Regeln für die Ausschreibung definiert. Dazu zählen das Startdatum sowie die Angebotsfrist. Aber auch weitere Definitionen, wie z. B. ob ein Umschlag verwendet wird (im Rahmen von Auktionen üblich) oder ein Scoring der Ausschreibungsergebnisse möglich ist, können definiert werden.

Bei der Einladung der Lieferanten können die Ergebnisse aus dem Qualifizierungsprozess des Moduls SLP verwendet werden. Auch die Regionen bzw. der bevorzugte Status stehen als Filter zur Verfügung. Dadurch können, wie in Abbildung 3.48 gezeigt, schnell die richtigen Lieferanten für die Ausschreibung identifiziert werden. Falls Sie die Option, dass bevorzugte Lieferanten automatisch der Ausschreibung hinzugefügt werden, in der Vorlage aktiviert haben, sind diese sofort in der Anfrage verfügbar.

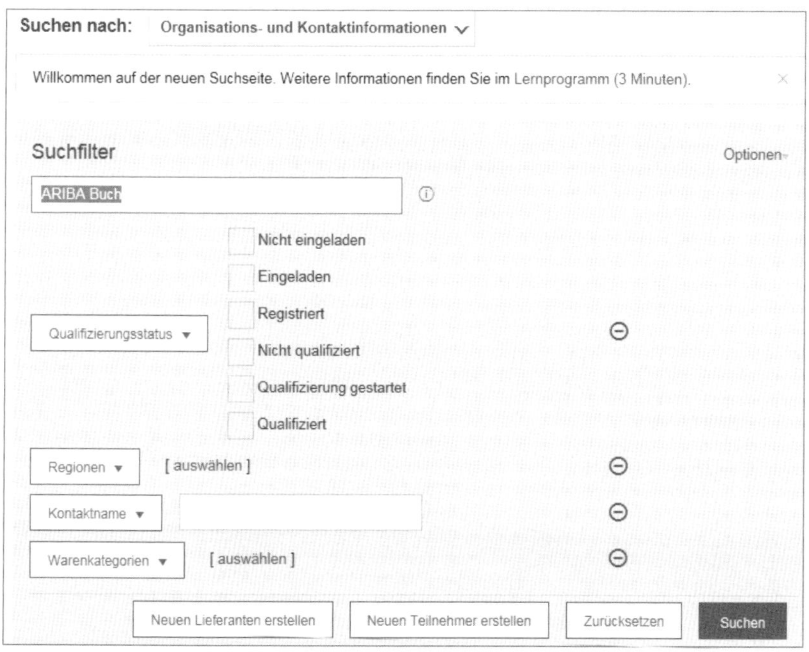

Abbildung 3.48 Auswahl von Lieferanten für Ausschreibungen

Inhalte der Ausschreibung

Im vierten Abschnitt des schnellen Projekts werden die Inhalte der Ausschreibung festgelegt. Wie bereits erläutert, gibt es eine Vielzahl von Möglichkeiten, die Ausschreibung zu gestalten. Abbildung 3.49 zeigt das Hinzufügen von Abschnitten, Fragen oder Materialstammdaten in der Übersicht.

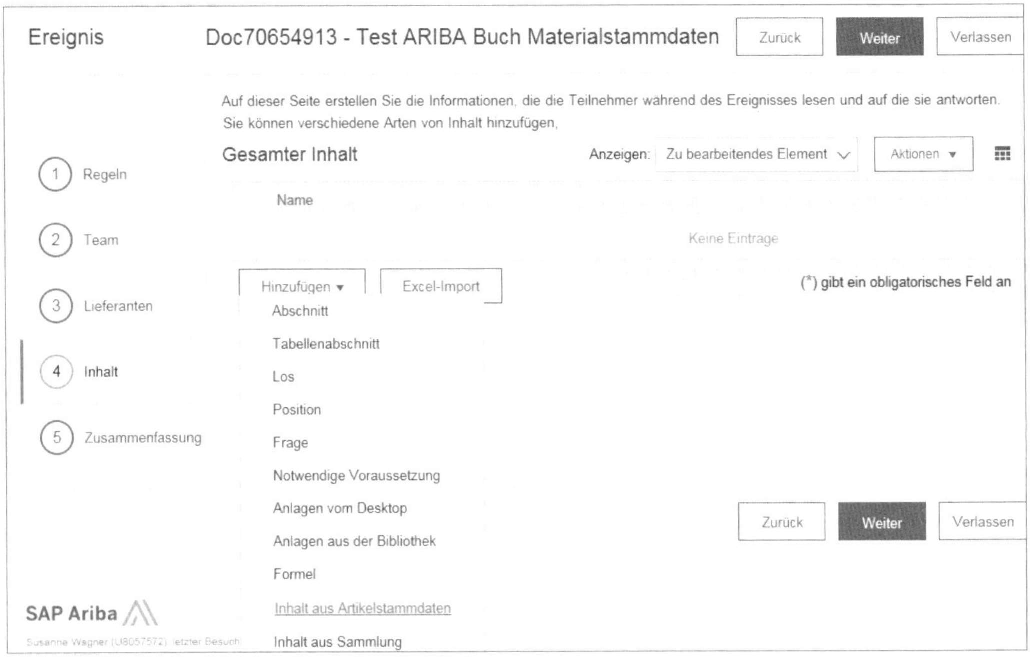

Abbildung 3.49 Hinzufügen von Ausschreibungsinhalten

Abbildung 3.50 Bedingungen zur Preisfindung

Für Positionen oder Lose können darüber hinaus vielfältige Bedingungen (siehe Abbildung 3.50) für die Preisfindung definiert und im Rahmen der Ausschreibung verwendet werden.

Mit den vielfältigen Möglichkeiten im System können Sie Ihre Anfrage ganz nach Ihren Bedürfnissen ausgestalten.

3.4.7 Das vollständige Ausschreibungsprojekt

In SAP Ariba können umfangreiche Prozesse für die Durchführung einer Ausschreibung aufgesetzt werden. Diese erlauben eine projektorientierte Abbildung von Phasen, Meilensteinen und Aufgaben. Die vollständigen Projekte können entweder auf Basis einer Ausschreibungsanfrage, einer ERP-Anfrage oder direkt angelegt werden.

Arbeitsbereich

Durch das Setzen verschiedener Parameter, wie z. B. Region oder Warengruppe, werden eine oder mehrere Vorlagen angeboten, die eine Durchführung des Projekts erleichtern sollen. Mit der Auswahl des Templates wird der Arbeitsbereich für die Ausschreibung erzeugt, die sich aus den folgenden Komponenten aus Tabelle 3.4 zusammensetzt.

Komponente	Kurzbeschreibung
Übersicht	Zusammenfassung der Metadaten des Projekts
Dokumente	Ablageort für alle Dokumente, die im Projekt verwendet werden
Aufgaben	Phasen, Meilensteine und Aufgaben, die im Rahmen der Ausschreibung durchgeführt werden
Team	Team, das an der Ausschreibung mitwirkt
Nachrichten	Nachrichten, die während des Projekts ausgetauscht wurden
Event-Nachrichten	systembasierte Nachrichten des Projekts
Historie	Dokumentation der Aktivitäten, die im System für dieses Projekt durchgeführt wurden

Tabelle 3.4 Komponenten einer komplexen Ausschreibung

Arbeitsplatz

SAP Ariba lässt ebenso reichlich Gestaltungsspielraum, um unternehmensspezifische Prozesse abzubilden. So ist es unter anderem möglich, eine Ausschreibung mit mehreren Phasen wie RfI und RfP sowie mehreren

Verhandlungsrunden in einem gesamthaften Projekt abzubilden. Ist das Projekt angelegt, wird der *Arbeitsplatz* erzeugt, wie in Abbildung 3.51 dargestellt.

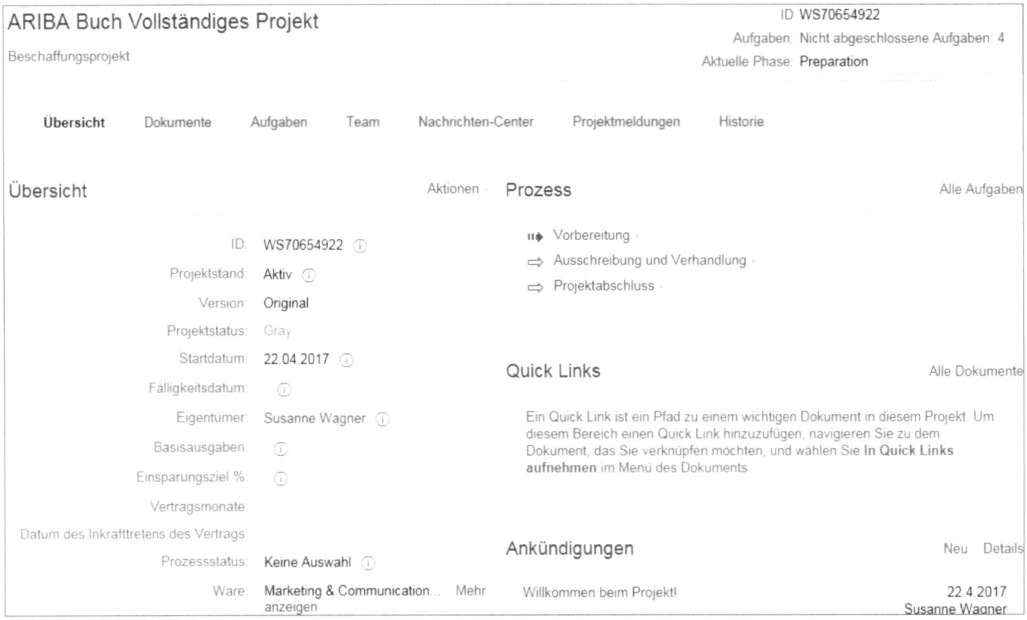

Abbildung 3.51 Vollständiges Projekt

Als **Dokumente** können beliebige Dateiformate in die Ausschreibung eingebunden werden. Beispiele sind die Lieferantenliste oder auch eine Vorlage für eine Spezifikation. In SAP Ariba werden aber auch verknüpfte Events als Dokumente bezeichnet. So sind auch die einbezogenen RfI oder RfP Dokumente. Die eingebundenen Dokumente können entweder lediglich als Information beigefügt werden oder essenzieller Bestandteil des Projekts sein. Stellen Sie sich vor, dass in Ihrem Unternehmen ein genehmigter Projektantrag zur Durchführung einer bestimmten Ausschreibung notwendig ist. Dann können Sie diesen Antrag als Genehmigungsaufgabe im Projekt einbinden.

Projektphasen

Für die Abbildung der Phasen, Meilensteine und Aufgaben steht ein breites Spektrum an Möglichkeiten zur Verfügung. Ihren Ausschreibungen können Sie Struktur geben, indem Sie die Abschnitte des Projekts wie Vorbereitung, RfI, RfP, Auktion, Verhandlung, Vertragsabschluss und Projektabschluss abbilden. Die Phasen (siehe Abbildung 3.52) können stringent aufeinander folgen oder optional sein.

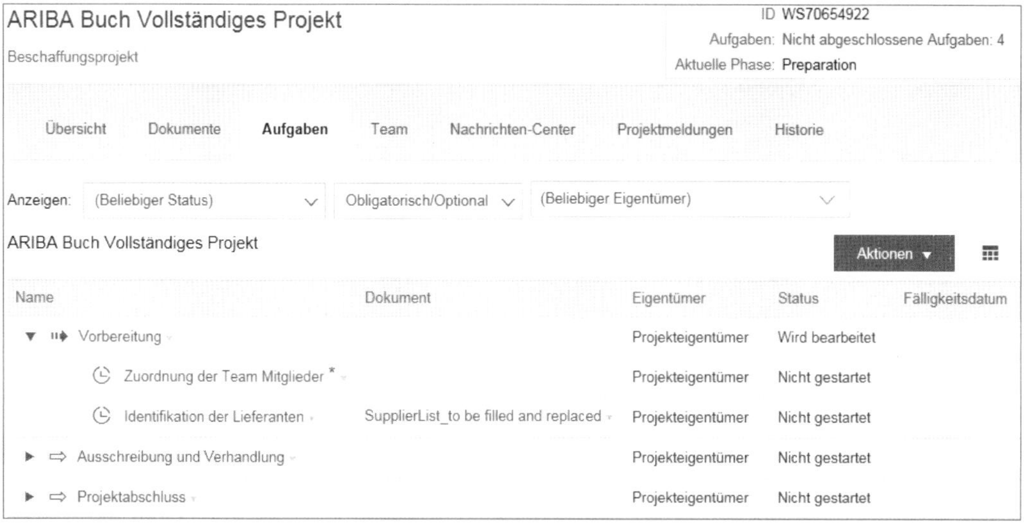

Abbildung 3.52 Projektphasen

Gibt man den Phasen noch zusätzlich ein Fälligkeitsdatum mit, erhält der Projektverantwortliche eine gute Übersicht der wichtigsten Schritte der Ausschreibung und der dafür vorgesehenen Termine.

Optionale und verpflichtende Aufgaben

Den Phasen werden dann die Aufgaben zugeordnet. Generell unterscheidet das System zwischen *optionalen* und *verpflichtenden* Aufgaben. Aufgaben können von der Vorlage vorgegeben oder, wie in Abbildung 3.53 dargestellt, im Projekt hinzugefügt werden.

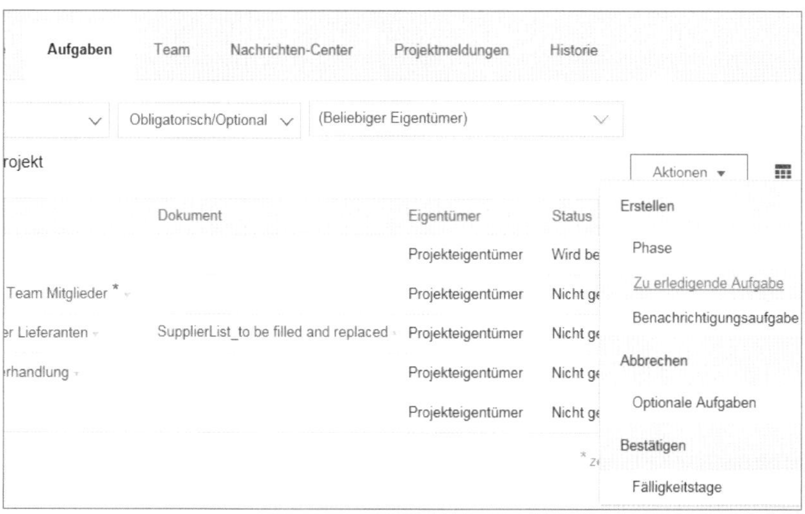

Abbildung 3.53 Aufgaben im vollständigen Projekt

Wie abgebildet, können einer Aufgabe auch Funktionen, also Verantwortliche, zugeordnet werden, die dann für die Abarbeitung zuständig sind. Aufgaben können gefiltert werden, um die offenen oder auch die optionalen Aufgaben schneller im Projekt zu finden.

Reihenfolge der Aufgaben

Die Aufgaben können in einer stringenten Abfolge definiert werden oder völlig flexibel ausgelegt sein. Mit einer Aufgabe kann die Bearbeitung eines Dokuments verknüpft werden. Hier sei noch einmal auf das Beispiel eines genehmigten Projektantrags verwiesen. Der für die Ausschreibung Verantwortliche würde den Projektantrag ausfüllen, und ein definierter Mitarbeiter würde diesen Antrag zur Freigabe erhalten. Erteilt dieser Mitarbeiter die Freigabe, so gilt die Aufgabe als erledigt und wird dementsprechend im System gekennzeichnet. Ist diese Aufgabe nun als Voraussetzung für den nächsten Arbeitsschritt definiert, so kann dieser erst nach erfolgter Genehmigung begonnen werden.

Aufgabe hinzufügen

Beim Hinzufügen einer Aufgabe im Projekt können Sie die Bezeichnung vorgeben, eine Beschreibung erfassen und den Eigentümer der Aufgabe festlegen. Sie definieren darüber hinaus, wann die Aufgabe fällig ist und welche Aufgabe dieser vorausgeht (siehe Abbildung 3.54).

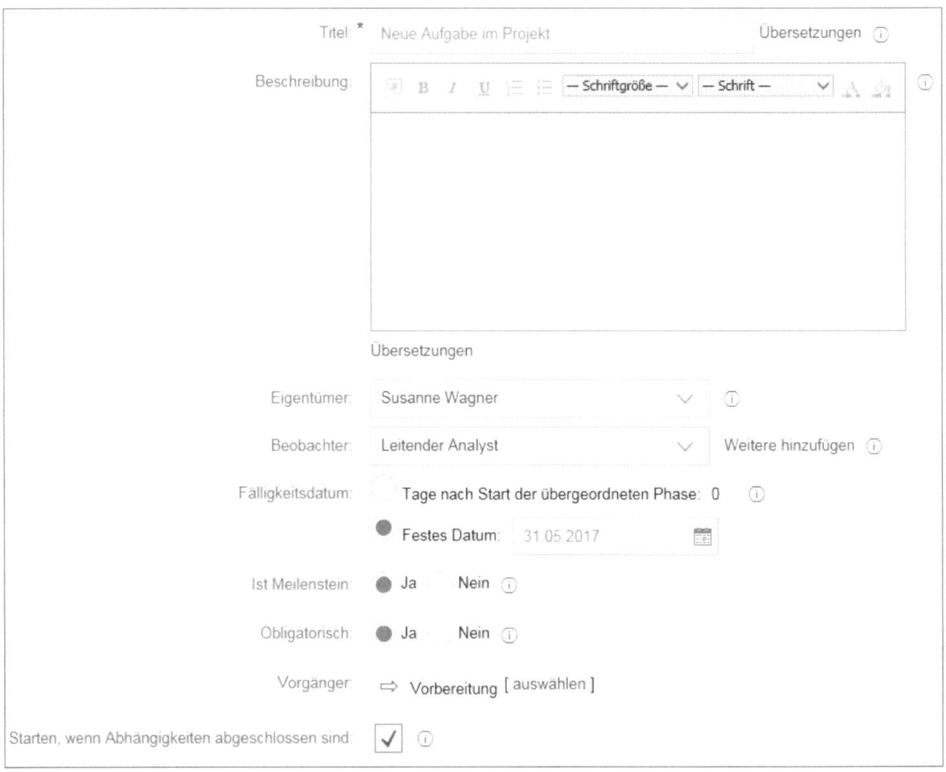

Abbildung 3.54 Aufgabe im Projekt hinzufügen

Bestandteile des komplexen Ausschreibungsvorgangs können z. B. ein RfI, RfP, RfQ oder auch eine Auktion sein. Auktionen sind schnelle Projekte. Das bedeutet, für die eigentliche Durchführung der Ausschreibung mit den Lieferanten ist die Basis für beide Formen identisch.

Team

Das **Team**, das für die Anfrage definiert wird, hat eine wichtige Funktion. Einerseits werden über das Team (siehe Abbildung 3.55) die Teilnehmer definiert, die Zugang zu der Ausschreibung haben und die auch über die Fortschritte im Projekt informiert werden. Zudem wird das Reporting teilweise von der Teammitgliederdefinition beeinflusst.

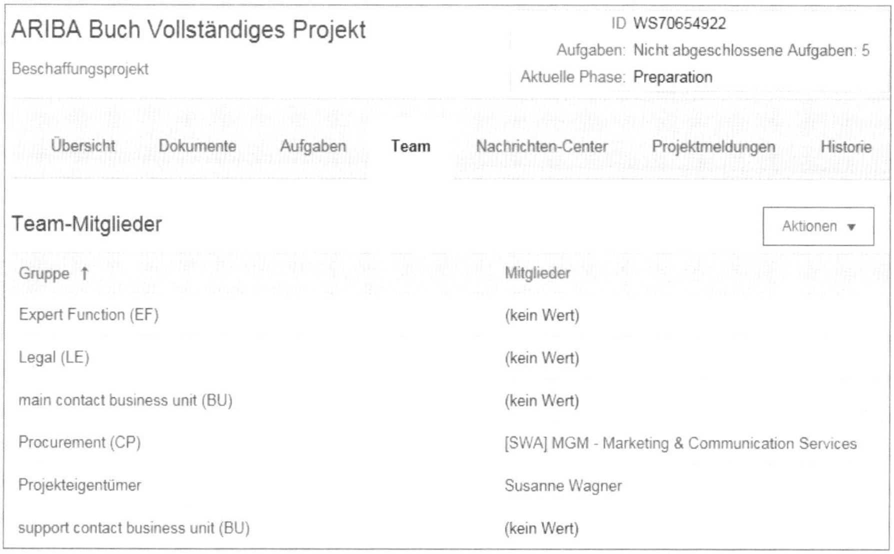

Abbildung 3.55 Teammitglieder im Projekt

Über die Vorlage können die Projektbeteiligten auch automatisiert den Ausschreibungen hinzugefügt werden. Dafür können Sie z. B. ein standardisiertes Formular verwenden. Dies enthält die Verbindung der Warengruppe zu einer Berechtigungsgruppe oder einem Benutzer.

Nachrichten-Center

Im Register **Nachrichten-Center** werden alle Mitteilungen aufgelistet, die im Rahmen der Anfrage ausgetauscht werden. Außerdem können Sie an dieser Stelle (siehe Abbildung 3.56) Mitteilungen mit den Mitgliedern des Projektteams oder den Lieferanten austauschen.

Nachrichtenversand

Beim Versand der Nachrichten entscheiden Sie selbst, wem Sie eine Nachricht schicken wollen (siehe Abbildung 3.57). Sie können eine Nachricht an alle Lieferanten und/oder alle Teammitglieder versenden oder einen dezidierten Ansprechpartner auswählen. Die Nachrichtenfunktion kann z. B. sinnvoll sein, wenn Sie über eine Änderung im Rahmen der Ausschreibung informieren wollen.

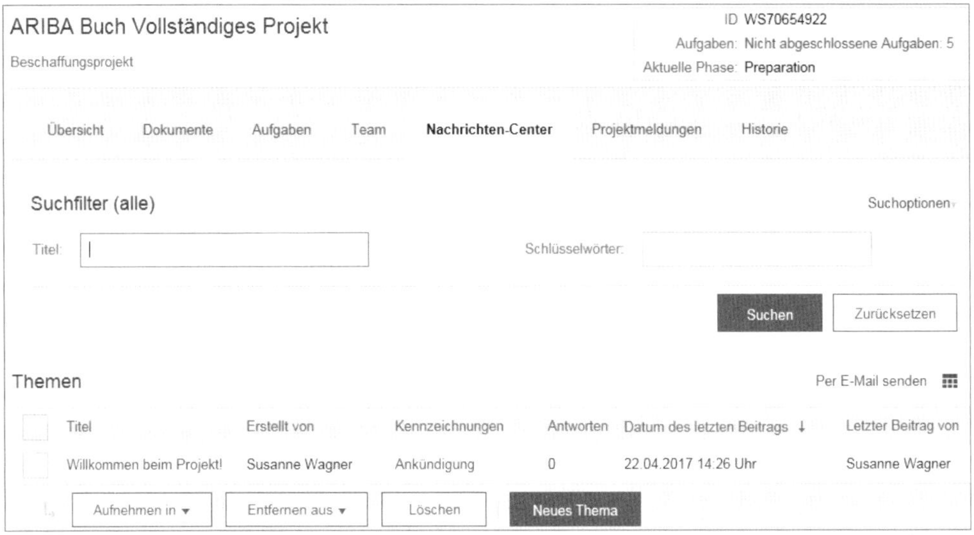

Abbildung 3.56 Das Nachrichtenzentrum

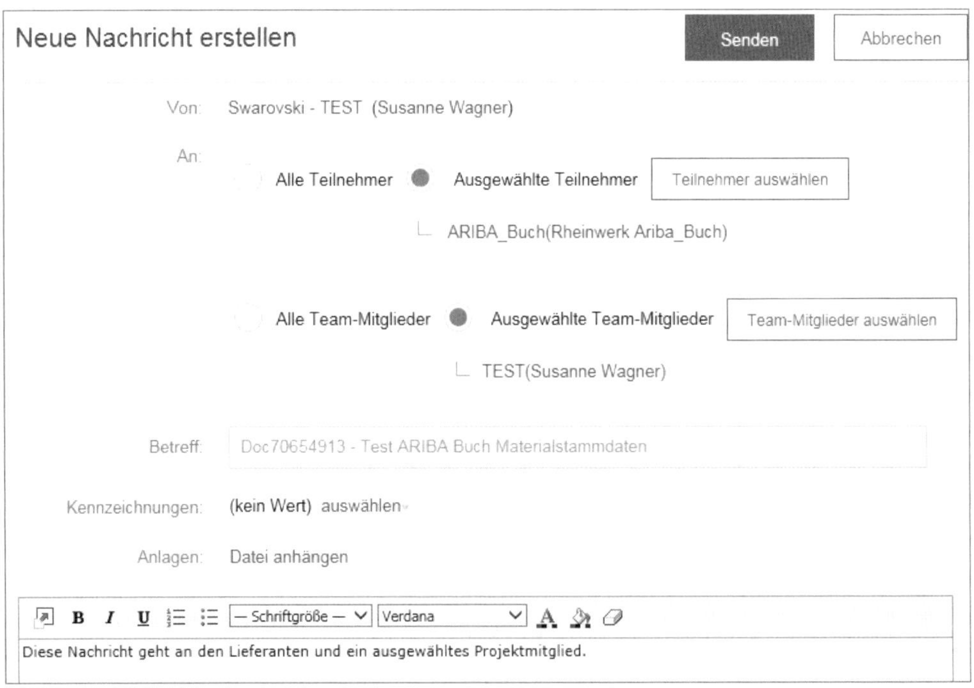

Abbildung 3.57 Mitteilungen schreiben

Sollte es für Ihre Anfrage notwendig sein, z. B. die Lieferanten über Änderungen innerhalb der Ausschreibung zu informieren oder die Frage eines Teilnehmers zu beantworten, so können Sie diese Funktion dafür nutzen.

Alle Aktivitäten innerhalb der Ausschreibung werden im Abschnitt **Historie** protokolliert.

3.4.8 Verwendung von Vorlagen für Ausschreibungen

Für die Erstellung von komplexen Ausschreibungsprojekten ist es empfehlenswert, mit *Vorlagen* (auch *Templates* genannt) zu arbeiten. Diese Vorlagen definieren einerseits die Struktur des Projekts sowie dazugehörende Aufgaben, liefern andererseits aber auch die Dokumente, die im Rahmen der Ausschreibung verwendet werden sollen bzw. können. Man kann sich diese Templates als eine Art Checkliste vorstellen, mit der die Mitarbeiter befähigt werden sollen, Anfragen effizienter und standardisierter durchzuführen.

Parameter für Vorlagenauswahl

Bei der Anlage einer Ausschreibung in SAP Ariba gibt der Anwender zunächst einige Parameter an, wie z. B. die Region, die Warengruppe oder das Volumen. Mit diesen Parametern wird dann im System die passende Vorlage zugeordnet und dem Ersteller zur Auswahl angeboten. Im besten Fall steht genau eine Vorlage zur Auswahl. Abbildung 3.58 soll dieses Prinzip an einem Beispiel verdeutlichen.

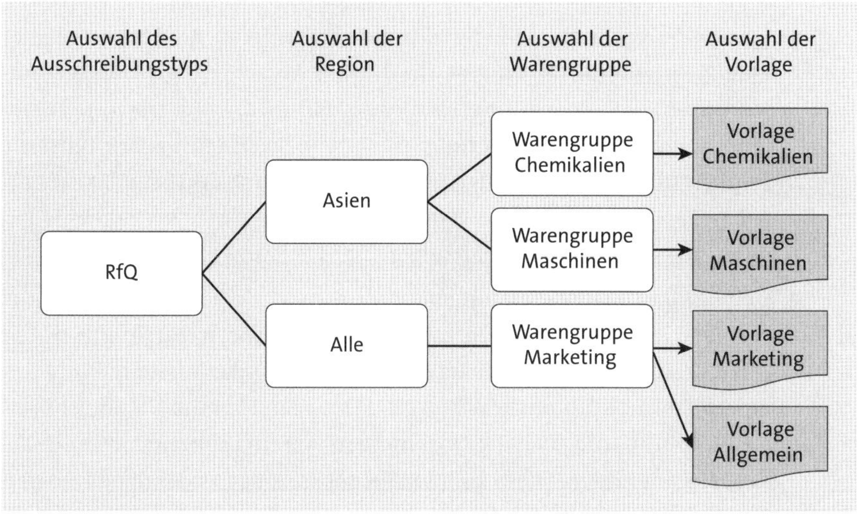

Abbildung 3.58 Verwendung von Vorlagen in Ausschreibungen

Weitere Aspekte

Die Ausschreibungsvorlagen werden von einem Administrator nach den Vorgaben der späteren Verwender im System umgesetzt. Dabei können folgende Aspekte berücksichtigt werden:

- Phasen des Projekts definieren, wie Vorbereitung, Bedarfsdefinition, Marktrecherche im Rahmen eines RfI, Durchführung der Ausschreibung als RfP, Verhandlung etc.
- Meilensteine anlegen, die wichtige Zwischenziele des Projekts definieren, wie z. B. die Projektfreigabe, die abgeschlossenen Abnahmetests oder auch die Inbetriebnahme einer Maschine
- Aufgaben definieren und mit einer Beschreibung versehen
- Aufgaben einem verantwortlichen Nutzer, einer verantwortlichen Rolle, wie z. B. dem Warengruppenmanager, oder einer Gruppe, wie z. B. der Rechtsabteilung, zuordnen
- Optionale Aufgaben definieren, sie können später bei der Durchführung des Projekts unbearbeitet bleiben. Diese Option bietet sich an, wenn bestimmte Aufgaben nur in Einzelfällen durchlaufen werden müssen, sonst aber nicht notwendig sind, um erfolgreich das Projekt abzuschließen.
- Verpflichtende Aufgaben definieren, sie müssen bei der Durchführung des Ausschreibungsvorgangs als *erledigt* gekennzeichnet werden. Dieses Set-up eignet sich für alle Aktionen, die zwingend für den Erfolg eines Projekts zu erledigen sind.
- Review-Aufgaben mit einem Dokument verknüpfen. Als Beispiel sei hier eine Lieferantenliste genannt, die für die Ausschreibung vom verantwortlichen Einkäufer zur Verfügung gestellt wird. Diese Liste wird dann einer Fachfunktion zur Prüfung übergeben. Die Fachfunktion führt die Prüfung und gegebenenfalls eine Anpassung durch und beendet die Aufgabe. Der Ausschreibungsverantwortliche erhält hier als Ergebnis ein geprüftes und gegebenenfalls angepasstes Dokument.
- Genehmigungsaufgaben mit einem Dokument verknüpfen. Als Beispiel sei hier die Freigabe einer Vergabeentscheidung nach Durchführung der Ausschreibung genannt. Stellen Sie sich vor, dass die Ausschreibung von einem Einkäufer durchgeführt wird, Sie wollen aber ein Vieraugenprinzip einführen und auch den zuständigen Warengruppenmanager in die Vergabe einbinden. Dann können Sie die Zuschlagserteilung durch den Manager freigeben lassen. Für den Prozess hat der Freigebende Einsicht in die verknüpften Dokumente (in diesem Bespiel die Ausschreibung), gibt aber lediglich eine Entscheidung im System an. Eine Veränderung der Dokumente erfolgt in diesem Fall nicht. Ist die Freigabe erfolgt, kann der Ausschreibungsvorgang fortgesetzt werden.

- Die Dokumentation der erzielten Savings kann für komplexe Ausschreibungen als Aufgabe definiert werden. Das zugehörige Formular wird im System konfiguriert und dann als Dokument in den Prozess eingebunden. Mehr Informationen dazu finden Sie in Abschnitt 3.4.15, »Die Dokumentation von Einsparungen«.
- Überführung der Ausschreibungsergebnisse in einen Vertrag als Aktion definieren. SAP Ariba ermöglicht die direkte Anlage eines Vertrags unter Verwendung der Ausschreibungsergebnisse. Als Beispiel sei hier die Erstellung eines Liefervertrags mit beigefügter Preisliste aus der Ausschreibung genannt.

Aufbau einer Vorlagenliste

Abbildung 3.59 zeigt einen beispielhaften Aufbau einer Vorlagenliste. Sie können Ordner, Unterordner und Strukturen ganz nach den Wünschen und Vorgaben der Anwender gestalten.

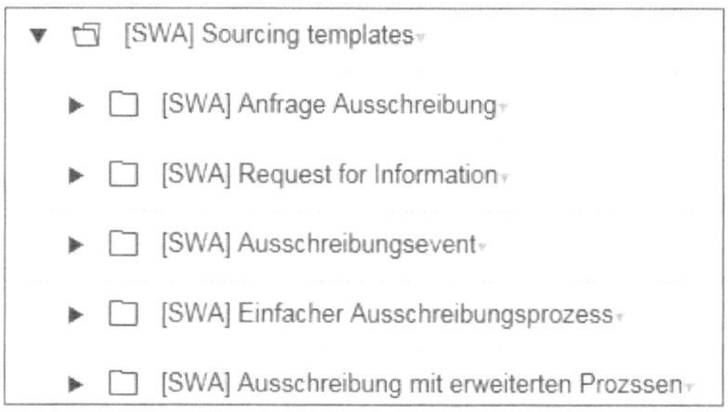

Abbildung 3.59 Beispiele für Ausschreibungsvorlagen

Da das System enorm viele Optionen und Möglichkeiten bietet, empfiehlt es sich, bei der Definition unternehmensspezifischer Vorlagen die bereitgestellten Best-Practice-Vorlagen zu nutzen. Ebenso ist es sinnvoll, mit einer Basiskonfiguration zu starten und diese Schritt für Schritt auszubauen. So können Sie einerseits das System schneller bereitstellen und andererseits mit den Erfahrungen kontinuierliche Verbesserungen auf Bedarfsbasis umsetzen.

3.4.9 Verwendung der Bibliothek für Ausschreibungen

Um die Durchführung von Ausschreibungen zu erleichtern, bietet Ihnen SAP Ariba die Möglichkeit, eine *Bibliothek* anzulegen. Diese Bibliothek wird sich in der Regel an den Bedürfnissen der einzelnen Warengruppen und an den verschiedenen Ausschreibungsformen orientieren. Im Rahmen eines RfI werden Sie vermutlich von Lieferanten für Rohstoffe andere Informationen benötigen als von Lieferanten für Software. Das gleiche gilt sicher auch für die Anfrage von Preisen. Bei manchen Warengruppen werden Sie Leistungsverzeichnisse verwenden, andere nutzen Materialnummern und wieder andere Fragen nach Stundensätzen für ein bestimmtes Profil. Um allen diesen Spezifika Rechnung zu tragen und trotzdem auf eine individuelle Erstellung von Ausschreibungen für den Einzelfall zu verzichten, bietet das System eine Datenbank für Vorlagen – die Bibliothek (siehe Abbildung 3.60).

Abbildung 3.60 Beispiel für eine Bibliothek

Legt ein Mitarbeiter eine Ausschreibung im System an, sucht er sich aus der Bibliothek die bereitgestellten Inhalte aus und selektiert aus dieser Vorlage die Bestandteile, die in die Ausschreibung übernommen werden sollen.

Ausschreibungsinhalte

Was kann nun in der Bibliothek als Ausschreibungsinhalt bereitgestellt werden?

- Strukturelemente wie Kapitel und Unterkapitel, die die Ausschreibung für den Lieferanten lesbar machen
- Fragen an den Lieferanten, z. B. zu verfügbaren Ressourcen, eingesetzten Produktionsverfahren oder anderen relevanten Themen. Fragen können wiederum sehr individuell gestaltet werden:
  - verpflichtende und optionale Angaben
  - Fragen, die eine Eingabe eines Textes erfordern
  - Anforderungen, die vom Lieferanten mit ja oder nein beantwortet werden können
  - Fragen, bei denen der Lieferant aus einer Auswahlliste selektiert, z. B. wenn nach verfügbaren Güteklassen eines Werkstoffes gefragt wird und diese Güteklasse standardisiert ist. In diesem Fall würden Sie den Lieferanten nach seinen Qualitäten fragen und ihm eine Selektions-

liste der Güteklassen anbieten. Der Bieter würde dann aus dieser Liste auswählen.

  - Sie können den Lieferanten nach Zahlen fragen. Typische Fragen sind hier die nach der Anzahl der Mitarbeiter oder der Anzahl der verfügbaren Ressourcen.
  - Lieferanten können Angaben mit einer Währungsdimension machen. Ein Beispiel ist hier die Frage nach dem Umsatz im letzten Jahr.
  - Man kann nach einer Datumsangabe, wie z. B. dem Gründungsdatum oder dem Datum des letzten Audits, fragen.
  - Ebenso können Zertifikate vom Lieferanten eingefordert werden. Wird dieser Fragetyp verwendet, stellt der Lieferant das entsprechende Zertifikat und unter anderem Angaben zum Aussteller, dem Ausstellungs- und dem Gültigkeitsdatum zur Verfügung.
  - Sie können nach Länderinformationen fragen, um z. B. eine Liste aller Länder, in denen der Lieferant eine Produktionsstätte hat, zu erhalten.
  - Eine weitere Option ist die Abfrage von Sprachen, wenn Sie z. B. im Beratungsumfeld wissen wollen, welche Fähigkeiten vorhanden sind.

- Sie können *Lots* definieren, um damit verschiedene Materialien oder Services zu gruppieren. Wenn Sie ein Lot definieren, ordnen Sie diesem auch die einzelnen Positionen zu. Für die Ausschreibung definieren Sie, ob der Lieferant nur Angebote zur gesamten Gruppe oder auch zu einzelnen Positionen erfassen soll. Die Zuschlagserteilung erfolgt in diesem Set-up aber immer auf der Ebene des Lots.
- Positionen sind erfassbar und stellen Dienstleistungen bzw. Materialien der Ausschreibung dar. Positionen enthalten eine Beschreibung, Details zur Preisfindung, wie z. B. die notwendige Menge, oder auch Positionen für Zusatzkosten, wie z. B. Frachten. Auf Positionsebene können außerdem weitere spezifische Anforderungen hinterlegt werden.
- Materialien können aus dem ERP-System ins Sourcing-Modul geladen werden. Die Stammdaten können Sie dann auch für die Ausschreibung verwenden. Dafür wählen Sie einfach die Materialien aus und übernehmen sie in den Inhalt. Üblicherweise wird man nur in Einzelfällen Materialien in der Bibliothek innerhalb der Vorlage inkludieren. Normalerweise wird man die ausschreibungsrelevanten Teile erst bei der Erstellung des Sourcing-Events hinzufügen. Trotzdem kann es in manchen Situationen sinnvoll sein, die Bibliothek zu nutzen, z. B. wenn es standardisierte Materialien gibt, die für eine Warengruppe immer wie-

der verwendet werden. Genannt seien hier Hilfsstoffe wie Reinigungsmittel, die in regelmäßigen Abständen ausgeschrieben werden.

- Dokumente aus der Bibliothek oder vom Arbeitsplatz können ebenfalls in der Vorlage eingebunden werden.

Erfolgsfaktor

Die Bereitstellung von Inhalten für die Bibliothek ist zwar auf der einen Seite ein großer Aufwandstreiber bei einer Implementierung, aber auf der anderen Seite auch ein großer Erfolgsfaktor für die Akzeptanz der Lösung bei den Anwendern.

3.4.10 Monitoring einer Ausschreibung

Einkäufer und benannte Mitglieder einer Ausschreibung können sich stets über den aktuellen Stand dieses Events informieren. Neben einer Übersicht der Aktivitäten der Lieferanten, wie z. B. ob dieser schon ein Angebot abgegeben hat, können auch die bereits erfassten Angebote eingesehen werden, wenn dies erlaubt ist.

Mitteilungsfunktion

Über eine Mitteilungsfunktion können Nachrichten an die Lieferanten gesendet werden bzw. können die Lieferanten auf diesem Weg ebenfalls Nachrichten schicken.

Aktivitäten

Die Laufzeit der Ausschreibung kann im Bedarfsfall über folgende Aktivitäten beeinflusst werden (siehe auch Abbildung 3.61):

- Pausieren des Events
- Verschieben des Ausschreibungsendes
- Beenden des Events

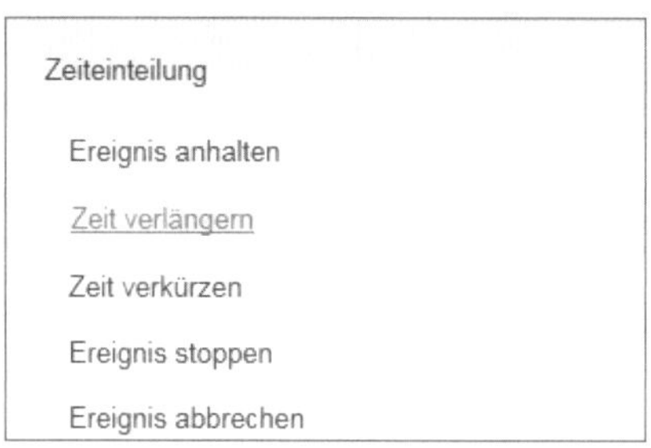

Abbildung 3.61 Laufzeit beeinflussen

Stellen Sie sich vor, dass eine wichtige Bedingung oder Anforderung bei der Erstellung vergessen wurde und diese nach Veröffentlichung der Ausschreibung noch erfasst werden soll. Dies können Sie im System tun und die Ausschreibung erneut publizieren. Dabei müssen Sie eine Entscheidung treffen, wie Sie diese Änderung durchführen wollen (siehe Abbildung 3.62). Sie können dabei

- die bestehenden Antworten zur Ausschreibung beibehalten oder
- die bestehenden Antworten zur Ausschreibung verwerfen.

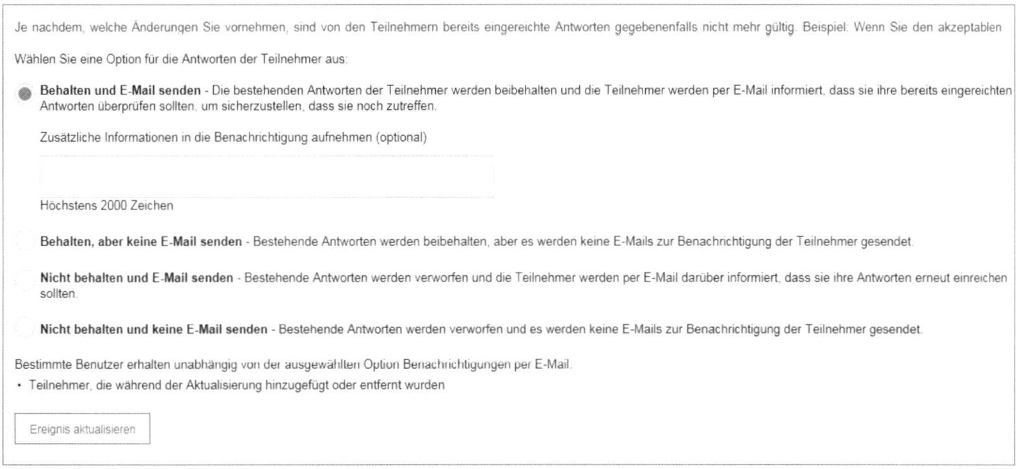

Abbildung 3.62 Änderung in Ausschreibungen

Auch in dieser Funktion können Sie selbst über das genaue Vorgehen entscheiden.

3.4.11 Verwendung von Bewertungen in Ausschreibungen

Für Ihre Ausschreibungen können Sie ein Scoring verwenden. Es gibt zwei verschiedene Arten von Bewertungen. Sie können eine vorgelagerte Bewertung erstellen oder auch das Feedback nachgelagert einholen.

Vorgelagerte Bewertung

Die vorgelagerte Bewertung können Sie z. B. in der folgenden Situation einsetzen: Sie versenden für einen RfI einen Anforderungskatalog an verschiedene Lieferanten. Dieser Katalog enthält Fragen, z. B. zur technischen Ausstattung, zu vorhandenen Fähigkeiten oder anderen für Sie wichtigen Parametern. Sie können den Fragebogen nun so gestalten, dass Sie z. B. mit Ja/Nein-Fragen oder Auswahllisten arbeiten. Dann ordnen Sie diesen Fragen und den Antwortmöglichkeiten eine Gewichtung, eine Wichtigkeit und einen Zielwert zu. Dies wird in Tabelle 3.5 kurz erklärt.

Nachgelagerte Bewertung

Bei einer nachgelagerten Bewertung der Ausschreibungsergebnisse geben Sie dem teilnehmenden Team die Möglichkeit einer Einschätzung. Dabei erhalten definierte Benutzer die Chance, der Antwort des Lieferanten einen Erreichungsgrad zuzuordnen. Um diesen Prozess durchführen zu können, müssen trotzdem Gewichtung und Wichtigkeit sowie der Zielwert definiert werden. Das ist notwendig, damit eine Auswertung der Bewertungsergebnisse erfolgen kann.

Bezeichnung Abschnitt/Frage	Gewichtung	Wichtigkeit	Antwort
Abschnitt Produktion	100 %	7	
Haben Sie einen geprüften Maschinenpark?	30 %	2	ja → 100 % nein → 0 %
Wie viele Anlagen zur Herstellung stehen zur Verfügung?	40 %	7	mehr als 5 → 100 %
Haben Sie einen zertifizierten Reinraum?	30 %	9	ja → 100 % nein → 0 %

Tabelle 3.5 Bewertung von Ausschreibungsergebnissen

Verwendung der Bewertung

Abbildung 3.63 zeigt an einem Beispiel die Verwendung der Bewertung. Sie geben den Zielwert für den Preis eines Artikels an, die Wichtigkeit dieses Materials für die Ausschreibung sowie die Gewichtung des Loses im Gesamtkontext.

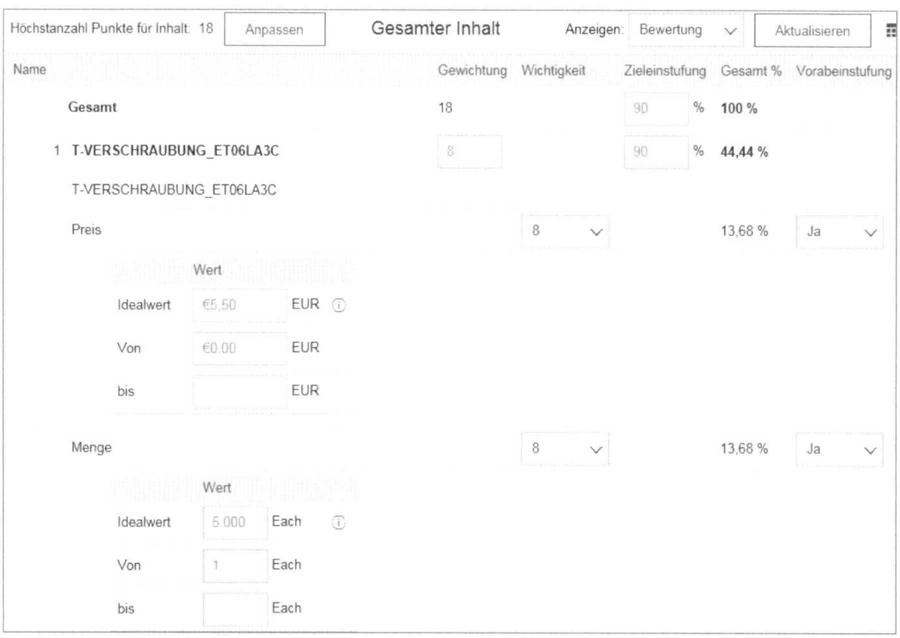

Abbildung 3.63 Scoring in Ausschreibungsprojekten

Mit dem Scoring können Sie die Ausschreibungsergebnisse mit wenig Aufwand in Form einer Kennzahl darstellen. Besonders für Informationen in

Anfragen ist dies eine sinnvolle Vorgehensweise. Anstelle von Texten erhalten Sie die Ergebnisse in einer auswertbaren Form.

3.4.12 Szenarien für die Vergabe analysieren

Vergabeszenarien

Sind alle Angebote eingegangen und ist die Ausschreibung beendet, dann können Sie in SAP Ariba verschiedene Vergabeszenarien erstellen. Das Szenario entsteht entweder auf Basis vordefinierter Standards oder auf Basis eigener Kriterien und ermöglicht den einfachen Vergleich der Angebote. Bei der Erstellung der Szenarien kann wie in Abbildung 3.64 eine **Bedingung** festgelegt werden, wie z. B. die Verteilung der Mengen an mehrere Lieferanten, die Vergabe nach **Gesamtpreis** oder die Vergabe auf Positionsebene.

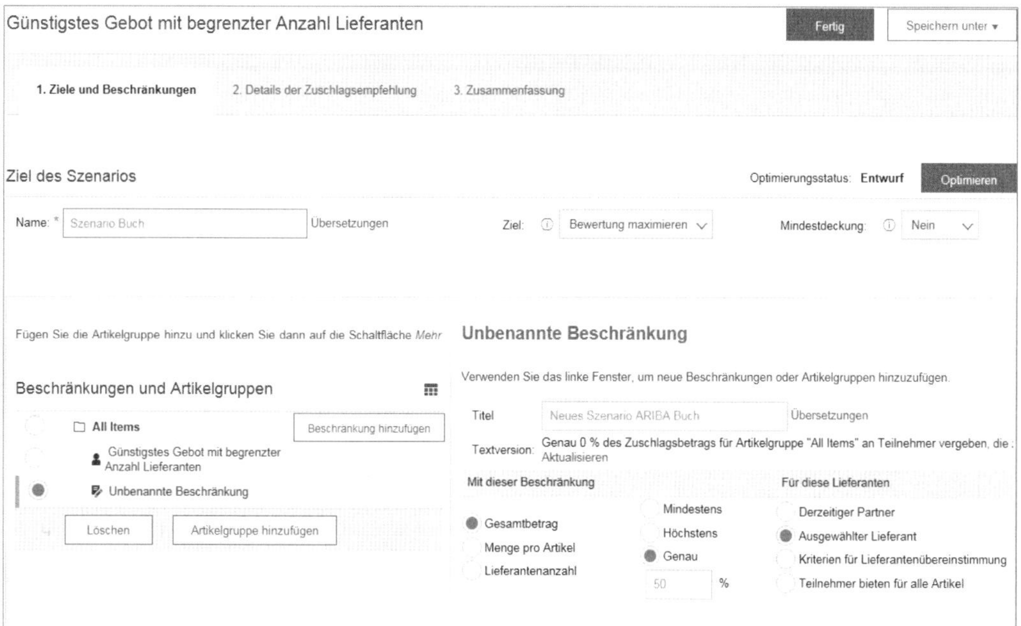

Abbildung 3.64 Erstellung eines Szenarios

Cherry Picking

Anwenden können Sie dies wie folgt: Sie erstellen ein Szenario, in dem Sie den Zuschlag an Ihren aktuellen Lieferanten erteilen. Voraussetzung dafür ist, dass der Lieferant als solcher in der Ausschreibung gekennzeichnet ist. Dann erstellen Sie ein zweites Szenario, dass den Bestbieter für alle Positionen ermittelt. Zum Schluss erstellen Sie ein Szenario, in dem Sie die besten Angebote auf der Positionsebene an die jeweiligen Bestbieter vergeben. Dies wird auch als *Cherry Picking* bezeichnet. Sie erhalten nun eine Übersicht aller drei Szenarien, wie in Tabelle 3.6 gezeigt.

Name des Szenarios	Anzahl der Lieferanten	Anzahl der Positionen	Gesamtkosten
Aktueller Lieferant	1	10	1.000.000 EUR
Bestbieter	1	10	980.000 EUR
Cherry Picking	3	10	950.000 EUR

Tabelle 3.6 Szenarioanalyse

Beispielszenarien

Der verantwortliche Einkäufer hat nun einen komprimierten Überblick über verschiedene Möglichkeiten der Vergabe. In Abbildung 3.65 sind drei Szenarien dargestellt. Bei einem wurde das Prinzip der Optimierung angewendet. Zwei Analysen wurden manuell erstellt. In diesem Beispiel gibt es deutliche Unterschiede in den Möglichkeiten der Vergabe mit verschiedenen Gesamtkosten. Bei der Verteilung der Mengen an die teilnehmenden Lieferanten kommt man zu den insgesamt geringsten Gesamtkosten.

Abbildung 3.65 Überblick über Szenarien

Mit der Übersicht werden verschiedene Möglichkeiten der Zuschlagerteilung gezeigt und transparent gemacht. Nun heißt es nur noch, das gewünschte Szenario auszuwählen und anschließend die Vergabe durchzuführen.

3.4.13 Vergabe und Auswertung

Reports

Für die Auswertung der Ausschreibung stehen neben der Szenarioanalyse weiterführende Reports zur Verfügung (siehe Abbildung 3.66), die auch nach Excel exportiert werden können. Diese Auswertungen geben Ihnen zusätzliche Möglichkeiten der Bearbeitung der Ausschreibungsergebnisse, was z. B. für die Erstellung einer Betrachtung der Total Cost of Ownership (TCO) sinnvoll sein kann.

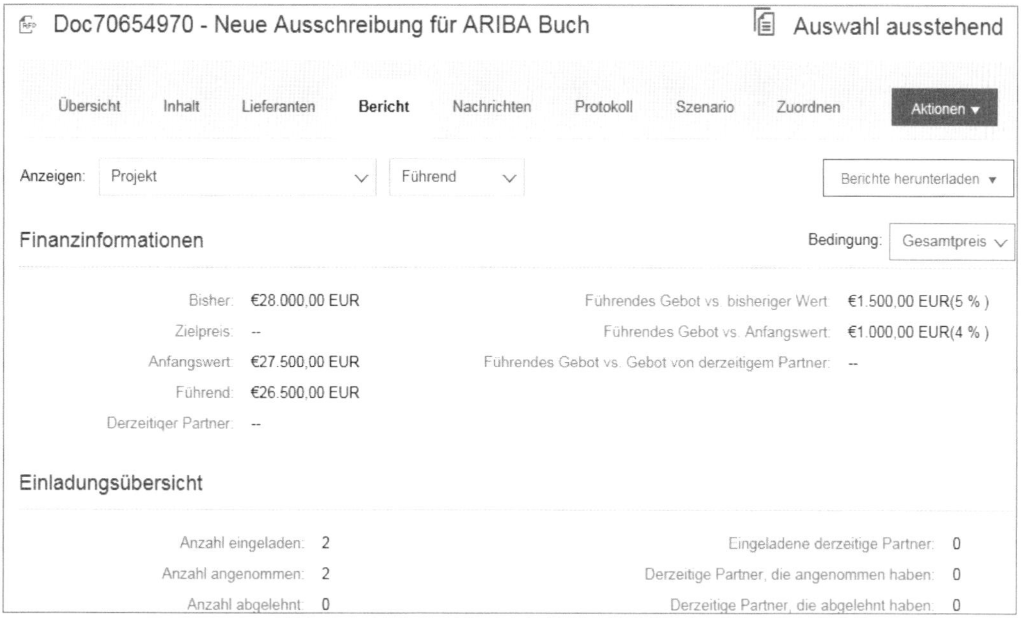

Abbildung 3.66 Ausschreibungsberichte

Haben Sie im Rahmen der Anfrage ein Scoring verwendet, so können Sie die Ausschreibungsergebnisse nicht nur in Form des Rücklaufs, sondern jederzeit auch das Bewertungsergebnis ansehen. In einer solchen Betrachtung werden die Ergebnisse der Anfrage, wie in Abbildung 3.67 zu sehen, in Prozent dargestellt. Diese Prozentwerte werden aufgrund der hinterlegten Wichtigkeit sowie der Gewichtung ermittelt. Liegt der erreichte Wert unterhalb des definierten Zielwertes, so wird dies durch eine rote Zahl mit Ausrufezeichen gekennzeichnet.

Bewertungsergebnis

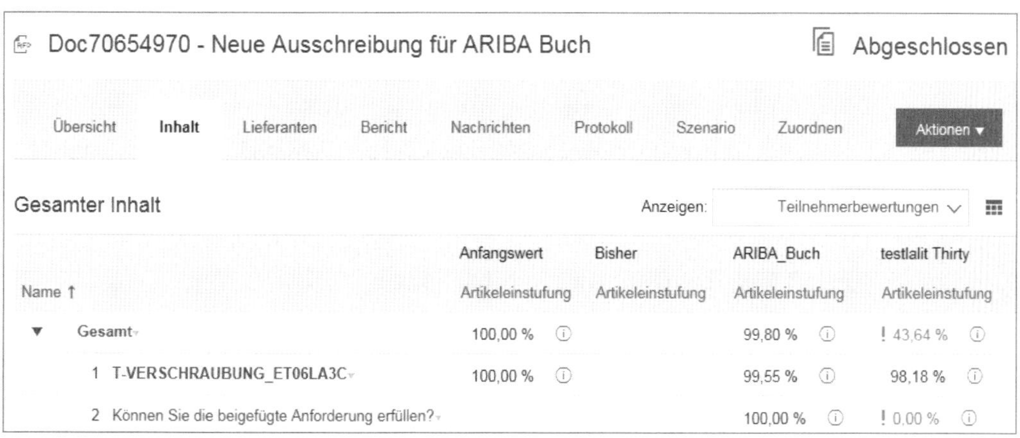

Abbildung 3.67 Scoring-Auswertung

Folgebeleg definieren

Für Prozesse die an das ERP-System übergeben werden sollen, können Sie bei der Zuschlagserteilung den Folgebeleg für das ERP-System definieren (siehe Abbildung 3.68).

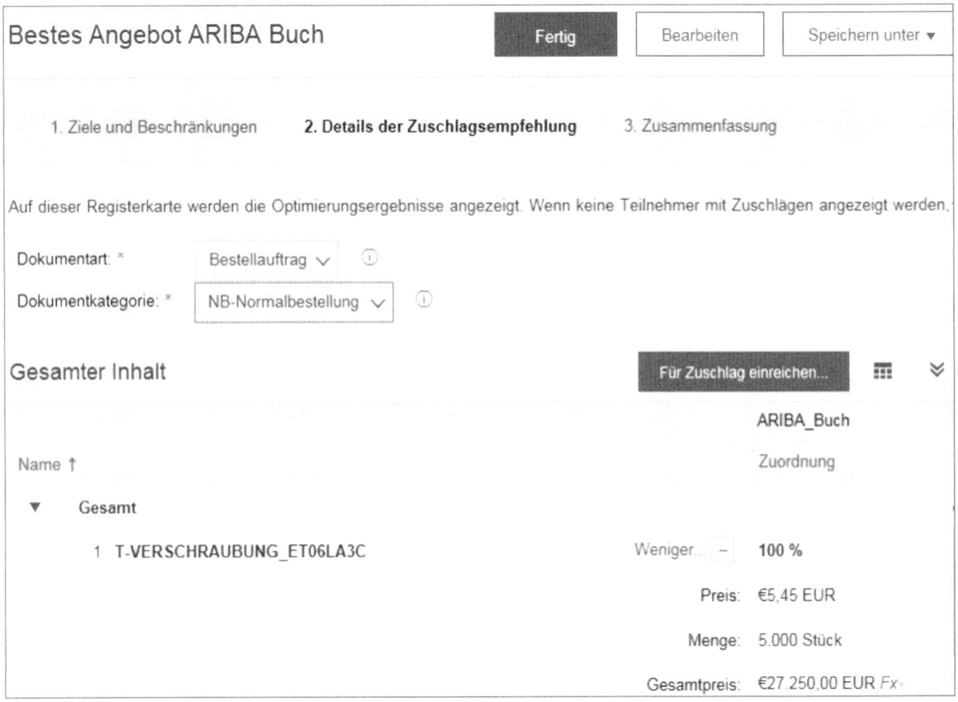

Abbildung 3.68 Folgeprozess von Ausschreibungen

Folgeprozesse sind die *Normalbestellung*, der *Mengenkontrakt* oder der *Wertkontrakt*. Falls Ihr Unternehmen auch SAP Ariba Contracts einsetzt, kann das Ausschreibungsergebnis auch in einen Vertrag innerhalb des Systems überführt werden.

Teilnehmer der Ausschreibung können Sie automatisch über die Vergabe informieren. Falls Sie lieber eine persönliche Information verschicken möchten, können Sie den Versand der Nachricht im Fall der Zuschlagserteilung deaktivieren.

3.4.14 Durchführung von Auktionen

Mit SAP Ariba können Sie auch Auktionen durchführen. Wie für diese Prozesse üblich, können Sie komplexe Regeln für die Durchführung der Auktion definieren (siehe Abbildung 3.69). Dazu gehört die *Vorschauzeit*, innerhalb der sich die Bieter einen Überblick über die Auktionsinhalte verschaffen können. Die verschiedenen Lose der Ausschreibung können mit unterschiedlichen Laufzeiten versehen werden. Die Durchführung verschiedener Auktionsformen ist möglich.

Abbildung 3.69 Auktionsbedingungen

Bietkonsole

Die Auktion hat den gleichen Aufbau wie normale Ausschreibungen. Zusätzlich gibt es aber eine Konsole, die die Phasen der Auktion auflistet, wie in Abbildung 3.70 gezeigt, und die eingegangenen Angebote in einem Monitor zeigt.

Abbildung 3.70 Die Bietkonsole

Auktionsergebnisse

Die Auktionsergebnisse werden darüber hinaus grafisch aufbereitet und in einem Diagramm dargestellt. Der Report aus Abbildung 3.71 zeigt den Verlauf der Preise während der Auktion.

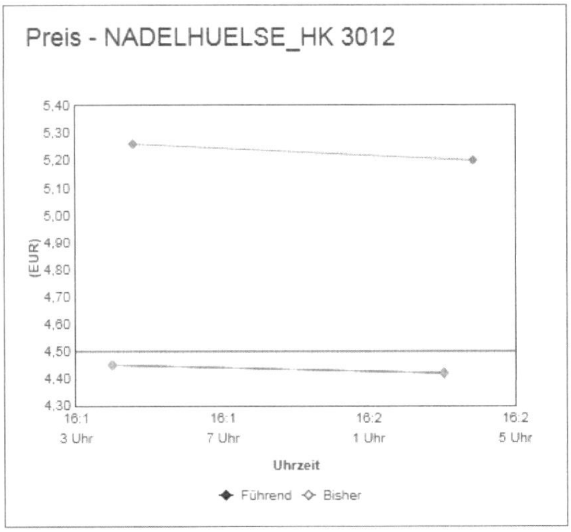

Abbildung 3.71 Report von Auktionen

Bei der Durchführung sollte es klar definierte Regeln geben, die für alle Teilnehmer einsehbar sein sollten. Ebenso ist eine Grundregel, dass die Auktion für klar spezifizierte Inhalte durchgeführt wird.

3.4.15 Die Dokumentation von Einsparungen

Einkaufsorganisationen werden in Unternehmen meist mit der Aufgabe betreut, Einsparungen bei der Beschaffung von Gütern und Dienstleistungen zu erzielen. Die Erfassung der Einsparungen im System ist auf Basis eines spezifischen Formulars möglich. Das Formular kann in vollständige Projekte eingebunden werden.

Einsparungsdokument

Wie wir bereits bei der Anlage von einfachen und vollständigen Ausschreibungen erläutert haben (siehe Abschnitt 3.4.7, »Das vollständige Ausschreibungsprojekt«), müssen Sie für das Einsparungsdokument zunächst ebenfalls einen Titel und einen Eigentümer festlegen. Dies wird in Abbildung 3.72 gezeigt.

Weitere Angaben

Das Formular übernimmt die Angaben aus dem vorausgegangenen Ausschreibungsprojekt, wie beispielsweise die Warengruppe oder die Vertragslaufzeit. Es müssen darüber hinaus weitere Angaben erfasst werden, wie die folgenden:

- die **Art der Ausgaben** (siehe Abbildung 3.73), auf deren Basis die Einsparung ermittelt wurde
- die **Art der Einsparungen** (siehe Abbildung 3.74)

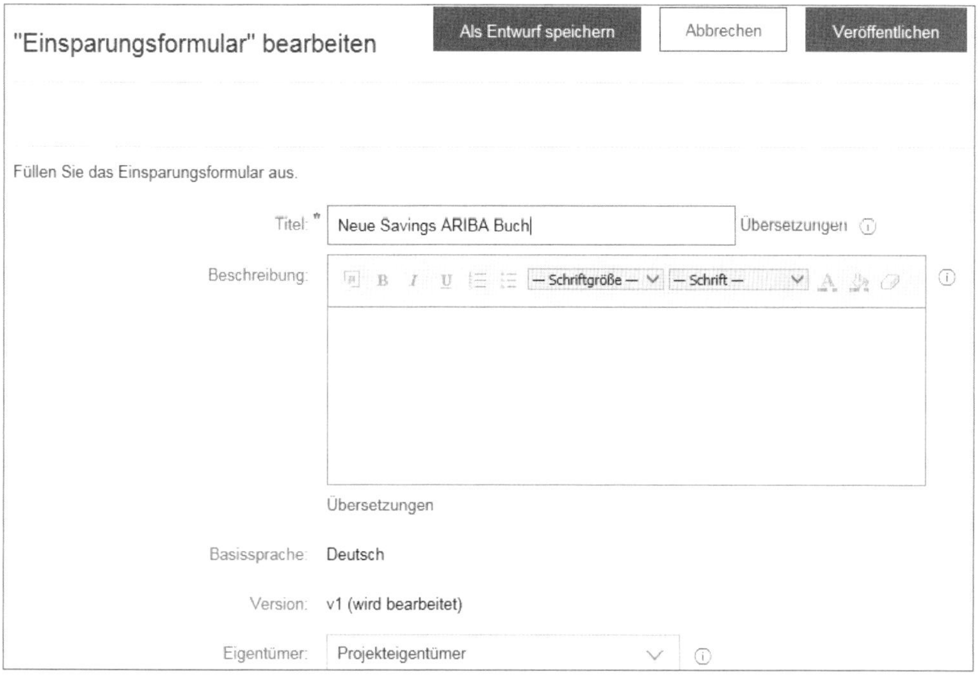

Abbildung 3.72 Einsparungsformular

Als Basis der Einsparung kann ein historischer Preis, das erste Angebot oder auch der Marktpreis angegeben werden.

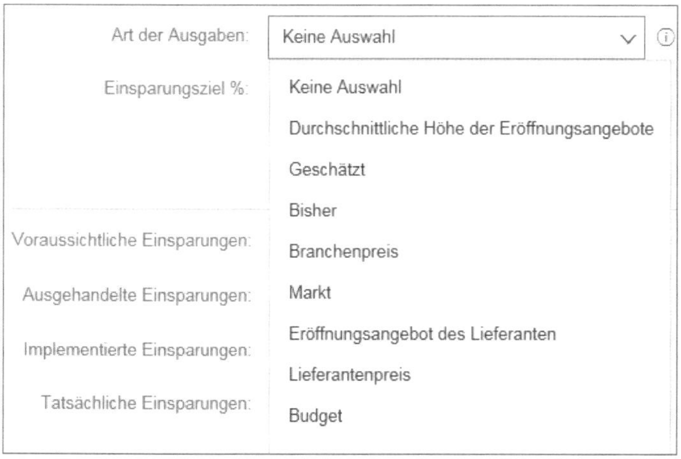

Abbildung 3.73 Grundlage für Einsparungen

Auswahlmöglichkeiten

Mögliche Einsparungsarten sind unter anderem die Vermeidung von Kosten, die Verhandlung von Spezifikationen oder der Verkauf von Anlagegütern. Weitere Auswahlmöglichkeiten sind in Abbildung 3.74 dargestellt.

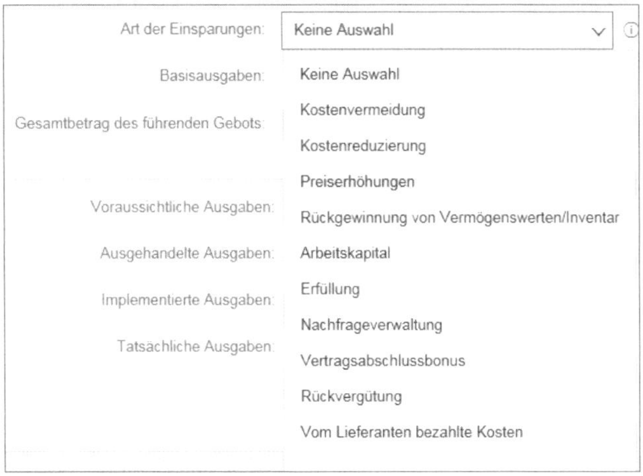

Abbildung 3.74 Arten von Einsparungen

Einsparungen zuordnen und verteilen

Die erzielten Einsparungen werden einem Lieferanten zugeordnet und können über die Zeitachse verteilt werden. (Ein Beispiel: Sie haben eine Software, die monatlich laut Liste 100 EUR kostet. Durch eine gute Verhandlung zahlen Sie nur 90 EUR im Monat. Dann könnten Sie 10 EUR pro Monat an Einsparungen für die gesamte Nutzungsdauer der Software dokumentieren.) Außerdem können geschätzte, verhandelte und implementierte Einsparungen erfasst werden. Auch können die tatsächlichen eingesparten Werte dokumentiert werden. Die erfassten Daten können in Berichten wie in Abbildung 3.75 dargestellt werden.

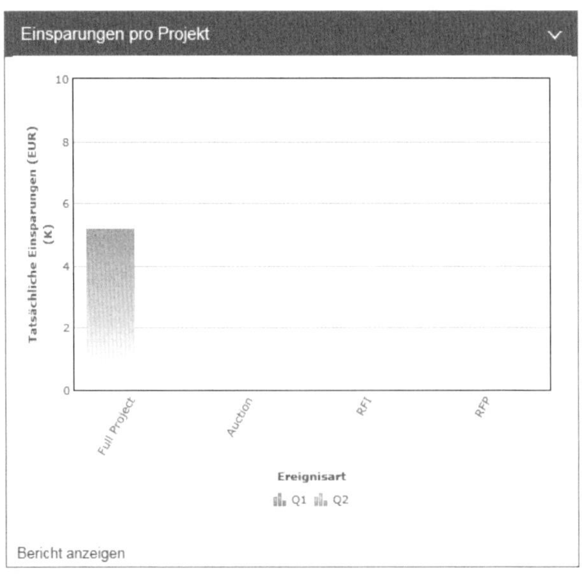

Abbildung 3.75 Auswertung von Ausschreibungen

3.4.16 Ausschreibungen im Zusammenhang mit Lieferantenmanagement

Die Prozesse von SLP und Sourcing sind miteinander verknüpft. Bei der Erstellung eines Templates können die Kriterien für die Einbeziehung der Lieferanten definiert werden. Es gibt einen Status, der kennzeichnet, dass Lieferanten an einer Ausschreibung teilnehmen dürfen, und einen Status, um einem Lieferanten den Zuschlag zu erteilen. Ebenso kann der Qualifizierungsstatus des Lieferanten berücksichtigt werden, und bevorzugte Lieferanten können automatisiert in Ausschreibungsprozesse einbezogen werden (siehe auch Abbildung 3.76).

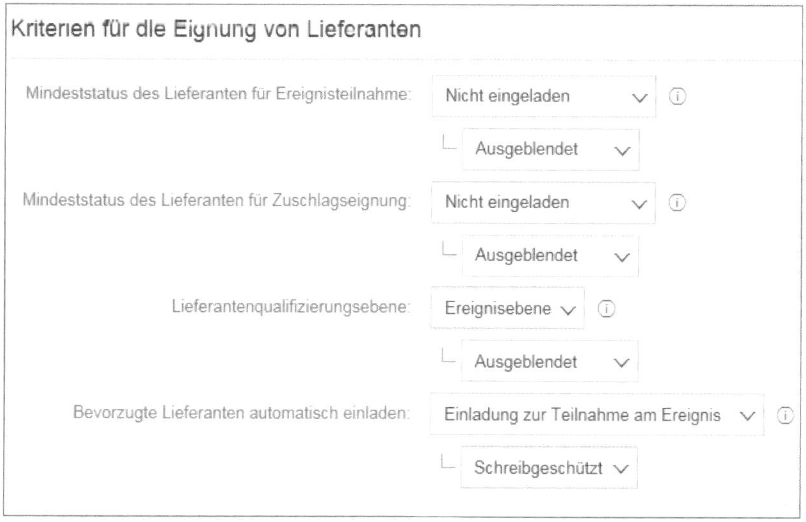

Abbildung 3.76 Kriterien für die Eignung von Lieferanten

Kriterien definieren

Sie können gleichzeitig bestimmen, ob die Kriterien ausgeblendet sind, nur angezeigt werden oder vom Ersteller änderbar sind. Mit diesen Einstellungen kann Ihr Unternehmen die Mindeststandards für die Durchführung von Ausschreibungen definieren.

Im Rahmen des weiteren Ausbaus der Lieferantenmanagement-Komponente sollen auch Möglichkeiten geschaffen werden, Auswertungen zu Ausschreibungen oder Verträgen im 360-Grad-Profil anzuzeigen.

3.5 Vertragsmanagement mit SAP Ariba Contracts

Vertragsmanagement ist ein relativ junger Prozess in Beschaffungslösungen, besonders die umfassende Abbildung des kompletten Lebenszyklus eines Vertrags. Von SAP Ariba Contracts werden sowohl die Erstellung und Verwaltung der Vertragsklauseln und Templates unterstützt als auch die Verhandlung, Freigabe und das Monitoring sowie die Übergabe in den operativen Beschaffungsprozess.

3.5.1 Gesamtüberblick zum Vertragsmanagement

Im Vertragsmanagement können alle Phasen des Vertragslebenszyklus abgebildet werden, angefangen bei den Texten der Verträge, die in Form von Klauseln und/oder Vorlagen (siehe Abschnitt 3.5.4) im System hinterlegt werden können.

Klauseln anlegen

Klauseln können in einer Bibliothek angelegt und verwaltet sowie mit Freigabeprozessen versehen werden. Jede einmal angelegte Klausel kann für jeden Vertrag bzw. auch für die Anlage von Vertragsvorlagen verwendet werden. Die Vertragsvorlagen werden entweder basierend auf den Klauseln oder auch frei definiert und bereitgestellt. Klauseln bzw. Abschnitte können dabei als *änderbar* oder *nicht änderbar* festgelegt werden. Ebenso können wählbare Optionen zur Verfügung gestellt werden.

Für die Verhandlung eines Vertrags wird dann ein Vertragsprojekt angelegt, das Phasen, Aufgaben und Dokumente enthält. Es ist somit auch denkbar, dass mehrere aufeinanderfolgende Verträge in einem Projekt zusammengefasst werden. Ein Beispiel wäre die Unterzeichnung eines Verhaltenskodex und eine daran anschließende Verhandlung eines Dienstleistungsvertrags. Der Vertrag wird dann dem Lieferanten über das System zur Verfügung gestellt. Je nach den Vorgaben des Dokuments kann dieser nun Änderungen durchführen. Diese Änderungen werden protokolliert und stehen für eine spätere Analyse zur Verfügung. Der gleiche Prozess läuft auch aufseiten des Kunden ab. So wird die Verhandlung bilateral direkt im System abgebildet. Ist der Vertrag abgeschlossen und freigegeben, kann daraus ein Folgedokument in Form eines SAP-Kontrakts bzw. die Erstellung eines SAP-Ariba-Katalogs erstellt werden.

3.5.2 Die Verwaltung von Klauseln

Eigenschaften

Klauseln werden in SAP Ariba Contracts in einer Bibliothek organisiert. Die Struktur wird dabei vom Unternehmen festgelegt. Eine Klausel hat definierte Eigenschaften, die wir in Tabelle 3.7 erläutern.

Bezeichnung	Inhalt	Bedeutung
Basissprache	Basissprache der Klausel	Sprache, in der die Klausel angelegt wird. Als Basis wird die definierte standardisierte Sprache verwendet.
Klauselart	Legt die Art der Klausel fest.	Es gibt bevorzugte, alternative, leere und Auffangklauseln. Diese können dann für Vertragsvorlagen entsprechend eingesetzt werden.
Änderungen erfordern Genehmigung durch	Definiert, ob die Änderung der Klausel einer Genehmigung bedarf.	Sie können hier hinterlegen, wer die Freigabe der Änderung der Klausel durchführen muss.
Verwendung erfordert Genehmigung durch	Definiert, ob die Verwendung der Klausel einer Genehmigung bedarf.	Sie können hier hinterlegen, wer die Freigabe der Verwendung der Klausel durchführen muss.
Löschen erfordert Genehmigung durch	Definiert, ob die Löschung der Klausel einer Genehmigung bedarf.	Sie können hier hinterlegen, wer die Freigabe bei der Löschung der Klausel durchführen muss.
Zusammenfassung	Zeigt die Klausel an.	Darstellung der Klausel
Version	Übersicht zur Version	Version der Klausel
Eigentümer	Eigentümer der Klausel	Der Eigentümer der Klausel hat das Recht, Änderungen an der Klausel durchzuführen.
Editoren	Benutzer, die die Klausel editieren dürfen	Hier legen Sie die Benutzer oder Benutzergruppen fest, die die Klausel editieren dürfen.
Zuletzt geändert/ Erstellungsdatum	Erstellungs- bzw. Änderungsdatum	Datum der Erstellung sowie das Datum der letzten Änderung der Klausel
Zugriffssteuerung	Legt fest, wie auf die Klausel zugegriffen wird.	Steuerung des Zugriffs auf die Klausel

Tabelle 3.7 Angaben zu Vertragsklauseln

Optionen Abbildung 3.77 zeigt die verschiedenen Optionen bei der Anlage oder Verwaltung einer Klausel in der Übersicht.

Abbildung 3.77 Die Klauselverwaltung

Durch die Definition der Klausel wird die Verwendung in dem späteren Vertrag festgelegt. Ist eine alternative Klausel angelegt, kann diese z. B. im Vertrag ausgewählt werden. Sie wählen daher, wie in Abbildung 3.78 dargestellt, aus, ob es sich um eine **Bevorzugte Klausel**, eine **Alternative Klausel** oder eine **Auffangklausel** handelt.

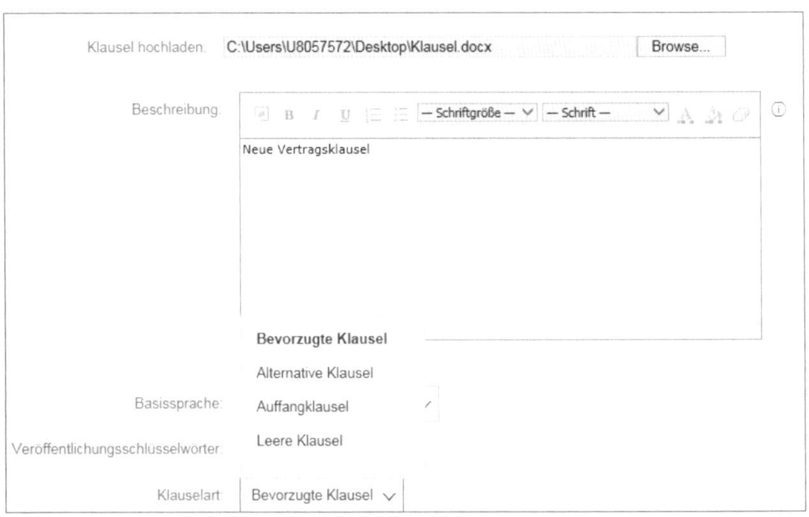

Abbildung 3.78 Definition von Klauseln

Der Vorteil der Verwendung von Klauseln ist, dass dies eine spezifische Suche und Auswertung pro Klausel ermöglicht. So können Sie z. B. einfach und schnell alle Verträge suchen, die eine bestimmte Klausel enthalten, und diese Verträge gezielt aktualisieren.

Vorteile

3.5.3 Die Erstellung eines Vertrags

Ein SAP-Ariba-Vertrag kann auf verschiedenen Wegen entstehen. Zunächst gibt es, ähnlich wie im Ausschreibungsmodul, die Anfrage zu einem Vertrag, mit dem ein Prozessbeteiligter die Erstellung eines Vertragswerkes anstoßen kann. Klarerweise kann aber auch das Dokument direkt von einem berechtigten Nutzer angelegt werden.

Vertrag nach Ausschreibung

Sicher einer der besten Prozesse zur Neuerstellung ist die Durchführung einer Ausschreibung und das Überführen der Ergebnisse in einen Vertrag. Dabei werden die Positionen der Ausschreibung mit den Preisen, die im Zuschlag definiert wurden, als Anlage in das Dokument übernommen. Diese Positionen können dann ins ERP-System als Mengen- oder Wertkontrakt übergeben werden. Verträge können auch aus Altsystemen migriert und in SAP Ariba übernommen werden. Dies stellt die Vertragssicherheit und Transparenz bei der Neueinführung sicher.

Grundsätzlich können im System verschiedene Vertragsformen wie Rahmenvereinbarungen und Einzelverträge abgebildet werden. Auch der in der Praxis häufige Fall, dass der Vertrag vom Lieferanten vorgegeben wird, kann umgesetzt werden.

Vertragsangaben

Bei der Abfassung des Vertrags können die Angaben aus Tabelle 3.8 erfasst werden.

Bezeichnung	Bedeutung
Name	Vertragsbezeichnung
Beschreibung	Hier kann eine Beschreibung zum Vertrag erfasst werden.
Zugehörige ID	Hier kann eine Vertragsnummer eingetragen werden. Diese kann z. B. verwendet werden, wenn der Lieferant den Vertragsentwurf vorlegt und dieser eine Nummer enthält.
Aus Vertrag kopieren	In dem Feld kann ein Vertrag erfasst werden, der dann kopiert wird.

Tabelle 3.8 Felder zur Vertragserfassung

Bezeichnung	Bedeutung
Testprojekt	Kennzeichnung als Test- oder reelles Projekt
Basissprache	Basissprache des Vertrags
Hierarchieart	Legt fest, ob es sich um einen Rahmen- oder einen eigenständigen Vertrag handelt.
Lieferant	Lieferant, auf den sich der Vertrag bezieht
Betroffene Parteien	Es können zum Vertrag mehrere Vertragsparteien hinterlegt werden.
Vorgeschlagener Vertragsbetrag	Der Vertragswert wird bei der Überführung aus der Ausschreibung übernommen.
Vertragsbetrag	tatsächlicher Vertragswert
Ware	Warengruppe des Vertrags. Diese wird gegebenenfalls aus dem Vorprojekt übernommen.
Regionen	Region, auf die sich der Vertrag bezieht
Vorgängerprojekt	Hier kann ein Vorgängerprojekt ausgewählt und mit dem Vertrag verknüpft werden.
Vertragsdatum	Datum der Vertragserstellung
Fristart	Dieses Feld enthält die Definition, ob und welche Art von Frist der Vertrag hat.
Datum des Inkrafttretens	Datum, zu dem der Vertrag gültig wird
Ablaufdatum	Datum, zu dem der Vertrag ausläuft
Benachrichtigungen	In diesem Feld wird definiert, wie viele Tage im Voraus ein definierter Benutzer über die Erreichung des definierten Vertragsenddatums informiert werden möchte.

Tabelle 3.8 Felder zur Vertragserfassung (Forts.)

Vertragsbereich erstellen

Wie Sie in Abbildung 3.79 sehen, ist die Erstellung des Vertragsbereichs weitgehend identisch mit der Anlage einer Ausschreibung. Die Rahmendaten des Arbeitsbereichs für den Vertrag werden hier analog eingetragen oder, falls es ein vorausgehendes Projekt gibt, z. B. aus der Anfrage übernommen.

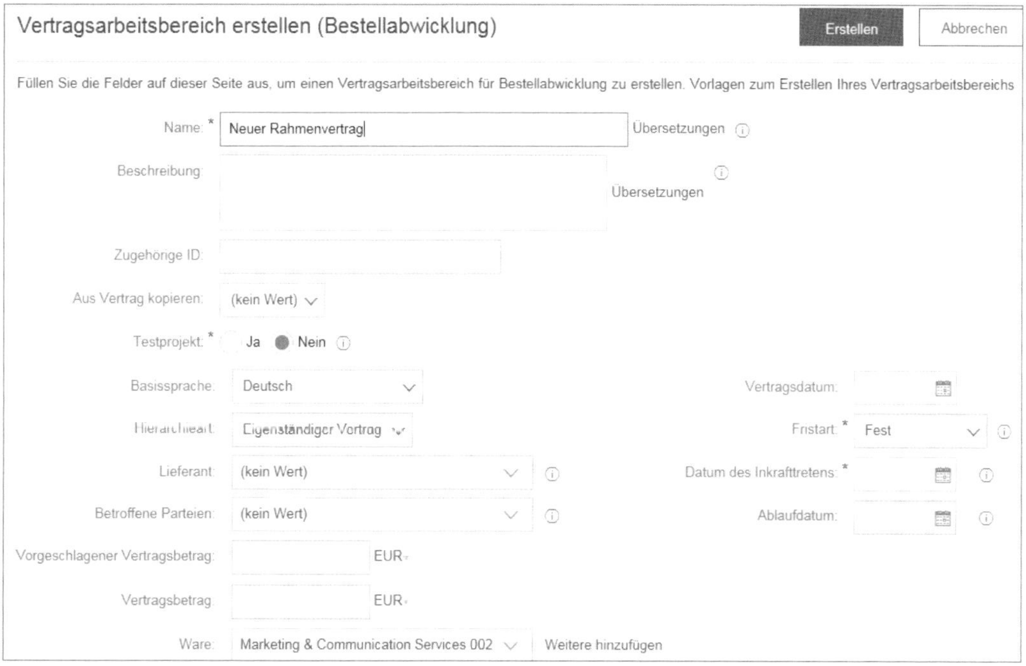

Abbildung 3.79 Vertragserstellung

Auf Basis der Definitionen wird die entsprechende Vorlage vorgeschlagen, ausgewählt und anschließend der Arbeitsbereich des Vertrags angelegt.

3.5.4 Vertragsvorlagen

Vertragsvorlagen sind die eigentlichen Dokumente, die den Vertragstext beinhalten. Diese Vorlagen können auf Basis einer Word-Vorlage erstellt werden. Dafür müssen Sie lediglich das Word-Dokument formatieren, um z. B. Überschriften und Klauseln zu unterscheiden. Das formatierte Dokument laden Sie dann in SAP Ariba Contracts.

Klauseln übernehmen

Wenn Sie eine solche Vertragsvorlage im Arbeitsbereich der Verträge verwenden, können Sie die automatisch generierten Klauseln und Abschnitte auch von dieser Stelle aus direkt in die Klauselbibliothek übernehmen.

3.5.5 Der Arbeitsbereich für Verträge

Die Struktur des *Arbeitsbereichs* für Verträge entspricht der des vollständigen Ausschreibungsprojekts. Neben der **Übersicht** beinhaltet der Arbeitsbereich **Dokumente**, **Aufgaben**, das **Team** sowie die Übersichten **Nachrichten-Center** bzw. **Historie**.

Aufbau des Vertragsprozesses

Eine typische Gestaltung des Vertragsprozesses besteht aus folgenden Schritten:

1. Interne Erstellung des Vertragsentwurfes auf Basis eines Templates
2. Verhandlung des Vertrags mit dem Lieferanten über das System unter Verwendung der Änderungsverfolgung
3. Vertragsabschluss und Freigabe
4. Überführung des Vertrags in die operative Nutzung

Alle Funktionen zum Arbeiten mit dem Arbeitsbereich sind weitgehend identisch mit den Möglichkeiten bei Ausschreibungen, z. B. die folgenden Optionen:

- Aufgaben können optional und verpflichtend sein.
- Es können Phasen für die Vertragserstellung definiert werden.
- Mehrere Verträge können in einem Vertragsprojekt zusammengefasst werden.
- Mit dem Team, das an dem Vertrag arbeitet, können Nachrichten ausgetauscht werden.

Mitarbeiter, die sich näher mit Ausschreibungen im System beschäftigen, werden sich ebenfalls leicht in Vertragsprojekten zurechtfinden.

Bei der Erstellung der Vertragsprozesse im Projekt sollten Sie im Hinterkopf behalten, dass es Freigaben für die Löschung oder Nutzung einzelner Klauseln geben kann. Beschränken Sie sich daher eher auf die Einbeziehung aller Fachbereiche in die Vertragserstellung sowie notwendige Freigaben durch Managementfunktionen.

3.5.6 Die Erarbeitung des Vertragstextes

Entwurf

Der Entwurf des Vertrags kann auf Basis einer Vorlage verfasst werden. Diese Vorlage kann im Vorfeld durch die Rechtsabteilung in Zusammenarbeit mit dem Einkauf erstellt werden.

Nehmen wir als Beispiel das Aufsetzen eines Servicevertrags mit einem Beratungsunternehmen. Hier kann der Hauptvertrag den Rahmen für die allgemeine vertragliche Basis bilden. Üblicherweise wird dann für einzelne Projekte ein individueller Vertrag, oft *Lastenheft* genannt, erstellt. So gibt es zwei Verträge, die miteinander in Verbindung stehen. Diese Verbindung kann im System abgebildet werden, sodass immer klar ist, auf welchen Hauptvertrag sich der Einzelvertrag bezieht.

Hauptvertrag

Ihr Einkäufer könnte in diesem Beispiel den Hauptvertrag auf der Grundlage eines Unternehmensstandards aufbauen. Das System zeigt den Vertrag inklusive der Klauseln direkt in der Benutzeroberfläche (siehe Abbildung 3.80).

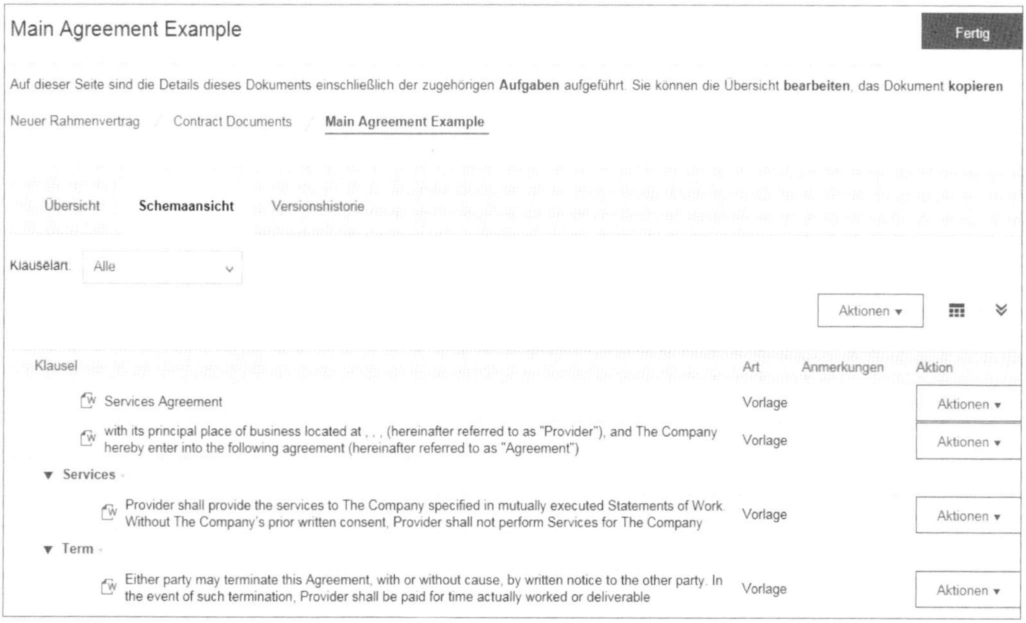

Abbildung 3.80 Vertragsklauseln in SAP Ariba

Schnellansicht verwenden

Diese Schnellansicht ermöglicht es, auf besondere Weise mit dem Vertrag zu arbeiten. Klauseln können hier ausgetauscht, gelöscht oder überarbeitet werden. Dies hängt davon ab, welche Definitionen Sie für die jeweiligen Klauseln getroffen haben. Es kann sein, dass keine einzige Klausel verändert werden darf oder dass alle Klauseln änderbar sind. Wird ein Vertragsbereich geändert, ist dies in der Schnellansicht sichtbar.

Word nutzen

Für Liebhaber der klassischen Vertragsbearbeitung gibt es natürlich jederzeit die Möglichkeit, den Vertrag auch in Word (siehe Abbildung 3.81) zu öffnen und zu bearbeiten.

In dem Office-Programm stehen die bekannten Funktionen zur Bearbeitung von Dokumenten zur Verfügung. Es kann hier mit der Änderungsverfolgung gearbeitet werden, die eine Kennzeichnung der geänderten Texte ermöglicht. Ebenso kann auch in dem Word-Dokument auf alternative Klauseln zurückgegriffen werden.

SERVICES AGREEMENT

with its principal place of business located at , , , (hereinafter referred to as "Provider"), and The CompanySwarovski - TEST hereby enter into the following agreement (hereinafter referred to as "Agreement"), intending to be bound thereby under all appropriate laws.

Services
Provider shall provide the services to The Company specified in mutually executed Statements of Work. Without The Company's prior written consent, Provider shall not perform Services for The Company using any individual who has been previously employed by The Company as a full or part-time employee in the twenty-four months immediately preceding the date Provider begins to perform the Services.

Term
Either party may terminate this Agreement, with or without cause, by written notice to the other party. In the event of such termination, Provider shall be paid for time actually worked or deliverables actually accepted as set forth in the Statement of Work that meet the specifications set forth therein.

Confidential Information
Provider agrees to treat all Confidential Information as confidential information of The Company, both during and after the term of this Agreement. "Confidential Information" means all information and material to which Provider has access in connection with Services provided hereunder including, but not limited to, (a) all Developments, (b) all software, documentation, financial, marketing and customer data and other business information, and (c) any other material or information that is either marked as confidential or is disclosed under circumstances that one would reasonably expect it to be confidential. Provider agrees to use the Confidential Information received under this Agreement solely for the purposes of providing Services under this Agreement.

Furthermore, Provider will cause each of its employees, agents and subcontractors who perform Services under this Agreement to execute The Company's standard form of Consultant Non-Disclosure Agreement prior to performing services hereunder.

Abbildung 3.81 Vertragsansicht in Word

Texte sperren Um eine Bearbeitung bestimmter Vertragstexte zu verhindern, ist es auch möglich, Texte zu sperren. Wie viel Sie hier erlauben, hängt sicher stark vom Vertragstyp ab. So werden Sie sicher keine Anpassung der allgemeinen Geschäftsbedingungen gestatten.

Vertrag verhandeln Hat der Vertragsersteller den Vertragstext finalisiert und sind alle sonstigen Schritte abgearbeitet worden, kann der Vertrag mit dem Lieferanten verhandelt werden. Da Verträge oftmals vertrauliche Informationen enthalten, ist es Ihnen möglich, die Berechtigungen und den Zugriff einzuschränken.

3.5.7 Die Vertragsverhandlung

Der Lieferant erhält den Vertrag in sein Netzwerkkonto, wo er ihn öffnen und bearbeiten kann. Sie geben dabei vor, was der Lieferant im Vertrag ändern kann. Eine extreme Form ist z. B., dass der Lieferant keinerlei Anpassungen im Vertragstext vornehmen darf. Dies betrifft typischerweise Verträge wie die allgemeinen Geschäftsbedingungen und den Verhaltenskodex für Lieferanten. Eine andere extreme Form ist die völlige Öffnung des Vertrags für den Lieferanten.

Normalerweise werden Sie einen Mittelweg gehen. Bestimmte Klauseln werden Sie als nicht verhandelbar einstufen und daher für die Bearbeitung durch den Lieferanten sperren. Klauseln mit niedriger Kritikalität werden Sie zur Anpassung durch den Vertragspartner öffnen.

Vertrag überarbeiten

Überarbeitet ein Prozessbeteiligter den Vertrag, so wird dies einerseits im Dokument durch die Überarbeitungsfunktion und andererseits bei der Übersicht der Klauseln im System sichtbar. Erhalten Sie einen bearbeiteten Vertrag, bekommen Sie so schnell einen Überblick über die Änderungen und können diese prüfen, bewerten und gegebenenfalls erneut anpassen. Das Spiel zwischen den Vertragsparteien kann so lange gespielt werden, bis ein finaler Vertragstext vorliegt, mit dem beide Seiten einverstanden sind.

Protokoll

Da der Austausch der Dokumente über das System erfolgt, entfällt das nervige Suchen nach der letzten gültigen Version, außerdem werden alle Stände protokolliert. So wird die Transparenz und Nachvollziehbarkeit im Vertragsprozess enorm gesteigert.

3.5.8 Nutzung von elektronischen Unterschriften im Vertragsprozess

DocuSign

SAP Ariba arbeitet mit DocuSign, einem Signaturdienst, zusammen. Bei der Vertragsunterzeichnung können Sie vollkommen auf Papier verzichten, wenn Sie einen zertifizierten Signaturdienst verwenden. Dokumente, die auf diesem Weg unterzeichnet werden, werden automatisch paraphiert und mit einer digitalen Signatur versehen. Der Dienst ist digital verfügbar, wodurch die Durchlaufzeiten für die Vertragsunterzeichnung deutlich verkürzt werden. Der Prozess ist sehr sicher und in vielen Ländern rechtskonform umsetzbar. Neben Docusign kann auch Adobe eSign verwendet werden.

Zusätzliche Informationen zu dem Thema finden Sie unter *www.docusign.de*. Alternativ fragen Sie Ihren SAP-Ansprechpartner.

3.5.9 Operative Nutzung der Verträge

Ein Vertrag bietet den größten Mehrwert, wenn die verhandelten Konditionen und Bedingungen auch im Tagesgeschäft angewendet werden und die Überwachung des Vertrags einfach möglich ist. Bei der Anlage des Vertrags können Sie daher definieren, ob der Vertrag ein festgelegtes Ende hat oder sich automatisch verlängert. Zusätzlich werden Sie im Vorfeld vom System, basierend auf der hinterlegten Anzahl an Tagen, über das Erreichen der Frist informiert.

Wenn Sie Klauseln im Vertrag verwenden, können Sie sich in Berichten z. B. eine Übersicht aller Vereinbarungen zu einer bestimmten Klausel erstellen oder herausfinden, wo eine bestimmte Klausel verwendet wird.

Vertrag in Beschaffung bereitstellen

Damit der Vertrag im Tagesgeschäft verwendbar ist, kann er für den Beschaffungsprozess bereitgestellt werden. Eine Möglichkeit ist die Überführung der Vertragskonditionen in einen SAP-Ariba-Kataloginhalt, der dann bei der Erstellung von Bedarfsanforderungen verwendet wird. Wählt der Anforderer einen Katalog mit Vertragsbezug aus, wird die Vertragsgrundlage sichtbar, und der Vertragsinhalt kann angezeigt werden.

Einkaufswagen mit Bezug zu Vertrag

Wenn Kunden den Beschaffungsprozess in SAP Ariba abgebildet haben, ist es möglich, dass Einkaufswagen direkt mit Bezug zu einem Vertrag erstellt werden können. Dieses Szenario ist sinnvoll, wenn Sie einen Rahmenvertrag mit einem Dienstleister abgeschlossen haben, der z. B. einen Stundensatz festlegt und die Arten der Dienstleistung, aber keine genauen Projektdefinitionen enthält. Nehmen wir z. B. an, der Vertrag wurde mit einem Übersetzungsdienst abgeschlossen. Er enthält einen definierten Kostensatz pro Wort oder Seite und definiert eine Liste der Sprachen, die vom Dienstleister abgedeckt werden. Der Anforderer könnte jetzt den Rahmenvertrag nutzen und einen Warenkorb erstellen, der sich auf diesen bezieht und die Angaben zum Dokument inklusive der Anzahl der Seiten sowie der Ausgangs- und Zielsprache ergänzt. Der Beschaffungsvorgang kann nun ohne Einbeziehung des Einkaufs einfach und effizient abgewickelt werden.

Vertrag an ERP-System übergeben

Der verhandelte und freigegebene Vertrag kann auch an das ERP-System übergeben werden. Dabei wird das Prinzip angewendet, das in Abschnitt 3.4, »Ausschreibungen mit SAP Ariba Sourcing«, bereits beschrieben wurde. Ergebnis der Übergabe ist ein SAP-Mengenkontrakt oder ein SAP-Wertkontrakt.

Wenn Sie mit dem Lieferanten über Ariba Network Belege austauschen, können Sie dem Lieferanten auch erlauben, Rechnungen mit Vertragsbezug zu erstellen. Das kann ebenfalls für Dienstleistungen sinnvoll sein. Laut Studien werden Verträge selten operativ umgesetzt, wodurch ausgehandelte Konditionen nicht zur Anwendung kommen. Verhandlungserfolge können oftmals nicht realisiert werden, weil die Verankerung im Bestellprozess fehlt. Deshalb ist dieser Schritt im Prozess von enormer Bedeutung.

Kapitel 4
Operativer Einkauf

SAP Ariba bietet mit SAP Ariba Catalog, SAP Ariba Buying sowie SAP Ariba Buying and Invoicing gleich mehrere Lösungen, die Sie im operativen Einkaufsprozess unterstützen. Hier lesen Sie, was die Lösungen bieten und wie Sie damit arbeiten.

SAP Ariba bietet mehrere Lösungen, die den operativen Einkaufsprozess unterstützen, z. B. SAP Ariba Catalog, SAP Ariba Buying sowie SAP Ariba Buying and Invoicing. Diese Lösungen unterstützen eine unterschiedliche Anzahl von Schritten im Einkaufsprozess. Auch die Integrationsszenarien in die ERP-Systeme unterscheiden sich. In diesem Kapitel werden die Funktionen dieser Lösungen beschrieben.

4.1 Der operative Einkaufsprozess

Der Ausgangspunkt für den operativen Einkaufsprozess ist ein Bedarf. Der Bedarf tritt entweder direkt bei einer Person auf, die z. B. Materialien oder Dienstleistungen für ihre Arbeit benötigt, oder der Bedarf entsteht in einem dem Einkauf vorgelagerten Prozess wie Vertrieb, Produktion oder Instandhaltung.

Systeme

Die Bedarfe aus Prozessen können in einem ERP-System automatisch erzeugt und verarbeitet werden. Aus Sicht des SAP-Portfolios für den Einkauf verbleiben diese im SAP-S/4HANA- oder SAP-ERP-System und werden dort weiterverarbeitet. Die SAP-Ariba-Lösungen bieten Unterstützung bei der Verarbeitung der Bedarfe, die direkt bei Mitarbeitern entstehen.

Bedarf mitteilen

Hier ist es notwendig, dass die Person ihren Bedarf dem Einkauf mitteilt, um den Beschaffungsprozess zu starten. Früher wurden dafür Papierformulare benutzt oder andere nicht digitale Kommunikationskanäle. Um die Verarbeitung der Bedarfe in einem IT-System zu ermöglichen, musste ein operativer Einkäufer diese Bedarfe in diesem System erfassen. Aus heutiger Sicht war diese Vorgehensweise wenig effizient. Einkäufer sollten ihre Zeit nicht dafür aufwenden, Informationen manuell in ein IT-System zu übertragen. Es ist auf jeden Fall besser, dass die Mitarbeiter ihre Bedarfe gleich selbst in einem IT-System erfassen. Diese Erfassung bildet die Grundlage für die weitere Verarbeitung. Idealerweise kann diese weitgehend automatisiert werden. Diese Idee ist nicht neu, seit den späten 1990er Jahren gibt es Anwendungen für den elektronischen Einkauf und die Bedarfserfassung durch Mitarbeiter. Allerdings haben sich diese Anwendungen in den letzten 20 Jahren weiterentwickelt, und der Fokus hat sich von der reinen Bedarfsverarbeitung im Einkauf auf den gesamten Prozess von der Bedarfserfassung bis zur Zahlung erweitert. Die Anwendungen sind benutzerfreundlicher geworden, sie können nicht nur im Büro, sondern überall genutzt werden, und die Lieferanten wurden stärker in den Prozess eingebunden.

Da jeder Mitarbeiter Bedarf an Materialien und Dienstleistungen haben kann, sollte auch jeder Mitarbeiter Zugriff auf die dafür vorgesehene Anwendung haben. Wäre dies nicht der Fall, müsste eine Person die Bedarfe anderer Mitarbeiter in ein System übertragen. Ob diese Person ein Assistent oder eine Einkäuferin ist, macht keinen Unterschied. In beiden Fällen wird Arbeitszeit dafür verschwendet, Informationen manuell in ein IT-System zu übertragen.

Intuitive Bedienung

Wenn jeder Mitarbeiter die Anwendung zur Erfassung von Bedarfen nutzen soll, ist es umso wichtiger, dass diese Anwendung intuitiv zu bedienen ist. In der heutigen Zeit kaufen viele Personen im privaten Umfeld im Internet ein. Man kann also davon ausgehen, dass ebenso viele Mitarbeiter Anwendungen zur Erfassung von Bedarfen ohne eine Schulung bedienen können, wenn diese Anwendungen nur ähnlich einfach zu bedienen sind wie Webshops der führenden Anbieter für den Onlinehandel.

Schritte

Der operative Einkaufsprozess besteht aus zehn wesentlichen Schritten, die in Abbildung 4.1 gezeigt werden.

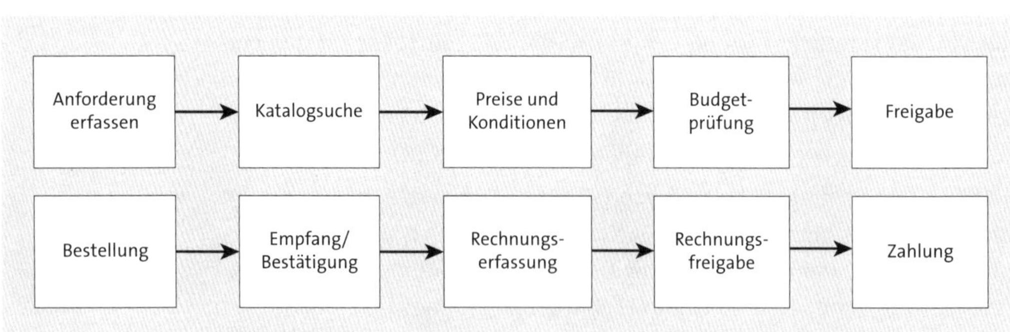

Abbildung 4.1 Operativer Einkauf in zehn Schritten

Die Erfassung der Anforderung leitet den Prozess ein. Optional kann sie durch eine Katalogsuche unterstützt werden. Voraussetzung dafür ist, dass vom Einkauf passende Kataloginhalte zur Verfügung gestellt wurden. Im nächsten Schritt werden Preise und Konditionen berechnet, danach ein Budget geprüft, sofern entsprechende Informationen vorhanden sind. Nach der Freigabe der Anforderung wird eine Bestellung erzeugt und zum Versand an den Lieferanten ausgegeben. Im nächsten Schritt wird der Empfang von Waren erfasst bzw. die Leistung bestätigt. Nach der Erfassung der Lieferantenrechnung kann diese freigegeben werden. Im letzten Schritt erfolgt die Zahlung.

SAP-Ariba-Anwendungen

Wie bereits beschrieben, gibt es drei SAP-Ariba-Anwendungen, die den operativen Einkaufsprozess unterstützen: SAP Ariba Catalog, SAP Ariba Buying und SAP Ariba Buying and Invoicing.

4.2 SAP Ariba Catalog

Die Lösung *SAP Ariba Catalog* unterstützt zwei Schritte des operativen Einkaufsprozesses: die Suche nach Katalogartikeln sowie die Ermittlung von Preisen und Konditionen dieser Artikel (siehe Abbildung 4.2). SAP Ariba Catalog versteht sich als reine Kataloglösung, das bedeutet, in dieser Lösung werden Katalogartikel zur Suche zur Verfügung gestellt. Die eigentliche Erfassung des Bedarfs sowie die Schritte Budgetprüfung und Freigabe des Bedarfs müssen in einer anderen IT-Lösung erfolgen.

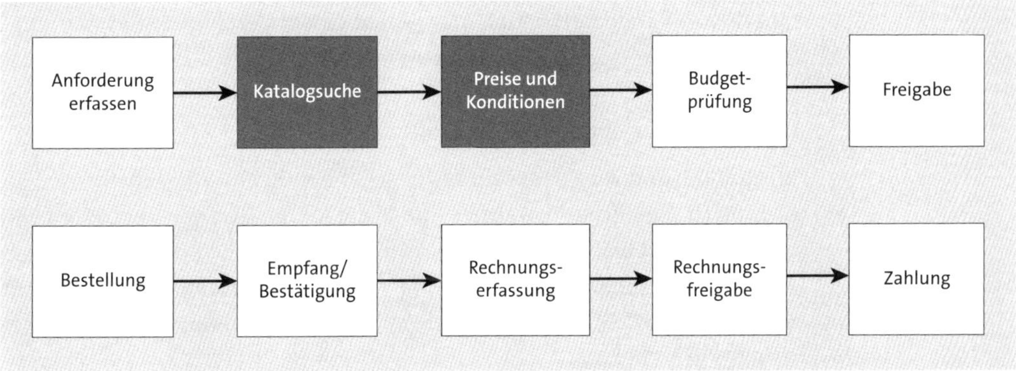

Abbildung 4.2 Einkaufsprozess mit SAP Ariba Catalog

4.2.1 Stammdaten

Die meisten der in den SAP-Ariba-Lösungen benötigten Stammdaten kommen aus dem ERP-System des Kunden. Für die Stammdaten im operativen

Einkauf ist das ERP-System immer das führende System, Änderungen werden nur dort vorgenommen. Die Stammdaten werden in Form von CSV-Dateien in die SAP-Ariba-Lösungen geladen. Für SAP-ERP- und SAP-S/4HANA-Systeme stehen Programme zur Verfügung, die das Herunterladen von Stammdaten erleichtern sollen. Wenn es gewünscht ist, können die erzeugten Daten direkt an die SAP-Ariba-Lösungen übergeben werden. Das Laden der Stammdaten kann so automatisiert werden.

Stammdaten

Da SAP Ariba Catalog nur die Schritte Katalogsuche sowie Preise und Konditionen unterstützt, sind relativ wenige Stammdaten für die Einrichtung der Lösung nötig. Die wesentlichen Stammdaten für den katalogbasierten Einkauf sind:

- Lieferanten bzw. Geschäftspartner mit der Rolle Lieferant
- Warengruppen
- Mengeneinheiten
- Währungen
- Wechselkurse
- Benutzer
- die Zuordnung von Benutzern zu Gruppen

4.2.2 Open Catalog Interface

Der Zugriff auf die Kataloge in SAP Ariba Catalog erfolgt dabei über *Open Catalog Interface (OCI)*. Diese standardisierte Schnittstelle dient dem Austausch von Katalogartikeldaten zwischen einem Beschaffungssystem und beliebigen Katalogsystemen. In einem Vorgang, der auch als *Punch-out* bezeichnet wird, verlässt der Anwender das Beschaffungssystem und wechselt in einen angebundenen Katalog.

Im Hintergrund wird dabei ein technischer Benutzer mitgegeben, um dem Katalog zu signalisieren, welcher Kunde gerade auf den Katalog zugreift. So kann gesteuert werden, welches Sortiment und welche Konditionen angezeigt werden sollen. (Zur Festlegung von Katalogsichten siehe Abschnitt 4.2.4, »Katalogsichten«, und Abschnitt 4.2.5, »Anbindung von SAP-Systemen für den Einkauf«).

Abläufe

Im Katalog sucht der Anwender nach Katalogartikeln und legt diese in einer Art Warenkorb ab. Wenn diese Suche abgeschlossen ist, werden alle gesammelten Artikel in das Beschaffungssystem übertragen, aus dem der Anwender ursprünglich gekommen ist. Abbildung 4.3 zeigt diese Abläufe.

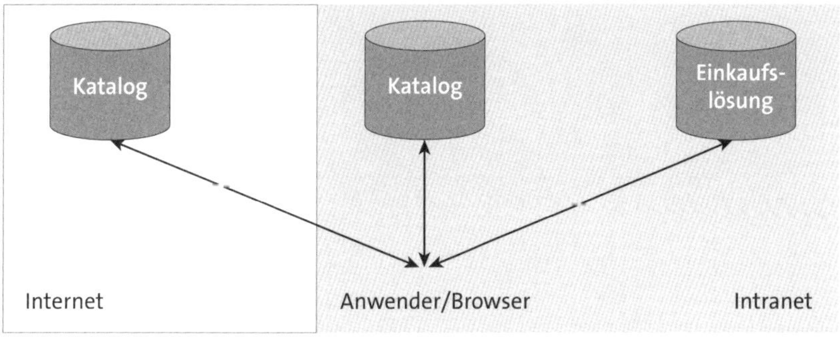

Abbildung 4.3 Katalogaufruf über Open Catalog Interface (OCI)

Die OCI-Schnittstelle unterstützt also den Aufruf von angebundenen Katalogsystemen aus einem Beschaffungssystem und die Übertragung von Artikeldaten aus diesen Katalogen in das Beschaffungssystem. Dabei ist egal, ob der Katalog vom einkaufenden Unternehmen selbst betrieben wird oder ob es sich um den Webshop eines Lieferanten handelt. Es können dabei auch mehrere Kataloge angebunden werden.

Nachteile

Diese Form der Kataloganbindung hat für den Anwender zwei Nachteile:

- Zum einen muss zwischen der Beschaffungslösung und dem Katalog hin- und zurückgesprungen werden. Die beiden Applikationen haben in den meisten Fällen unterschiedliche Benutzeroberflächen.
- Zum anderen gibt es in beiden Applikationen Einkaufswagen zum Sammeln von Artikeln. Im Katalog dient der Einkaufswagen nur dazu, Artikel für die Übergabe an die Beschaffungslösung zu sammeln. Der Einkaufswagen in der Beschaffungslösung bereitet die Prozessschritte Budgetprüfung und Freigabe vor. Aus diesem Einkaufswagen soll eine Bestellung entstehen.

Artikeldaten in Beschaffungssystem laden

Aus diesen beiden Gründen kann der Einsatz von Punch-out-Katalogen zu Verwirrung beim Anwender führen. Daher unterstützt OCI seit der Version 5 auch die Möglichkeit, aus einem Katalog alle relevanten Artikeldaten in das Beschaffungssystem zu laden und für die einzelnen Beschaffungsvorgänge vorzuhalten. Diese Vorgehensweise behebt die beiden oben beschriebenen Nachteile der Anbindung von externen Katalogen an Beschaffungssysteme. Der Anwender muss nicht mehr zwischen dem Beschaffungssystem und den angebundenen Katalogen hin- und herspringen. Auch gibt es nur einen Einkaufswagen, in dem die Artikel gesammelt werden. Diese Variante wird in Abbildung 4.4 gezeigt.

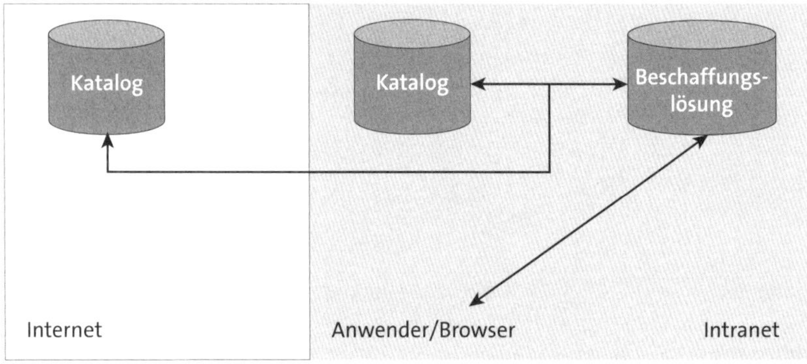

Abbildung 4.4 Katalogaufruf über OCI Version 5.0

Nachteile

Erkauft werden diese Vorteile durch die Notwendigkeit, die Katalogartikeldaten inklusive aller Anlagen wie Bilder regelmäßig herunterzuladen, sowie durch die mit der redundanten Datenhaltung verbundenen Nachteile. Mit zunehmender Zahl von Katalogen und Katalogartikeln dauert das Herunterladen der Katalogdaten immer länger. Gerade bei einer großen Zahl von Katalogartikeln muss überlegt werden, ob diese Form der redundanten Speicherung von Katalogartikeln sinnvoll ist.

Viele Unternehmen setzen unterschiedliche Arten von Katalogen ein. Grundsätzlich sollen dabei alle Katalogartikel in einem internen Katalog geladen werden. Sortimente mit besonders großer Artikelzahl oder mit häufigen Preisaktualisierungen (z. B. Elektronikartikel mit Tagespreisen) werden nicht intern verwaltet; stattdessen wird der Webshop des Lieferanten direkt als Katalog angebunden. Auch Sortimente mit komplexer Konfiguration, wie z. B. Autos, werden nicht im internen Katalog verwaltet. SAP Ariba Catalog ist nicht dafür geeignet, komplexe Artikelkonfigurationen mit Beziehungswissen abzubilden.

Kataloge vorhalten

Dieser Logik folgend, kann man möglichst viele Kataloge über die Schnittstelle OCI 5.0 in das eigene Beschaffungssystem laden und für Beschaffungsvorgänge vorhalten. Nur für Sortimente mit großer Artikelzahl, komplexer Konfiguration und häufigen Preisaktualisierung würde man auf das Herunterladen verzichten und externe Kataloge über Punch-out anbinden.

4.2.3 Warengruppen des Einkäufers und des Lieferanten

Besonderes Augenmerk wird beim Umgang mit Lieferantenkatalogen auf die *Warengruppen* gelegt. Viele Unternehmen nutzen eigene Warengruppen, um zu beschaffende Waren und Leistungen zu kategorisieren. Diese

Warengruppen entsprechen oft nicht einer standardisierten Warengruppenhierarchie wie UNSPSC oder eCl@ss. Wenn Sie Lieferantenkataloge nutzen wollen, ist auf jeden Fall ein Mapping der internen Warengruppen auf die Lieferantenwarengruppen notwendig.

Standards eCl@ss und UNSPSC

Der Standard eCl@ss ist vor allem in Mitteleuropa verbreitet, UNSPSC ist ein internationaler Standard, der von vielen Unternehmen weltweit verwendet wird. Lieferanten, die sich im Ariba Network registrieren, geben an, welche UNSPSC-Warengruppen sie liefern können. Da UNSPSC weiter verbreitet ist als eCl@ss und man sich im Zusammenhang mit dem Ariba Network ohnehin mit UNSPSC befassen muss, bringt die Nutzung von UNSPSC im Katalogumfeld gewisse Vorteile gegenüber eCl@ss.

Mapping

Typische Kataloglieferanten sind in der Lage, ihre Waren und Leistungen nach einer oder verschiedener standardisierter Warengruppenhierarchien zu klassifizieren. Beim Einrichten des Katalogs wird einmalig ein Mapping zwischen den Warengruppen des Einkäufers und dem gewählten Standard vorgenommen. Wenn der Lieferant alle Katalogartikel einer standardisierten Warengruppe zuordnet, können mit dem vorhandenen Mapping alle geladenen Katalogartikel einer Warengruppe des Einkäufers zugeordnet werden. Dies ist beim katalogbasierten Einkauf sehr wichtig. Die Warengruppe ist vor allem für den weiteren Einkaufsprozess sehr wichtig. So kann aus der Warengruppe ein Sachkonto abgeleitet werden, und dem Anforderer wird die manuelle Wahl eines Sachkontos erspart. Die Warengruppe wird häufig auch für die Findung von Genehmigern im Freigabe-Workflow eingesetzt.

Es ist möglich, in SAP Ariba Catalog mehrere externe Klassifizierungsstandards parallel zu nutzen, z. B. UNSPSC und eCl@ss. In diesem Fall erhöhen sich aber der Aufwand und die Komplexität beim Mapping erheblich, sodass wir davon abraten.

4.2.4 Katalogsichten

Eine zentrale Frage bei Einkaufskatalogen ist, welcher Benutzer welche Artikel sehen darf. Die zugehörige Funktionalität wird als *Katalogsicht* bezeichnet. Je nach Unternehmen gibt es unterschiedliche Philosophien, was das Thema Katalogsichten betrifft. Einerseits gibt es Unternehmen, die alle Artikel aus verschiedenen Lieferantenkatalogen in sehr wenigen Sichten kombinieren. Im Extremfall sind alle Artikel in einer einzigen Sicht kombiniert, was dazu führt, dass jeder Mitarbeiter alle Artikel im Katalog sehen und auch anfordern darf. Eine geringe Anzahl von Sichten hat den Vorteil, dass der Aufwand für die Pflege der Sichten und die Komplexität gering sind. Als Nachteil ist anzuführen, dass nicht genau gesteuert wird, welcher Mitarbeiter welche Artikel sehen kann. Der sprichwörtliche goldene Kugelschreiber, der eigentlich nur für den Vorstand gedacht ist, kann von jedem Mitarbeiter gefunden und auch angefordert werden.

Verschiedene Kataloge anbieten

Andererseits gibt es Unternehmen, die sehr fein steuern, welche Gruppe von Anwendern welche Artikel zu sehen bekommt. So könnte es beispielsweise einen allgemeinen Katalog geben, der allen zugänglich ist. In diesem Katalog werden Büroartikel und EDV-Zubehör angezeigt. Darüber hinaus gibt es weitere Kataloge für bestimmte Anwendergruppen, einen Werkzeugkatalog für Mitarbeiter in der Werkstatt oder einen Katalog mit Ersatzteilen für bestimmte Maschinen für Mitarbeiter in der Instandhaltung.

Generell sollten Sie beachten, dass aus Sicht des Anwenders jede Sicht ein anderer Katalog ist. Anders formuliert, für den Anwender ist es kein großer Unterschied, ob er es mit mehreren Sichten eines internen Katalogs oder mit einem internen und mehreren externen Katalogen zu tun hat. Wenn ein Anwender mehrere solcher Katalogsichten im Zugriff hat, muss er immer zuerst überlegen, in welchem »Katalog« der benötigte Artikel zu finden ist. Aus Sicht des Anwenders ist es also ideal, nur eine einzige Katalogsicht zu haben, in der alle benötigten Artikel gefunden werden können. Abbildung 4.5 zeigt die verschiedenen Katalogsichten aus Anwendersicht.

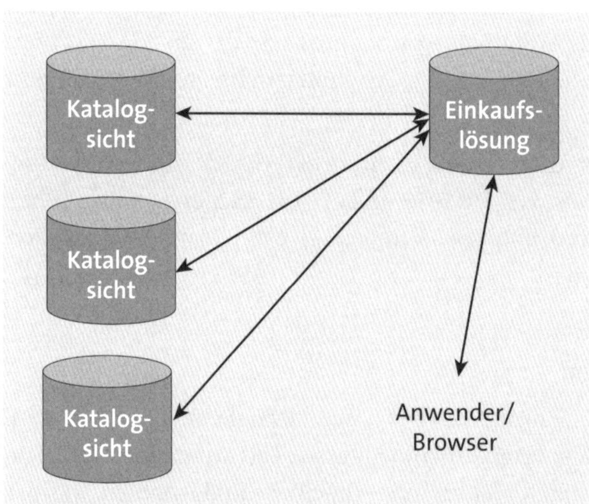

Abbildung 4.5 Katalogsichten aus der Sicht des Anwenders

Empfohlene Anzahl

Unsere Empfehlung ist es, pragmatisch vorzugehen und die Anzahl der Sichten gering zu halten. In der Regel ist es kein Problem, wenn jeder Mitarbeiter den sprichwörtlichen goldenen Kugelschreiber sehen kann. Immerhin gibt es in der Beschaffungslösung, in der die Anforderung entsteht, in der Regel einen Freigabe-Workflow, um eine versehentliche Anforderung des goldenen Kugelschreibers zu verhindern. Außerdem bieten die gängigen Beschaffungslösungen die Möglichkeit nachzuvollziehen, wer welche Artikel angefordert hat und von wem diese Anforderungen freigegeben wurden. Durch die beiden Maßnahmen, Freigabe-Workflow und Transparenz, ist sichergestellt, dass Missbrauch erschwert wird und etwaiges Fehlverhalten auf jeden Fall nachvollziehbar ist.

4.2.5 Anbindung von SAP-Systemen für den Einkauf

Unterstützte Beschaffungslösungen

Wie oben beschrieben, deckt SAP Ariba Catalog nur die Prozessschritte Katalogsuche sowie Preise und Konditionen ab. Daher wird zusätzlich zur Kataloglösung noch eine Beschaffungslösung benötigt, in der eine Anforderung erfasst und freigegeben wird. Wenn Sie in der Beschaffungslösung einen Katalog nutzen möchten, wird dieser aus der Beschaffungslösung heraus aufgerufen. Im SAP-Einkaufsportfolio gibt es mehrere Lösungen, an die ein Katalog über OCI angebunden werden kann:

- **SAP ERP bzw. SAP S/4HANA**
  Anbindung an Bestellanforderung und andere Belege wie Bestellung und Instandhaltungsauftrag
- **SAP Supplier Relationship Management (SRM)**
  Anbindung an den Einkaufswagen und andere Belege wie Bestellung und Ausschreibung

Die Anbindung eines OCI-fähigen Katalogs an eines dieser SAP-Systeme ist relativ einfach. Sie müssen lediglich in SAP Ariba Catalog und in der jeweiligen Beschaffungslösung einige Anpassungen vornehmen.

Anpassungen in SAP Ariba Catalog

In SAP Ariba Catalog sind folgende Schritte erforderlich:

- Eine Katalogsicht definieren. Aus dem Gesamtsortiment der Artikel in der Kataloglösung ordnen Sie bestimmte Artikel der Sicht zu, z. B. die Artikel von bestimmten Lieferanten oder Warengruppen.
- Dieser Katalogsicht ordnen Sie einen technischen Benutzer zu.

Anpassungen in der Beschaffungslösung

In der Beschaffungslösung sind die folgenden Schritte erforderlich:

- Im Customizing der Lösung definieren Sie eine *Aufrufstruktur*. Diese beinhaltet unter anderem die URL für den Katalogaufruf, den oben definierten technischen Benutzer und weitere Parameter wie Sprache oder Werk.
- In einem weiteren Schritt legen Sie fest, welche Benutzer den im Customizing definierten Katalog aufrufen können. Je nach Beschaffungs-

lösung kann die Zuordnung zu Firmen, Werken, Abteilungen, einzelnen Benutzern oder dergleichen erfolgen.

Das Resultat ist, dass den Anwendern in der Beschaffungslösung eine oder mehrere Katalogsichten zur Verfügung stehen. Dort können alle Artikel gefunden werden, die der Einkauf dem Anwender bereitgestellt hat.

Auf diese Weise können Sie in SAP Ariba Catalog und der Beschaffungslösung beliebig viele Katalogsichten definieren. Damit können Sie fein steuern, welche Anwendergruppen auf welche Katalogartikel zugreifen können.

4.2.6 Laden von Katalogen durch den Lieferanten

Im Gegensatz zu früheren Kataloglösungen von SAP übernimmt beim SAP Ariba Catalog der Lieferant das Laden von Katalogen. Die Schulung der Lieferanten wird von SAP durchgeführt. Die Lieferanten werden im Umgang mit der Kataloglösung geschult und lernen die möglichen Katalogformate kennen. Auch der Support für die Lieferanten wird im Rahmen der Softwaremiete durch SAP geleistet.

Dies sind wesentliche Schritte zur Prozessoptimierung im Einkauf. Weder der Einkauf noch die IT des beschaffenden Unternehmens müssen sich mit dem Laden von Lieferantenkatalogen oder der Schulung und dem Support von Lieferanten befassen. Die Einkäufer können sich auf Aufgaben konzentrieren, die einen Mehrwert für das Unternehmen erbringen, insbesondere Lieferantenmanagement und Ausschreibungen bzw. Auktionen.

Ein Lieferant muss sich auf dem Ariba Network registrieren, um Kataloge für seine Kunden laden zu können. Im gleichen Konto können Kataloge für beliebig viele Kunden verwaltet werden. Das gleiche Konto kann ebenfalls dazu verwendet werden, um in anderen Einkaufsprozessen mit den Kunden zusammenzuarbeiten, z. B. Teilnahme an Ausschreibungen und Auktionen oder Verhandlung von Verträgen.

Katalogformate

Lieferanten können Kataloge in folgenden Formaten laden:

- **CIF**
  Das Catalog Interchange Format (CIF) wurde von SAP Ariba entwickelt und dient dem Austausch von Katalogdaten zwischen Lieferanten und Einkäufern. Es handelt sich um eine Art von CSV-Datei (Comma Separated Value). Das CIF-Format ist weltweit verbreitet.
- **BMEcat**
  Der BMEcat-Standard ist ein auf XML-Technologie basierendes Format zum Austausch von Katalogdaten und Produktklassifizierungssystemen wie eCl@ss und UNSPSC. BMEcat wurde auf Betreiben des Bundesver-

bandes Materialwirtschaft, Einkauf und Logistik e. V. (BME) und führender deutscher Unternehmen wie Bayer, BMW, Deutsche Telekom, SAP und Siemens entwickelt. Dieses Format ist vor allem in Mitteleuropa verbreitet.

In beiden Formaten werden die üblichen Felder für Einkaufskataloge angeboten. Darüber hinaus können Einkäufer eigene Felder definieren, die für den Einkaufsprozess benötigt werden.

Kataloge hochladen

Der Lieferant lädt also für angebundene Kunden Kataloge hoch. Im ersten Schritt wird ein neuer Katalog definiert und mit einem Namen versehen (siehe Abbildung 4.6).

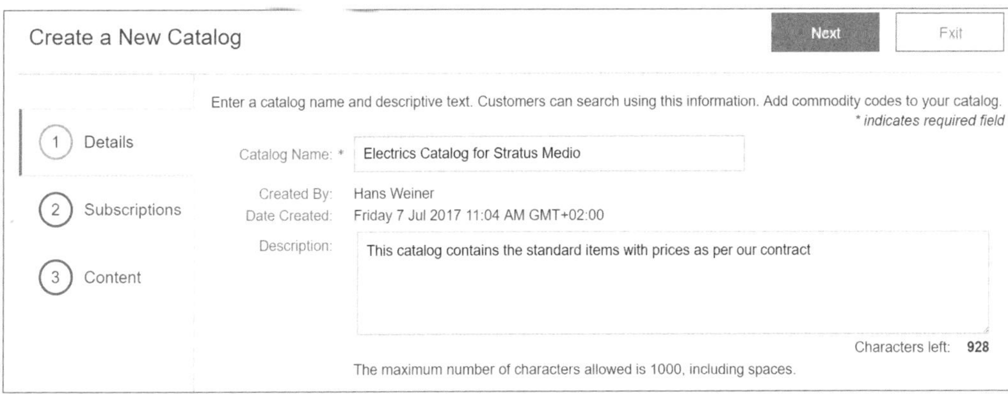

Abbildung 4.6 Neuen Lieferantenkatalog erstellen

In der Folge ist es wichtig, dass bei allen Änderungen eine neue Version dieses Katalogs hochgeladen wird. Der Einkäufer »abonniert« nämlich diesen Katalog und wird über Änderungen informiert. Bei neuen Versionen kann sich der Einkäufer im Rahmen der Freigabe über alle Änderungen informieren (siehe Abbildung 4.7).

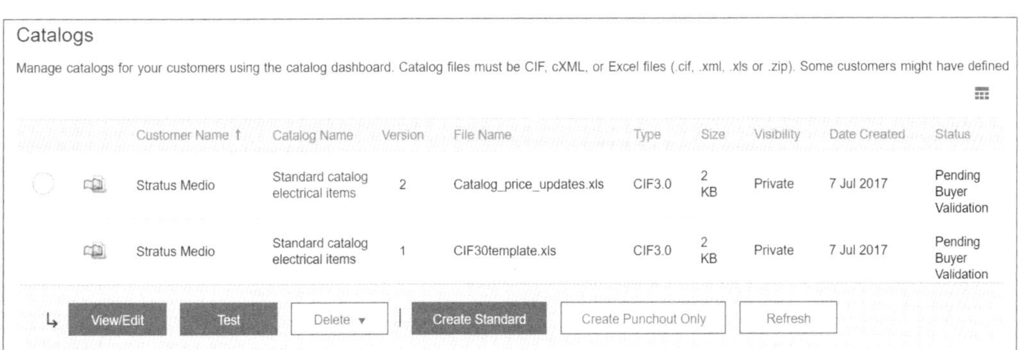

Abbildung 4.7 Lieferant hat neue Katalogversion hochgeladen.

Besonders Preisabweichungen sind in diesem Zusammenhang wichtig. Wenn der Lieferant bei einer Änderung am Katalog einen neuen Katalog statt einer neuen Katalogversion anlegt, geht der Bezug zur vorherigen Version verloren, und die Lösung kann dem Einkäufer keine Änderungen anzeigen. In diesem Fall sollte der Einkäufer den Katalog ablehnen und den Lieferanten bitten, eine neue Version des bestehenden Katalogs hochzuladen.

Sichtbarkeit

Bei der Definition des Katalogs wählt der Lieferant die Sichtbarkeit aus. Es gibt zwei Optionen:

- **Privat**
  Nur ausgewählte Einkäufer, zu denen eine Geschäftsbeziehung besteht, können diesen Katalog sehen und abonnieren. In der Regel wird genau ein Kunde ausgewählt, d. h., die meisten Kataloge sind kundenindividuell. Diese Einstellung ist der Vorschlagswert für die Sichtbarkeit.
- **Öffentlich**
  Öffentliche Kataloge können von allen Kunden gesehen werden. Kunden, zu denen eine Handelsbeziehung besteht, können diesen auch abonnieren.

Katalogprüfung

Kataloge, die vom Lieferanten hochgeladen werden, durchlaufen mehrere Prüfschritte, bis sie dem Anwender für die Katalogsuche zur Verfügung stehen. Im ersten Schritt erfolgt eine technische Prüfung, die sicherstellt, dass Pflichtfelder befüllt und die Daten technisch korrekt sind, z. B. Datenformat im Preisfeld. Der Lieferant kann etwaige Fehler selbstständig erkennen und korrigieren (siehe Abbildung 4.8).

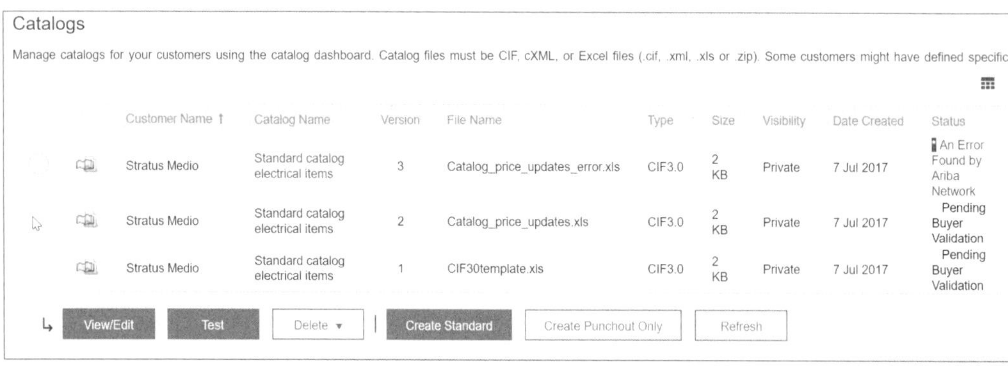

Abbildung 4.8 Anzeige eines Fehlers in der Katalogübersicht

Durch Klicken auf den roten Meldungstext gelangt der Lieferant direkt zur Anzeige der in der Prüfung aufgetretenen Fehler (siehe Abbildung 4.9).

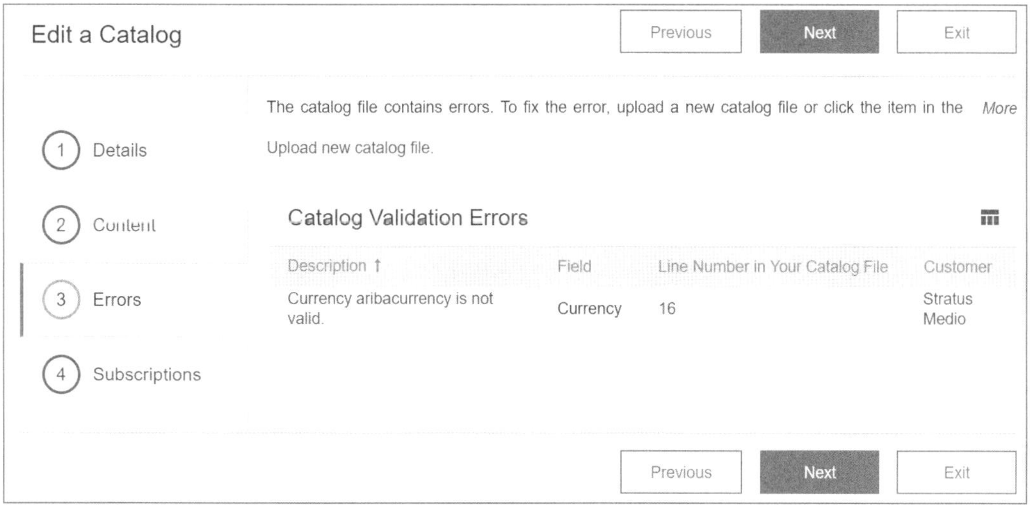

Abbildung 4.9 Anzeige des Fehlertextes

Von hier kann der Lieferant direkt zum fehlerhaften Artikel in den Katalogdaten navigieren und den Fehler online korrigieren. Alternativ dazu kann der Fehler in der Katalogdatei korrigiert und diese neu geladen werden. Ist die Prüfung der Katalogdaten im Ariba Network erfolgreich, werden im zweiten Schritt die Katalogdaten an den Kundenbereich übergeben. Hier erfolgt eine Prüfung auf kundeneigene Regeln, z. B. kann vereinbart werden, dass das Feld »Land« immer befüllt werden muss.

Katalog freigeben

Ist auch die Prüfung auf kundeneigene Regeln erfolgreich, wird der Katalog im dritten Schritt einer Workflow-Freigabe unterzogen. Der Genehmigungs-Workflow kann pro Katalog festgelegt werden. Dabei kommt die SAP-Ariba-Workflow-Engine zum Einsatz. Es können mehrstufige Genehmigungen eingerichtet werden, sowohl serielle als auch parallele Freigabe oder eine automatische Genehmigung sind möglich. Die zuständigen Genehmiger, üblicherweise Lead Buyer oder Commodity Manager, können über E-Mail benachrichtigt werden und überprüfen in der Regel das vom Lieferanten geladene Sortiment und die Preise bzw. Preiserhöhungen.

Nach der Freigabe im Workflow sind die Katalogartikel für den Anwender sichtbar und können in eine Anforderung aufgenommen werden.

Der Aufwand für das Laden der Kataloge ist geringer, als wenn Katalogdateien vom Lieferanten an einen Einkäufer gesendet werden und dieser das Laden der Datei übernimmt. Der Lieferant bekommt direktes Feedback, wenn Fehler auftreten. Der Einkauf kann sich auf die Überwachung und Freigabe von Katalogartikeln konzentrieren.

ERP-System anbinden

Lieferanten, die eine große Anzahl von Katalogen für ihre Kunden über Ariba Network hochladen oder die Kataloge häufig aktualisieren, können ihr ERP-System direkt an Ariba Network anbinden. Auf diese Weise können die Lieferantenkataloge automatisch hochgeladen werden, das manuelle Hochladen von Katalogdateien entfällt. Automatisch hochgeladene Kataloge unterliegen natürlich den gleichen Prüfungen wie manuell geladene Kataloge. So kann beispielsweise ein Lieferant für IT-Zubehör den Katalog mit Tagespreisen täglich aktualisieren.

Die Freigabe eines solchen Katalogs sollte automatisch erfolgen, da eine Prüfung der Katalogartikel bei täglichem Laden sehr aufwendig ist und eine zeitgerechte Aktualisierung der Tagespreise verhindert.

4.2.7 Laden von Katalogen durch den Einkäufer

Neben Lieferantenkatalogen können auch interne Kataloge in SAP Ariba geladen werden. In diesem Fall verwendet der Einkäufer ein für diesen Zweck eingerichtetes internes Lieferantenkonto in Ariba Network. Der Ladevorgang für eigene Kataloge folgt also dem gleichen Ablauf wie das Laden von Katalogen durch Lieferanten. Nach der technischen Prüfung in Ariba Network und der inhaltlichen Prüfung im Katalog des Einkäufers erfolgt die Workflow-Freigabe. Letztere wird bei internen Katalogen in der Regel automatisch ablaufen.

4.2.8 Arten von Katalogartikeln

In SAP Ariba Catalog können verschiedene Arten von Artikeln abgebildet werden:

- **Vordefinierte Artikel**
  Dies sind klassische Katalogartikel, bei denen alle für die Anforderung benötigten Attribute festgelegt sind.
- **Teilweise definierte Artikel**
  Bei diesen Artikeln muss der Anwender ein fehlendes Attribut ergänzen, z. B. den Preis oder die Beschreibung. Aus einem teilweise definierten Artikel »Buch« kann so ein bestimmtes Buch mit einem Preis werden.
- **Parametrisierbare Artikel**
  Bei diesen Artikeln muss der Anwender Attributwerte aus einer vorgegebenen Liste auswählen, z. B. Größe und Farbe von Bekleidung.

- **Benutzerdefinierte Artikel**
  Diese Artikel werden auch als *Freitextpositionen* bezeichnet. Der Anwender gibt eine Beschreibung sowie Preis und Mengeneinheit ein. Weitere Informationen wie Bemerkungen können ergänzt werden.
- **In Zusammenarbeit definierte Artikel**
  Bei diesen Artikeln können neben dem Anwender noch einer oder mehrere Lieferanten bei der Definition des Artikels eingebunden werden.

Artikel anlegen

Abbildung 4.10 zeigt ein Beispiel für das Anlegen eines neuen Artikels.

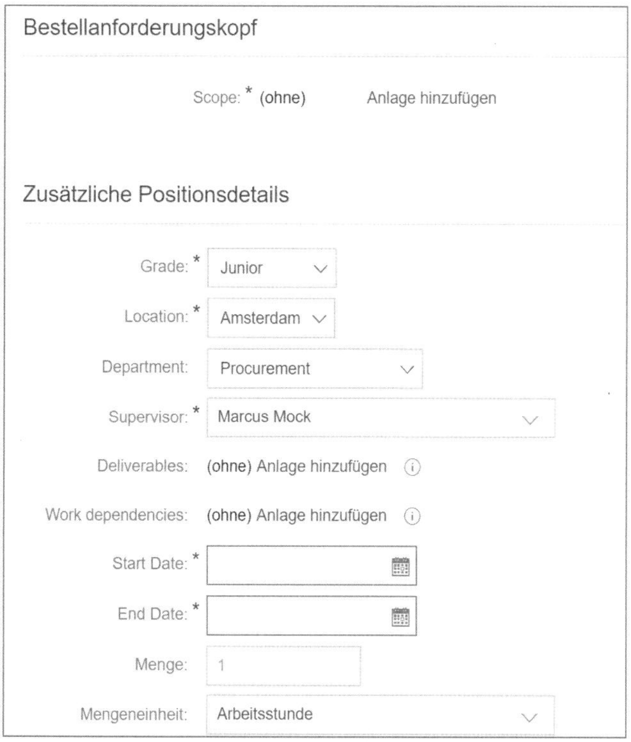

Abbildung 4.10 Neuer Artikel

4.2.9 Punch-out-Kataloge

Anwendungsfälle

An SAP Ariba Catalog können externe Kataloge über einen Punch-out angebunden werden. Bei einem Punch-out-Katalog verlässt der Anforderer die Einkaufslösung und wechselt in einen angebundenen Katalog. Viele Lieferanten bieten die Möglichkeit, ihre Webshops als Punch-out-Kataloge an die Beschaffungslösungen von Kunden anzubinden. Punch-out-Kataloge bieten sich z. B. in folgenden Fällen an:

- Das Sortiment des Lieferanten ist sehr groß.
- Es gibt häufig Änderungen, täglich oder öfter.
- Die Anzeige von Beständen beim Lieferanten wird benötigt.
- Der Webshop des Lieferanten bietet besondere Funktionalitäten, z. B. komplexe Konfiguration mit Beziehungswissen wie bei einem Auto.

Nachteile

Punch-out-Kataloge bringen Nachteile mit sich. Zum einen verlässt der Anwender die Einkaufslösung, um Katalogartikel im Punch-out-Katalog zu finden. Gerade bei Gelegenheitsbenutzern führt dies oft zu Verwirrung, da es in diesem Fall zwei Einkaufswagen gibt, einen in der Einkaufslösung und einen weiteren in Webshop des Lieferanten. Zum anderen hat jeder Punch-out-Katalog einen anderen Aufbau, ein anderes Layout, andere Farben, Artikelstruktur und Suche sind unterschiedlich. Gerade Benutzer, die auf mehrere Punch-out-Kataloge zugreifen, müssen sich in den unterschiedlichen Katalogen immer wieder neu orientieren.

Da SAP Ariba Catalog in der Regel selbst als Punch-out-Katalog an eine Einkaufslösung angebunden ist, erscheint die Anbindung von Punch-out-Katalogen direkt an SAP Ariba Catalog für den Anwender als sehr unübersichtlich. In diesem Fall müsste sich der Benutzer nämlich aus seiner Einkaufslösung in den ersten Katalog bewegen, den SAP Ariba Catalog. Dann würde ein Absprung in einen zweiten Katalog erfolgen, den Punch-out-Katalog. Abbildung 4.11 zeigt diesen Ablauf.

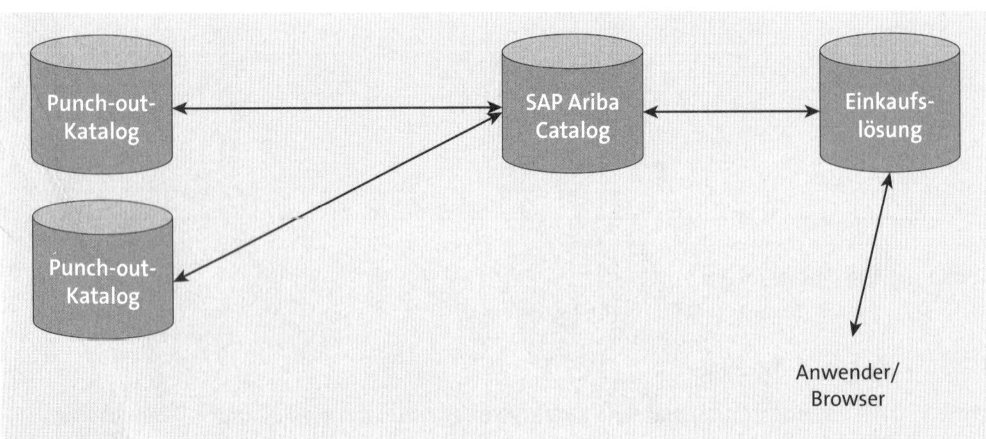

Abbildung 4.11 Anbindung von Punch-out-Katalogen an SAP Ariba Catalog

Punch Out 2.0

Etwas entschärft wird diese Situation, wenn Sie mit Punch Out 2.0 die Artikel von angebundenen Punch-out-Katalogen in die Suche des SAP Ariba Catalogs einbinden. In diesem Fall muss der Betreiber des Punch-out-Katalogs eine Datei mit den Informationen, die in der Trefferliste des SAP Ariba

Catalogs angezeigt werden, zur Verfügung stellen. Der Anwender kann dann zumindest die Artikelbezeichnung, den Preis und ein Vorschaubild in der Trefferliste sehen, ohne die Einkaufsapplikation verlassen zu müssen. Artikel, die über Punch Out 2.0 in die Trefferliste eingebunden wurden, können aber nicht direkt aus SAP Ariba Catalog in die Einkaufsapplikation übertragen werden. Der Anwender muss auf jeden Fall in den Punch-out-Katalog abspringen, und den Artikel mit allen aktuellen Informationen in SAP Ariba Catalog zu übertragen. In einem weiteren Schritt übernimmt der Anwender den Artikel in die Einkaufsapplikation.

Kataloge an Einkaufslösung anbinden

Wenn Punch-out-Kataloge direkt an SAP Ariba Catalog angebunden sind, ist das für den Anwender unübersichtlich. Es ist besser, Punch-out-Kataloge direkt an die Einkaufslösung anzubinden, an die auch SAP Ariba Catalog angebunden ist. Dann hat der Anwender neben dem SAP Ariba Catalog weitere Kataloge zur Auswahl, eben die angebundenen Punch-out-Kataloge. Diese Konfiguration zeigt Abbildung 4.12.

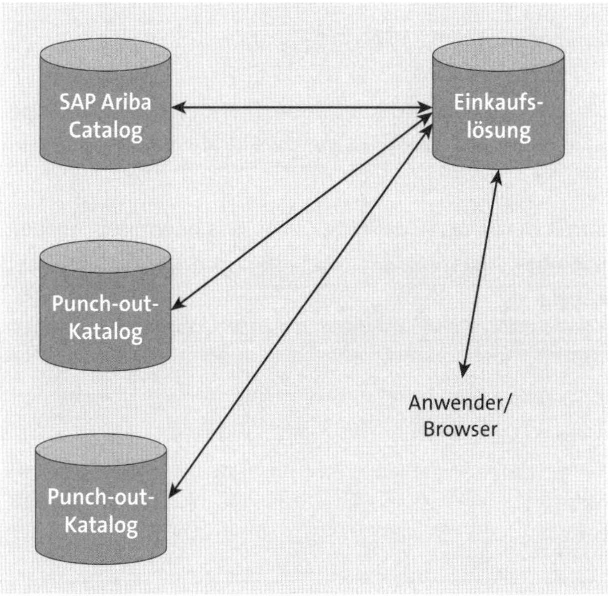

Abbildung 4.12 Anbindung von SAP Ariba Catalog und Punch-out-Katalogen an die Beschaffungslösung

4.2.10 Im Katalog suchen

Der Anwender beginnt seinen Einkaufsprozess und öffnet über das OCI den SAP Ariba Catalog. Hier sollen die zu kaufenden Artikel gesammelt werden, die später über OCI wieder an die aufrufende Einkaufsanwendung zurück übergeben werden.

Beworbene Artikel

Auf der Startseite des Katalogs können **Beworbene Artikel** angezeigt werden. Diese können vom Einkauf gepflegt werden, um dem Anwender besonders häufig benötigte Artikel leicht zugänglich zu machen. Abbildung 4.13 zeigt eine Startseite mit beworbenen Artikeln.

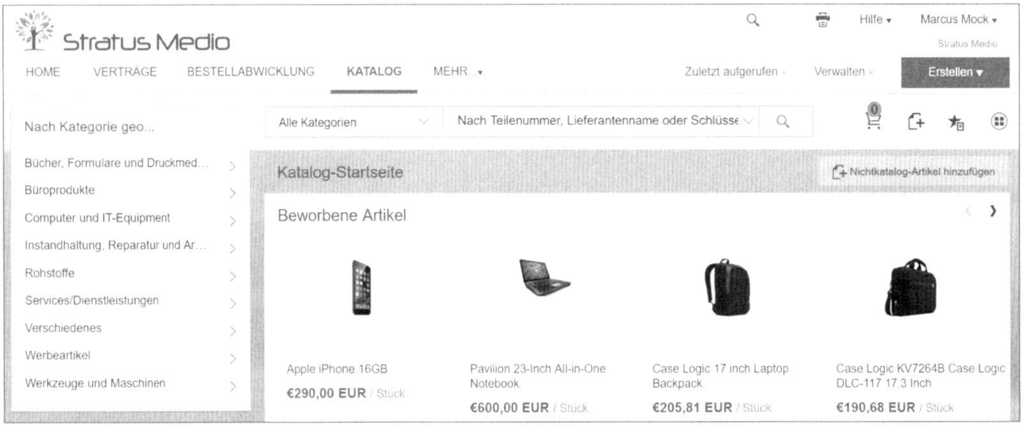

Abbildung 4.13 Beworbene Artikel in SAP Ariba Catalog

Weiter unten auf der Katalogstartseite kann der Anwender die zuletzt angezeigten Artikel und Lieferanten sehen sowie Artikel als eigene Favoriten abspeichern.

Funktion »Text vervollständigen«

Eine Suche kann durch die Eingabe eines Suchbegriffs begonnen werden. Ein Suchbegriff kann eine Teilenummer, ein Lieferant oder ein Schlüsselwort wie z. B. »Laptop« sein.

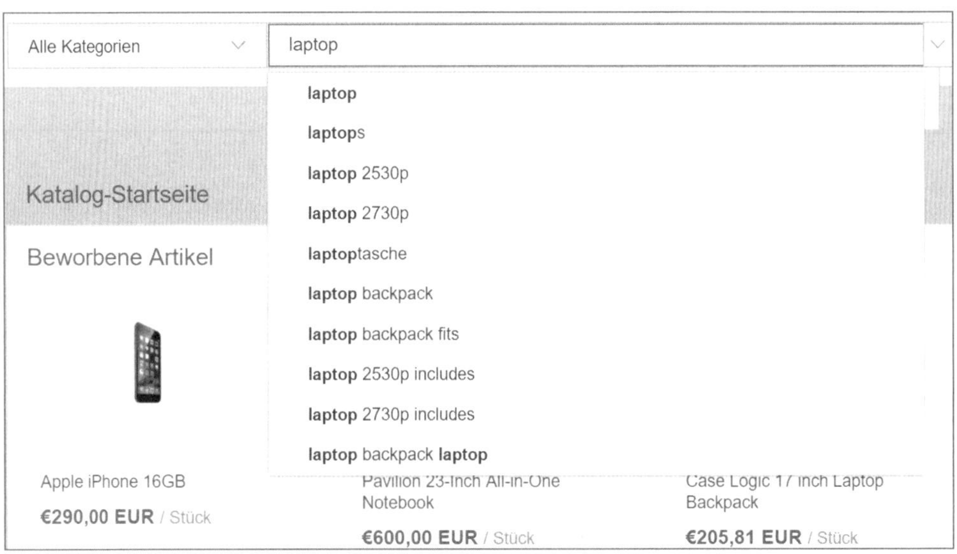

Abbildung 4.14 Text vervollständigen

SAP Ariba Catalog unterstützt bei der Suche die Funktion *Text vervollständigen* (*Type Ahead*), was die Auswahl passender Suchbegriffe erleichtert. Abbildung 4.14 zeigt ein Beispiel für das Textvervollständigen.

Kategorien

Neben der Suche mithilfe eines Schlüsselwortes hat der Anwender die Möglichkeit, die Artikelsuche durch eine Einschränkung auf Kategorien, Lieferanten oder Verträge zu beginnen. Es ist möglich, alle Kategorien aufzulisten, denen im Katalog Artikel zugeordnet sind. Für jede Haupt- und Unterkategorie wird die Anzahl der zugeordneten Artikel angezeigt. Abbildung 4.15 zeigt mögliche Kategorien auf der Katalogstartseite.

Abbildung 4.15 Artikelsuche über Kategorien

Treffer sortieren

Sowohl durch Eingabe eines Suchbegriffs als auch bei der Artikelsuche nach Kategorien erhält der Anwender eine bestimmte Anzahl von Treffern. Die Treffer einer Suche können sowohl als Liste als auch als Raster angezeigt werden. Die Sortierung der Treffer erfolgt je nach Wunsch des Benutzers nach Relevanz, Preis, häufiger Verwendung oder Name.

Mehrere Artikel aus der Trefferliste können verglichen werden, um die Auswahl des richtigen Artikels zu erleichtern. Abbildung 4.16 zeigt einen Vergleich zweier Artikel.

Filtern

Für die Einschränkung einer Trefferliste stehen verschiedene Möglichkeiten zur Verfügung. Zum einen ist es möglich, die Ergebnisse durch Eingabe weiterer Suchbegriffe zu filtern. Zum anderen erzeugt SAP Ariba Catalog automatisch eine Liste von zum Inhalt der Trefferliste passenden Filtern. Es werden z. B. Schlüsselwörter, Warengruppen, Hersteller und Preisspannen zum Filtern angeboten. Abbildung 4.17 zeigt verschiedene Beispiele.

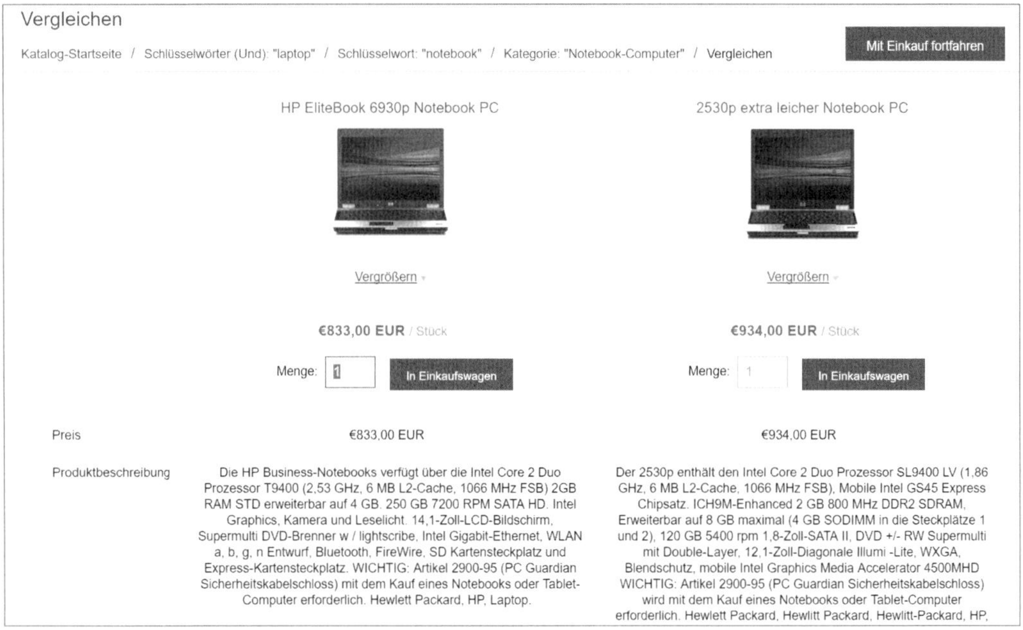

Abbildung 4.16 Artikelvergleich

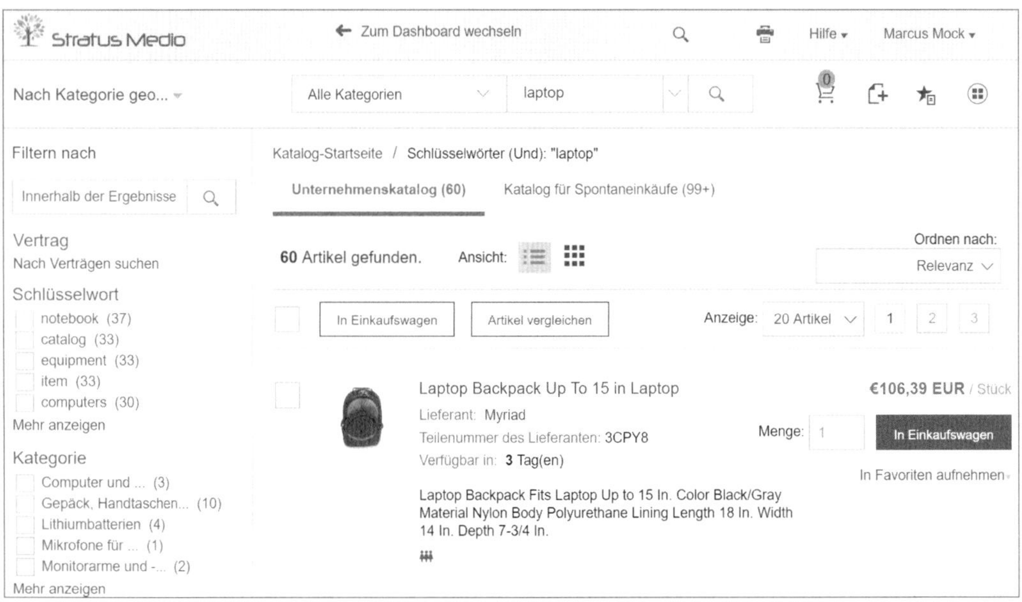

Abbildung 4.17 Filtern der Trefferliste mit Suchbegriffen und automatisch erzeugten Filtern

Um einen Artikel in den Einkaufswagen des SAP Ariba Catalogs zu übernehmen, ist nur die Eingabe der gewünschten Menge nötig. Die Menge 1 wird automatisch vorgeschlagen und muss nicht eingegeben werden. Wurde ein Artikel in den Einkaufswagen übernommen, erscheint eine Vorschau des Einkaufswagens (siehe Abbildung 4.18).

Artikel übernehmen

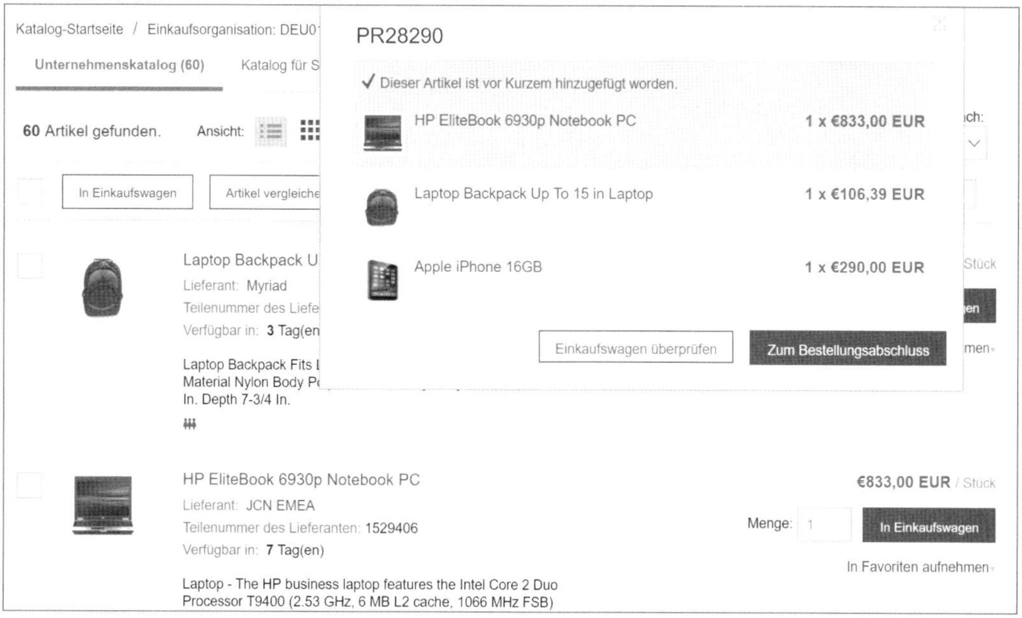

Abbildung 4.18 Einkaufswagenvorschau

An dieser Stelle ist gut zu erkennen, dass die Anbindung eines externen Kataloges (hier der SAP Ariba Catalog) an eine Einkaufslösung für den Anwender verwirrend sein kann. Zum einen gibt es im Katalog einen Einkaufswagen, in dem die Katalogartikel gesammelt werden. In der Einkaufsapplikation gibt es ebenfalls einen Einkaufswagen (oder eine Anforderung), an den diese Katalogartikel übergeben werden. Zum anderen gibt es den Button **Zum Bestellabschluss**. Diese suggeriert, dass an dieser Stelle eine Bestellung abgeschlossen wird. Tatsächlich löst er nur die Übergabe der Artikel im Katalogeinkaufswagen an die aufrufende Einkaufsapplikation aus. Alternativ dazu kann man den Einkaufswagen überprüfen, wie in Abbildung 4.19 gezeigt.

Bestellabschluss

In der **Einkaufswagenübersicht** können die Artikel kontrolliert, die Mengen geändert und Artikel aus dem Einkaufswagen entfernt werden.

Artikel prüfen

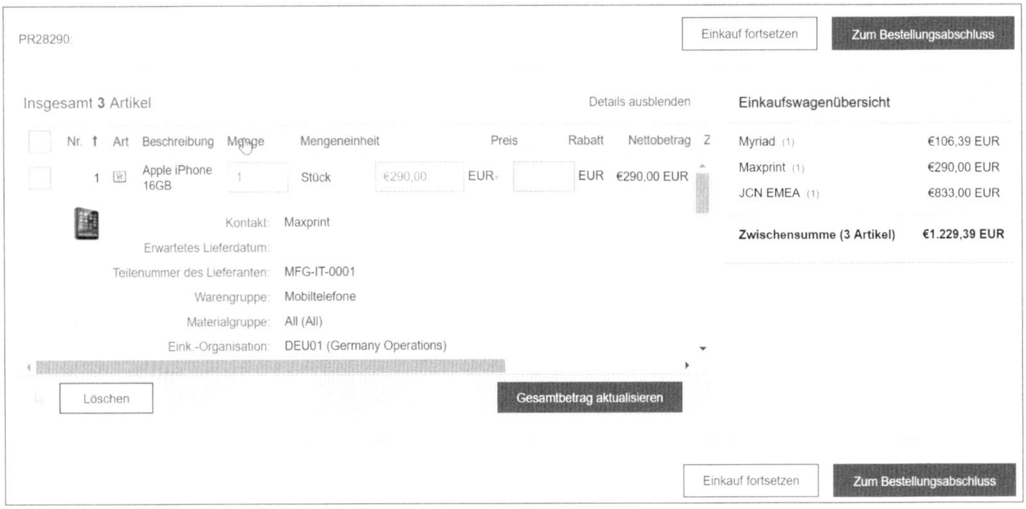

Abbildung 4.19 Einkaufswagenübersicht

4.2.11 Parametrisierbare Artikel und Artikel aus Kontrakten

In SAP Ariba Catalog können parametrisierbare Artikel genutzt werden, um vom Anwender Attribute abzufragen. Das bietet mehrere Vorteile. Einem Artikel können mehrere Eigenschaften zugeordnet werden. Der Anwender wählt z. B. bei Bekleidung Größe und Farbe des Artikels aus, bevor dieser in den Einkaufswagen gelegt werden kann.

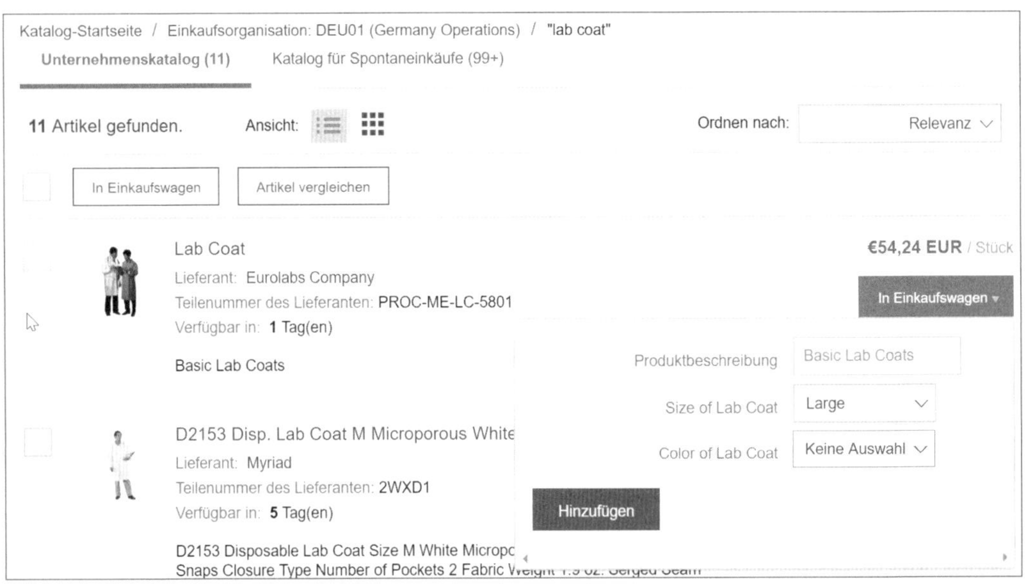

Abbildung 4.20 Auswahl von Farbe und Größe bei Bekleidung

Dadurch ist es nicht notwendig, für jede Kombination aus Farbe und Größe einen eigenen Artikel im Katalog anzulegen. Abbildung 4.20 zeigt ein Beispiel.

Mit parametrisierbaren Artikeln können auch Details zum Artikel abgefragt werden, die für eine spätere Bestellung notwendig sind. Bei einer Dienstleistung können außerdem Beginn und Ende der Leistung abgefragt werden.

Formelbasierte Preisfindung

Wenn der Katalogartikel einem Kontrakt zugeordnet ist, können die abgefragten Details auch zur Berechnung des Preises herangezogen werden. Dies wird *formelbasierte Preisfindung* genannt.

4.2.12 SAP Ariba Spot Buy

Viele Unternehmen nutzen Einkaufskataloge, um Beschaffungsvorgänge zu vereinfachen und zu beschleunigen sowie um sicherzustellen, dass verhandelte Konditionen genutzt werden. Diese Einkaufskataloge beruhen auf Verträgen mit Lieferanten und decken Warengruppen ab, für die ein häufig wiederkehrender Bedarf besteht. Je nach Branche des Unternehmens und der Fokussierung auf Katalogeinkauf kann man mit Katalogen einen mehr oder weniger großen Anteil des Ausgabevolumens im indirekten Einkauf abdecken. Irgendwann ist es nicht mehr sinnvoll, weitere Verträge für katalogbasierten Einkauf abzuschließen. Die zusätzlichen Kataloge würden nur sehr selten genutzt werden.

Tail end spend

Dieser Bereich des indirekten Einkaufs, für den keine Abdeckung durch Einkaufskataloge besteht (auf Englisch *tail end spend* genannt«), macht dem Einkäufer eine Menge Arbeit. Es handelt sich oft um Einmalanforderungen aus Projekten oder um Notfälle, bei denen eine schnelle Abwicklung notwendig ist. Jede einzelne Anforderung in diesem Bereich muss jedoch von einem Einkäufer manuell geprüft werden. Es können Recherche und Preisanfragen folgen, bis endlich eine Bestellung angelegt werden kann. Das verursacht nicht nur Prozesskosten, sondern dauert wesentlich länger als eine automatisiert angelegte Katalogbestellung.

Spontaneinkäufe

SAP Ariba Spot Buy wurde eingeführt, um Anforderungen ohne Katalogabdeckung besser bedienen zu können. Auf Deutsch wird diese Funktionalität *Spontaneinkäufe* genannt. Die Idee ist, dass ein einkaufendes Unternehmen die Möglichkeit hat, für ausgewählte Warengruppen Artikel von Marktplätzen und Lieferanten in die Katalogsuche einzubinden, obwohl keine Vertragsbeziehung zu diesen Unternehmen besteht. Die angebundenen Marktplätze und Lieferanten müssen als Kreditoren angelegt und für die

Verwendung mit Spot Buy eingerichtet werden. Weitere Maßnahmen sind aber nicht notwendig.

Regionen

SAP Ariba Spot Buy kann in den Regionen genutzt werden, in denen Partnerschaften mit Lieferanten und Marktplätzen bestehen. Der erste angebundene Marktplatz war eBay für die Nutzung in den USA. Inzwischen gibt es in den USA einige Lieferanten, die über das Programm angebunden werden können. Seit März 2017 gibt es auch Lieferanten in Großbritannien und Deutschland. Im Mai wurde die Kooperation mit Mercateo bekanntgegeben. In Deutschland waren im Juli 2017 die Lieferanten Bechtle, Manutan und Schweitzer verfügbar. SAP Ariba Spot Buy wird laufend erweitert, die aktuell verfügbaren Lieferanten der verschiedenen Länder können unter dieser URL abgerufen werden: *http://s-prs.de/v457504*.

In Spot Buy suchen

Die Nutzung von SAP Ariba Spot Buy ist einfach, wenn ein Marktplatz oder Lieferant für die Verwendung eingerichtet wurde. In der Trefferliste einer Katalogsuche werden die Artikel angezeigt, die in den unternehmenseigenen Katalogen gefunden wurden. Gleichzeitig ist es möglich, passende Artikel von angebundenen Marktplätzen und Lieferanten anzuzeigen. Im Beispiel aus Abbildung 4.21 wurde über die Kategoriesuche nach Lithiumbatterien gesucht. Im unternehmenseigenen Katalog wurden 21 Artikel gefunden. Die passende Batterie ist aber nicht darunter.

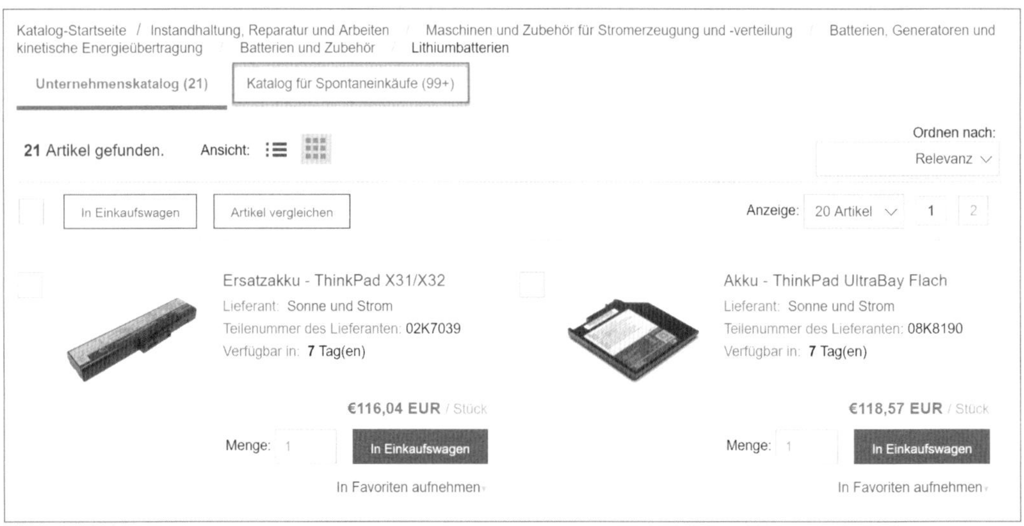

Abbildung 4.21 Spot Buy bzw. Spontaneinkäufe in der Artikelsuche

Wie in Abbildung 4.21 gezeigt, erkennt der Anwender, dass im **Katalog für Spontaneinkäufe** weitere Lithiumbatterien gefunden werden können. Zu den Lieferanten, die Artikel über Spontaneinkäufe anbieten, bestehen aber keine Vertragsbeziehungen. Wenn der Anwender in den **Katalog für Spontaneinkäufe** wechselt, werden ihm dort weitere Lithiumbatterien angezeigt (siehe Abbildung 4.22).

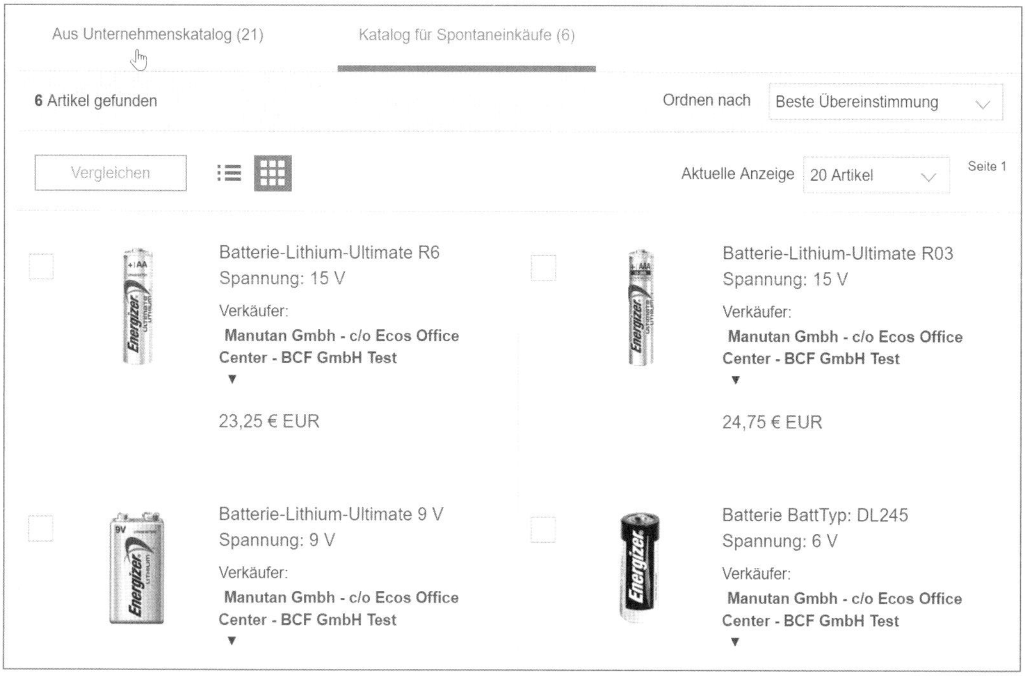

Abbildung 4.22 Artikel im Spot-Buy-Katalog

Die gesuchte Batterie ist darunter, wie Abbildung 4.23 zeigt.

Abbildung 4.23 Artikeldetails im Spot-Buy-Katalog

Artikeldetails

Wie in den Artikeldetails zu sehen ist, sind für alle Artikel im Spot-Buy-Katalog Lieferant, Preis und Teilenummer des Lieferanten hinterlegt. Die dringend benötigte Batterie kann also bestellt werden, ohne dass ein Einkäufer tätig werden muss.

Im Einkaufswagen von SAP Ariba Catalog ist der zugeordnete Lieferant sichtbar, in diesem Beispiel »Spot Buy Germany« (siehe Abbildung 4.24).

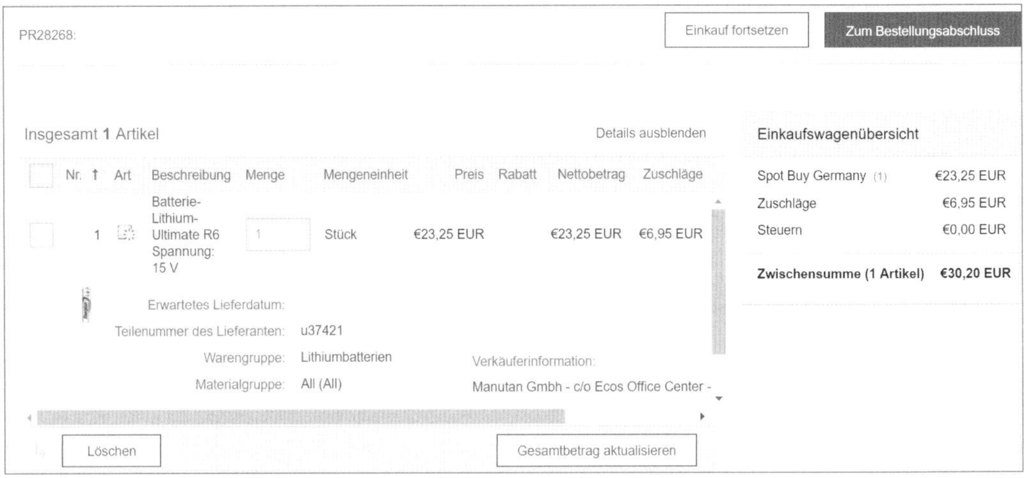

Abbildung 4.24 Spot-Buy-Artikel im Einkaufswagen von SAP Ariba Catalog

Dieser Lieferant wurde bei der Einrichtung von Spot Buy angelegt und repräsentiert einen Marktplatz oder Spot-Buy-Lieferanten. An diesen Lieferanten geht die Bestellung, und dieser Lieferant schickt am Ende des Beschaffungsvorgangs die Rechnung. Es müssen also keine zusätzlichen Kreditoren angelegt oder Einmallieferanten bzw. CPD-Lieferanten (CPD steht hier für Conto pro Diverse) genutzt werden.

Bestellabschluss

Durch Klicken auf **Zum Bestellabschluss** wird dieser Artikel an die aufrufende Einkaufsapplikation übergeben, durchläuft dort den normalen Freigabe-Workflow für Katalogartikel und kann sofort bestellt werden.

4.3 SAP Ariba Buying

In diesem Abschnitt betrachten wir die Lösung *SAP Ariba Buying* genauer. Während SAP Ariba Catalog nur die Katalogsuche unterstützt, kann SAP Ariba Buying bis zu sieben Schritte des operativen Einkaufsprozesses unterstützen, von der Anforderung bis hin zur Erfassung von Wareneingängen und Dienstleistungen. Abbildung 4.25 zeigt eine Übersicht der Prozesse in SAP Ariba Buying.

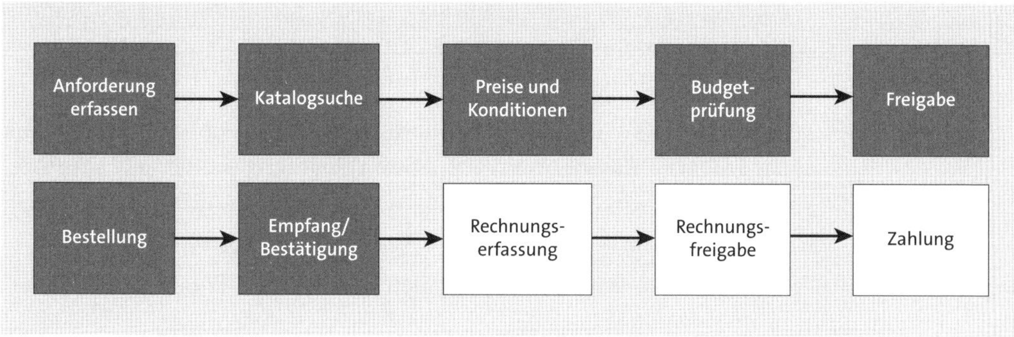

Abbildung 4.25 Einkaufsprozess mit SAP Ariba Buying

4.3.1 Organisationsdaten

Tenant/Realm

SAP Ariba Buying ist darauf ausgelegt, die Organisationsstrukturen eines SAP-ERP-Mandanten abzubilden. Das bedeutet, dass mehrere Buchungskreise und Einkaufsorganisationen die Lösung in einem *Tenant* (bei SAP Ariba *Realm* genannt) nutzen können. Mit Tenant oder Realm ist in diesem Fall ein abgegrenzter Bereich in der Cloud-Lösung gemeint, der einer Gruppe von Benutzern exklusiv zur Verfügung steht. Über Rollen und Berechtigungen können diese Organisationstrukturen voneinander getrennt werden. Dabei wird davon ausgegangen, dass innerhalb des SAP-ERP-Mandanten durchgängig die gleichen Warengruppen verwendet werden und ein einheitlicher Kontenplan zum Einsatz kommt.

Organisationstrukturen verwalten

Um die Organisationstrukturen von mehreren SAP-ERP-Mandanten oder mehreren Systemen (auch unterschiedlicher Softwareanbieter) zu verwalten, kann die Lösung SAP Ariba Buying, multi-ERP edition genutzt werden. Hier wird für die Abwicklung der operativen Geschäfte für jeden SAP-ERP-Mandanten bzw. jedes System ein eigenes SAP-Ariba-Realm genutzt. In den einzelnen Realms können unterschiedliche Kontenpläne, Warengruppen und auch weitere Stammdaten zum Einsatz kommen, die nicht harmonisiert sind.

Parent Realm

Über den einzelnen Realms liegt ein *Parent Realm*, der auf übergreifender Ebene folgende Funktionen bietet:

- konsolidierte Auswertungen
- globale Kontrakte, die aus den einzelnen Realms abgerufen werden
- Kataloginhalte zur Nutzung in allen Realms

Insbesondere Unternehmen mit einer heterogenen IT-Landschaft können von den Möglichkeiten profitieren, die SAP Ariba Buying, multi-ERP edition bietet. Die Lösung ermöglicht es, Auswertungen, globale Kontrakte und Kataloge im Unternehmen auszurollen, ohne vorher unbedingt alle Stammdaten zu vereinheitlichen und einen einheitlichen Konzernkontenplan schaffen zu müssen.

Bereits beim Kauf muss sich ein Kunde entscheiden, ob SAP Ariba Buying oder SAP Ariba Buying, multi-ERP edition eingesetzt werden soll. Ein späterer Umstieg zwischen den Versionen oder eine Zusammenführung von bestehenden Realms unter einem Parent Realm sind nicht vorgesehen.

Organisationsdaten

Folgende Organisationsdaten können aus einem SAP-ERP-System übernommen werden:

- Buchungskreis
- Einkaufsorganisation
- Werk
- Einkäufergruppe
- Zuordnung von Werken zu Einkaufsorganisationen

Einkaufsbereiche

Darüber hinaus können in SAP Ariba *Einkaufsbereiche* definiert werden. Mithilfe der Einkaufsbereiche können in der Lösung die Zugriffe auf Daten gesteuert werden. Belege wie Anforderungen und Rechnungen sind einem Einkaufsbereich zugeordnet. Benutzer werden einem oder mehreren Einkaufsbereichen zugeordnet. Wenn Benutzer einem Einkaufsbereich zugeordnet sind, kann der Zugriff dieser Benutzer auf die Dokumente eingeschränkt werden, die diesen Einkaufsbereich zugeordnet sind.

Auch Stammdaten wie Lieferanten können einem Einkaufsbereich zugeordnet werden. Außerdem können Einkaufsbereiche für die Gestaltung von Freigabe-Workflows genutzt werden.

4.3.2 Stammdaten

SAP Ariba Buying unterstützt sieben Schritte im operativen Einkaufsprozess, von der Anforderung bis zum Empfang/zur Bestätigung. Daher werden für diese Lösung wesentlich mehr Stammdaten benötigt als für SAP Ariba Catalog.

Stammdaten

Aus Sicht eines SAP-ERP- oder SAP-S/4HANA-Systems beinhalten die Stammdaten, die in SAP Ariba Buying geladen werden, sowohl Stammdaten im engeren Sinn als auch Customizing-Einstellungen. Die wesentlichen Stammdaten für den operativen Einkaufsprozess sind:

- Lieferanten bzw. Geschäftspartner mit der Rolle *Lieferant*
- Warengruppen

- Mengeneinheiten
- Währungen
- Wechselkurse
- Benutzer
- die Zuordnung von Benutzern zu Gruppen
- Positionstypen
- Kontierungstypen
- Sachkonten
- Kontierungsobjekte wie Kostenstellen, PSP-Elemente, Innenaufträge und Anlagen
- die Zuordnung von Kontierungsobjekten zu Buchungskreisen
- Zahlungsbedingungen

Verwaltung

All diese Stammdaten können in SAP Ariba Buying verwaltet werden. Im operativen Einkaufsprozess ist das Backend-System für diese Stammdaten das führende System. Die Stammdaten werden regelmäßig in SAP Ariba hochgeladen. Der Ladevorgang kann manuell oder automatisiert über Schnittstellen erfolgen. Die Architektur der SAP-Ariba-Applikationen ist so ausgelegt, dass die Cloud-Anwendung nicht das Backend-System aufruft. Alle Aufrufe, abgesehen von der Budgetprüfung, gehen vom Backend-System aus.

Bei der Budgetprüfung wird geprüft, ob der Gesamtpreis der vorliegenden Anforderung mit dem vorhandenen Budget des Kontierungselementes (z. B. Innenauftrag) abgedeckt werden kann. Daten zur Budgetprüfung können ebenfalls regelmäßig vom Backend-System in die SAP-Ariba-Lösung geladen werden. Es ist aber auch möglich, eine Prüfung des vorhandenen Budgets zur Laufzeit durchzuführen.

Stammdatenintegration

Die Stammdatenintegration erfolgt also bis auf eine Ausnahme nicht in Echtzeit. In diesem Zusammenhang muss beachtet werden, dass es aufgrund des Zeitversatzes zwischen dem Laden der Stammdaten und der Buchung eines Belegs zu Problemen kommen kann. Das geschieht beispielsweise dann, wenn ein Sachkonto zwischen zwei Replikationsvorgängen für Buchungen gesperrt wird. Die Cloud-Anwendung erlaubt die Nutzung des Sachkontos noch, erst bei der Übertragung eines Belegs kommt es in diesem Fall zu einem Fehler. Ein anderes Beispiel ist, dass ein Projekt bzw. PSP-Element neu angelegt wird. Es kann dann erst nach dem nächsten Replikationsvorgang als Kontierungsobjekt ausgewählt werden.

4.3.3 Katalogmanagement

Das Katalogmanagement ist in SAP Ariba Buying integriert, sodass keine separate Kataloglösung nötig ist. Beim Zugriff auf Katalogdaten verlässt der Anwender die Einkaufslösung nicht. Im Gegensatz zu anderen SAP-Anwendungen zur Bedarfserfassung (z. B. SAP SRM, SAP ERP, SAP S/4HANA) ist es also nicht nötig, zwischen zwei Applikationen hin- und zurückzuspringen. Dieses Springen zwischen zwei Applikationen ist wenig intuitiv und verwirrt besonders Benutzer, die die Lösung nicht oft nutzen.

Punch-out-Kataloge anbinden

An SAP Ariba Buying können auch Punch-out-Kataloge angebunden werden, dann geht für den Anwender aber der Vorteil des Arbeitens in einer Applikation verloren. Es muss wieder zwischen der Anwendung zur Bedarfserfassung und den Katalogen hin- und wieder zurückgesprungen werden. Abbildung 4.26 zeigt diese Konfiguration. (Weitere Vor- und Nachteile der Anbindung von Punch-out-Katalogen und Punch Out 2.0 haben wir in Abschnitt 4.2.9, »Punch-out-Kataloge«, vorgestellt.)

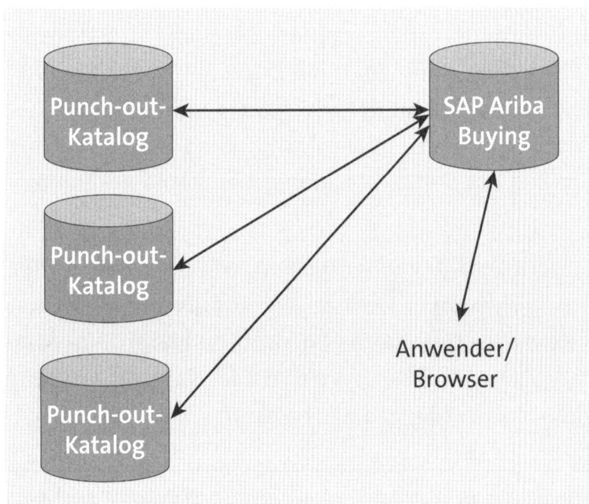

Abbildung 4.26 Anbindung von Punch-out-Katalogen an SAP Ariba Buying

SAP Ariba Buying und SAP Ariba Catalog

Es ist wichtig zu beachten, dass SAP Ariba Buying nicht über OCI von anderen Beschaffungslösungen als Katalog verwendet werden kann. Dazu muss zusätzlich die Lösung SAP Ariba Catalog gekauft und eingerichtet werden. Beide Lösungen, SAP Ariba Buying und SAP Ariba Catalog, können parallel betrieben werden, sie können auf die gleichen Katalogdaten zugreifen und diese nutzen.

Katalog-management

Im Wesentlichen funktioniert das Katalogmanagement mit SAP Ariba Buying wie in SAP Ariba Catalog. Durch die Integration von Beschaffungslösung und Kataloglösung ergeben sich aber Vorteile. So kann ein Katalogartikel in SAP Ariba Buying die Möglichkeiten der erweiterten Preisfindung nutzen (siehe dazu Abschnitt 4.5.4, »Preisermittlung im Kontrakt«). Bei der Nutzung von SAP Ariba Catalog und der Übertragung von Preisinformationen über OCI können die Möglichkeiten der erweiterten Preisfindung nicht oder nur bedingt genutzt werden.

4.3.4 Erfassung von Anforderungen

Benutzer-oberflächen

SAP Ariba Buying bietet drei Benutzeroberflächen für die Erfassung von Anforderungen:

- die »normale« Benutzeroberfläche
- die mobile App
- Guided Buying

Diese drei Benutzeroberflächen können parallel genutzt werden. In den folgenden Abschnitten stellen wir Ihnen die Besonderheiten der drei Varianten vor.

Die Standard-Benutzeroberfläche

SAP Ariba Buying unterstützt die Erfassung von Bedarfen auf drei Arten:

- mit internen Katalogen
- mit Punch-out-Katalogen
- ohne Katalogbezug/mit Freitext

Verfügbare Funktionen

Die normale Benutzeroberfläche bietet alle Funktionalitäten an. Die beiden anderen Arten der Erfassung haben Einschränkungen bezüglich der Funktionalität.

Es ist möglich, eine Anforderung im Namen eines anderen Anwenders zu erfassen. Sowohl Materialien und Dienstleistungen können angefordert werden. In allen Fällen beginnt die Erstellung einer Anforderung auf der Katalogstartseite, die in Abbildung 4.27 gezeigt wird.

Die Katalogsuche haben wir bereits in Abschnitt 4.2, »SAP Ariba Catalog«, beschrieben. Deshalb gehen wir an dieser Stelle gezielt auf die Erstellung von Nichtkatalog-Artikeln ein. Abbildung 4.28 zeigt den Dialog, in dem Sie einen **Nichtkatalog-Artikel erstellen** können.

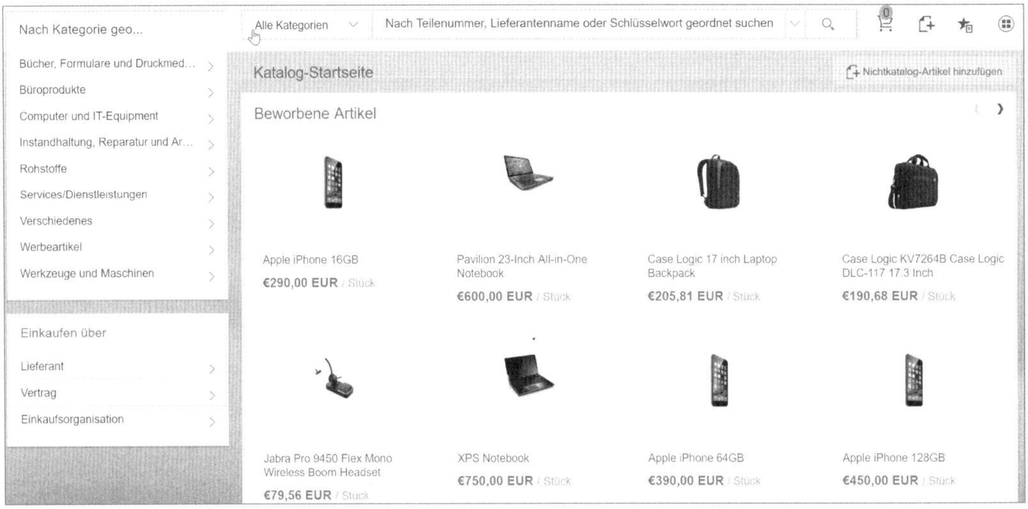

Abbildung 4.27 Erstellung einer Anforderung: Einstieg

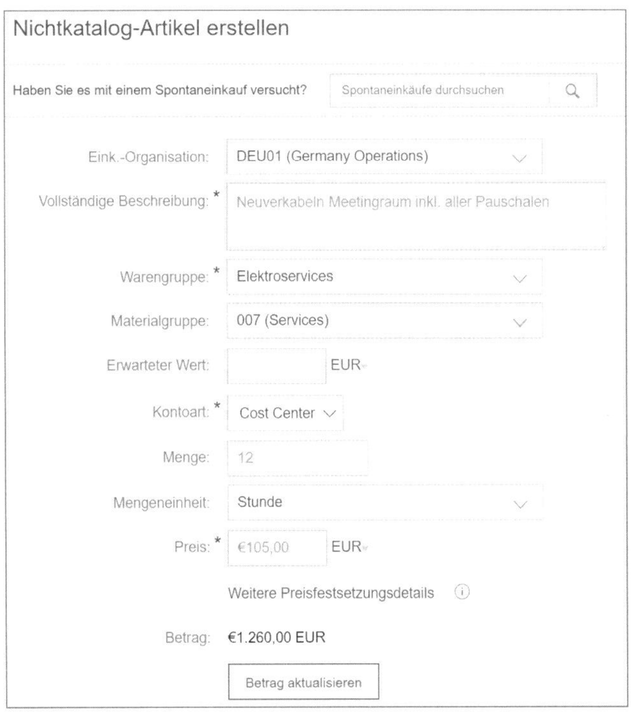

Abbildung 4.28 Nichtkatalog-Artikel erstellen

Wenn Spot Buy eingerichtet wurde, wird der Anwender am Beginn der Erstellung eines Nichtkatalog-Artikels auf die Möglichkeit hingewiesen, die Spontaneinkäufe zu durchsuchen.

Anforderung erstellen

Um eine Anforderung für einen Nichtkatalog-Artikel zu erstellen, müssen mindestens Werte für die folgenden Felder angegeben werden:

- **Vollständige Beschreibung**
- **Warengruppe**
- **Kontoart** (entspricht dem Kontierungstyp in SAP ERP oder SAP S/4HANA)
- **Menge**
- **Mengeneinheit** (ein Wert kann vorgeschlagen werden)
- **Preis**

Bei Bedarf können noch Details zur Preisberechnung wie Preismenge, Preismengeneinheit und Umrechnung der Mengeneinheit festgelegt werden. Sofern bekannt, können auch ein Lieferant sowie die Lieferantenteilenummer angegeben werden. Damit kann der Artikel eindeutig identifiziert werden. Auf diese Weise können beliebig viele Artikel dem Einkaufswagen hinzugefügt werden. Auch eine Kombination von Katalog- und Nichtkatalog-Artikeln ist möglich.

Wenn die Anforderung abgeschlossen und in den Genehmigungs-Workflow eingereicht werden soll, gelangt man zur Übersicht der Anforderung (siehe Abbildung 4.29). Die hier erfassten Informationen gelten für den gesamten Beleg, entsprechen also dem Belegkopf.

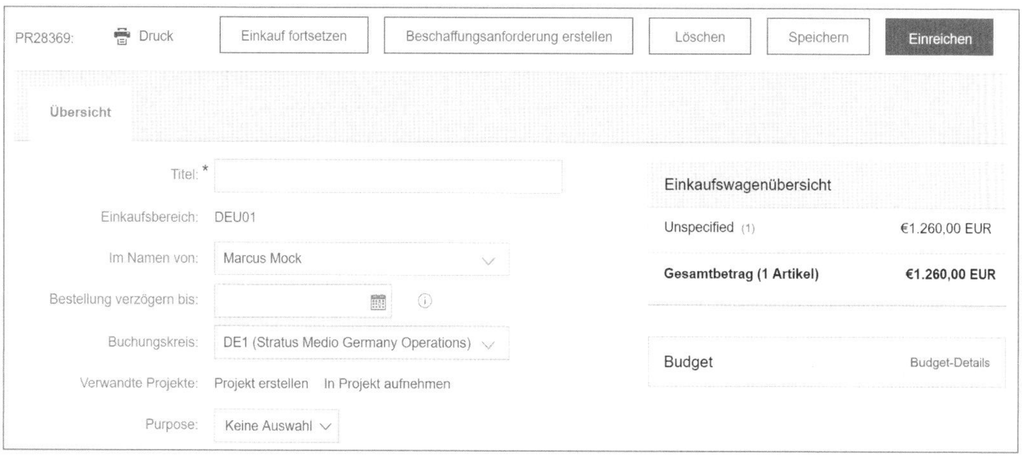

Abbildung 4.29 Übersicht der Anforderung

Daten erfassen

Für eine Anforderung erfassen Sie zunächst folgende Daten:

- An dieser Stelle muss ein **Titel** für die Anforderung eingegeben werden.
- Es kann festgelegt werden, dass die Anforderung im Namen einer anderen Person erstellt wird. In diesem Fall werden alle Vorschlagswerte und

Einstellungen, wie z. B. die Ermittlung von Genehmigern, für diese andere Person ermittelt.

- Die Bestellung kann bis zu einem bestimmten Zeitpunkt verzögert werden, was zur Folge hat, dass die Bestellung frühestens zu diesem Zeitpunkt an den Lieferanten versendet wird.
- Außerdem ist es möglich, einen bestimmten Zweck für die Anforderung zu wählen. Dies ist ein Attribut für die Anforderung und kann im späteren Verlauf des Einkaufsvorgangs zur Steuerung des Prozesses genutzt werden. Eine Anforderung wird z. B. als Geschenk markiert, überschreitet aber einen bestimmten Betrag. Dann muss ein Compliance Officer die Anforderung als zusätzlicher Genehmiger freigeben.
- Schließlich können Texte und Anlagen hinzugefügt und eine Vorschau des Genehmigungsablaufs angezeigt werden (siehe Abbildung 4.30).

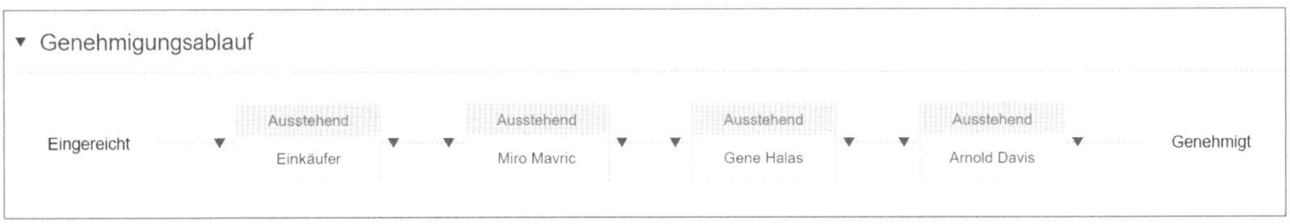

Abbildung 4.30 Vorschau des Genehmigungsablaufs

Budgetprüfung

Im Rahmen der Erfassung von Bedarfen können Sie eine Budgetprüfung vornehmen. Den in SAP Ariba Buying vorhandenen Controlling-Kontierungselementen können Sie dafür ein Budget zuordnen. Die notwendigen Budgetinformationen werden normalerweise regelmäßig in die SAP-Ariba-Lösung hochgeladen. Alternativ dazu ist es ausnahmsweise möglich, dass SAP Ariba zur Laufzeit die Budgetverfügbarkeit im SAP-ERP- oder SAP-S/4HANA-Backend-System abfragt.

Abbildung 4.31 Budgetdetails der Anforderung

In der Übersicht der Anforderung können die Details zur Budgetprüfung eingesehen werden, auch wenn keine Budgetinformationen vorhanden sind. Das zeigt Abbildung 4.31.

Nachdem alle Informationen eingegeben wurden, wird die Anforderung in den Genehmigungsprozess eingereicht.

Die mobile App

Unterstützte Einkaufsprozesse

Die App Ariba Mobile steht für iOS- und Android-Geräte zur Verfügung und unterstützt verschiedene Schritte im operativen Einkaufsprozess, z. B. die folgenden:

- **Zu genehmigen**
- **Einkauf** (Erfassen von Anforderungen)
- **Meine Anforderungen**
- **Zu beobachtende Anforderungen**
- **Von mir genehmigt/abgelehnt**
- **Meine Berichtdokumente**

Abbildung 4.32 zeigt den Startbildschirm der App.

Abbildung 4.32 Die App Ariba Mobile

Die Erfassung von Anforderungen in der mobilen App beginnt immer mit der Katalogsuche, Nichtkatalog-Artikel werden hier nicht unterstützt.

Funktionen

Sowohl die Schlagwortsuche und als auch die Suche nach Kategorien kann genutzt werden. Beworbene Artikel werden ebenso unterstützt wie die zuletzt angezeigten Artikel. In Abbildung 4.33 sehen Sie den Einstieg in die Erfassung einer Anforderungen in der mobilen App. Sowohl Schlagwortsuche als auch die Suche nach Kategorien kann verwendet werden. Wie in der Abbildung zu erkennen ist, wird die Erstellung von Nicht-Katalogartikeln in der App nicht unterstützt.

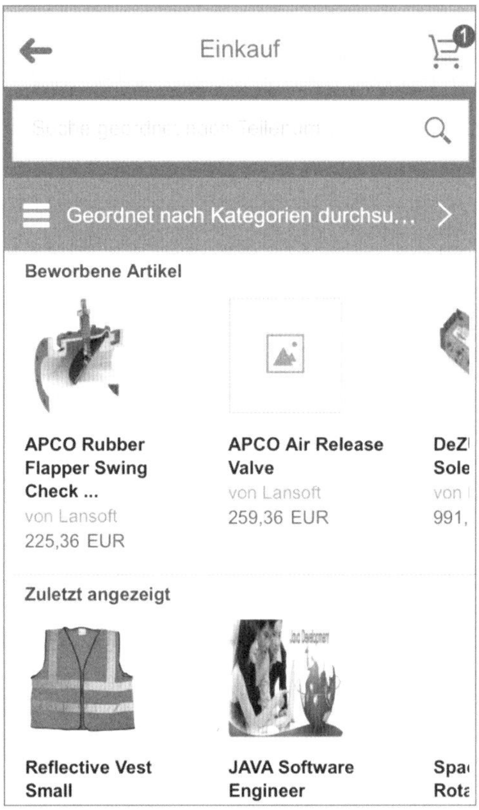

Abbildung 4.33 Erfassung einer Anforderung in der mobilen App

Wie Sie in Abbildung 4.34 sehen können, unterstützt die App auch die Funktion *Text vervollständigen* (*Type Ahead*). Weil mobile Geräte nur einen kleinen Bildschirm und eine Bildschirmtastatur haben, ist diese Funktion eine große Erleichterung für den Anwender.

Meine Anforderungen

Mit der Kachel **Meine Anforderungen** rufen Sie eine Übersicht aller Anforderungen auf, die ein Benutzer angelegt hat (siehe Abbildung 4.35).

Abbildung 4.34 Textvervollständigung in der mobilen App

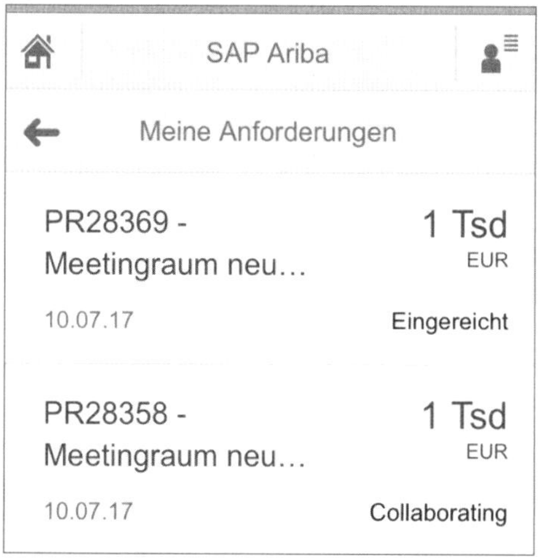

Abbildung 4.35 Übersicht über die Anforderungen des Anwenders

In den Details einer Anforderung können die wichtigsten Informationen auf einen Blick angezeigt werden (siehe Abbildung 4.36). Neben dem Gesamtpreis und dem Status können die Artikel der Anforderungen, die Bemerkungen und Dateianlagen eingesehen werden.

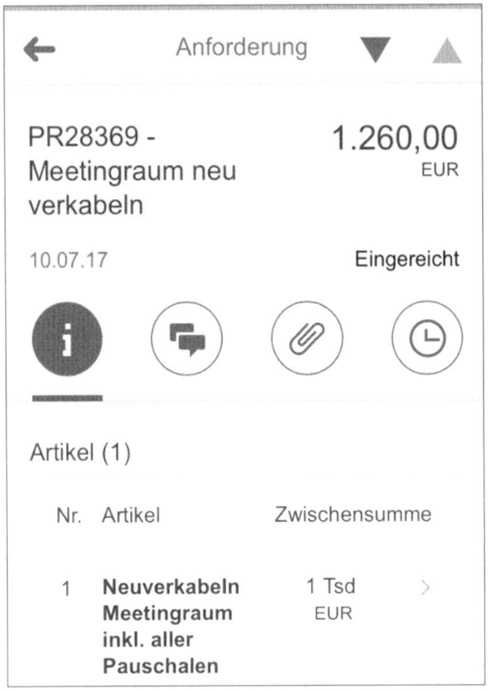

Abbildung 4.36 Meine Anforderungen: Details

Genehmigungsübersicht

Wenn die Anforderungsdetails in der mobilen App angezeigt werden, kann durch Kippen des mobilen Geräts die Genehmigungsübersicht aufgerufen werden, die in Abbildung 4.37 zu sehen ist.

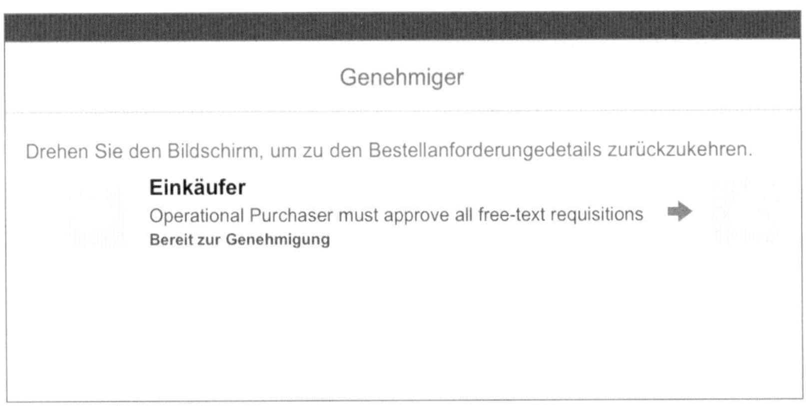

Abbildung 4.37 Mobile App: Anzeige der Genehmigerübersicht

Guided Buying

Guided Buying ist eine Einkaufsapplikation, die auf SAP Ariba Buying und SAP Ariba Buying and Invoicing aufsetzt. Die Konfiguration einer dieser

Lösungen ist Voraussetzung für die Nutzung von Guided Buying. Darüber hinaus sind eine Reihe von Konfigurationsschritten in Guided Buying erforderlich. So müssen die Navigationsstrukturen wie Landingpages und Kacheln festgelegt werden. Außerdem müssen Bilder für die einzelnen Bildschirmelemente hochgeladen werden.

Guided Buying bietet Personen, die keine Einkaufsexperten sind, die Möglichkeit, an einer zentralen Stelle Waren und Dienstleistungen anzufordern. Dabei soll die Einkaufsorganisation so wenig wie möglich involviert werden, um den Aufwand für die Einkäufer zu minimieren und die Abwicklung zu beschleunigen.

Anforderergruppen

Guided Buying soll alle Einkaufsrichtlinien eines Unternehmens abbilden und richtet sich besonders an zwei Gruppen von Anforderern:

- Gelegenheitsnutzer
- funktionale Einkäufer, die nicht dem Einkauf zugeordnet sind, aber regelmäßig für ihre Abteilungen Materialien und Dienstleistungen einkaufen, z. B. Mitarbeiter aus dem Marketing

Startbildschirm

Der Aufruf von Guided Buying erfolgt mit einer anderen URL, nicht mit der normalen Benutzeroberfläche für SAP-Ariba-Applikationen. Abbildung 4.38 zeigt den Startbildschirm der Guided-Buying-Applikation.

Abbildung 4.38 Guided Buying – Startbildschirm

Der Startbildschirm von Guided Buying wirkt sehr aufgeräumt und bietet neben einem Suchbanner oben in der Mitte *Landingpages* für häufig verwendete Kategorien. Die Landingpages sind als Alternative zur Katalogsuche gedacht. Hinter jeder Landingpage verbergen sich Materialien und Dienstleistungen, die häufig angefordert werden. Hier können Punch-out-Kataloge oder Gruppen von Katalogartikeln angezeigt werden, z. B. über die Kachel **Laptop** (siehe Abbildung 4.39).

Abbildung 4.39 Artikel auf der Landingpage »IT Hardware & Services«

Nichtkatalog-Artike

Besonders interessant ist Guided Buying allerdings für Artikel, die in der normalen Benutzeroberfläche als Nichtkatalog-Artikel oder Freitextartikel erfasst werden müssten. Der Anforderer gibt für diese Artikel relevante Attribute ein, um eine möglichst genaue Beschreibung zu erhalten. Je nach Artikel können andere Attribute abgefragt werden, z. B. Beginn und Ende einer Dienstleistung, Qualifikationsprofil für einen Berater oder Speicherplatz für eine Datenbankerweiterung. Abbildung 4.40 zeigt die Erfassung einer Anforderung zur Renovierung eines Datenzentrums.

Mit Guided Buying können auch Anforderungen erfasst werden, die nicht in eine Bestellung münden. Mithilfe eines benutzerspezifischen Formulars kann nach erfolgter Freigabe statt einer Bestellung eine Benachrichtigung angelegt werden. Hinter einer Kachel kann sich auch ein Link zu einer Webseite verbergen. In Abbildung 4.41 kann über das Formular **International Roaming** eine Freischaltung einer Mobilfunknummer für ein bestimmtes Land beantragt werden. Dies führt nicht zu einer Bestellung, sondern es wird eine Benachrichtigung an den zuständigen Bearbeiter gesendet.

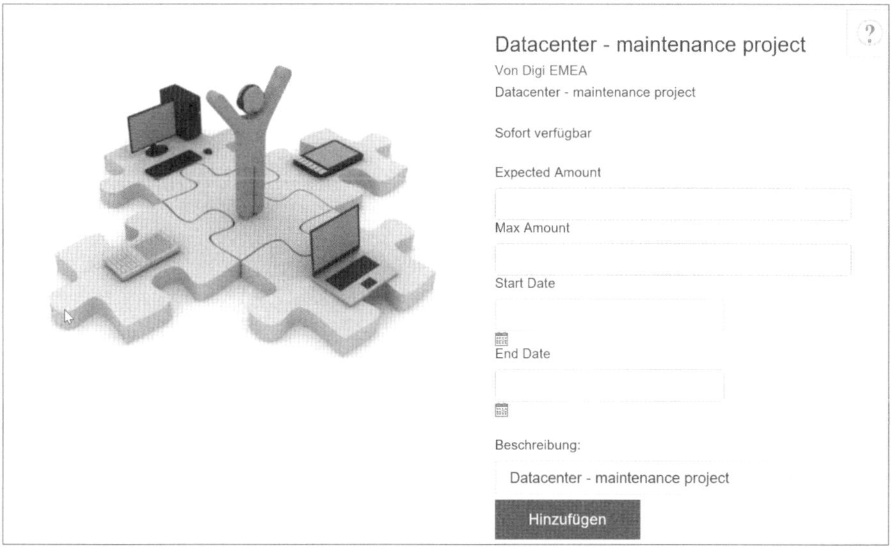

Abbildung 4.40 Guided Buying – Datacenter Maintenance Project

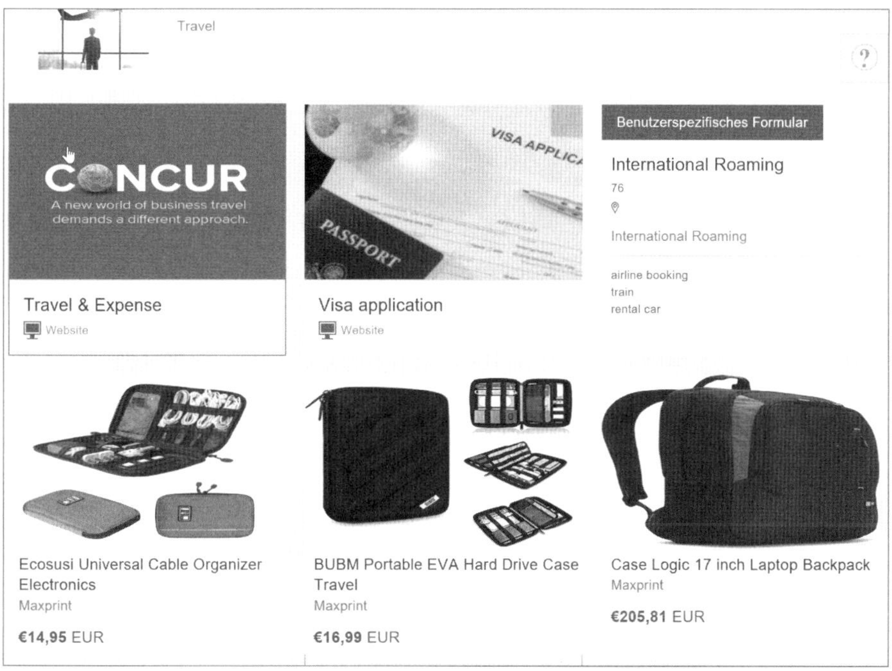

Abbildung 4.41 Guided Buying – häufige Artikel für den Bereich Reisen

Mit der Kachel **Travel & Expense** wird eine externe Applikation zur Erfassung von Reisekosten aufgerufen, mit **Visa application** eine externe Webseite.

4.3.5 Kontierung

Die *Kontierung* kann manuell eingegeben werden. Besser für die Bedienbarkeit der Lösung ist jedoch eine automatische Ermittlung der Kontierung. Wenn entsprechende Regeln definiert werden können, wird das Controlling-Kontierungsobjekt aus der Person des Anforderers abgeleitet, das Sachkonto aus der Warengruppe des Artikels.

Kontierungsdetails

Abbildung 4.42 zeigt den Dialog, in dem Sie die Kontierungsdetails eingeben können.

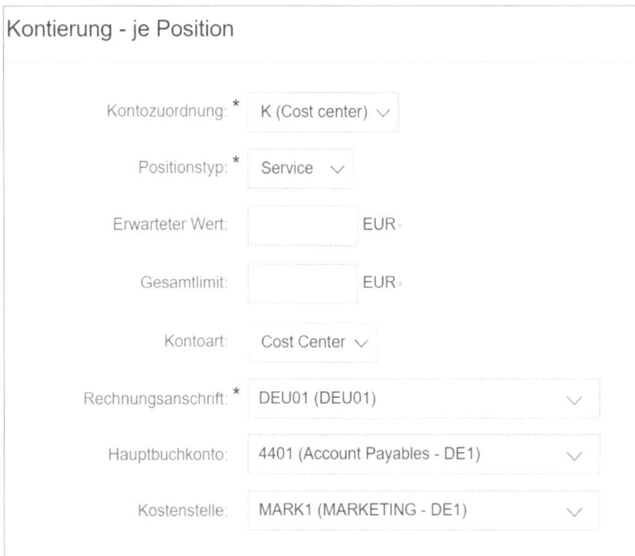

Abbildung 4.42 Kontierungsdetails einer Anforderungsposition

Aufteilung auf zwei Kontierungen

Auch das Erfassen einer geteilten Kontierung bzw. Mehrfachkontierung wird unterstützt. Die Aufteilung kann nach Betrag, Menge oder Prozentsatz erfolgen. Die Kosten kann auf zwei oder mehrere Kontierungen aufgeteilt werden. Abbildung 4.43 zeigt die Aufteilung auf zwei Kontierungen.

In SAP Ariba Buying werden die Kontierungselemente aus SAP ERP bzw. SAP S/4HANA verwendet. Die SAP-Ariba-Lösungen sind so ausgelegt, dass diese niemals das Backend-System aufrufen, sondern der Aufruf vom Backend-System ausgeht. Daher werden die Kontierungsdaten nicht zur Laufzeit im Backend-System geprüft, sondern müssen regelmäßig hochgeladen werden.

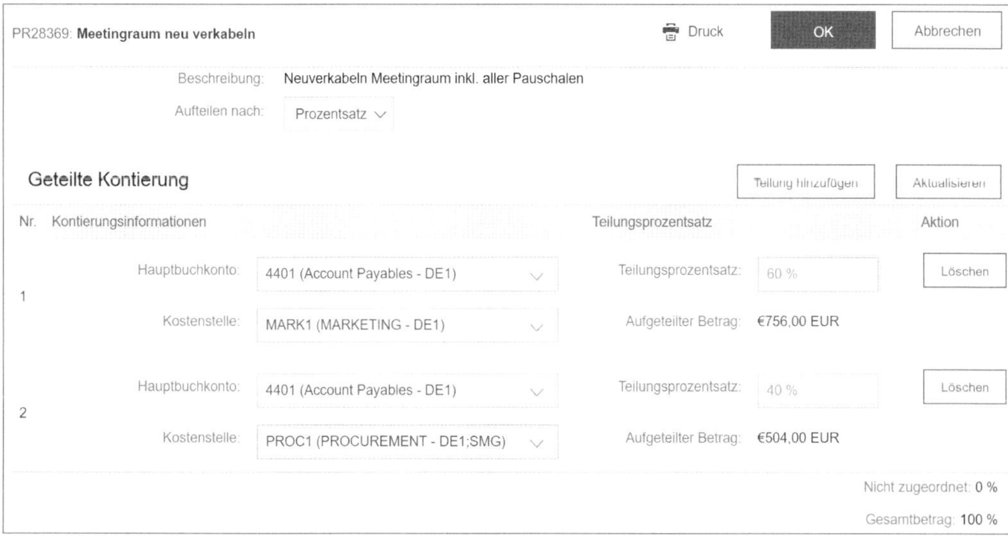

Abbildung 4.43 Eingabe einer geteilten Kontierung

4.3.6 Zusammenarbeit mit Lieferanten

Bei der Erstellung eines Nichtkatalog-Artikels kann auch die Zusammenarbeit mit Lieferanten aktiviert werden. Rufen Sie dazu die Funktion **Zusammenarbeit aktivieren** auf, wie in Abbildung 4.44 gezeigt.

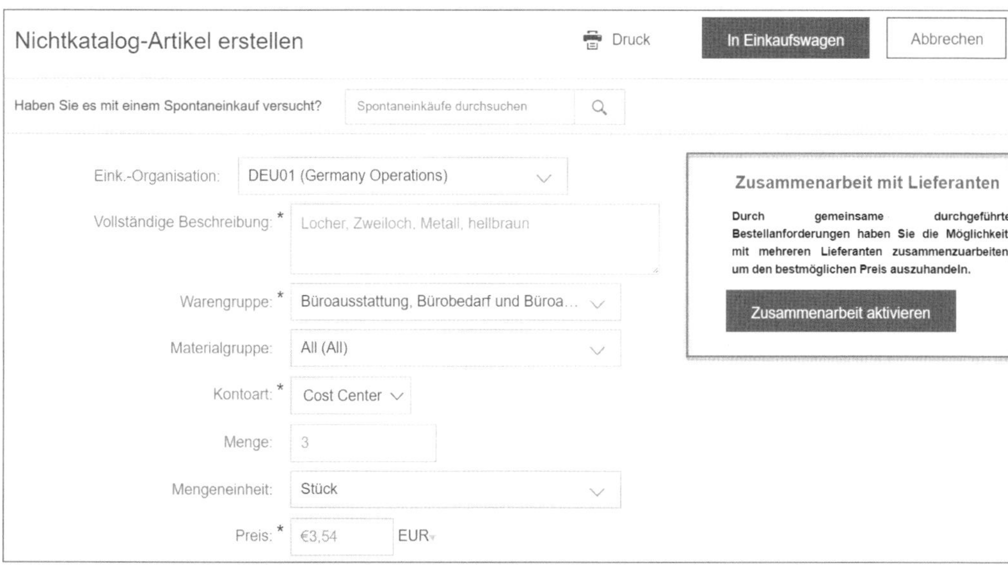

Abbildung 4.44 Zusammenarbeit mit Lieferanten beginnen

Lieferanten auswählen In diesem Fall werden einer oder mehrere Lieferanten ausgewählt, um Preise für den gewünschten Artikel anzubieten (siehe Abbildung 4.45).

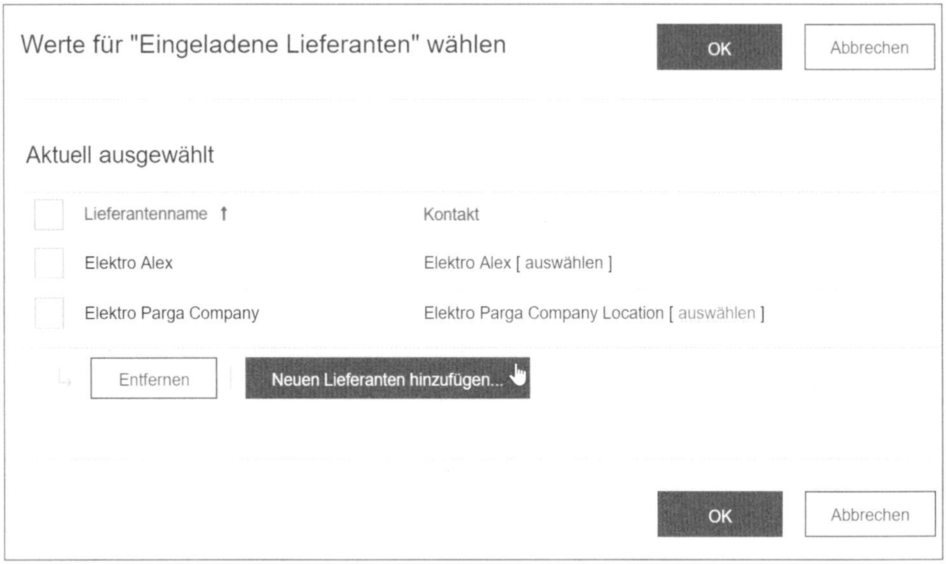

Abbildung 4.45 Lieferanten auswählen

Es ist auch möglich, bevorzugte Lieferanten für die verschiedenen Warengruppen in der Lösung zu hinterlegen. Diese Lieferanten werden für die Zusammenarbeit mit Lieferanten vorgeschlagen, sie erhalten in der Folge eine Preisanfrage.

Im Rahmen der Zusammenarbeit mit Lieferanten werden Preisanfragen aus der Anwendung über das Ariba Network direkt an die ausgewählten Lieferanten gesendet. Die Lösung SAP Ariba Sourcing wird nicht benötigt.

Genehmigung Abbildung 4.46 zeigt eine Anforderung, die zur Genehmigung eingereicht wurde, aus der Sicht des Anforderers.

Die Lieferanten erhalten die Anfrage aus der SAP-Ariba-Applikation in ihr Konto im Ariba Network. Die Beantwortung der Anfrage erfolgt direkt in der Portaloberfläche des Ariba Network. Die vom Lieferanten eingegebenen Informationen werden zurück an die SAP-Ariba-Applikation gesendet und können dort direkt weiterverarbeitet werden.

Die Auswahl eines Angebots kann manuell oder automatisch nach bestimmten Regeln erfolgen. Nachdem die Zusammenarbeit mit Lieferanten abgeschlossen wurde, beginnt der Genehmigungs-Workflow für die Anforderung.

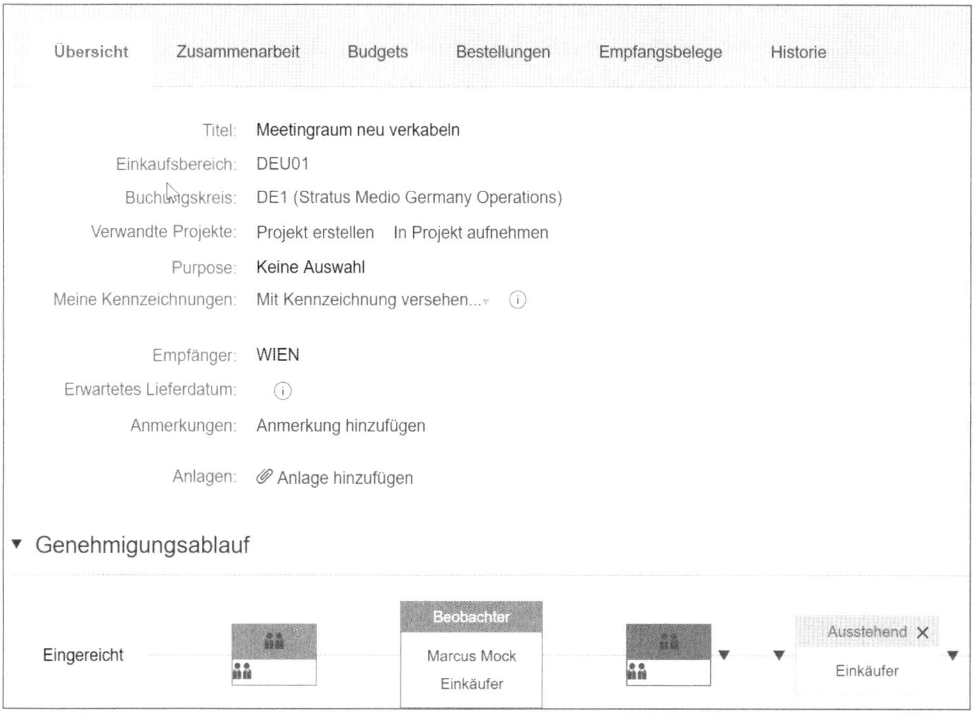

Abbildung 4.46 Übersicht der Anforderung

4.3.7 Freigabe von Anforderungen

Der SAP-Ariba-Workflow unterstützt Freigabe-Workflows mit beliebig vielen Schritten. Als Genehmiger können einzelne Personen oder Gruppen ermittelt werden. Diese können sequenziell oder parallel genehmigen. Auch eine Kombination von sequenziellen und parallelen Genehmigungen ist möglich (siehe Abbildung 4.47).

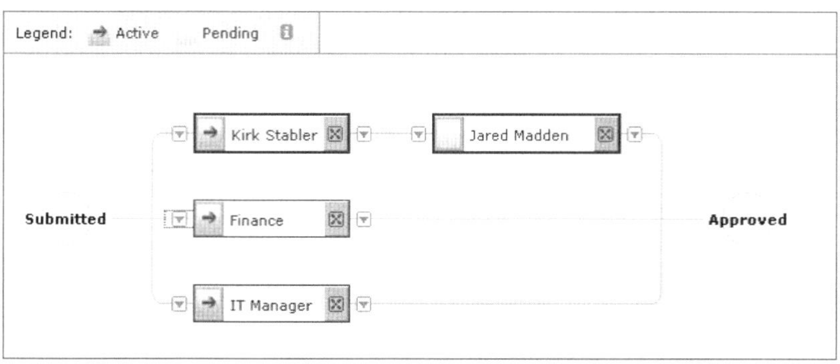

Abbildung 4.47 Genehmigungsvorschau mit sequenziellen und parallelen Genehmigungen

Genehmigung

Sowohl Anforderer als auch Genehmiger können ad hoc weitere Genehmiger hinzufügen. Genehmiger erhalten eine Benachrichtigung per E-Mail. Die Genehmigung selbst kann auf drei Arten ausgeführt werden:

- direkt aus der E-Mail heraus
- in der normalen Benutzeroberfläche im Browser
- in der Ariba-Mobile-App

Abbildung 4.48 zeigt die Freigabe im Browser.

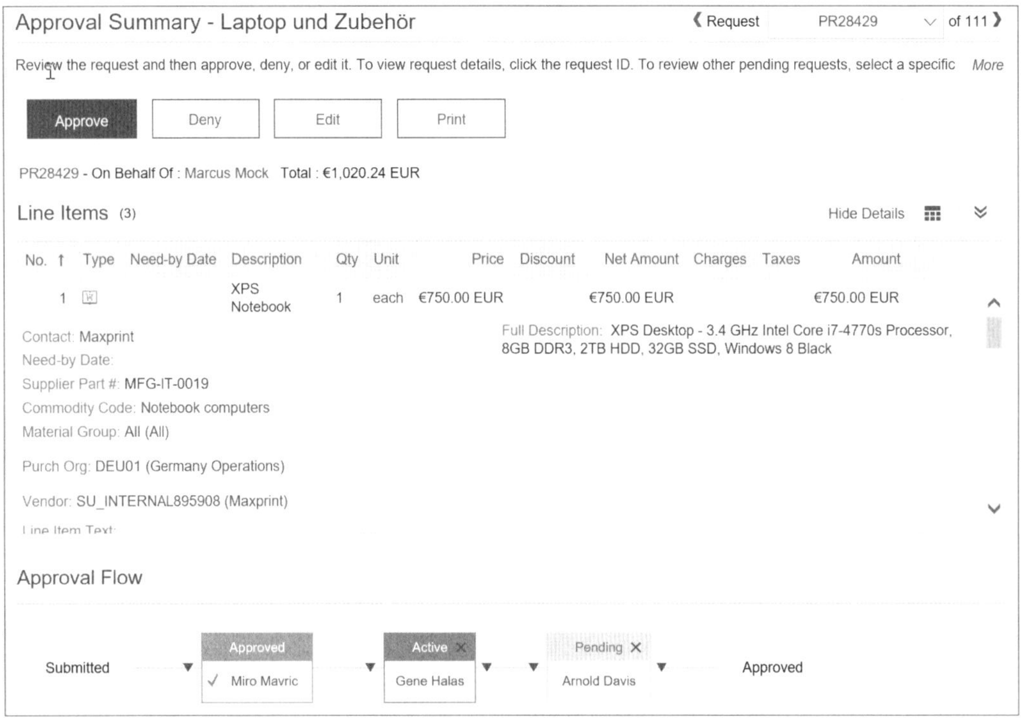

Abbildung 4.48 Freigabe aus Sicht des Genehmigers

Freigaberegeln

Im Folgenden finden Sie einige Beispiele für typische Freigaberegeln:

- **Freigabe durch Vorgesetzte**
  Der Vorgesetzte des Anforderers wird auf jeden Fall als Genehmiger ermittelt. Abhängig vom Betrag werden zusätzliche Vorgesetzte hinzugefügt.
- **Freigabe durch Kostenverantwortliche**
  Der Verantwortliche für das Kontierungselement (z. B. Kostenstelle) wird auf jeden Fall als Genehmiger ermittelt. Im Fall von Mehrfachkontierungen werden alle Verantwortlichen für die eingegebenen Kontierungselemente ermittelt.

- **Einkaufsfreigaben**
  Bei Nichtkatalog-Artikeln wird ein Einkäufer als zusätzlicher Freigeber ermittelt. Für bestimmte Warengruppen können Experten als zusätzliche Einkäufer hinzugefügt werden, um die Anforderung zu ergänzen oder zu überprüfen.
- **Für bestimmte Lieferanten**
  Freigaben mit Bezug zu Kontrakten sind dann relevant, wenn eine Anforderung von den Kontraktbedingungen abweicht oder eine Höchstgrenze aus dem Kontrakt überschreiten würde.

Diese Liste ist nicht vollständig. Darüber hinaus können noch weitere, weniger häufig verwendete Freigaberegeln eingerichtet werden.

Approval Lookup

Die Konfiguration der Freigabe-Workflows erfolgt entweder direkt in der Lösung oder durch Hochladen einer *Approval-Lookup*-Datei. In dieser Datei werden die einzelnen Workflow-Schritte und die Ermittlung von Genehmigern übersichtlich in Tabellenform eingetragen.

4.3.8 Bestellung

Status »Bestellt«

Sobald eine Anforderung komplett freigegeben ist, wird als Folgebeleg eine Bestellung angelegt. Die Anforderung erhält den Status **Bestellt** (siehe Abbildung 4.49).

Abbildung 4.49 Anforderung mit dem Status »Bestellt« und einer Bestellung als Folgebeleg

Diese Bestellung wird bei angebundenen Lieferanten über das Ariba Network an den Lieferanten gesendet. Alternativ dazu sind auch andere Arten der Belegausgabe möglich, wie Versand per E-Mail oder Druck und Versand per Post. Bestellungen können vom Lieferanten bestätigt werden. Dies kann für den Lieferanten eine Voraussetzung dafür sein, dass weitere Belege mit dem Bezug zur Bestellung gesendet werden dürfen, z. B. Lieferavis und Rechnung.

Benutzer mit ausreichender Berechtigung können Bestellungen ändern oder stornieren. Der Lieferant wird über diese Änderungen informiert und kann sie ebenfalls bestätigen.

Kopie

Eine Kopie der Bestellung kann in einem SAP-ERP- oder SAP-S/4HANA-Backend-System angelegt werden. Diese Bestellung kann im Backend-System nicht geändert werden. Änderungen in der Bestellung in der SAP-Ariba-Lösung werden an die Kopie im Backend-System übertragen.

4.3.9 Wareneingang und Leistungserfassung

Nachdem der Lieferant die Bestellung erhalten und bestätigt hat, werden die Waren versandt und gelangen zum einkaufenden Unternehmen.

Empfangsbelege erfassen

Zwei Gruppen von Benutzern können Empfangsbelege in SAP Ariba Buying erfassen:

- *Anforderer* erfassen Empfangsbelege zu Bestellungen, zu denen sie selbst die Anforderung angelegt haben.
- *Zentrale Warenempfänger* sind berechtigt, Empfangsbelege zu allen Bestellungen zu erfassen

In Abbildung 4.50 sehen Sie die Erfassung eines Empfangsbelegs durch den Anforderer.

Pro Bestellung können mehrere Empfangsbelege erfasst werden. Bei SAP-ERP- und SAP-S/4HANA-Backend-Systemen kann sich ein Empfangsbeleg nur auf eine Bestellung beziehen.

Automatische Erfassung

Neben der manuellen Erfassung von Empfangsbelegen nach Menge oder Betrag unterstützt SAP Ariba Buying auch die automatische Erfassung von Empfangsbelegen:

- automatische Erfassung zum Bestelldatum
- automatische Erfassung zum Lieferdatum
- automatische Erfassung bei Rechnungsprüfung

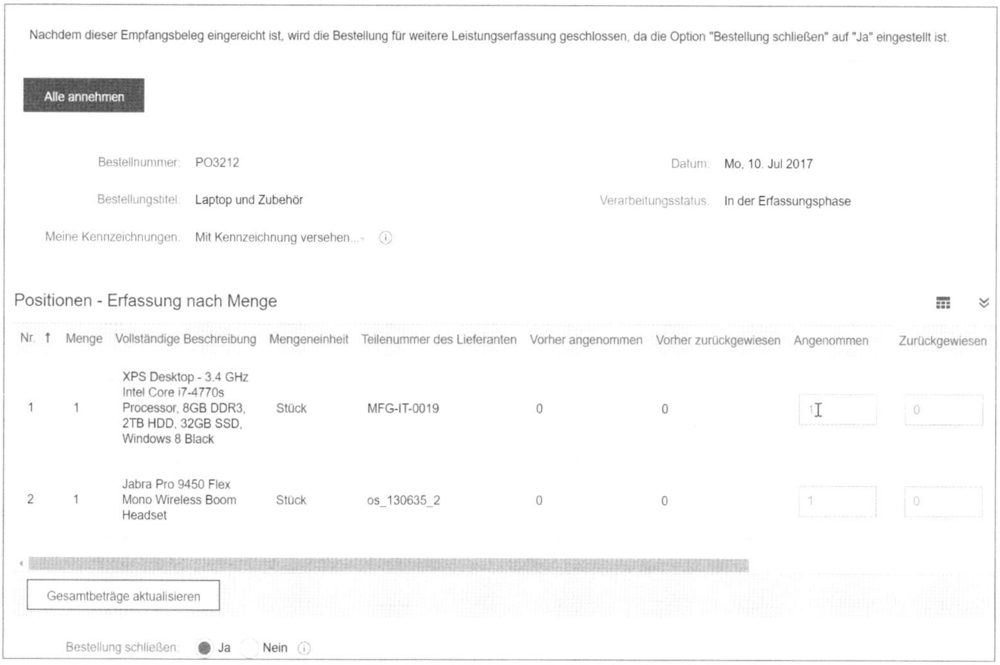

Abbildung 4.50 Erfassung eines Empfangsbelegs durch den Anforderer

Basierend auf einem Wareneingang kann SAP Ariba Buying eine automatische Wareneingangsabrechnung vornehmen. Dies wird auch *Gutschriftverfahren* genannt. Wenn eine Position für die automatische Wareneingangsabrechnung vorgesehen ist und in SAP Ariba Buying eine Empfangsbestätigung erfasst und freigegeben wird, legt SAP Ariba Buying and Invoicing automatisch eine Rechnung an und schickt dem Lieferanten eine Gutschriftanzeige als Information. Für Empfangsbelege kann eine Workflow-Freigabe eingerichtet werden. Dies dient in der Regel dazu, das Vieraugenprinzip zu wahren oder den Empfänger der Waren beim zentralen Wareneingang einzubinden.

Anlagenempfänger

Bei der Freigabe von Empfangsbelegen für Anlagen wird ein Genehmiger mit der Rolle *Anlagenempfänger* eingefügt. Diese Person ist dafür zuständig, Informationen wie Serialnummern oder die Anlagennummer für jedes Teil zu erfassen. SAP Ariba bietet allerdings keine Funktionalitäten zur Generierung von Anlagennummern oder zur Verwaltung von Anlagen.

Abbildung 4.51 zeigt die Freigabe aus Sicht des Anlagenempfängers (der Person, die den Empfang der Anlage erfasst hat).

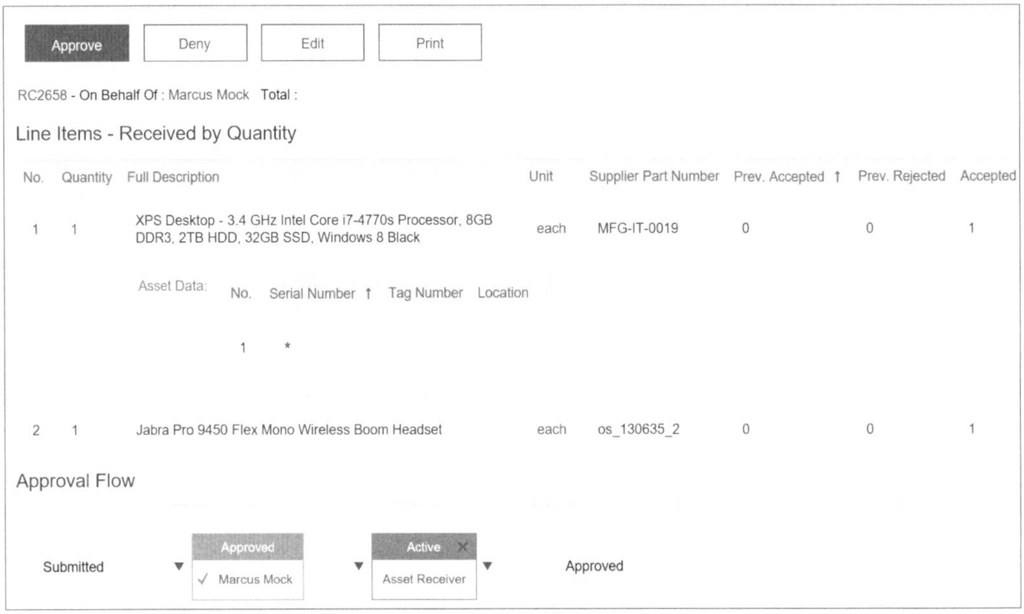

Abbildung 4.51 Freigabe aus Sicht des Anlagenempfängers

Toleranzen

Für die Erfassung von Empfangsbelegen können bei der Einrichtung der Lösung Toleranzen definiert werden, um eine Über- bzw. Unterlieferung zu ermöglichen. Nachdem ein Empfangsbeleg in SAP Ariba Buying erfasst und freigegeben wurde, kann im Backend-System ein Materialbeleg verbucht werden. Wenn der Wareneingang im Backend-System erfasst wird, wird die Statusinformation in SAP Ariba Buying übertragen.

Dienstleistungen erfassen

Die Erfassung von Dienstleistungen kann nicht in SAP Ariba Buying erfolgen. Dies ist nur für den Lieferanten auf dem Ariba Network möglich. Die Leistungserfassung wird in die SAP-Ariba-Lösung übertragen und muss dort freigegeben werden. Eine freigegebene Leistungserfassung kann die Voraussetzung dafür sein, dass ein Lieferant eine Rechnung zur Bestellung schicken darf.

4.4 SAP Ariba Buying and Invoicing

In diesem Abschnitt betrachten wir *SAP Ariba Buying and Invoicing* näher. Abbildung 4.52 zeigt eine schematische Übersicht des operativen Einkaufs mit dieser Lösung. Bezogen auf die ersten sieben Schritte des operativen Einkaufsprozesses gibt es keine Unterschiede zu SAP Ariba Buying. Deshalb beschreiben wir in diesem Abschnitt nur die Prozessschritte Rechnungserfassung und Rechnungsfreigabe näher.

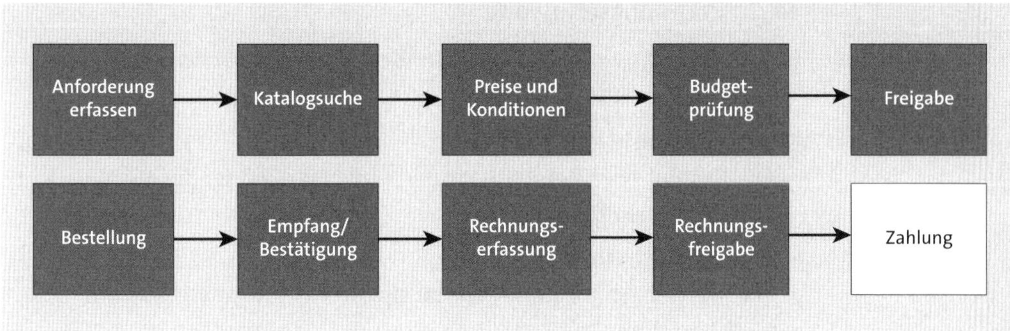

Abbildung 4.52 Operativer Einkaufsprozess mit SAP Ariba Buying and Invoicing

Einsatzgebiete

Da SAP Ariba Buying and Invoicing praktisch den gesamten operativen Einkaufsprozess abbildet, ist diese Lösung für Unternehmen interessant, deren Backend-System nur über Finanzfunktionalitäten, aber über keine Einkaufsfunktionalitäten verfügt. Eine Übertragung von Einkaufsbelegen aus SAP Ariba Buying and Invoicing an das Backend-System ist nicht zwingend erforderlich. Nur am Ende des Prozesses wird aus der freigegebenen Rechnung eine *OK-to-Pay*-Datei erzeugt und an das Backend-System übergeben. Dort kann die Rechnung dann zur Zahlung angewiesen werden. Alternativ dazu könnte die Zahlung über *SAP Ariba Payables* abgewickelt werden. Diese Lösung wird im vorliegenden Buch jedoch nicht näher betrachtet.

Auch von SAP Ariba Buying and Invoicing gibt es eine multi-ERP edition. Diese bildet wie SAP Ariba Buying, multi-ERP edition einzelne Unternehmensteile, die eine heterogene ERP-Systemlandschaft ohne Harmonisierung der Stammdaten haben, in mehreren Realms ab. Ein Parent Realm bietet die Möglichkeit, bestimmte Auswertungen, globale Kontrakte und Kataloge über alle angeschlossenen Realms zu nutzen.

4.4.1 Stammdaten

SAP Ariba Buying and Invoicing unterstützt verglichen mit SAP Ariba Buying zwei weitere Prozessschritte. Daher werden zusätzliche Stammdaten benötigt. Im Wesentlichen sind dies Stammdaten im Zusammenhang mit der Steuerberechnung, wie z. B.:

- Steuertypen
- Steuerkomponenten
- Steuerschlüssel

4.4.2 Rechnungserfassung

Rechnungsarten

In SAP Ariba Buying and Invoicing können vier verschiedene Arten von Rechnungen erfasst werden:

- **Bestellbasierte Rechnungen**
  Die Rechnung hat einen Bezug zu einer Bestellung, die auch ein Kontraktabruf sein kann.
- **Kontraktbasierte Rechnungen**
  Die Rechnung hat einen Bezug zu einem Nicht-Abrufkontrakt oder einer Limitbestellung.
- **Rechnung ohne Bezug**
  Die Rechnung hat keinen Bezug zu einer Bestellung oder einem Kontrakt.
- **Gutschriften**
  Die Gutschrift wird mit Bezug zu einer früheren Rechnung, einer Bestellung oder einem Kontrakt erstellt.

Rechnung erfassen

Abbildung 4.53 zeigt, wie ein Buchhalter eine bestellbasierte Rechnung erfasst. Im Feld **Bestellaufträge** wird dabei die Nummer der Bestellung erfasst, auf die sich die Rechnung bezieht.

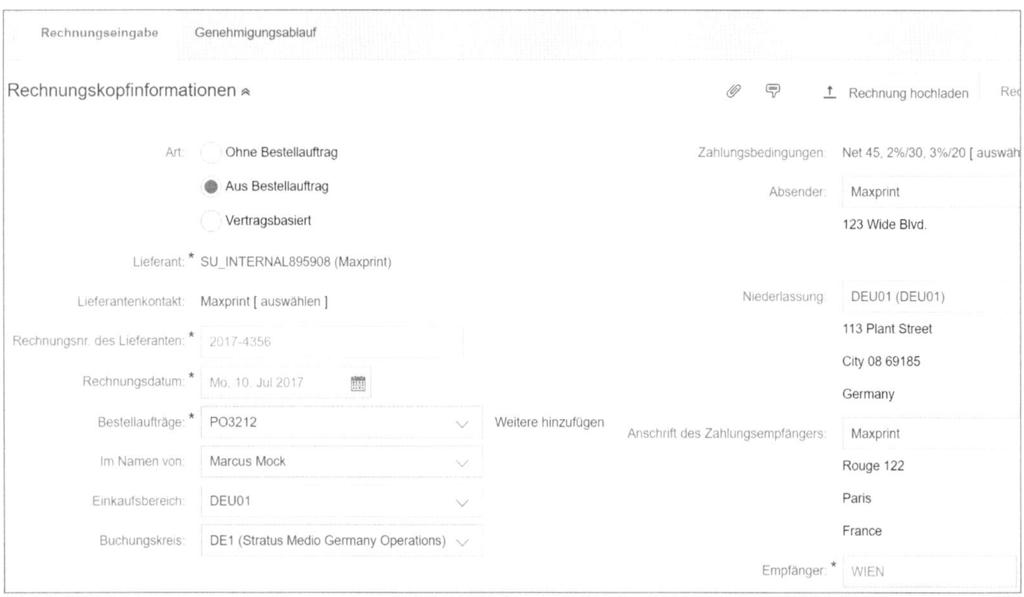

Abbildung 4.53 Rechnungserfassung durch einen Buchhalter

Rechnungen können auf vier Arten in SAP Ariba Buying and Invoicing eintreffen:

- **Elektronisch**
  Der Lieferant erfasst die Rechnung mit oder ohne Bezug zu einem Beleg. Die Erfassung erfolgt entweder im Ariba Network oder im angebundenen System des Lieferanten. Die Rechnung wird über das Ariba Network gesendet und unterliegt dort allen eingerichteten Prüfregeln. Diese Regeln verhindern gegebenenfalls, dass der Lieferant eine fehlerhafte Rechnung verschicken kann.
- **Manuelle Erfassung**
  Eine Person in der einkaufenden Organisation, z. B. ein Buchhalter, erfasst die Rechnung manuell in der Lösung.
- **Invoice Conversioning Services**
  SAP Ariba bietet einen Service zum Einscannen von Papierrechnungen für einkaufende Unternehmen. Diese Rechnungen werden in elektronischer Form über das Ariba Network an die einkaufende Organisation gesendet. Die Rechnungsprüfungsregeln des Ariba Network können in diesem Fall nicht angewendet werden. Die Rechnung gilt in der Papierform als empfangen.
- **Automatisch erzeugte Rechnungen**
  Im Rahmen der automatischen Wareneingangsabrechnung werden aus freigegebenen Empfangsbelegen automatisch Rechnungen erzeugt.

Positionstypen

Rechnungen können die folgenden Positionstypen beinhalten, die auf Kopf- und auf Positionsebene in die Rechnung eingefügt werden können:

- Beschaffung, normale oder Ausgabenpositionen mit Waren und Dienstleistungen
- Steuer
- Versand
- Abwicklung (außer Versand)
- Rabatt

In Bestellungen und Kontrakten gibt es nur den Positionstyp *Beschaffung*. Alle anderen Typen werden erst bei der Rechnung eingefügt. Die Rechnung in SAP Ariba stellt ein Abbild des Dokuments dar, das der Lieferant über das Ariba Network eingereicht hat. Eingescannte Papierrechnungen können als Anlage zu einer Rechnung in SAP Ariba hochgeladen werden.

Es ist möglich, aber unüblich, Rechnungen in einen Freigabe-Workflow zu übergeben. An dieser Stelle ist nur die Genehmigung oder Ablehnung, aber keine Änderung möglich. Nach erfolgter Freigabe wird ein Rechnungsprüfungsdokument angelegt.

4.4.3 Rechnungsprüfung

Das *Rechnungsprüfungsdokument* ist eine veränderbare Version der Lieferantenrechnung und bildet in der Folge die Grundlage für die Zahlung an den Lieferanten. Während der Anlage des Rechnungsprüfungsdokuments wird eine systematische Prüfung bzw. ein Abgleich des Dokuments mit einer Serie von konfigurierbaren Rechnungsausnahmen durchgeführt.

Aufgaben

Das Rechnungsprüfungsdokument wird gegen eine Bestellung oder einen Kontrakt (sofern vorhanden) geprüft. Wenn es Abweichungen oder Ausnahmen gibt, wird jede dieser Ausnahmen einem Benutzer oder einer Gruppe zur weiteren Prüfung gesendet.

Sobald die Ausnahmebehandlung abgeschlossen ist, wird das Rechnungsprüfungsdokument in einen Freigabe-Workflow übergeben. Hier erfolgt die Freigabe der Rechnung z. B. nach Wertgrenzen oder Sachkonten. Nach der Freigabe des Rechnungsprüfungsdokuments wird der Status geändert und eine OK-to-Pay-Datei an das Backend-System übergeben, wo die Zahlung abgewickelt wird. Alternativ dazu kann die Zahlung in SAP Ariba Payables abgewickelt werden.

Szenario

Ein idealtypisches Szenario sieht wie folgt aus. Es enthält keine manuellen Arbeitsschritte für die einkaufende Organisation.

1. Eine Rechnung mit Bezug zu einer Bestellung oder einem Kontrakt wird über das Ariba Network empfangen.
2. Die Rechnung wird nicht in einem Genehmigungs-Workflow freigegeben.
3. Das Rechnungsprüfungsdokument wird sofort angelegt.
4. Die Rechnung stimmt mit Bestellung bzw. Kontrakt und dem Wareneingang überein, es treten keine Ausnahmen auf.
5. In diesem Fall ist keine Workflow-Freigabe des Rechnungsprüfungsdokuments vorgesehen.
6. Das Rechnungsprüfungsdokument wird zur Zahlung angewiesen.

4.5 Kontrakte im operativen Einkauf

SAP Ariba unterstützt gewisse Funktionalitäten im operativen Einkauf im Zusammenhang mit Kontrakten.

Vertragsanforderung

Die Anlage eines Kontrakts im operativen Einkauf beginnt immer mit einer *Vertragsanforderung*, die die Eigenschaften eines Kontrakts festlegt (siehe Abbildung 4.54). Nachdem die Vertragsanforderung freigegeben ist, kann der Kontrakt für Beschaffungsvorgänge genutzt werden.

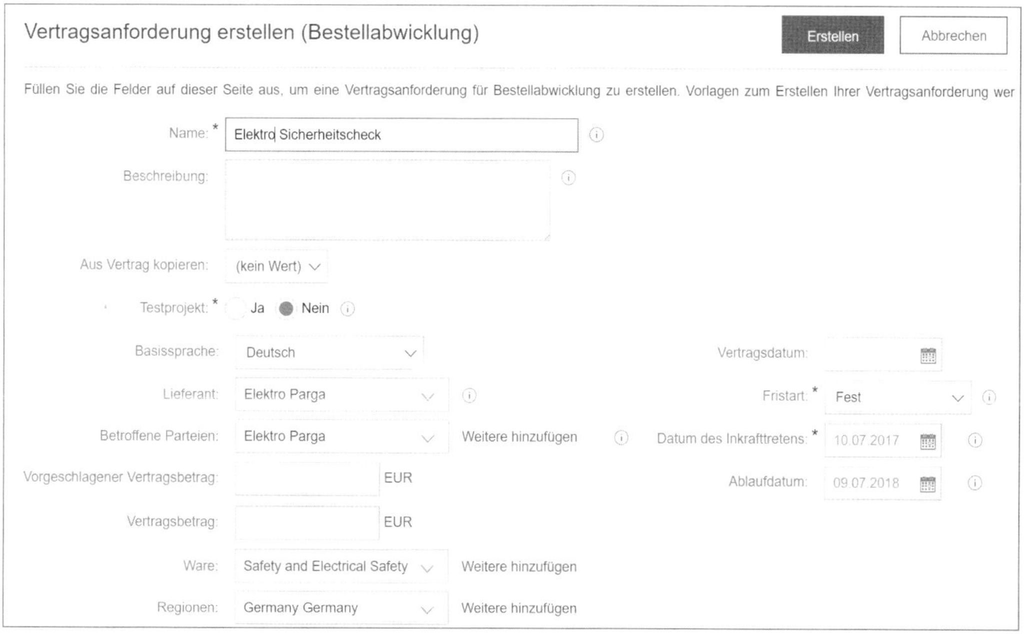

Abbildung 4.54 Vertragsanforderung

Je nachdem, ob Abrufe von einem Kontrakt benötigt werden, unterscheidet man Abrufkontrakte und Nicht-Abrufkontrakte.

4.5.1 Abrufkontrakte und Nicht-Abrufkontrakte

Abrufkontrakte

Um einen *Abrufkontrakt* zu nutzen, muss eine Bestellung mit Bezug zu diesem angelegt werden – der Abruf. Die wichtigsten Funktionen des Abrufkontrakts sind die folgenden:

- Die Nutzung von Standardfunktionalitäten wie Bestelländerungen und Mehrfachkontierung pro Position ist möglich.
- Abrufe können automatisch freigegeben werden oder durch Nutzung des normalen Workflows zur Anforderungsfreigabe.
- Abrufe werden automatisch einer Anforderung mit Katalogpositionen und Freitextpositionen zugeordnet, wenn die Positionen den Bedingungen des Kontrakts entsprechen.
- Berechtigte Benutzer können Positionen direkt aus dem Kontrakt auswählen, um Abrufe anzulegen.

Nicht-Abrufkontrakte

Zu *Nicht-Abrufkontrakten* werden keine Anforderungen und Bestellungen angelegt. Stattdessen kann man mit Bezug zu diesen Kontrakten Wareneingänge erfassen, und Lieferanten können Rechnungen mit Bezug zu diesen

Kontrakten erfassen. Die wichtigsten Funktionen der Nicht-Abrufkontrakte sind die folgenden:

- Nicht-Abrufkontrakte können für Positionen mit einem fixen oder wiederkehrenden Preis zusätzliche Konditionen anbieten. Das ist besonders für Dienstleistungskontrakte, wie z. B. für Beratung, hilfreich.
- Wenn dies im Vertrag eingestellt ist, kann man Wareneingänge bzw. Leistungserfassungsblätter auf Positionen oder Meilensteine buchen, ohne dass eine Abrufbestellung angelegt wurde. In diesem Fall prüft SAP Ariba bei der Rechnungsprüfung den Vertrag und den Wareneingang bzw. die Leistungserfassung (*three way match*).
- Wenn dies im Vertrag eingestellt ist, können Benutzer auf der Einkäuferseite und Lieferanten Rechnungen direkt auf einen Vertrag erfassen.

Limitbestellungen

Sowohl Abrufkontrakte als auch Nicht-Abrufkontrakte können als *Limitbestellungen* (*Blanket Purchase Order*) gekennzeichnet werden. Limitbestellung ist also ein Attribut eines Kontrakts, nicht einer Anforderung. Für Limitbestellungen gelten folgende Punkte:

- Limitbestellungen benötigen ein maximales Limit.
- Limitbestellungen werden über das Ariba Network an die Lieferanten gesendet. Diese können die Attribute und die Abrufhistorie der Limitbestellungen sehen.
- Lieferanten können auf Limitbestellungen direkt Rechnungen anlegen, ohne dass zuvor eine Abrufbestellung angelegt werden muss.
- Typischerweise benötigen Abrufe zu Limitbestellungen keine Genehmigung. Bei Abrufen zu anderen Kontrakten ist typischerweise eine Genehmigung erforderlich.

4.5.2 Kontraktarten

SAP Ariba unterstützt im operativen Einkauf verschiedene Kontraktarten:

- **Lieferantenkontrakt**
  Dieser Kontrakt gilt für alle Materialien und Leistungen, die von einem Lieferanten gekauft werden.
- **Warengruppenkontrakt**
  Dieser Kontrakt bezieht sich auf alle Artikel einer bestimmten Warengruppe, die von einem Lieferanten gekauft werden.
- **Katalogkontrakt**
  Der Katalogkontrakt bezieht sich auf alle Artikel, die in einem bestimmten Katalog eines Lieferanten enthalten sind.

- **Positionskontrakt**
  Diese Kontraktart beinhaltet bestimmte Materialien und Dienstleistungen, die von einem Lieferanten gekauft werden. Die Positionen eines Positionskontrakts können sichtbar gemacht werden, damit Anwender auf der Einkäuferseite Anforderungen oder Rechnungen mit Bezug zu diesen erfassen können.

4.5.3 Kontrakthierarchien

Kontrakte können in hierarchischen Strukturen angelegt werden. Auf diese Weise können Ausgabevolumina über die Kontrakthierarchie aufsummiert werden. Auch können Preiskonditionen und Rabatte über die Hierarchie nach unten vererbt werden.

Jeder Kontrakt ist immer einem einzigen Lieferanten zugeordnet. Die einzelnen Kontrakte in einer Kontrakthierarchie können allerdings zu unterschiedlichen Lieferanten gehören. Abbildung 4.55 zeigt eine typische Kontrakthierarchie.

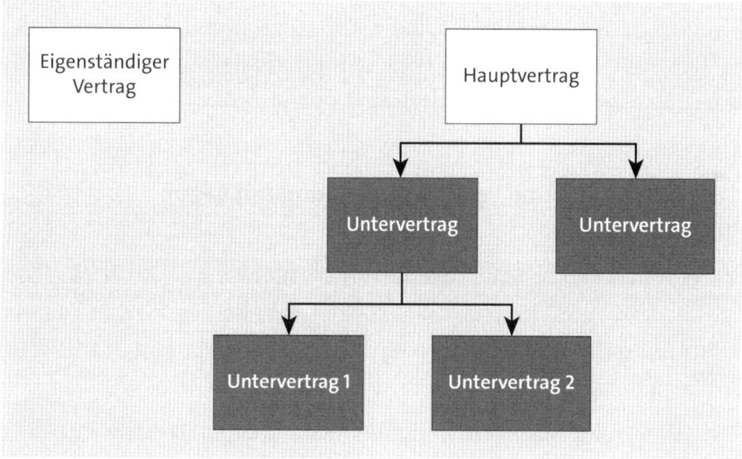

Abbildung 4.55 Kontrakthierarchien

Eigenständige Verträge

Kontrakte, die nicht Teil einer Hierarchie sind, werden als eigenständige Verträge angelegt. Kontrakte in Hierarchien werden als Hauptverträge oder Unterverträge angelegt. Es sind mehrere Hierarchiestufen möglich. Ein Vertrag kann mehrere Unterverträge haben.

Zu beachten ist, dass der Hierarchietyp eines Vertrags nach der Anlage nicht mehr geändert werde kann. Das heißt, dass ein eigenständiger Vertrag nicht in einen Haupt- oder Untervertrag geändert werden kann oder umgekehrt.

4.5.4 Preisermittlung im Kontrakt

Preisfindungsmethoden

Neben der einfachen Preisfindung über Preis, Menge und Rabatte erlauben Kontrakte in SAP Ariba vier weitere Methoden der erweiterten Preisfindung:

- **Staffelpreise und -rabatte**
  Abhängig vom Volumen (Menge oder Betrag in einer Währung), das vom Kontrakt abgerufen wurden, gelten unterschiedliche Preise und Rabatte. Sowohl bei der Mengen- als auch bei der Betragsstaffel kann sich die Berechnung Preis und Rabatt entweder auf einen einzelnen Abruf oder die Summe aller Abrufe vom Kontrakt beziehen.
- **Laufzeitabhängige Preise und Rabatte**
  Abhängig von bestimmten Zeiträumen gelten unterschiedliche Preise und Rabatte.
- **Formelbasierte Preisberechnung**
  Der Preis einer Kontraktposition kann durch eine mathematische Formel berechnet werden. Es können Eigenschaften des Artikels in die Preisberechnung einbezogen werden. Dies wird z. B. genutzt, wenn Eigenschaften von Artikeln in einem Formular ausgewählt werden. So kann die Größe oder Farbe von Bekleidung Auswirkungen auf den Preis haben.

4.5.5 Wareneingang und Leistungserfassung mit Bezug zum Kontrakt

Abrufkontrakte

Bei Abrufkontrakten ist es nicht möglich, Wareneingang oder Leistungserfassung mit Bezug zum Kontrakt zu erfassen. Stattdessen wird bei einem Abrufkontrakt der Wareneingang oder die Leistungserfassung mit Bezug zur Abrufbestellung gebucht.

Nicht-Abrufkontrakte

Nicht-Abrufkontrakte können so eingerichtet werden, dass eine Buchung von Wareneingang und Leistungserfassung mit Bezug zum Kontrakt möglich ist. Während Wareneingänge zum Kontrakt normalerweise vom Eigentümer oder der im Kontrakt gepflegten Kontaktperson erfasst werden, erfolgt die Leistungserfassung zum Kontrakt durch den Lieferanten.

Nicht-Abrufkontrakte verfügen auf jeden Fall über ein Limit. Ist dieses Limit als Menge definiert, wird auch der Wareneingang gegen diesen Kontrakt mengenbasiert erfasst. Ist das Limit als Betrag in einer Währung definiert, wird der Wareneingang wertmäßig erfasst.

Weitere Kriterien

Im Vertrag können auch Toleranzen für eine Überlieferung festgelegt werden. Im Vertrag festgelegte Meilensteine können ebenfalls die Grundlage für Wareneingänge oder eine Leistungserfassung sein. So kann die Fertigstellung eines Meilensteins im Vertrag oder die Beendigung einer Phase dokumentiert werden. Diese Meldung kann die Grundlage für die Zahlung von Rechnungen mit Bezug zum Vertrag sein. Meilensteine sind immer einer Warengruppe zugeordnet und haben ein Fälligkeitsdatum. Eine teilweise Erreichung von Meilensteinen ist nicht möglich, diese können entweder komplett abgeschlossen sein oder gar nicht.

4.5.6 Rechnung mit Bezug zum Kontrakt

Ein Lieferant kann Rechnungen direkt mit Bezug zu einem Nicht-Abrufkontrakt erfassen, wenn dieser dafür eingerichtet wurde. Dabei wählt der Lieferant aus einem geeigneten Vertrag die Positionen aus, für die eine Rechnung erstellt werden soll, und trägt die Menge ein. Preis und Konditionen wurden im Vertrag festgelegt, sodass diese nicht mehr geändert werden können. Der Lieferant kann allerdings zusätzliche Rabatte gewähren und Anmerkungen sowie Anlagen beifügen.

Rechnungsprüfung

Für die Prüfung von Rechnungen mit Bezug zum Kontrakt gibt es zusätzliche Regeln, die abgefragt werden. So wird neben Preisen und Konditionen beispielsweise geprüft, ob Kontrakt und Kontraktposition eine direkte Verbuchung von Rechnungen erlauben, ob die Mengen die im Vertrag festgelegten Höchstgrenzen nicht überschreiten und ob die Zahlungsbedingungen korrekt sind.

4.5.7 Contract Compliance – Kontraktnutzung im strategischen und operativen Einkauf

Eine Kernaufgabe des Einkaufs ist die Verhandlung und Umsetzung von Einsparungen. In immer mehr Einkaufsorganisationen wird deshalb großer Wert darauf gelegt, einen möglichst großen Anteil des Ausgabevolumens mit Ausschreibungen und eventuell auch Auktionen abzudecken. In diesem Zusammenhang sind die Einsparungen (englisch *Savings*) von immenser Bedeutung. Oft ist dies eine der wichtigsten Kennzahlen im Einkauf, die persönliche Zielerreichung von Einkäufern und Einkaufsmanagern hängt davon ab.

Einsparung berechnen

Bei jeder Ausschreibung wird deshalb die erzielte Einsparung berechnet. Das letztgültige Verhandlungsergebnis wird dabei in Beziehung zu einer bestimmten Referenzgröße gesetzt, z. B. dem Listenpreis oder dem historischen Preis.

In Abschnitt 3.2, »Risikomanagement mit SAP Ariba Supplier Risk«, wurde ausführlich beschrieben, wie Ausschreibungen durchgeführt und Verträge verhandelt und verwaltet werden. Für viele Unternehmen stellt es eine große Herausforderung dar, diese verhandelten Preise und Konditionen in den einzelnen operativen Beschaffungsvorgängen auch wirklich zur Anwendung zu bringen. Dafür gibt es mehrere Gründe, z. B.:

- Der Vertrag und die Konditionen sind nicht bekannt.
- Die Nutzung der Konditionen wird bei der Anforderung nicht erzwungen.
- Die Rechnung des Lieferanten enthält abweichende Konditionen, wird aber freigegeben.
- Bei sehr großen Unternehmen gibt es oft eine heterogene Systemlandschaft ohne harmonisierte Stammdaten, die eine Verteilung von Kontrakten und Konditionen sehr stark erschwert.

Contract Compliance

Die SAP-Ariba-Lösungen bieten unter dem Begriff *Contract Compliance* besondere Funktionalitäten, die den strategischen Einkauf mit dem operativen Einkauf verbinden und sicherstellen, dass in Verträgen hinterlegte Konditionen abgerufen werden und auch in der Lieferantenrechnung zur Anwendung kommen. Es geht also sowohl darum, unternehmsintern Vertragskonformität zu erreichen, als auch dafür zu sorgen, dass sich die Lieferanten an Vertragskonditionen halten.

Um Contract Compliance nutzen zu können, ist neben einer SAP-Ariba-Lösung für den operativen Einkauf auch der Einsatz von *SAP Ariba Contracts* nötig. Im Zusammenspiel zwischen strategischem und operativem Einkauf kommt ein besonderer Prozessfluss zum Einsatz. Abbildung 4.56 zeigt, welche Schritte im strategischen und im operativen Einkauf notwendig sind, um Contract Compliance zu erreichen.

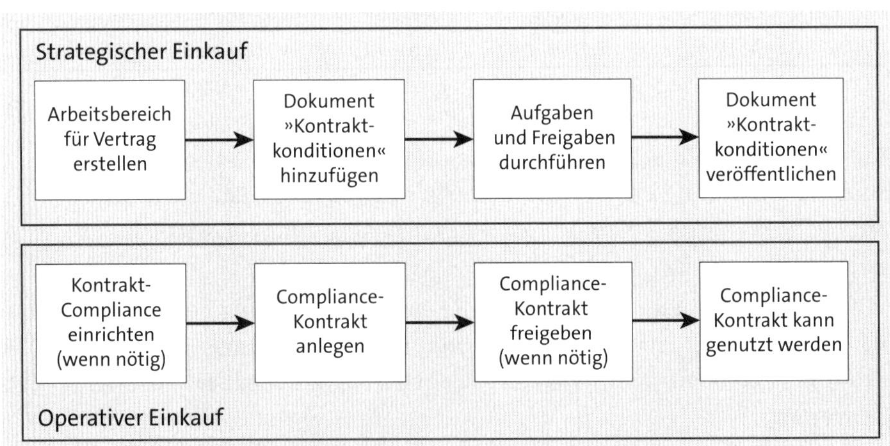

Abbildung 4.56 Prozess zum Einrichten von Contract Compliance

In diesem Set-up müssen Verträge immer im strategischen Einkauf, also in SAP Ariba Contracts, genutzt werden. Sämtliche Änderungen müssen ebenfalls in SAP Ariba Contracts durchgeführt werden. Im Rahmen einer Vertragsänderung wird das Dokument *Kontraktkonditionen* angepasst. Eine Freigabe der Vertragsänderung führt zu einer neuen Version des Compliance-Kontrakts im operativen Einkauf.

Set-up

Contract Compliance bietet eine Reihe von Möglichkeiten. Es kann gesteuert werden, welche Anwender berechtigt sind, Abrufe eines solchen Kontrakts durchzuführen. Besonders wichtig ist die Möglichkeit, Kontraktpositionen als Katalogartikel direkt in einen Vertrag aufzunehmen. Auf diese Weise sind Kontraktartikel für jeden Anforderer zugänglich, der Zugang zur passenden Katalogsicht hat. Abbildung 4.57 zeigt ein Beispiel für Artikel mit Kontraktbezug.

Funktionen

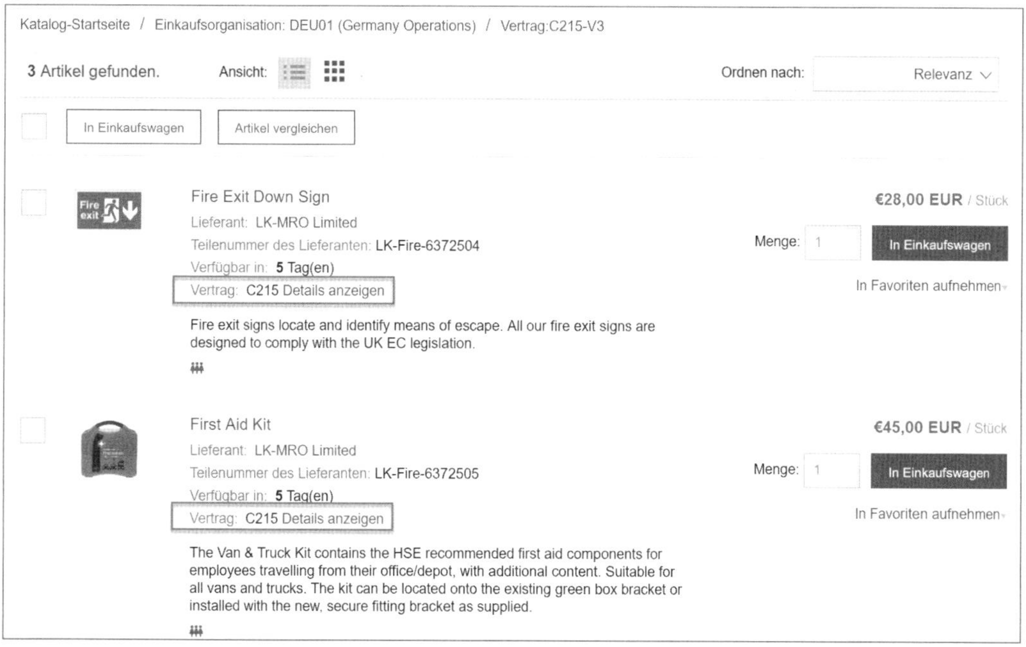

Abbildung 4.57 Katalogartikel mit Kontraktbezug

Katalogartikel aus einem Vertrag sehen auf den ersten Blick aus wie andere Katalogartikel auch. Allerdings kann sich der Anwender mit entsprechender Berechtigung durch Klicken auf **Details anzeigen** die Details zum Vertrag anzeigen lassen (siehe Abbildung 4.58).

Vertragsdetails

Hier ist neben dem Zielwert des Vertrags auch der ausgegebene Betrag ersichtlich. In den Details zur Vertragsposition werden neben dem Preis, dem Mindest- und dem Höchstbetrag pro Bestellung auch Konditionen wie Rabatte und Staffelpreise angezeigt.

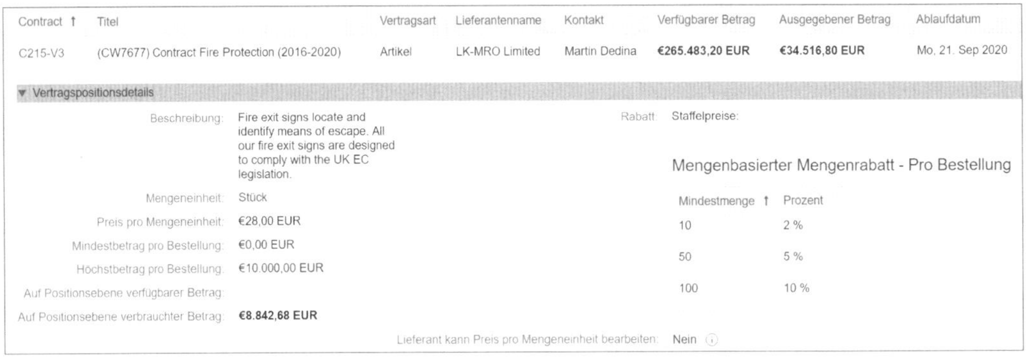

Abbildung 4.58 Vertragsdetails zum Katalogartikel

Eine Anforderung mit einem solchen Katalogartikel führt automatisch zu einem Kontraktabruf. Dadurch werden Preise und Konditionen des Kontrakts abgerufen. Mit der Bestellung wird auch die Abrufhistorie des Kontrakts aktualisiert.

Geeignete SAP-Ariba-Lösungen

Bei der Nutzung von Contract Compliance muss darauf geachtet werden, welche SAP-Ariba-Lösung für den operativen Einkauf zum Einsatz kommt. SAP Ariba Buying und SAP Ariba Buying and Invoicing können alle Funktionalitäten nutzen. SAP Ariba Catalog deckt im Einkaufsprozess nur die Prozessschritte Katalogsuche sowie Preise und Konditionen ab. Die aufrufende Einkaufslösung ist nur über OCI angebunden. Diese Schnittstelle dient der einfachen Übertragung von Katalogartikeldaten mit einfachen Preisen. Konditionen wie Rabatte oder Staffelpreise können nur bedingt genutzt werden, Mindest- oder Höchstwerte für Bestellungen können ohne zusätzlichen Aufwand im Einführungsprojekt nicht genutzt werden.

Kapitel 5
Einführung und Betrieb

Nachdem Sie gelernt haben, was SAP Ariba kann und wie Sie es im strategischen und operativen Einkauf einsetzen, zeigen wir Ihnen in diesem Kapitel, wie Sie SAP Ariba in Ihrem Unternehmen einführen und was Sie dabei beachten müssen.

In diesem Kapitel beschreiben wir, wie Sie sich auf die Einführung von SAP-Ariba-Lösungen vorbereiten können, wie Einführungsprojekte durchgeführt werden und wo Sie als Kunde für den laufenden Betrieb der Lösung Informationen und Hilfestellungen erhalten.

5.1 Zielbild für den Einkauf erstellen

Die Einführung von SAP-Ariba-Lösungen ist meistens eine von mehreren Maßnahmen, um eine Digitalisierung des Einkaufs zu erreichen. Für viele Kunden hat es sich bewährt, diese Digitalisierung des Einkaufs mit der Erstellung eines *Zielbildes* zu beginnen, das für alle weiteren Aktivitäten als Orientierungspunkt herangezogen werden kann.

Business Assessment Sourcing and Procurement

SAP Services hat unter dem Namen *Business Assessment Sourcing and Procurement* eine Vorgehensweise entwickelt, die Sie bei der Erstellung dieses Zielbildes unterstützt. Im Rahmen eines Projekts vor Beginn der Implementierungsprojekte werden Sie von SAP-Experten für Einkaufsprozesse und -lösungen bei der Festlegung dieses Zielbildes unterstützt. Basierend auf Ihren Anforderungen wird eine *Roadmap* erstellt, um dieses Zielbild zu erreichen. Abbildung 5.1 zeigt ein beispielhaftes Zielbild für eine SAP-Ariba-Einführung.

Phase I: Kalibrierung

In der ersten Phase, *Kalibrierung*, werden die Projektziele und -inhalte definiert. Außerdem wird ein Projektplan erstellt und das Projektteam zusammengestellt.

Phase II: Ist-Analyse

In der zweiten Phase, *Ist-Analyse*, analysiert das Projektteam die bestehenden Prozesse, die Einkaufsorganisation, Stammdaten und die Softwarelösungen, die Einkaufsprozesse unterstützen, sowie die dahinterliegende Systemlandschaft. Die Analyseergebnisse werden dokumentiert und mit allen Projektmitgliedern abgestimmt. Es ist wichtig, dass alle Beteiligten das gleiche Verständnis für die Ist-Situation haben.

Abbildung 5.1 Business Assessment Sourcing and Procurement in vier Phasen

Phase III: Evaluierung

Basierend auf der Ist-Analyse erarbeitet das Projektteam in der dritten Phase, *Evaluierung*, die Inhalte der Abschlusspräsentation. Ergebnisse sind beispielsweise:

- Best-Practice-Prozesse
- Verbesserungsvorschläge für bestehende Prozesse, Organisation, Stammdaten und IT
- eine Zielarchitektur für den Einkauf für die nächsten 3 bis 5 Jahre
- Roadmap mit einzelnen Maßnahmen und Projekten, um die Zielarchitektur zu erreichen. Diese Roadmap kann durch grobe Projektpläne und Aufwandschätzungen für interne und externe Ressourcen ergänzt werden.
- Unterstützung bei der Erstellung eines Business Case für die Digitalisierung des Einkaufs

Die Ergebnisse werden in Iterationen erstellt, mit allen Mitgliedern des Projektteams abgestimmt und verfeinert. Dadurch ist das Endergebnis mit allen Beteiligten abgestimmt und wird von diesen unterstützt.

Phase IV: Übergabe

Die vierte und letzte Phase, *Übergabe*, dient dazu, die Ergebnisse dem Steering Committee oder dem Sponsor zu präsentieren. Da die Projektergebnisse vom gesamten Projektteam mitgetragen werden, kann diese Präsentation von den Projektmitgliedern auf Kundenseite vorgetragen werden, die SAP-Experten treten in den Hintergrund.

Üblicherweise folgen auf solche Business Assessments Implementierungsprojekte oder -programme, um das festgelegte Zielbild zu erreichen und die Digitalisierung des Einkaufs voranzutreiben.

5.2 Projektvorgehen und Methoden bei der Implementierung

Projektvorgehensweise

Von Public-Cloud-Lösungen wird erwartet, dass die Einführung schnell und kostengünstig erfolgt. SAP-Ariba-Lösungen können nur in gewissem Umfang an Kundenanforderungen angepasst werden. Man muss sich an Standardfunktionalitäten und die vorhandenen Konfigurationsmöglichkeiten halten. Mehr dazu lesen Sie in Kapitel 6, »Technologie«. Diese Einschränkungen sind ein Faktor, der eine schnelle Implementierung begünstigt. Ein weiterer, besonders wichtiger Faktor, der eine schnelle Implementierung begünstigen kann, ist die Projektvorgehensweise.

In diesem Kapitel werden Projektvorgehensweise und Methodologie von SAP Services beschrieben. Es gibt auf dem Markt Partnerunternehmen von SAP, die ebenfalls SAP-Ariba-Lösungen implementieren. Diese Partnerunternehmen wenden eigene Projektvorgehensweisen und Methodologien an, die mehr oder weniger stark von der hier beschriebenen Vorgehensweise abweichen.

5.2.1 Wasserfallmodell und agiles Projektmanagement

Wasserfallmodell

Eine in der Vergangenheit sehr beliebte Vorgehensweise bei der Einführung von Softwarelösungen ist das *Wasserfallmodell*. Charakteristisch für dieses Modell ist eine strenge Abfolge von Projektphasen mit vordefinierten Start- und Endpunkten. Eine Projektphase kann nur beginnen, wenn die vorherige Phase abgeschlossen wurde. In Abbildung 5.2 sehen Sie typische Phasen in einem Wasserfallmodell.

Vorteile des Wasserfallmodells sind:

- klare Abgrenzung der Projektphasen
- einfache Kontrolle des Projektfortschrittes
- Das Endergebnis steht, zumindest theoretisch, relativ früh fest.

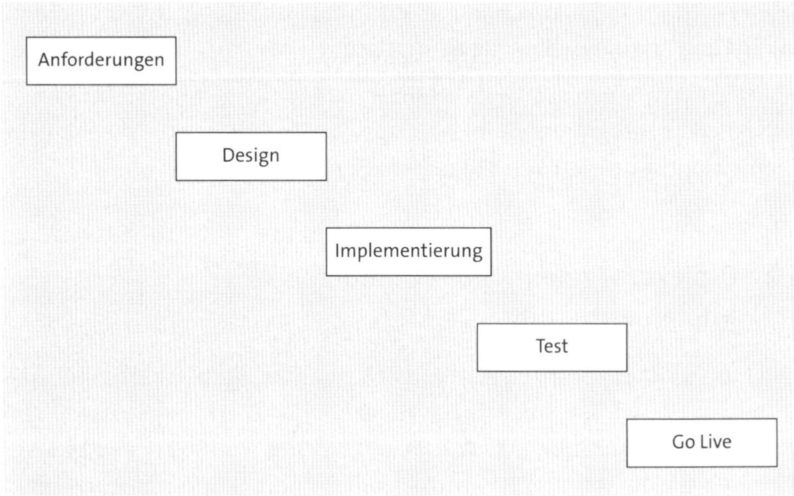

Abbildung 5.2 Wasserfallmodell

Das Modell bringt jedoch auch einige gravierende Nachteile mit sich:

- Die Anforderungen werden sehr früh festgeschrieben.
- Projekte ohne Änderungen abzuwickeln ist meistens unrealistisch, es kommt durch unvermeidbare Änderungen meist zu Wiederholungen von Phasen.
- Das Design wird »auf dem Papier« erstellt, ohne Auswirkungen von Entscheidungen abschätzen zu können. Die Lösung wird erst nach Fertigstellung des Designs eingerichtet.
- Projektdurchlaufzeiten sind lang, ein nutzbares Ergebnis entsteht erst am Ende des Projekts.

Agiles Projektmanagement

Aus diesem Grund werden immer mehr Implementierungsprojekte unter Nutzung von agilen Prinzipien abgewickelt. Der streng sequenzielle Ablauf von Projektphasen wird dabei aufgebrochen. Insbesondere die Phasen Design und Implementierung werden bewusst vermischt. Die vom Projektteam getroffenen Entscheidungen sollen unmittelbar in der Lösung umgesetzt werden. Dadurch werden die Auswirkungen von Entscheidungen auf die Gesamtlösung sichtbar. Bei Bedarf können Korrekturen zeitnah erfolgen.

Bei der Nutzung von agilen Prinzipien liegt der Fokus auf einer funktionierenden Lösung. Die komplette Abarbeitung einer vorgegebenen Liste von Anforderungen tritt in den Hintergrund. Auf diese Weise können die Durchlaufzeiten und Kosten von Implementierungsprojekten gesenkt werden.

Die Beschleunigung von Projekten und die Senkung von Durchlaufzeiten passt zu den Erwartungen vieler Unternehmen, den Return on Investment (ROI) für Softwareinvestitionen schnell zu erreichen.

5.2.2 Die SAP-Activate-Methode

SAP hat ein Set von Methoden für die Einführung von Softwarelösungen entwickelt, die unter dem Begriff *SAP Activate* zusammengefasst sind. SAP Activate ist der Nachfolger von *ASAP* (Accelerated SAP), einer Methode, die ausschließlich einem Wasserfallmodell folgte.

Phasen in SAP Activate

SAP Activate unterstützt Einführungsprojekte für On-Premise- und Cloud-Lösungen und kombiniert verschiedene Elemente aus dem Wasserfallmodell mit agilen Prinzipien. SAP Activate besteht aus den folgenden sechs Projektphasen:

- *Discover*
  Die Phase Discover geht dem eigentlichen Implementierungsprojekt voraus. Der Kunde macht sich mit den Vorteilen der Lösung vertraut und entwirft eine Strategie für das folgende Implementierungsprojekt. Die Systembereitstellung wird in die Wege geleitet.
- *Prepare*
  In der Phase Prepare starten Sie das Einführungsprojekt. Sie legen Projektziele und -inhalte fest, schließen die Projektplanung ab und stellen das Projektteam zusammen. Der Zugang zum System wird hergestellt und ein Kick-off abgehalten.
- *Explore*
  Hauptinhalt der Phase Explore ist die Durchführung einer Fit-Gap-Analyse. Begleitet durch Experten von SAP Services betrachten Sie die Best-Practice-Funktionalität der Lösung. Zum einen soll sichergestellt werden, dass die Lösung die Projektinhalte abbilden und die Anforderungen abdecken kann. Zum anderen werden in dieser Phase Gaps bzw. zusätzliche Anforderungen identifiziert.
- *Realize*
  Die Phase Realize ist normalerweise die längste Phase des Projekts. Das Projektteam erstellt die gesamte Lösung in einer Entwicklungs- oder Testumgebung, wobei in mehreren Iterationen Konfiguration, Test, Validierung und Dokumentation aufeinanderfolgen. Am Ende der Phase werden Produktivsystem und Datenmigration vorbereitet sowie das Projektteam und die Anwender geschult.

- *Deploy*
  In der Deploy-Phase wird die Lösung in die Produktivumgebung überführt, die Anwender beginnen mit der Nutzung im Echtbetrieb. Das Projektteam leistet wenige Wochen intensive Nachbetreuung für die Lösung, bevor es das System an das Betriebsteam übergibt.
- *Run*
  Die Phase Run gehört nicht mehr zum Implementierungsprojekt im engeren Sinne. Die eingeführte Lösung läuft im dauerhaften Regelbetrieb und wird vom Betriebsteam gewartet und optimiert.

5.2.3 SAP-Ariba-Einführungsprojekte

Setup Fee

Wenn Sie sich für SAP-Ariba-Lösungen entscheiden, schließen Sie einen Vertrag mit SAP ab, der neben der laufenden Softwaremiete auch die *Setup Fee* beinhaltet. Diese einmalig zu entrichtende Gebühr beinhaltet die folgenden wesentlichen Aktivitäten:

- Konfiguration der SAP-Ariba-Lösung
- Unterstützung bei der Fehlerbeseitigung
- Überführung der Lösung in den laufenden Betrieb
- Nachbetreuung nach dem Go Live

Diese Aktivitäten werden von SAP-Mitarbeitern geleistet, die in Shared-Services-Teams zusammengefasst sind, und werden normalerweise remote ausgeführt. SAP verfügt über Shared-Services-Teams in allen Regionen der Welt, in Europa sind die Shared-Services-Teams für SAP Ariba in Prag zu finden. Alle Mitarbeiter in den Shared-Services-Teams sprechen neben Englisch noch weitere Sprachen, sodass Kundenprojekte in mehreren Sprachen unterstützt werden können.

Leistungen

SAP Services bieten ergänzend zu den Leistungen der Shared-Services-Teams Beratung und Trainings an. Das SAP-Services-Team arbeitet zumindest teilweise vor Ort und erbringt im Wesentlichen die folgenden Leistungen:

- Projektleitung
- Übernahme der Rolle des *Trusted Advisor* während des gesamten Implementierungsprojekts
- Training des Projektteams und der Endanwender
- Unterstützung beim Design und Testen der Lösung

Abbildung 5.3 zeigt die Projektorganisation von SAP Services.

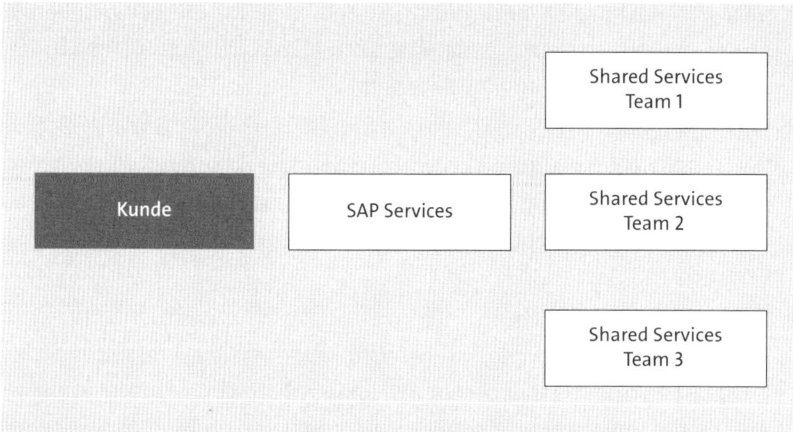

Abbildung 5.3 SAP-Services-Projektorganisation (schematisch)

Rollen im Projekt

Die Zusammenstellung des Projektteams ist je nach eingeführter Lösung unterschiedlich. Die folgenden Rollen kommen in den meisten SAP-Ariba-Implementierungsprojekten vor. Gerade in kleineren Projekten kommt es oft vor, dass einzelne Personen mehr als eine Rolle im Projekt innehaben. So übernehmen Projektleiter oft auch das Change-Management.

Kundenrollen

Typische Kundenrollen sind die folgenden:

- **Sponsoren**
  Die Sponsoren sind Vertreter des höheren Managements und bilden zusammen den Lenkungsausschuss für das Projekt. Sie erteilen den Projektauftrag und geben strategische Ziele vor. Während des Projekts werden die Sponsoren regelmäßig über den Fortschritt informiert. Der Lenkungsausschuss trifft einzelne, besonders wichtige Entscheidungen für das Projekt.
- **Projektleiter**
  Der Projektleiter koordiniert die unternehmensinternen und externen Personen im Projekt und ist für die Einhaltung des Projektauftrags, der strategischen Ziele sowie des Budgets und der Durchlaufzeit verantwortlich.
- **Change-Manager**
  Die Einführung von Softwarelösungen stellt für Organisationen immer eine Veränderung dar. Der Change-Manager ist dafür verantwortlich, diesen Veränderungsprozess zu unterstützen. Dabei identifiziert der Change-Manager alle von dieser Veränderung betroffenen Personengruppen und versorgt diese rechtzeitig mit den passenden Informatio-

nen. Dadurch haben diese Personen Zeit, sich auf die bevorstehende Änderung einzustellen, offene Fragen zu klären und unter Umständen auch an der Veränderung mitzuwirken.

- **Testmanager**
  Der Testmanager plant und koordiniert alle Testaktivitäten. Ein Zeitplan wird erstellt, Testfälle erarbeitet, die Testaktivitäten durchgeführt, Ergebnisse dokumentiert und Folgeaktivitäten wie Fehlerbehebungen vereinbart.
- **Lösungsverantwortlicher**
  Der Inhaber dieser Rolle ist federführend bei der Erarbeitung des Designs und der Testfälle sowie bei allen inhaltlichen Entscheidungen und dem Thema Stammdaten. Dieser Person obliegt es auch, die beteiligten Fachabteilungen, z. B. Einkauf oder Finanzen, zu koordinieren und Informationen von diesen einzuholen.
- **Prozessexperten/Key User**
  Die Prozessexperten kommen aus allen beteiligten Fachabteilungen und unterstützen den Lösungsverantwortlichen beim Design und der Erstellung der Testfälle. Einige der Prozessexperten entwickeln ein besonders gutes Verständnis für die neue Lösung und werden zu Key Usern, die während des laufenden Betriebs die Anwender betreuen und die Lösung weiterentwickeln.
- **Technische Experten**
  Als Vertreter der IT-Abteilung übernehmen die technischen Experten im Projekt Aufgaben wie die Anbindung weiterer Lösungen über Schnittstellen zum Austausch von Benutzer-, Stamm- und Geschäftsdaten sowie die Entwicklung eines Sicherheitskonzepts mit allen dafür notwendigen Maßnahmen.
- **Systemadministrator**
  Der Systemadministrator ist für die Benutzeranlage und Rollenzuordnung verantwortlich. Im laufenden Betrieb unterstützt er die Key User auch bei Anpassungen in der Lösung, z. B. Änderung von Genehmigungs-Workflows, Erstellung neuer Berichte.
- **Supplier Enablement Lead**
  Diese Rolle ist für Einführungsprojekte im operativen Einkauf von entscheidender Bedeutung und bleibt auch nach Beendigung des Einführungsprojekts aktiv. Aufgabe des Supplier Enablement Lead ist es, gemeinsam mit SAP geeignete Lieferanten für das Onboarding zu identifizieren. Dabei ist es unerlässlich, in ständiger Abstimmung mit den für wichtige Lieferanten verantwortlichen Einkäufern, z. B. Lead Buyern, zu bleiben. Nur wenn diese den Wert des Lieferanten-Onboardings verste-

hen und dieses unterstützen, können viele Lieferanten mit dem Onboarding erreicht werden, und die geplanten Ziele des Einkaufs werden realisiert.

SAP übernimmt üblicherweise die folgenden Rollen im Projekt:

SAP-Rollen

- **Customer Engagement Executive**
  Ein Customer Engagement Executive übernimmt die Rolle des Sponsors auf SAP-Seite und begleitet den Kunden auch nach Abschluss des Implementierungsprojekts während der gesamten Vertragsdauer. Der Customer Engagement Executive ist verantwortlich für die Zufriedenheit des Kunden, die erfolgreiche Durchführung des Lieferanten-Onboardings (siehe Abschnitt 5.3) und dient auch als Anlaufpunkt für Eskalationen während der gesamten Vertragsdauer.
- **Projektleiter**
  Der SAP-Projektleiter ist gemeinsam mit dem Kundenprojektleiter für die Einhaltung des Projektauftrags, der strategischen Ziele sowie des Budgets und der Durchlaufzeit verantwortlich. Dabei koordiniert der SAP-Projektleiter insbesondere die SAP-Teammitglieder.
- **Funktionaler Berater**
  Der funktionale Berater ist Experte für die zu implementierende Lösung, zeigt Best Practices auf und unterstützt die Lösungsverantwortlichen und Prozessexperten bei der Wahl des richtigen Designs und bei der Erstellung von Testfällen.
- **Technischer Berater**
  Der technische Berater ist Experte für alle technischen Aspekte der Lösung und unterstützt das Projektteam bei der Erstellung eines Sicherheitskonzepts und bei der Anbindung anderer IT-Lösungen, um Benutzerdaten, Stammdaten und Belegdaten mit der SAP-Ariba-Lösung auszutauschen.
- **Workstream Lead**
  Der Workstream Lead ist einem Shared-Services-Team zugeordnet und verantwortlich für die Konfiguration der Lösung, die Fehlerbehebung und die Übergabe der Lösung in den Regelbetrieb. Bei Bedarf koordiniert der Workstream Lead weitere Personen aus den Shared-Services-Teams.
- **Supplier Enablement Lead**
  Der Supplier Enablement Lead ist einem Shared-Services-Team zugeordnet und erarbeitet gemeinsam mit seinem Pendant auf Kundenseite eine Strategie für die Lieferantenkommunikation und einen Plan für das Onboarding der Lieferanten. Bei der Umsetzung des Lieferanten-On-

boardings koordiniert der Supplier Enablement weitere Personen aus den Shared-Services-Teams, die z. B. das Training von Lieferanten übernehmen.

5.2.4 Projektdauer

Durchlaufzeit

Die Durchlaufzeit von SAP-Ariba-Einführungsprojekten ist abhängig von den eingeführten Lösungen und dem organisatorischen und geografischen Umfang.

Um nach einer Softwareinvestition schnell Resultate vorweisen zu können, entscheiden sich viele Kunden dafür, eine Pilotimplementierung durchzuführen. Das bedeutet, dass die ausgewählten Lösungen für einen beschränkten organisatorischen und geografischen Umfang (z. B. ein Land, eine Niederlassung) eingerichtet und in den Regelbetrieb überführt werden. In dieser Pilotimplementierung werden alle wichtigen Funktionalitäten eingerichtet. Die Lösung wird an das Projektteam des Kunden übergeben, das selbstständig Roll-outs der Lösung in weitere Niederlassungen und Länder durchführen kann.

Ein solches Pilotprojekt zur Einführung von einem oder zwei SAP-Ariba-Komponenten dauert zwischen 4 und 7 Monaten. Selbst Kunden, die alle SAP-Ariba-Lösungen kaufen, entscheiden sich in der Regel für eine Implementierung in zwei oder drei kleineren Projekten. Auf diese Weise kann bereits nach wenigen Monaten ein Resultat vorgewiesen werden, statt erst nach 1 bis 2 Jahren.

Reihenfolge

Wenn Sie mehrere SAP-Ariba-Lösungen einführen wollen, liegt es nahe, die Lösungen zur Unterstützung der operativen und strategischen Einkaufsprozesse nacheinander einzuführen. Abhängig von Ihren Prioritäten ist es sowohl möglich, mit dem operativen als auch mit den strategischen Einkaufsprozessen zu beginnen.

5.3 Onboarding eines Lieferanten

Um mit einem Lieferanten über Ariba Network zusammenzuarbeiten, bedarf es eines *Onboardings* – also der Aktivierung des Lieferanten. Die Aktivierung der Lieferanten erfolgt nach einem standardisierten Verfahren, das wir in den folgenden Abschnitten erläutern werden.

Lieferanten identifizieren

Im ersten Schritt wird die Lieferantenbasis segmentiert, um alle Lieferanten zu identifizieren, für die sich eine Aktivierung auf dem Netzwerk lohnt. Diese Lieferanten werden mit Informationen zu ihrer Adresse, den Umsätzen, den Kontaktdaten und der Anzahl an Bestellungen und Rechnungen angereichert. Die erstellte Lieferantenliste wird an das Team von SAP übergeben.

Nutzer von Ariba Network identifizieren

Nun erfolgt ein Abgleich, welche der Lieferanten bereits Ariba Network nutzen, um solche Partner zu identifizieren, die bereits mit der Lösung vertraut sind. Außerdem erfolgt ein Blick auf die Belegzahlen, Umsätze sowie auf den Sitz des Unternehmens. Aus allen Informationen wird ein Vorschlag für einen Vorgehensplan für die Aktivierung erarbeitet. Dieser teilt die Lieferanten auf der Zeitachse in Gruppen ein, die dann sukzessive für den elektronischen Belegaustausch angesprochen werden.

Sind die Gruppen definiert, wird dann das Onboarding mit der ersten Lieferantengruppe gestartet.

5.3.1 Ablauf des Onboardings

Informationsschreiben

Als Erstes erhalten die Lieferanten ein Informationsschreiben zum Projekt der Einführung des elektronischen Belegaustausches. Dieses wird individuell, basierend auf den Vorgaben des einkaufenden Unternehmens, gestaltet. Es kann unter anderem folgende Inhalte umfassen:

- Hintergrund für die Durchführung des Projekts
- Aussage zur Wichtigkeit der Teilnahme der Lieferanten
- Ansprechpartner für Rückfragen
- Verweis auf die Informationsveranstaltungen zum Thema
- Erläuterung wichtiger Funktionen des Ariba-Netzwerkes
- Darstellung der Vorteile der Nutzung für den Lieferanten

Im Schreiben an die Lieferanten wird Bezug auf Informationsveranstaltungen genommen. Diese Meetings geben den Lieferanten die Möglichkeit, sich über Ariba Network zu informieren, und werden in Kooperation zwischen dem beschaffenden Unternehmen und SAP Ariba durchgeführt. Die Veranstaltungen werden entweder im Rahmen eines Events oder als webbasierte Präsentation durchgeführt. Ihr Unternehmen hat hier ebenfalls noch einmal die Chance, den Hintergrund für die Einführung des elektronischen Belegaustausches zu erläutern und die Lieferanten zur Teilnahme aufzufordern.

Einladung

Nach der Durchführung dieser Konferenzen wird die finale Lieferantenliste festgelegt, die dann in das Einkäuferkonto geladen wird. Die Lieferanten erhalten aus diesem Konto eine E-Mail-basierte Einladung zur Zusammenarbeit mit Ihrem Unternehmen.

Verbindung Nimmt der Lieferant diese Einladung an, wird die Verbindung zwischen den Geschäftspartnern hergestellt. Einer Aktivierung des Belegaustausches steht dann nichts mehr im Weg.

Falls die Lieferanten im Prozess der Anmeldung Fragen haben, können sie sich an das Supportteam von SAP wenden. Im Lieferantenkonto stehen zudem zahlreiche Trainingsunterlagen, Trainingsvideos und weitere Informationen zur Verfügung. Der Lieferant kann sich auch mobil am Ariba-Netzwerk anmelden. Das Schaubild in Abbildung 5.4 fasst die einzelnen Schritte nochmals zusammen.

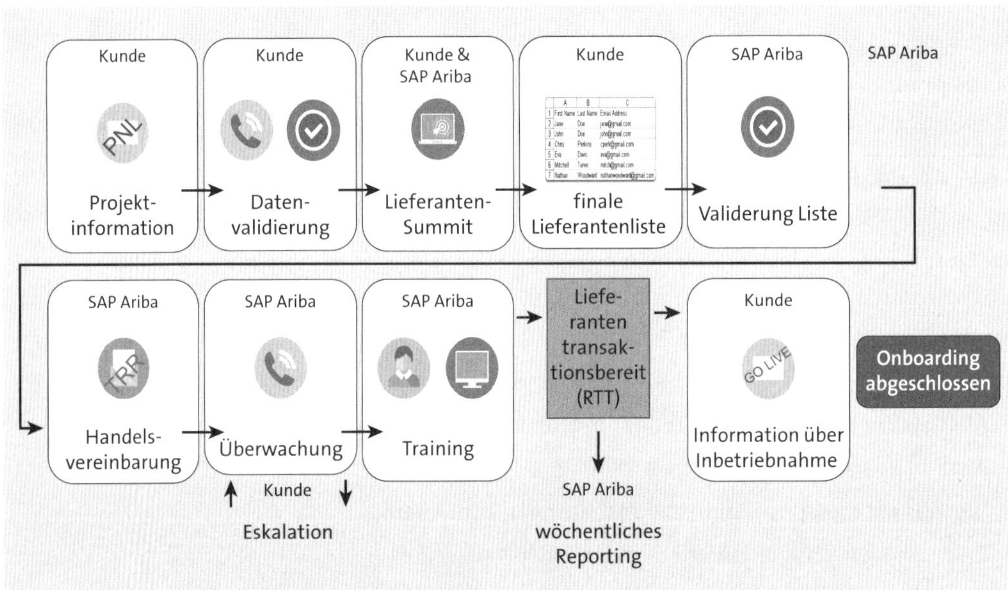

Abbildung 5.4 Ablauf eines Onboardings

Kurz vor der Inbetriebnahme des elektronischen Belegaustausches werden die Lieferanten nochmals über das genaue Datum der Aktivierung informiert.

5.3.2 Umgang mit integrierten Lieferanten

Lieferanten, die sich mit ihrem ERP-System in das Ariba Network integriert haben, werden gesondert betreut und abgewickelt. Für diese Lieferanten wird eine eigene Dokumentation mit Informationen zu den Validierungsregeln Ihres Unternehmens, zu Besonderheiten und zum Aufbau der cXML-Strukturen erstellt. Somit wird den Geschäftspartnern ein komprimierter Überblick über die Belege und deren Aufbau ermöglicht.

Koordination

Der verantwortliche Kontenmanager des Lieferanten übernimmt die Weitergabe der Dokumentation sowie die Koordination der notwendigen Prozessschritte. Er hilft den Lieferanten, entweder die Integration erstmals aufzubauen oder, falls bereits eine besteht, notwendige Anpassungen und Tests durchzuführen.

Aktivierung

Für die Aktivierung eines integrierten Lieferanten ist es notwendig, dass alle Belege, die für die jeweilige Geschäftsbeziehung ausgetauscht werden sollen, getestet werden. Es werden Testbelege für Bestellungen, Bestelländerungen, Auftragsbestätigungen etc. erstellt, um einen reibungslosen Ablauf im reellen Betrieb sicherzustellen. Eine enge Zusammenarbeit zwischen den Parteien ist in dieser Phase ein entscheidender Erfolgs- und Zeitfaktor für die Inbetriebnahme der Integration. Wenn alle Tests abgeschlossen wurden, dann kann der elektronische Belegaustausch aktiviert werden. Abbildung 5.5 fasst die Schritte dieses Prozesses zusammen.

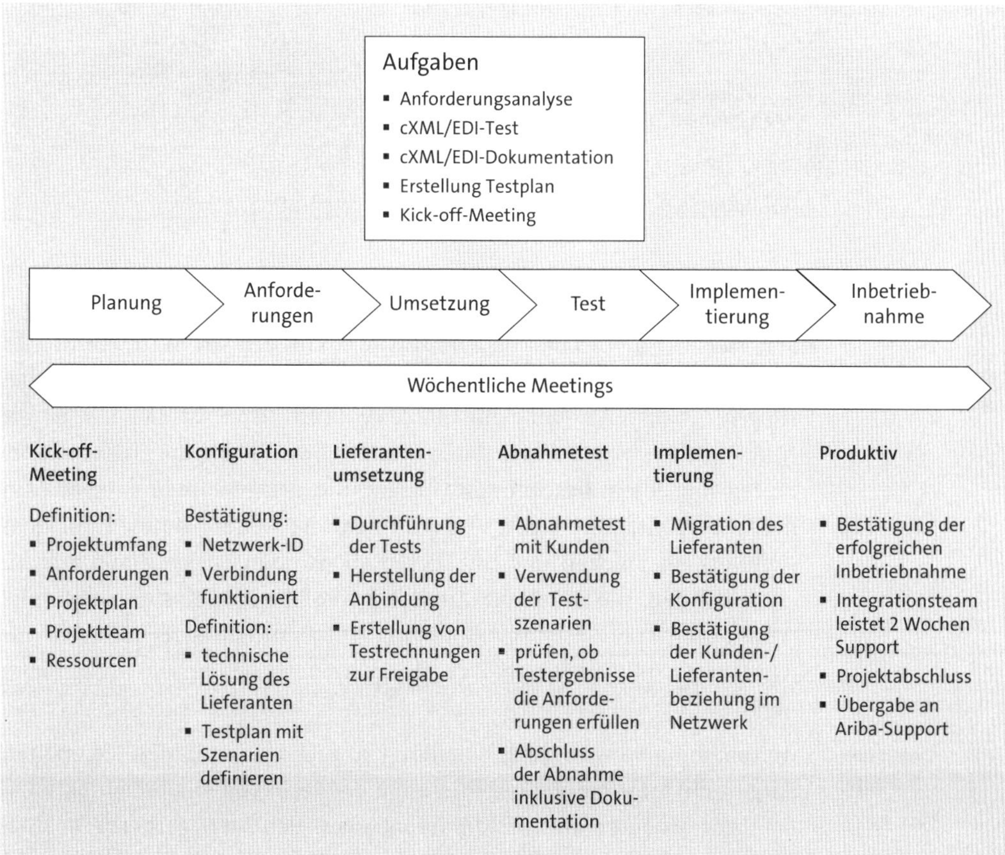

Abbildung 5.5 Vorgehensweise der Lieferantenintegration

Die durchschnittliche Durchlaufzeit einer vollständigen Anbindung des Lieferanten liegt bei sechs Wochen. Für das Projekt sind diverse Ressourcen aufseiten von SAP, des Lieferanten und des einkaufenden Unternehmens notwendig. Abbildung 5.6 spiegelt diese übergreifende Projektorganisation wider.

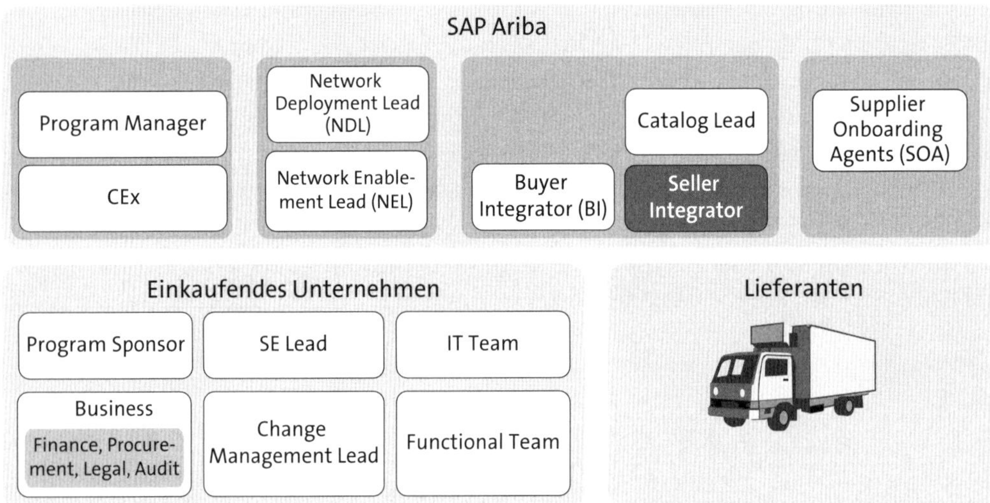

Abbildung 5.6 Organisation der Lieferantenintegration

5.3.3 Aktvierung als Light Account oder vollständiges Konto

Seit Mai 2017 gibt es den neuen Light Account, den wir in Abschnitt 2.3.5 beschrieben haben. Sicher werden Sie sich die Frage stellen, welche Aktivierung für welche Art von Lieferanten am sinnvollsten ist. Generell ist die Nutzung des vollständigen Netzwerkkontos vor allem für größere Lieferanten mit einem bestimmten Umsatz und Belegvolumen sinnvoll. Am meisten profitieren solche Unternehmen, die weitere Kunden auf dem Netzwerk ansprechen und mit diesen ebenso den Belegaustausch abwickeln können. Die durch die Anbindung anfallenden Kosten wie Implementierung, Transaktionsgebühren und Mitgliedsbeitrag rechnen sich nur dann, wenn im Umkehrschluss Effizienzsteigerungen erzielt werden können.

Lieferanten einstufen

In Abbildung 5.7 wird die Empfehlung zum Umgang mit den Lieferanten dargestellt. A-Lieferanten profitieren in der Regel von einem bidirektionalen Belegaustausch und sind für diesen eher leicht zu begeistern. Die Vielzahl Ihrer C-Lieferanten sollten Sie versuchen, über den Light Account abzuwickeln.

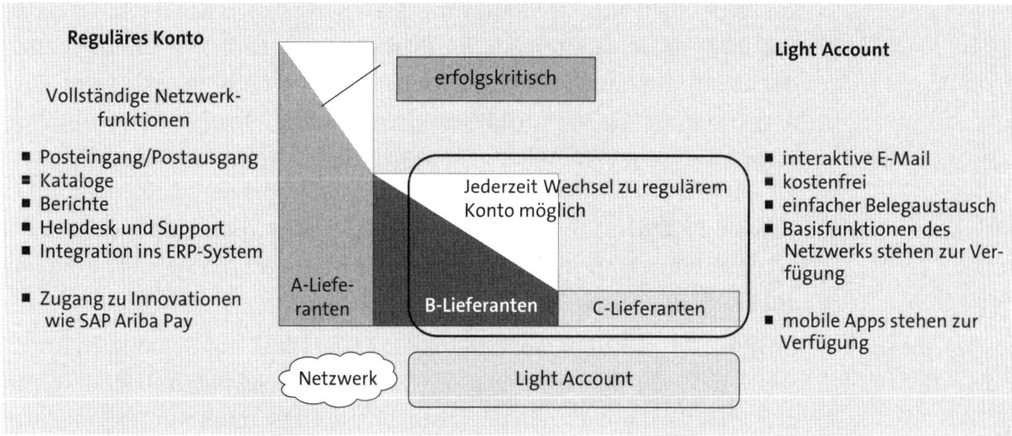

Abbildung 5.7 Nutzung des richtigen Netzwerkkontos

5.3.4 Erfolgsfaktoren für das Lieferanten-Onboarding

Es gibt einige Faktoren, die einen Einfluss darauf haben, wie viele Lieferanten der Aktivierung und somit dem elektronischen Belegaustausch zustimmen. In diesem Abschnitt werden einige dieser Parameter erläutert und mögliche Strategien für den Umgang mit diesen dargestellt.

Lieferanten überzeugen

Die Botschaft, die Sie an die Lieferanten senden, ist von erheblicher Bedeutung. Es gibt einen proportionalen Zusammenhang zwischen der Verpflichtung zur Teilnahme am Belegaustausch und der Erfolgsquote. Das bedeutet: Je deutlicher Sie die Pflicht zur Teilnahme aussprechen, desto mehr Lieferanten werden teilnehmen. Eine klare Empfehlung ist daher, die Lieferanten sehr deutlich zur Abwicklung des Belegaustausches über das Ariba Network aufzufordern und die Konsequenzen im Falle einer fehlenden Kooperation aufzuzeigen.

Die Auswahl der Lieferanten für den Belegaustausch ist von großer Bedeutung. Unternehmen müssen eine bestimmte Größe haben, um die vollständige Aktivierung auf dem Netzwerk sinnvoll nutzen zu können. Auch der Sitz des Lieferanten spielt eine Rolle. Aufgrund der historischen Basis von SAP Ariba in den USA gibt es dort schon eine Vielzahl von Unternehmen, die mit der Nutzung der Lösung vertraut sind. Auch in Europa wird die Zahl der Mitglieder immer größer. Aber schon hier gibt es deutliche Unterschiede im Ost-West-Gefälle. Werden Unternehmen aus Osteuropa oftmals eine Teilnahme aus Kostengründen ablehnen, sind solcherlei Vorbehalte z. B. in der DACH-Region weniger vorhanden. Einige staatliche Anwender, wie z. B. Behörden in Großbritannien, nutzen ebenfalls das Ariba Network und stärken somit das Vertrauen in das System. Wie bei anderen elektronischen

Lösungen stellt sich die Einführung des Netzwerkes in Asien schwierig dar. Dies liegt unter anderem an der mangelnden rechtlichen Unterstützung des elektronischen Rechnungsprozesses. In den meisten asiatischen Ländern ist der Austausch von elektronischen Rechnungen nicht erlaubt. Teilweise ist sogar der komplette datenbasierte Dokumentenaustausch untersagt. Oft kann auch die fehlende technische Kompetenz zu einem Problem werden. Trotzdem lohnt sich der Versuch, die Netzwerkkomponenten auch bei asiatischen Unternehmen einzuführen. Bitte achten Sie hier besonders auf die regulatorischen Einschränkungen.

Typische Fragen

Obwohl SAP Ariba das Onboarding der Lieferanten mit Ressourcen unterstützt, ist es absolut notwendig, dass Sie Ihrem Projektteam ebenfalls genügend Zeit für diese Aktivität einräumen. Die Lieferanten werden Fragen an Sie und Ihr Team stellen. Folgend finden Sie eine Liste von oftmals gestellten Fragen:

- Ist eine Teilnahme verpflichtend? Was passiert, wenn ich nicht mitmache?
- Wie hoch sind die Kosten, und können diese auf unsere Preise umgelegt werden?
- Wann muss die Umstellung erfolgen?
- Welche Vorteile bietet das Netzwerk für mich?
- Welche Anbindungsformen gibt es für mich als Lieferant?
- Kann ich auch mitmachen, wenn ich kein SAP-System habe?
- Muss ich mein ERP-System voll integrieren?

Best Practices

Bereiten Sie das Team, das sich um die Umsetzung des Themas Belegaustausch kümmert, gut vor. Unterstützen Sie es mit vordefinierten Antworten, Präsentationen und Unterlagen. Je mehr Lieferanten Sie für die Lösung begeistern können, desto besser.

Eine weitere Aktivität, die im Rahmen des Onboardings auf Ihr Unternehmen zukommen wird, ist die Durchführung von Eskalationsprozessen. Wenn ein Lieferant nicht auf die Einladung reagiert oder einer Abwicklung des Belegaustausches eine Absage erteilt, müssen Sie darauf Antworten haben.

Für die Durchführung der Integrationstests ist es auch notwendig, dass das Team über die notwendige Zeit sowie Qualifikation verfügt, um diese effizient und effektiv abzuwickeln. Je nach Reifegrad der beteiligten Partner kann dieser Prozess bis zu 8 Wochen Durchlaufzeit beanspruchen.

Da der Belegaustausch in der Regel ein abteilungsübergreifendes Thema ist, sollten Sie bei der Umsetzung alle betroffenen Funktionen in die Kommunikation und die Tests einbeziehen. Nur so können Sie sicherstellen, dass z. B. nach der Umstellung eines Lieferanten auf das Ariba Network keine Belege mehr per E-Mail, Fax oder Post akzeptiert werden. Zudem erreichen Sie eine breitere Basis für die Unterstützung der Initiative.

Noch ein letzter Tipp: Vermutlich bedarf jedes Onboarding eines Lieferanten diverser Aktivitäten in Ihren Systemen, z. B. die Einstellung des Bestätigungssteuerungsschlüssels im SAP-ERP-System oder die Umstellung des Bestellversands auf das Netzwerk. Erstellen Sie eine Liste aller notwendigen Schritte, damit eine reibungslose Aktivierung sichergestellt werden kann.

5.4 Community und Support

SAP Ariba ist eine umfangreiche Lösung mit vielfältigen Funktionen. Damit Sie nicht den Überblick über das Leistungsspektrum verlieren, stellt SAP einen umfangreichen Support zur Verfügung. Fehler und Probleme können Sie zudem über ein Ticketsystem erfassen.

5.4.1 SAP Ariba Connect

SAP Ariba Connect (siehe auch *https://support.ariba.com*) ist die zentrale Plattform zur Suche nach bekannten Problemen, der Erfassung von Fehlern oder auch der Erstellung von Anfragen zur Erweiterung der Lösungen. Abbildung 5.8 zeigt das Dashboard, unter anderem mit den folgenden Elementen:

- Serviceanfragen Ihres Unternehmens
- Checklisten für die Implementierung von neuen Versionen
- Produktinformationen und Dokumentationen zu den Lösungen
- Benachrichtigungen für Wartungsfenster oder gemeldete Störungen

Fehler melden und Status überwachen

Über die Plattform können z. B. Fehler gemeldet werden, die dann vom Supportteam abgearbeitet werden. Ein Monitor ermöglicht es, Meldungen zu überwachen, Feedback zu prüfen oder auch z. B. Dokumentationen für wiederholte Tests zu ergänzen.

Für die Auslieferung neuer Releases gibt es ebenfalls eine umfangreiche Dokumentation (siehe Abbildung 5.9).

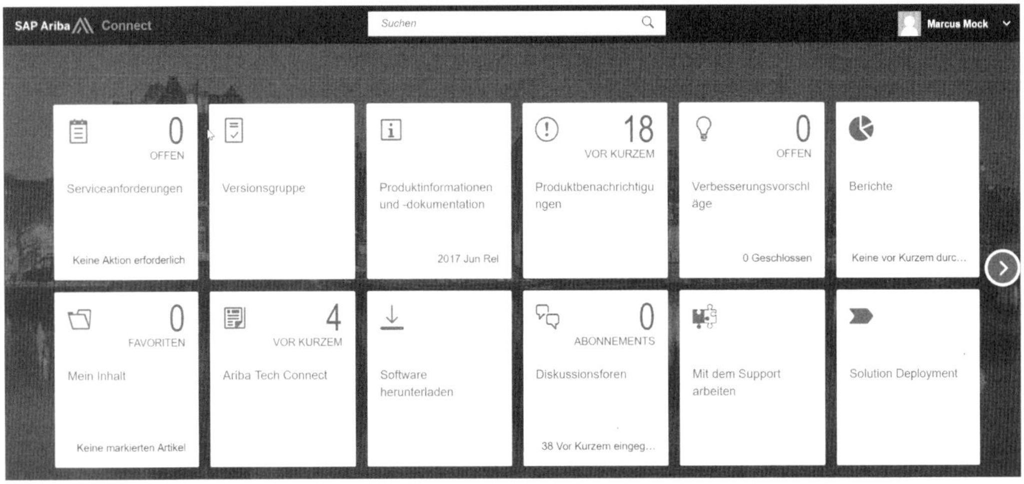

Abbildung 5.8 Das SAP-Ariba-Connect-Dashboard

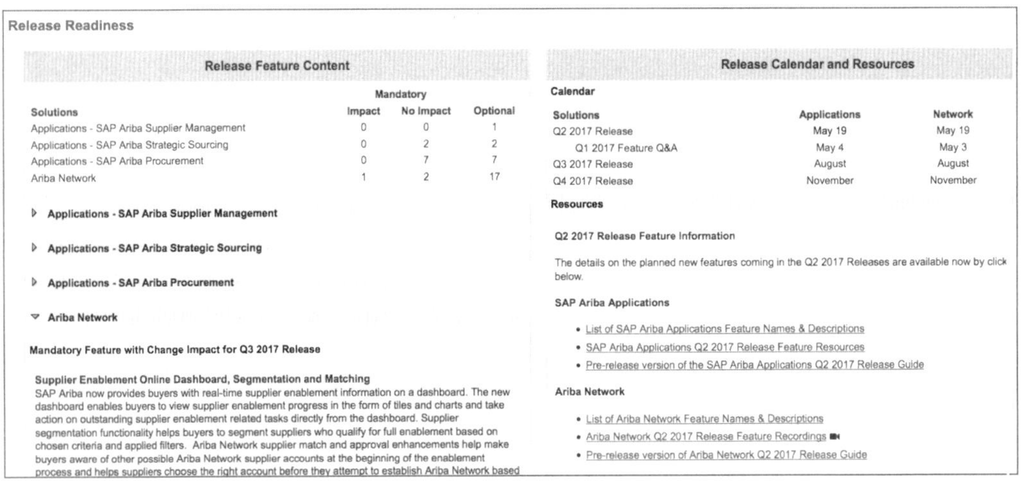

Abbildung 5.9 Releaseinformationen

Releaseinformationen

In den Releaseinformationen gibt es einerseits eine Übersicht der Komponenten, zu denen es Aktualisierungen gab. Zum anderen wird eine Zusammenfassung der Änderungen gegeben. Zu den Erweiterungen gibt es eine Dokumentation in Form von Handbüchern oder auch Videos, in denen die Neuerungen vorgestellt werden.

Im SAP Ariba Connect können Sie auch Ideen für die Weiterentwicklung von SAP Ariba einbringen. Dafür können Sie einen sogenannten Enhancement Request erfassen.

5.4.2 Der Support

Sowohl Kunden als auch Lieferanten mit regulärem Netzwerkkonto können auf den Support sowie auf die umfangreiche Dokumentation von SAP zugreifen. Am Beispiel des Lieferantenkontos seien an dieser Stelle die verschiedenen Möglichkeiten dargestellt.

Hilfe

Im Netzwerkkonto des Lieferanten gibt es einen Hilfebereich, der jederzeit angezeigt werden kann (siehe Abbildung 5.10).

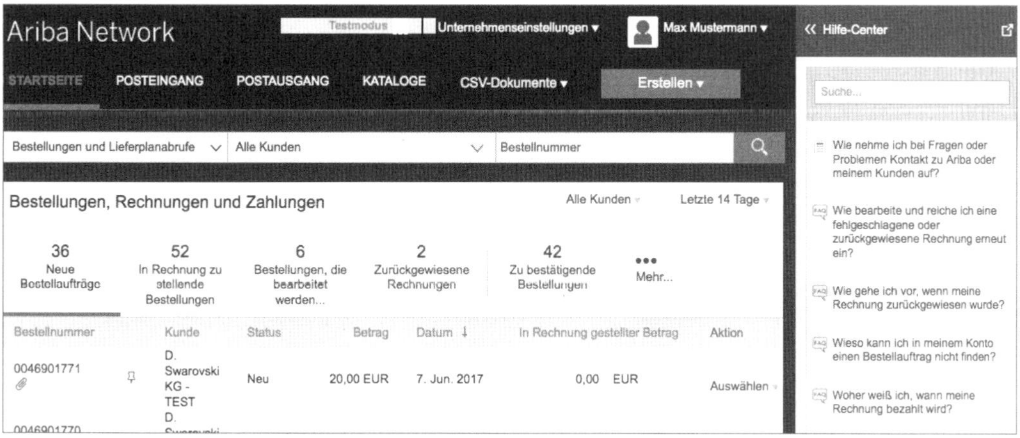

Abbildung 5.10 Hilfebereich im Lieferantenkonto

Im Hilfebereich stehen Produktpräsentationen, Fragen und Antworten oder andere Dokumente zur Verfügung, die Sie dabei unterstützen sollen, schnell Ihre Probleme zu lösen.

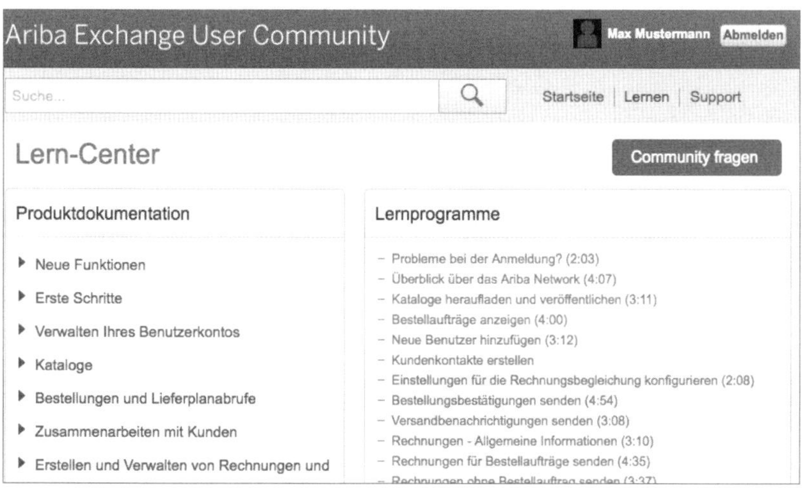

Abbildung 5.11 Dokumentation

Dokumentation

Darüber hinaus kann der Lieferant über sein Konto auf die Dokumentation von SAP zugreifen (siehe Abbildung 5.11).

Lern-Center

Über das **Lern-Center** können Produktdokumentationen aufgerufen oder auch Lernprogramme angesehen werden. Diese Lernprogramme sind in der Regel kurze Videos, die eine bestimmte Funktion der Lösung näher beschreiben (siehe Abbildung 5.12).

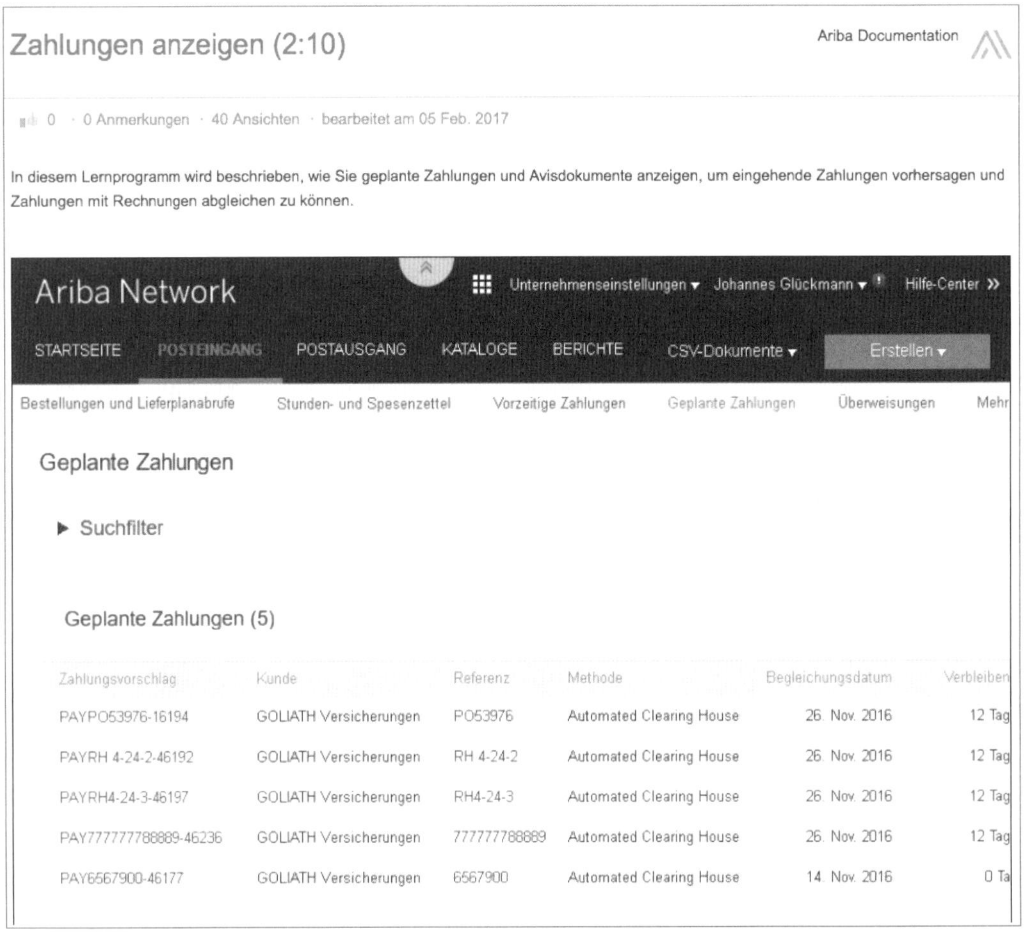

Abbildung 5.12 Lernvideos

Support-Center

Wenn Sie dann noch immer nicht die passende Antwort gefunden haben, können Sie sich an das **Support-Center** wenden (siehe Abbildung 5.13).

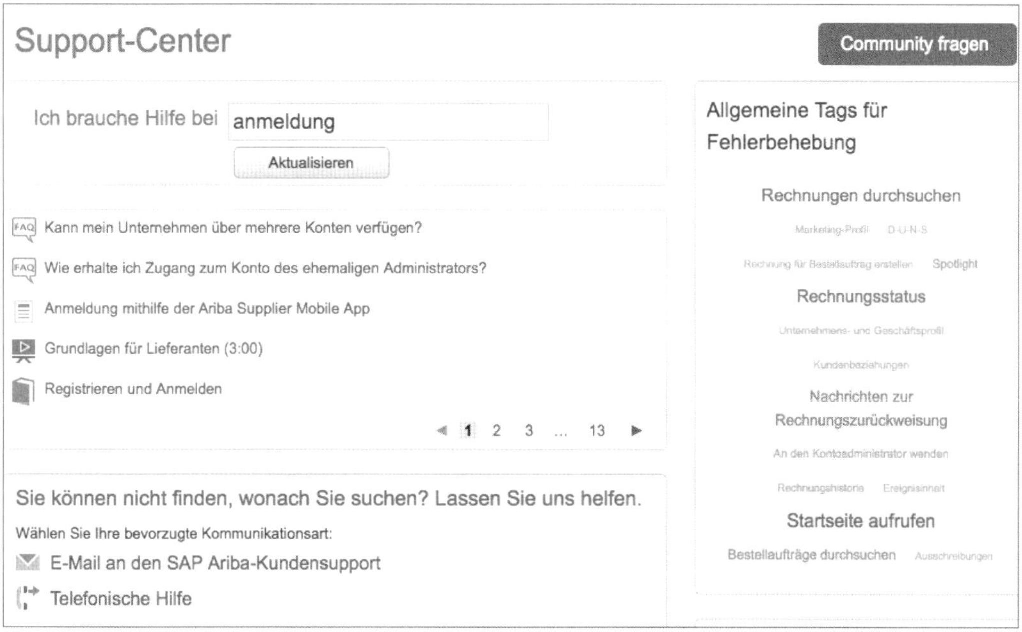

Abbildung 5.13 Support

5.4.3 Die SAP-Ariba-Community

Neben den dargestellten Möglichkeiten gibt es auch eine Community (siehe Abbildung 5.14), in der Fragen gestellt, Lösungen angeboten oder auch Diskussionen geführt werden können. Unter *http://s-prs.de/v457508* ist die Austauschplattform erreichbar.

Abbildung 5.14 SAP-Ariba-Community

5.4.4 Tagungen und Fachgruppen

Für das Thema SAP Ariba gibt es diverse Veranstaltungen, in deren Rahmen Sie sich über Neuigkeiten informieren können. Zwei Möglichkeiten seien an dieser Stelle erwähnt:

- Das SAP-Forum findet jährlich in verschiedenen Ländern statt und bietet eine Plattform, sich über verschiedene SAP-Produkte zu informieren und in Austausch mit Anwendern, Entwicklern und anderen SAP-Verantwortlichen zu treten.
- Die Ariba Live findet ebenfalls jährlich statt und ist eine Messe, die sich ganz dem Thema SAP Ariba widmet. Die Plattform bietet den Blick auf Bestehendes und Kommendes und ist zugleich für Verantwortliche im Einkauf eine gute Möglichkeit, Kontakte zu knüpfen oder zu pflegen.

DSAG-Arbeitsgruppe

Ebenfalls eine interessante Austauschplattform ist die Ariba-Gruppe der DSAG (Deutschsprachige SAP-Anwendergruppe), in der sich primär Anwender der Lösung treffen, um Erfahrungen, Probleme oder Neuigkeiten auszutauschen. Mehr Informationen zur Mitgliedschaft in der DSAG erhalten Sie unter der folgenden Webadresse *https://www.dsag.de/*. Abbildung 5.15 zeigt beispielhaft die Veranstaltungen der Gruppe.

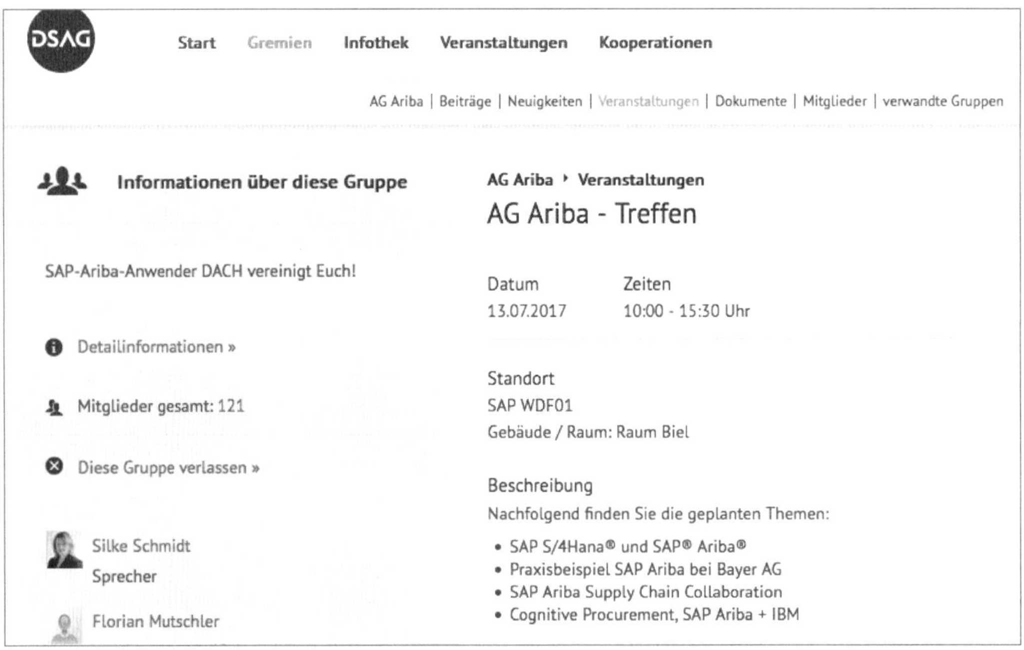

Abbildung 5.15 DSAG-Arbeitsgruppe für SAP Ariba

Kapitel 6
Technologie

SAP Ariba beinhaltet viele technologische Komponenten wie den Workflow Designer sowie mobile Funktionen, die das Arbeiten erleichtern. In diesem Kapitel erhalten Sie einen Überblick über die verschiedenen technischen Möglichkeiten.

In diesem Kapitel widmen wir uns der Darstellung der technologischen Aspekte der SAP-Ariba-Lösungen. Neben der Erläuterung, wie Genehmigungsprozesse mit Workflows abgebildet werden, stellen wir auch Formulare für die Nutzung im operativen und strategischen Einkauf vor.

SAP Ariba ist einfach und benutzerfreundlich und bietet daher auch mobile Nutzungsmöglichkeiten, die immer weiter ausgebaut werden. Zum Abschluss gibt es eine Vorstellung der Entwicklungsmöglichkeiten für die SAP-Ariba-Plattform.

6.1 Workflows

Dieser Abschnitt gibt Ihnen einen Einblick in einen zentralen Aspekt der SAP-Ariba-Lösungen. Wir zeigen Ihnen, wie Sie Workflows für die Prozesse der Beschaffung, des Lieferantenmanagements, der Ausschreibungen und des Vertragsmanagements einrichten. Sowohl für die Beschaffungsprozesse als auch für die Prozesse des strategischen Einkaufs gibt es zudem die Möglichkeit, Formulare individuell zu erstellen, die Ihnen die Abbildung von speziellen Einkaufs- und Genehmigungsprozessen erleichtern sollen. Das beschreiben wir in Abschnitt 6.2.

6.1.1 Überblick der Workflows in SAP Ariba

Anwendungsbeispiele

Für die verschiedenen Komponenten in SAP Ariba können Sie Workflows in Ihre Prozesse integrieren. Für folgende Beispiele kann der Einsatz von Workflows sinnvoll sein:

- Freigabe von Bedarfsanforderungen durch den strategischen Einkauf ab einer definierten Wertgrenze

- Überprüfung von Freitextpositionen in Bedarfsanforderungen durch eine Servicefunktion (Shared-Service-Center)
- Freigabe der Lieferantenanfrage durch einen Stammdatenmanager
- Freigabe der Lieferantenregistrierung durch einen Materialgruppenmanager
- Überprüfung eines Vertragsentwurfes durch die Rechtsabteilung
- Freigabe des Vertragsentwurfes durch den Einkaufsleiter ab einem bestimmten Wert
- Freigabe der Spezifikationen für eine Ausschreibung durch das Produktmanagement
- Prüfung der Vergabeentscheidung durch den Materialgruppenmanager

Vermutlich fallen Ihnen spontan eine Vielzahl weiterer Prozesse und Optionen ein.

Definition

Grundsätzlich spricht man immer dann von einem Workflow, wenn eine Prüfung oder eine Genehmigung eines Vorgangs im System aufgrund definierter Parameter ausgelöst wird. Im Gegensatz zu Warnungen oder Fehlermeldungen ist ein Workflow direkt in einen Prozess eingebettet. Zum Beispiel muss die Freigabe eines Einkaufswagens abgeschlossen werden, um den nächsten Schritt der Prozesskette durchführen zu können.

Workflow-Typen

In SAP Ariba gibt es grundsätzlich drei Arten von Workflows:

- serielle Prozesse, bei denen die Workflow-Schritte nacheinander abgearbeitet werden
- parallele Prozesse, bei denen verschiedene Personen/Gruppen gleichzeitig einen Workflow-Schritt durchführen
- individuelle Prozesse, die eine Kombination aus seriellen und parallelen Genehmigungen ermöglichen

Neben den Genehmigern können über die verschiedenen Systemfunktionen auch Beobachter, Überarbeiter oder auch Informationsempfänger über Workflows in Prozesse integriert werden.

6.1.2 Ablehnungsszenarien

Ein oftmals schwieriges Thema ist der Umgang mit abgelehnten Workflows. SAP Ariba interpretiert abgelehnte Aufgaben als erledigt und lässt keine weitere Änderung bzw. Anpassung zu. In Abbildung 6.1 ist die Freigabe einer Bedarfsanforderung durch drei verschiedene Genehmiger dargestellt. Genehmiger 1 und 2 sind parallel angeordnet. Genehmiger 3 ist nach der Genehmigung durch Genehmiger 1 in der Prozesskette. Im Folgenden beschreiben wir drei verschiedene Ablehnungsszenarien für diesen Prozess.

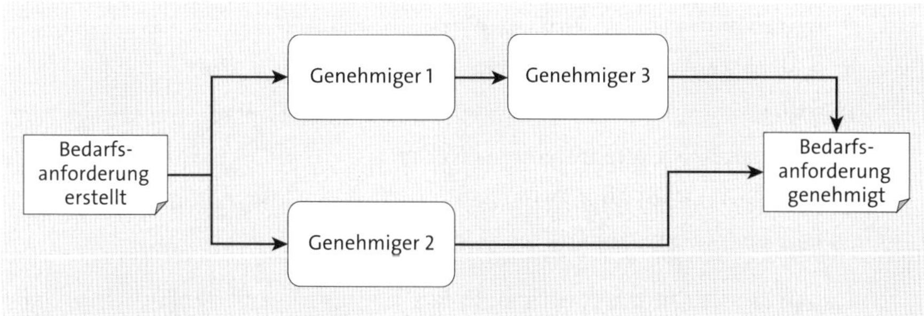

Abbildung 6.1 Ablehnungsszenarien

Beispiele

Im ersten Fallbeispiel erfolgt eine Freigabe durch Genehmiger 1 und direkt darauf eine Ablehnung durch Genehmiger 2. Hier kann Genehmiger 3 keine Aktivität mehr durchführen, weder eine Freigabe noch eine Ablehnung sind möglich.

Lehnt Genehmiger 1 im zweiten Beispiel die Bedarfsanforderung ab, kann Genehmiger 2 keine Aktion mehr durchführen. Da Genehmiger 3 erst durch die Freigabe des ersten Genehmigers in den Prozess inkludiert wird, wird er in dem genannten Beispiel nicht über die Bedarfsanforderung in Kenntnis gesetzt.

Im letzten Beispiel lehnt Genehmiger 2 die Bedarfsanforderung ab. Auch hier kann Genehmiger 1 keine Aktivität mehr durchführen, und Genehmiger 3 erhält auch keinerlei Information über diese Anforderung.

6.1.3 Genehmigung via E-Mail

SAP Ariba unterstützt Genehmigungen via E-Mail. Dafür müssen Sie den folgenden Parameter aktivieren lassen:

```
Application.Base.EmailApprovalEnabled
```

Die Texte bzw. Vorlagen für die Genehmigungs-E-Mails können im System angepasst werden. Auch das Format für die Texte kann definiert werden. Mit dem Parameter `Application.Base.PreferredEmailFormat` können Sie zwischen Texten im Format HTML oder TEXT wählen.

6.1.4 Erstellung eines Workflows

Anforderungen definieren

Bevor Sie einen Workflow für Ihr Unternehmen erstellen, sollten Sie sich Klarheit über die Anforderungen verschaffen. Dabei sind grundsätzlich folgende Fragen wichtig:

- In welchem Prozess wird der Workflow benötigt?
- Welche Kriterien lösen den Workflow aus?
- Welche Art von Prozess soll abgebildet werden? Wird eine serielle oder eine parallele Genehmigung gefordert?
- Wer sind die Personen bzw. Benutzergruppen, die in den Workflow einbezogen werden sollen?

Haben Sie die Anforderungen definiert, können Sie mit der Einrichtung der Prozesse in der SAP-Ariba-Lösung beginnen. Die nachfolgenden Erläuterungen werden anhand eines Beispiels für die Genehmigung eines Vertragsdokuments aufgebaut.

Workflow einrichten

Stellen Sie sich vor, Sie haben einen Dienstleistungsvertrag für IT-Beratungsleistungen mit einem Lieferanten vereinbart. Nun möchten Sie, dass alle Dienstleistungsverträge von definierten Personen genehmigt werden. Dafür erstellen Sie in Ihrem Vertragsprojekt-Template eine Aufgabe auf Basis des Vertrags-Templates. Dann beginnen Sie mit der Einrichtung des Workflows. In unserem Beispiel haben wir zwei parallele Genehmiger. Der Warengruppenmanager für Beratungsleistungen und der IT-Koordinator für externe Dienstleister. Wenn beide genehmigt haben, soll noch der Vorgesetzte des Warengruppenmanagers unter bestimmten Voraussetzungen hinzugefügt werden. Die Bedingungen sind in unserem Beispiel abhängig vom Buchungskreis, der für diesen Vertrag angegeben wurde.

Für die Konfiguration beginnen Sie mit der Erstellung des ersten Genehmigungsschrittes, wie in Abbildung 6.2 dargestellt.

Sie können dem Genehmigungsschritt eine Bezeichnung geben und Bedingungen für das Auslösen der Genehmigung definieren. Diesen Schritt wiederholen Sie für den zweiten Genehmiger sowie für das Hinzufügen des Vorgesetzten. Am Ende erhalten Sie ein Bild wie in Abbildung 6.3.

Look-up-Tabellen

Wenn Sie einfache Bedingungen sowie definierte Genehmiger haben, kommen Sie mit diesem Vorgehen sehr weit. Benötigen Sie allerdings eine dynamische Genehmigerfindung, z. B. anhand des ausgewählten Buchungskreises, können Sie die Look-up Tabellen verwenden.

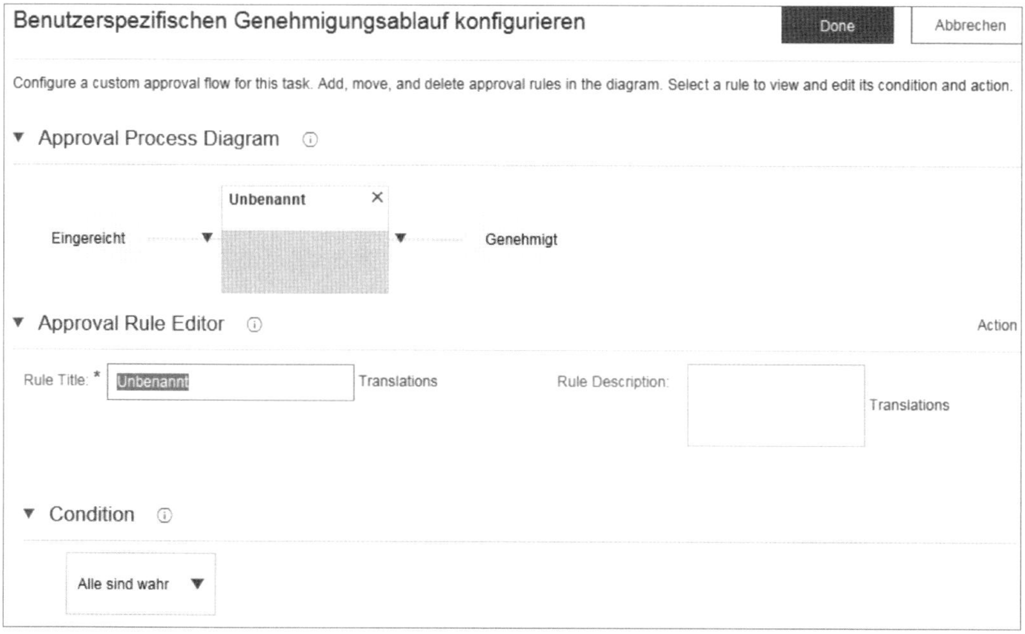

Abbildung 6.2 Hinzufügen eines Genehmigungsschrittes

Abbildung 6.3 Erstellung aller Genehmigungsschritte

In der Tabelle, die Sie später für die Genehmigerfindung verwenden, definieren Sie einerseits das Kriterium (in unserem Beispiel Buchungskreis), mit dem der korrekte Verantwortliche definiert wird, und hinterlegen gleichzeitig die Person oder die Benutzergruppe, die die Genehmigung durchführen soll. Das Verfahren erlaubt Ihnen auch die Hinterlegung von Benutzergruppen oder Genehmigungsketten. Abbildung 6.4 zeigt die Einbettung komplexer Genehmigungsstrukturen in Ihren Prozess.

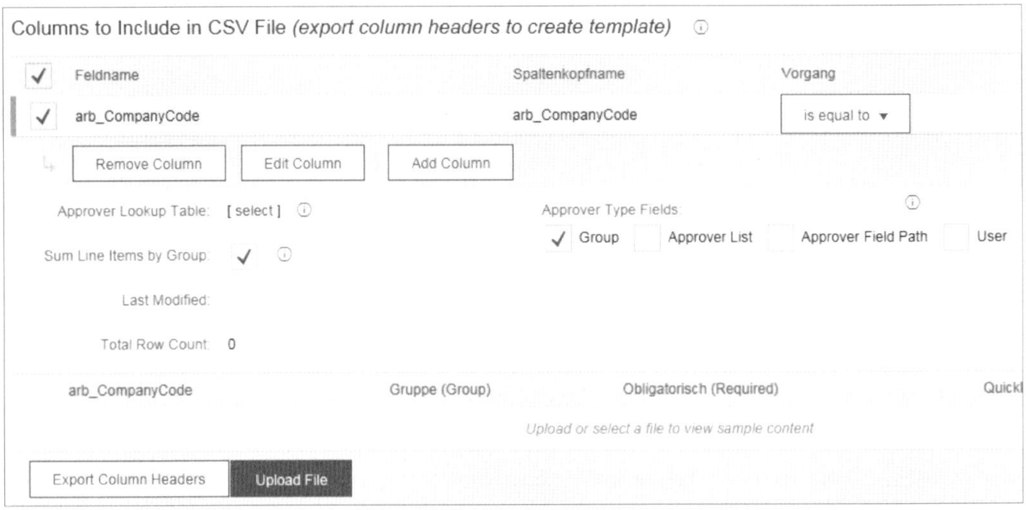

Abbildung 6.4 Verwendung von Look-up Tabellen

6.1.5 Systembasierte Informations-E-Mails

SAP Ariba bietet eine Vielzahl an systembasierten Informations-E-Mails. Wenn Sie die Berechtigung als Customer Administrator oder Customer User Admin haben, können Sie im System hinterlegen, welche Benutzer diese Informationen erhalten sollen. Tabelle 6.1 beschreibt einige der verfügbaren E-Mails.

Information bezieht sich auf	Name der Information	Beschreibung
Katalog	inaktive Artikel in einem Paket	Informiert über inaktive Artikel.
	Importfehler Lieferantendaten	Informiert über fehlerhaft importierte Lieferantenkataloge.

Tabelle 6.1 Übersicht verschiedener Informations-E-Mails

Information bezieht sich auf	Name der Information	Beschreibung
Verträge	Enddatum erreicht	Informiert über den Auslauf eines Vertrags.
	Zielwert erreicht	Informiert über das Erreichen des Vertragszielwertes.
	Vertragsbeendigung	Informiert über die Beendigung eines Vertrags.
Rechnungen	Versendung Rechnung fehlerhaft	Informiert über Rechnungen, die nicht erfolgreich an das Ariba Network übergeben werden konnten.
Bedarfsanforderungen und Bestellungen	Fehler beim Setzen des Erledigt-Kennzeichens	Informiert Benutzer über Fehler beim Setzen des Erledigungskennzeichens in Bestellungen.
	manuelle Bestellung	Information über die Anlage einer manuellen Bestellung
	Auftragsbestätigung	Information über den Erhalt eine Auftragsbestätigung
	Lieferavis	Information über den Erhalt eines Lieferavis

Tabelle 6.1 Übersicht verschiedener Informations-E-Mails (Forts.)

6.2 Formulare

Mit der Funktion der *Formulare* möchte SAP Ariba den Kunden eine einfache Möglichkeit bieten, z. B. Vorlagen für die Erstellung von Einkaufswagen zu erstellen. Diese Vorlagen können dann unter anderem im Guided Buying verwendet werden, wenn der Anforderer einen Bedarf für eine spezifische Warengruppe erfassen möchte. Formulare sind Dateneingabeseiten, die an Kundenwünsche angepasst werden können. Mit Formularen können Sie in einem Einkaufsprozess zusätzliche Informationen erfassen, die in den Standardbelegen und Feldern nicht vorgesehen sind. Mit Formularen können Sie also die Dateneingabe für Prozessschritte automatisieren, für die früher ein Papierformular oder eine separate Applikation genutzt wurde.

Anwendungsbereiche

Formulare können für folgende Bereiche verwendet werden:

- SAP Ariba Buying and Invoicing
- SAP Ariba Buying
- SAP Ariba Invoice Management
- SAP Ariba Contract Invoicing
- SAP Ariba Catalog

Funktionen

Einige der Funktionen, die für den Formulardesigner zur Verfügung stehen, sind folgende:

- Drag & Drop von Feldern und Widgets
- Erstellung von Designvorlagen für ein durchgängiges Benutzererlebnis
- Erstellung von Genehmigungsprozessen
- Bereitstellung von Stammdaten für die Formulare
- Managementfunktionen, wie z. B. Versionskontrolle

Ein übliches Anwendungsszenario für Formulare ist die Erstellung einer Freitextanforderung.

6.2.1 Formulare im strategischen Einkauf

In den SAP-Ariba-Applikationen für den strategischen Einkauf werden Formulare immer im Register **Dokumente** eines Arbeitsbereichs oder Projekts abgelegt. Das Formular kann automatisch oder ad hoc dem Arbeitsbereich oder Projekt hinzugefügt werden. Berechtigte Benutzer können ein solches Formular im Arbeitsbereich ausfüllen und an einen Prüfungs- oder Freigabe-Workflow übergeben.

Im Rahmen der *Setup Fee* ist die Einrichtung eines Formulars pro Lösung für den strategischen Einkauf enthalten, weitere Formulare können gekauft werden. Formulare können Kopf und Positionsfelder enthalten, die verschiedene Arten von Feldtypen haben können, z. B. Datum, Betrag in Währung, Text etc. Formulare werden im Rahmen der Implementierung eingerichtet. Im laufenden Betrieb können Formularänderungen vom Support durchgeführt werden.

Beispiel »Vertragsänderungen«

Abbildung 6.5 zeigt ein Formular, mit dem Vertragsänderungen dokumentiert und freigegeben werden können.

Die Formulardaten für Kopffelder und Positionsfelder sind auswertbar und werden in separaten *Faktentabellen* abgelegt.

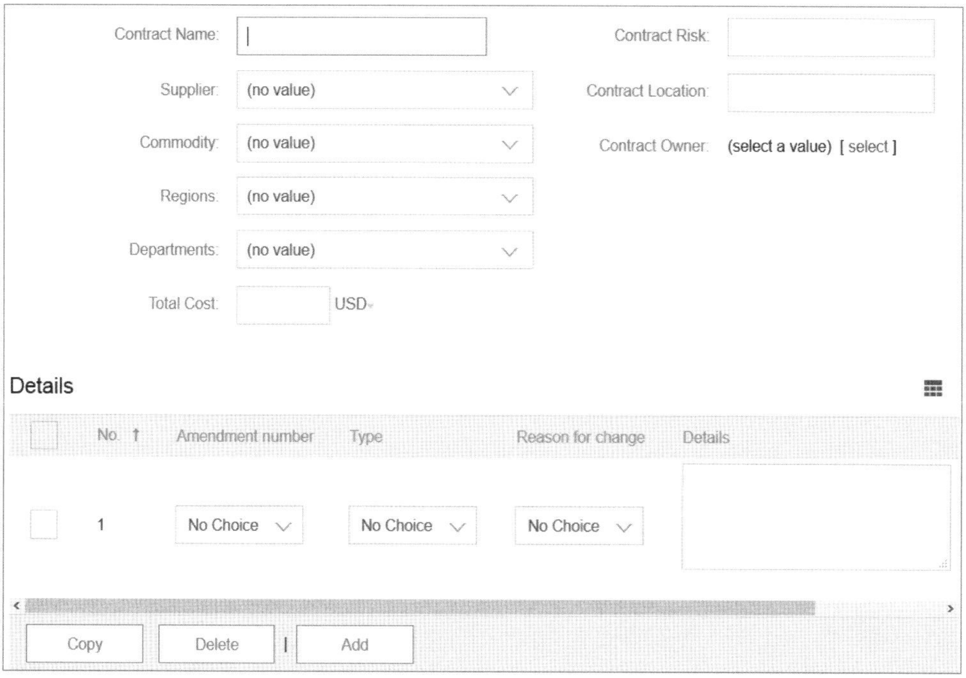

Abbildung 6.5 Formular für Vertragsänderungen

6.2.2 Formulare für den operativen Einkauf

Formulare für den operativen Einkauf in SAP Ariba können von Ihnen als Kunde selbst angelegt und verwaltet werden. Die Formulare im operativen Einkauf dienen dazu, Prozesse außerhalb der normalen Belegarten, wie etwa Bestellanforderung, Bestellung, Empfangsdokument und Rechnung, abzubilden. Sie können die SAP-Ariba-Workflow-Funktionalitäten innerhalb von Formularen für Prüfungen und Freigaben nutzen.

Anwendungsfälle

Typische Anwendungsfälle für Formulare im operativen Einkauf sind:

- Anforderung für einen neuen Benutzer
- Anfrage für die Freigabe einer Zahlung
- Anfrage für die Freigabe oder Erhöhung eines Budgets
- Änderungsanforderung für eine Bestellung

Formulargenerator

Die Konfiguration von Formularen für den operativen Einkauf erfolgt mithilfe eines intuitiven Formulargenerators.

In Abbildung 6.6 sehen Sie diesen Formulargenerator, mit dessen Hilfe per Drag & Drop Felder und Widgets ins Formular eingefügt werden können.

Im Formulargenerator können auch Bedingungen hinterlegt werden, mit denen die Sichtbarkeit von Feldern gesteuert wird.

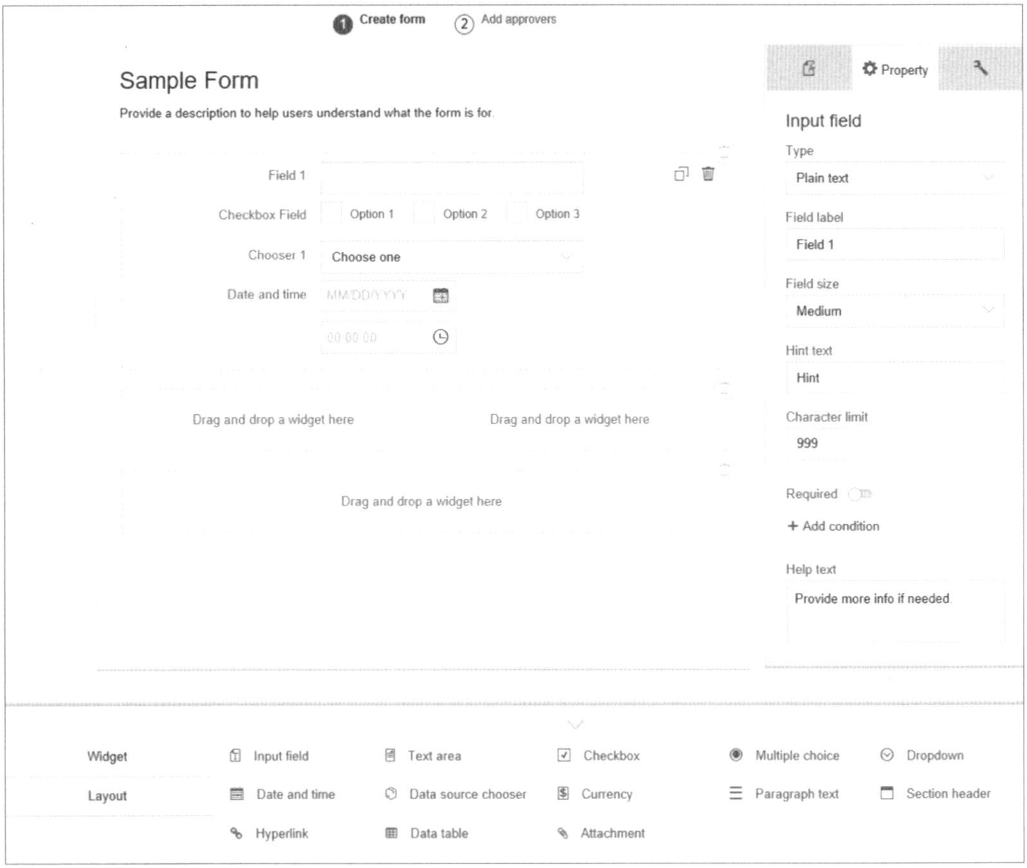

Abbildung 6.6 Formulargenerator für den operativen Einkauf

Stammdaten nutzen

Aus Formularen können Sie auch auf SAP-Ariba-Stammdaten zugreifen. Dafür stehen über 50 vordefinierte Stammdatenelemente zur Verfügung. Auch das Suchen mit der Funktion *Text vervollständigen* (*Type Ahead*) wird unterstützt.

6.2.3 Voraussetzungen und Einschränkungen für die Verwendung von Formularen

Voraussetzungen

Um ein Formular in einem der genannten Bereiche anzulegen, müssen Sie Berechtigungen für den Kundenformulardesigner oder -administrator besitzen. Außerdem muss sich Ihr Datenzentrum für das Hosting Ihrer

Seite in Nordamerika oder Europa befinden. Darüber hinaus ist eine zweckgebundene Verwendung der Formulare von SAP vorgeschrieben. Folgende Informationen dürfen daher z. B. nicht verwendet werden:

- sensible persönliche Daten, wie z. B. medizinische Angaben
- Informationen, die laut SAP-Nutzungsbedingungen untersagt sind

Einschränkungen

Für Formulare gibt es eine eigenständige Funktion für die Realisierung von Genehmigungsprozessen. So können z. B. bestehende Genehmigungen für Einkaufswagen nicht verwendet werden. Darüber hinaus wird derzeit keine Genehmigung per E-Mail oder per App unterstützt. Eine weitere Einschränkung besteht darin, dass Daten, die in den Formularen erfasst werden, nicht für Auswertungen verwendet werden können.

Für den Formulardesigner wird derzeit lediglich Englisch als Sprache angegeben. Falls Sie eine deutsche Benutzeroberfläche verwenden, werden nur einige Bereiche auf Deutsch angezeigt und der Großteil auf Englisch. Beachten Sie auch, dass zu viele (auch ungenutzte) Formulare die Performance der Lösung negativ beeinflussen können.

6.2.4 Erstellung von Formularen

Bei der Erstellung von Formularen sollten Sie nach dem in Abbildung 6.7 dargestellten Prozess vorgehen.

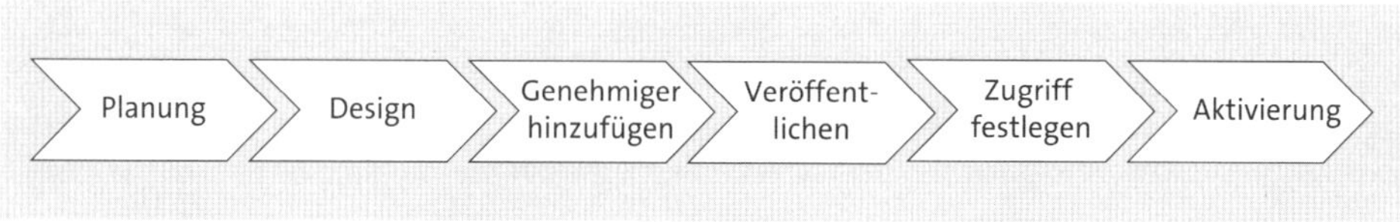

Abbildung 6.7 Erstellung von Formularen

Formular erstellen

Bei der Planung legen Sie den Prozess fest, in dem das Formular zum Einsatz kommen soll. Bei der Definition sollten Sie Ihre Anwender einbeziehen, mit denen Sie die notwendigen Felder, Kontrollen, Konditionen oder auch die Steuerung der Sichtbarkeit gemeinsam festlegen sollten. Folgende Fragen können Ihnen bei der Erstellung helfen:

- Wofür soll das Formular verwendet werden?
- Wer sind die Verwender des Formulars?
- Welche Genehmigungsschritte sind mit der Erstellung eines solchen Formulars verbunden?
- Welche Informationen werden benötigt, um beispielsweise den Bedarf zu beschreiben?

- Gibt es Pflichtangaben?
- Gibt es notwendige Stammdaten, wie z. B. Kostenstellen, die im Prozess verwendet werden müssen?
- Wo soll was auf dem Formular stehen?

Anschließend realisieren Sie die Anforderungen mit dem Formulardesigner (siehe Abschnitt 6.2.5). In einer Vorschau können Sie sich das Ergebnis ansehen und Anpassungen, wie z. B. die Änderung einer Feldgröße, das Hinzufügen eines Hilfetextes etc., vornehmen.

Genehmigungsprozess umsetzen

Als Nächstes wird der Genehmigungsprozess umgesetzt. Dabei müssen Sie unter anderem die Bedingungen für das Auslösen der Genehmigung im System hinterlegen. Wenn das erledigt ist, sollten Sie einen ersten Test gemeinsam mit dem Team durchführen. Sofern notwendig, können auch noch Übersetzungen in SAP Ariba geladen werden.

Bevor die Aktivierung erfolgen kann, wird noch hinterlegt, welche Benutzergruppen dieses Formular verwenden können. Erfolgt dies nicht, haben automatisch alle Benutzer Zugriff. Gegebenenfalls möchten Sie auch, dass jeder Vorgang, der auf Basis eines solchen Formulars erstellt wurde, eine eindeutige Identifikation erhält. Auch das können Sie entsprechend hinterlegen. Zum Abschluss muss noch die Veröffentlichung erfolgen.

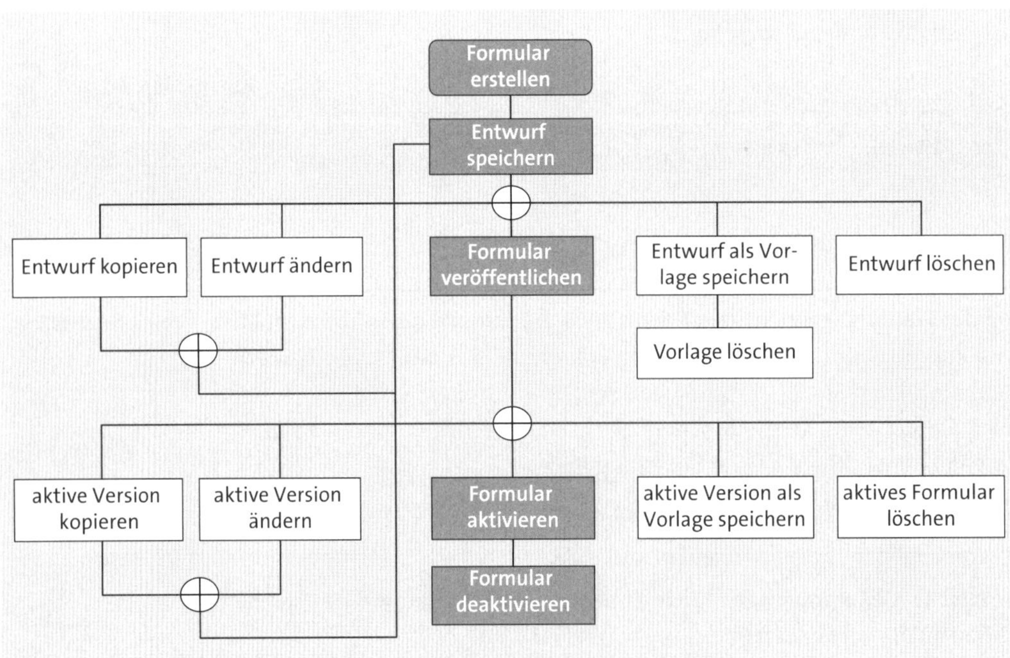

Abbildung 6.8 Phasen der Formularerstellung

Die Erstellung eines Formulars kann auf verschiedenen Wegen erfolgen, wie in Abbildung 6.8 dargestellt. Vorhandene Formulare und Entwürfe können kopiert, geändert oder auch gelöscht werden. Auch das Hinterlegen von Vorlagen ist möglich, um z. B. Designvorgaben nicht stetig neu erarbeiten zu müssen.

Aktionen

Folgende Aktionen (siehe Tabelle 6.2) sind während der Formularbearbeitung möglich.

Aktivität	Notwendiger Status des Formulars
Speichern des Formulars	Entwurf
Veröffentlichen des Formulars	Entwurf
Löschen des Formulars	Entwurf
Löschen einer Vorlage	jeder beliebige Status
Änderung eines Formulars	Entwurf
Deaktivieren eines Formulars	veröffentlicht, nicht aktiviert
Kopieren eines Formulars	jeder beliebige Status
Speichern des Formulars als Vorlage	jeder beliebige Status
Zuordnung einer eindeutigen Identifikation	veröffentlicht
Überprüfen der Zugriffsrechte für ein Formular	veröffentlicht
Exportieren von Informationen aus Formularen	Die Aktivierung muss mindestens einmal erfolgt sein.

Tabelle 6.2 Mögliche Aktivitäten in der Formularerstellung

Versionierung

Für Formulare gibt es auch die Möglichkeit einer Versionierung. Wenn Sie ein bestehendes Dokument überarbeiten und wieder speichern, können Sie entscheiden, ob die bestehende Version ersetzt oder eben eine neue Version erstellt werden soll.

6.2.5 Arbeiten mit dem Formulardesigner

Der Formulardesigner ist ein einfach gestaltetes Werkzeug, das Unternehmen ermöglichen soll, Formulare ohne technisches Know-how zu erstellen. Abbildung 6.9 zeigt den Designer im Überblick.

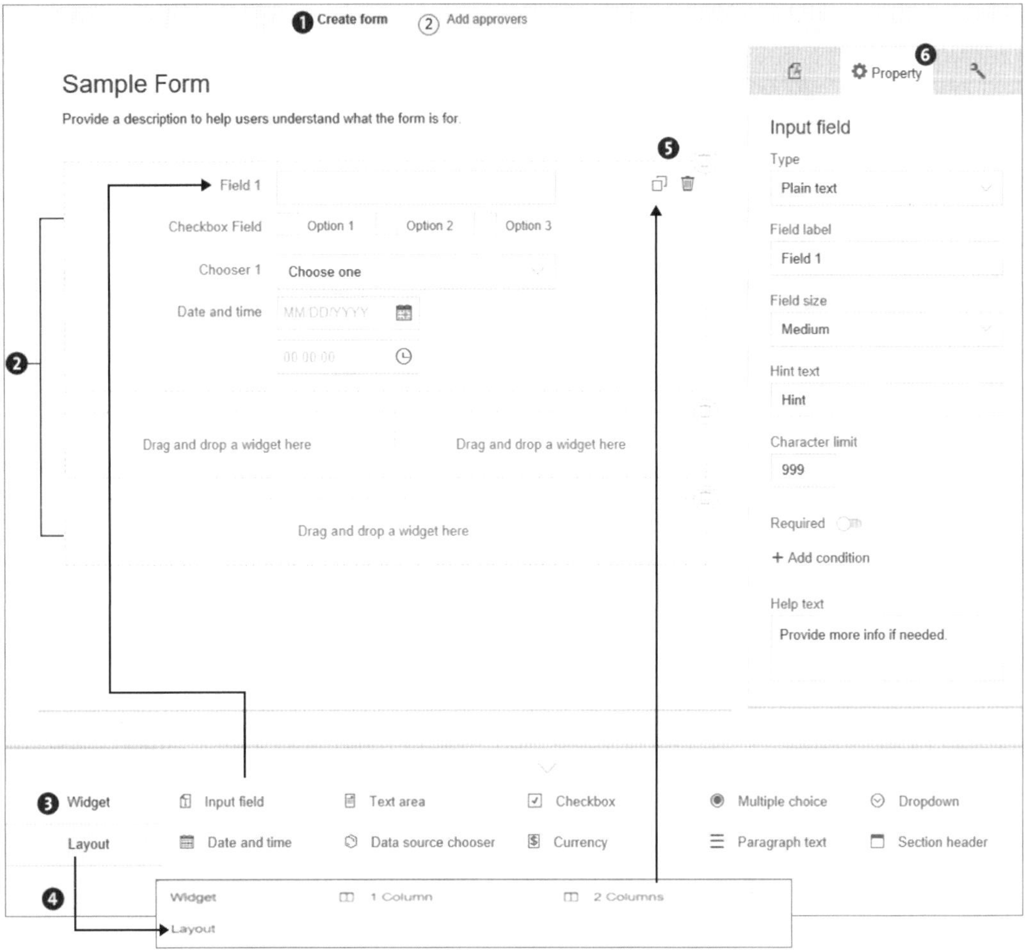

Abbildung 6.9 Der Formulardesigner

Elemente

Der Designer verfügt über folgende Elemente, die wir in Tabelle 6.3 kurz vorstellen:

Nr.	Label	Beschreibung
❶	**Create form** **Add approvers**	Schritte zur Erstellung des Formulars
❷	**Drag and drop a widget here**	Formularbereich mit den Widgets und Feldern. Das Formular kann eine oder zwei Spalten beinhalten.
❸	**Widget**	Auswahl des Elements, das Sie in das Formular einfügen möchten

Tabelle 6.3 Funktionen des Formulardesigners

Nr.	Label	Beschreibung
❹	**Layout**	Auswahl eines Layouts, das Sie hinzufügen möchten
❺	**Icon**	Icons erlauben Ihnen das Löschen oder Verschieben der Formularelemente.
❻	**Property**	Sie definieren die eingefügten Elemente z. B. hinsichtlich Bezeichnung, Feldlänge oder Feldtyp.

Tabelle 6.3 Funktionen des Formulardesigners (Forts.)

Felddefinitionen

Bei der Definition der Felder können Sie unter anderem Checkboxen, Einfachselektionen oder Auswahllisten zur Verfügung stellen:

- *Checkboxen* erlauben die Auswahl mehrerer Optionen. Dies können Sie z. B. verwenden, wenn Sie in der Bedarfsbeschreibung wissen möchten, welche Kriterien bei einer Hotelbuchung erfüllt sein sollen. Checkboxen könnten dann verschiedene Ausstattungsmerkmale wie WLAN, Sauna oder Fitnessraum sein. Der Anforderer kann in diesem Set-up mehrere Möglichkeiten auswählen.
- *Einfachselektionen* stellen ebenfalls verschiedene Auswahlmöglichkeiten mit Radiobuttons zur Verfügung. Allerdings kann der Anwender hier nur eine der Optionen auswählen. Zum Beispiel könnte man so für die Sitzplatzreservierung für die Zugfahrt die Wahl zwischen Fenster oder Gang ermöglichen.
- Eine *Auswahlliste* stellt in einem Dropdown-Menü mehrere Listeneinträge zur Verfügung. Auch hier kann der Anwender nur eine angebotene Möglichkeit wählen. Die Auswahlliste bietet sich immer dann an, wenn Sie eine größere Anzahl an Optionen bereitstellen müssen. Ein Beispiel wäre das gewünschte Reiseziel, das in einer Liste verschiedener Länder ausgewählt wird. Die Werte für diese Listen können Sie komfortabel über einen CSV-Import in SAP Ariba laden.

Wenn Sie Beträge in einer definierten Währung abfragen möchten, können Sie einerseits die generell im System hinterlegten Währungen verwenden. Wollen Sie nur eine bestimmte Auswahl bereitstellen, so ist dies ebenfalls möglich. Auch die Definition eines Defaults lässt sich realisieren.

Stammdaten nutzen

Stammdaten können ebenso in Formularen verwendet werden. Mögliche Stammdaten sind Länder oder Benutzer. Ob in einem Feld nur ein einziger Wert oder eben eine Vielzahl an Werten ausgewählt werden darf, können Sie in den Feldeigenschaften definieren.

Wenn Sie z. B. die Länge, Höhe und Breite der Möbelstücke einer Büromöbelanforderung abfragen möchten, können Sie auch eine Tabelle verwenden. Dazu definieren Sie die Zeilen mit den verschiedenen Möbeln wie Tisch, Stuhl, Schrank und die Spalten mit Länge, Breite und Höhe, in der der Anforderer später die entsprechenden Werte einfügt.

In Ihrem Formular können Sie selbstverständlich auch Anlagen einfordern, z. B. das Angebot oder auch die Spezifikation für den angefragten Artikel. Andererseits können Sie auch dem Anwender ein Dokument auf diesem Weg zur Verfügung stellen, wie z. B. eine Liste der Standardbüromöbel.

Im Register **Property** ❻ definieren Sie, ob ein Feld optional oder verpflichtend ist. Ist das Feld als verpflichtend gekennzeichnet, kann man dieses nicht mehr über eine Kondition (siehe Abschnitt 6.2.6, »Verwendung von Bedingungen in Formularen«) definieren. Dieses Feld ist somit immer verpflichtend. Haben Sie jedoch eine Kondition für das Feld hinterlegt, dann ist dieses nur unter bestimmten Umständen verpflichtend.

6.2.6 Verwendung von Bedingungen in Formularen

Szenarien

Wenn Sie ein Formular erstellen, können Sie Bedingungen an die Verwendung dieses Feldes knüpfen. Diese können das Verhalten des Feldes in Bezug auf ein anderes Feld des Formulars beeinflussen oder auch einen Genehmiger auf Basis eines Feldes ermitteln. Sie können die folgenden Szenarien abbilden:

- Festlegung der Bedingungen, unter denen ein Feld angezeigt wird
- Definition, wann der Benutzer den Wert des Feldes spezifizieren muss
- Festlegung, dass ein Genehmiger hinzugezogen werden muss
- Hinterlegung verschiedener Bedingungen zu einem Feld
- Auf Basis der Angaben des Benutzers wird ein weiteres Feld zur Verfügung gestellt. Zum Beispiel wählt der Anwender einen Standort aus und muss anschließend noch seine Büronummer angeben.
- Einschränkung der Werte, die im Feld erfasst werden können
- Felder können als nicht änderbar definiert werden.
- Vorschlagswerte können hinterlegt werden.
- Formeln können angegeben werden, um z. B. zwei angegebene Werte zu addieren.

Beispiel »Dienstreise«

Das folgende Beispiel soll die Verwendung verdeutlichen. Sie möchten die Anforderung einer Dienstreise abbilden. Der Anwender bekommt die Möglichkeit, das Verkehrsmittel für die Reise auszuwählen. Er wählt dann Bahn oder Pkw aus. Anschließend muss er zwischen erster und zweiter Klasse auswählen. Diese Auswahl wird allerdings nur angezeigt, wenn der Anwender als Verkehrsmittel »Bahn« selektiert hat. In diesem Fall wäre die Bedingung:

Show *Klasse if Verkehrsmittel = Bahn*

Abbildung 6.10 zeigt den Editor im Überblick.

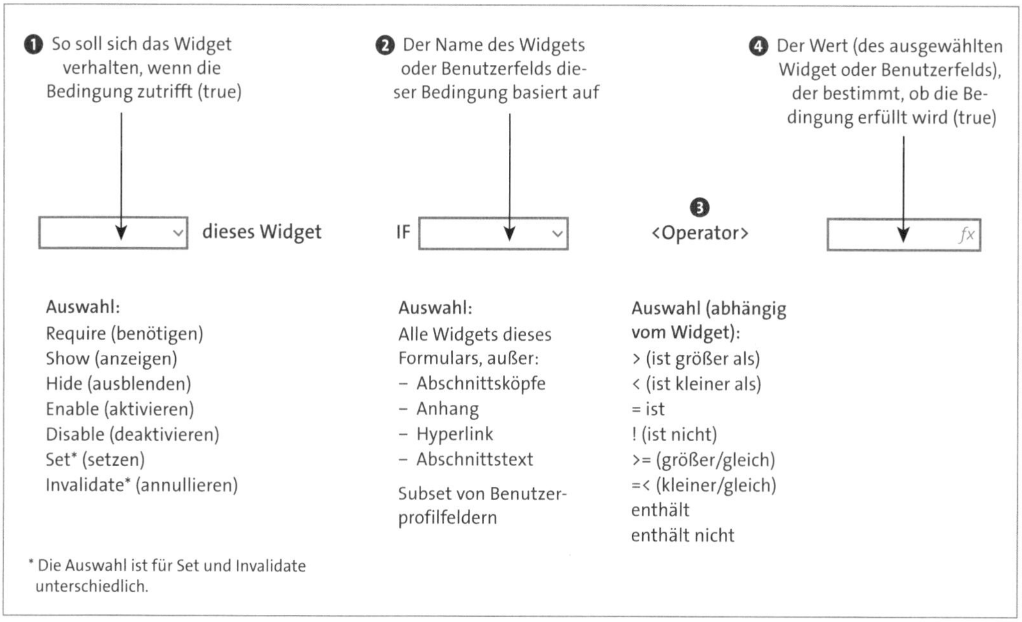

Abbildung 6.10 Editieren von Konditionen

Im Dropdown-Menü ❶ (siehe Abbildung 6.10) legen Sie fest, was passieren soll, wenn die definierte Bedingung zutrifft, z. B.:

- Das Feld wird zum Pflichtfeld.
- Das Feld wird angezeigt.
- Das Feld wird ausgeblendet.

Im Dropdown-Menü ❷ stehen alle Felder des Formulars und bestimmte Benutzerattribute zur Verfügung, die für die Gestaltung der Bedingung verwendet werden können.

Im Bereich **Operator** ❸ legen Sie die Bedingung fest, die erfüllt sein muss. Im letzten Dropdown-Menü ❹ wird der Wert für die Bedingung eingetragen. Diese Bedingung kann unter Umständen mit einer eigenen Funktion (siehe Abbildung 6.11) definiert werden.

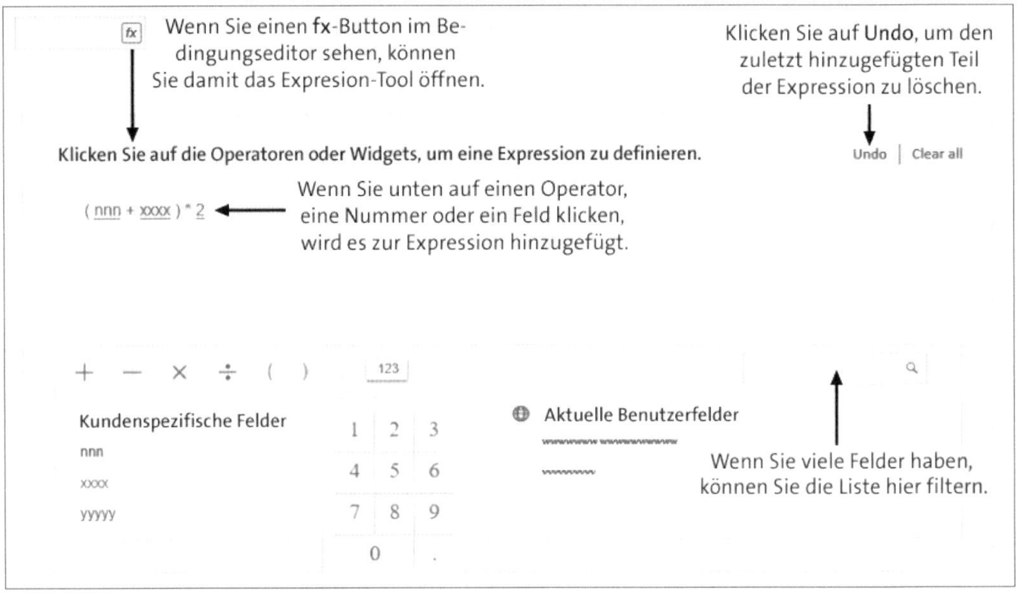

Abbildung 6.11 Ausdruck erstellen

Wenn Sie in Ihrem Formular z. B. ein eigenes Feld definieren möchten, das nur dem Genehmiger zur Verfügung steht, dann können Sie dies ebenfalls realisieren. Die Bedingung für die Anzeige ist dann, dass eine bestimmte Benutzergruppe (der Genehmiger) im Prozess der Erstellung hinzugefügt wurde.

6.2.7 Genehmigungen in Formularen

Genehmigungsschritte

Für Formulare können serielle und parallele Genehmigungsschritte realisiert werden. Dazu verwenden Sie die entsprechende Funktion des Formulardesigners, wie in Abbildung 6.12 dargestellt.

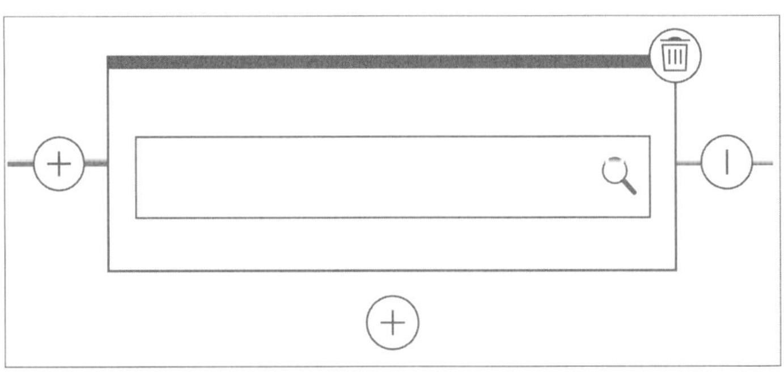

Abbildung 6.12 Genehmigungsschritte

Genehmigungsschritte lassen sich durch einen Klick auf das Plus hinzufügen. Im Feld wird die Benutzergruppe hinzugefügt, die die Freigabe der Anforderung durchführen muss.

Zusätzlich zu dem Genehmiger kann auch ein Beobachter einem Formular zugeordnet werden. **Beobachter**

6.2.8 Weitere Funktionen in Formularen

Neben den bereits beschriebenen Funktionen können Formulare in verschiedene Sprachen übersetzt werden. Somit können Sie die Anforderungserfassung auch in Anwendersprache ermöglichen.

Es stehen verschiedene APIs (Application Programming Interface, auf Deutsch Programmierschnittstelle) zur Verfügung, die Ihnen die Nutzung der Formulare erleichtern sollen. Die folgenden Möglichkeiten werden angeboten:

- *forms-service-api*
  Gibt Informationen zu verwendeten, obsoleten und gelöschten Formularen aus.
- *forms-document-api*
  Gibt alle Daten zu einem spezifischen Formular aus.

Mehr Informationen zur Verwendung von APIs finden Sie unter *https://developer.ariba.com/api/*.

6.3 Mobile Nutzung

Die SAP-Ariba-Applikationen können in der Standardbenutzeroberfläche im Browser von mobilen Geräten angezeigt werden. Allerdings ist diese Benutzeroberfläche nicht für die Nutzung auf mobilen Geräten optimiert. Gerade bei Smartphones ist der Bildschirm nicht groß genug, um alle Funktionalitäten der SAP-Ariba-Applikationen nutzen zu können.

Wie in Abbildung 6.13 gezeigt, gibt es drei mobile Apps für ausgewählte Aktivitäten in SAP-Ariba-Applikationen. Diese Apps werden für Geräte mit den Betriebssystemen iOS und Android angeboten. Sie sind in den gleichen 21 Sprachen verfügbar, in denen die SAP-Ariba-Lösungen angeboten werden.

Abbildung 6.13 SAP-Ariba-Mobile-Apps auf einem iOS-Gerät

6.3.1 Die App SAP Ariba Mobile

Die App *SAP Ariba Mobile* ist für Anforderer gedacht, die SAP Ariba Buying bzw. SAP Ariba Buying and Invoicing nutzen.

App aktivieren

Die Aktivierung der App können Sie sehr einfach vornehmen. Wenn Sie einen Benutzer haben, loggen Sie sich in der Standardbenutzeroberfläche am Browser ein. Nach dem Öffnen der App SAP Ariba Mobile gelangen Sie auf den ersten Bildschirm der Aktivierung (siehe Abbildung 6.14). Schritt für Schritt wird die Aktivierung der App erklärt.

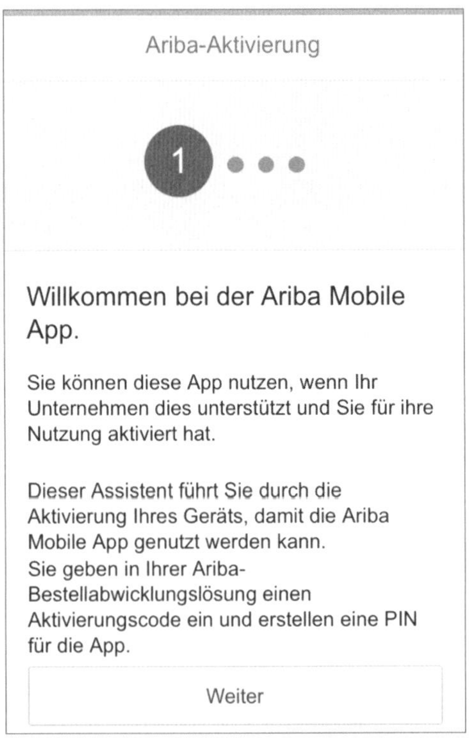

Abbildung 6.14 SAP Ariba Mobile: Schritt 1 der Aktivierung

Auf dem zweiten Bildschirm der Aktivierung wird, wie in Abbildung 6.15 gezeigt, eine achtstellige Folge von Zahlen und Buchstaben angezeigt.

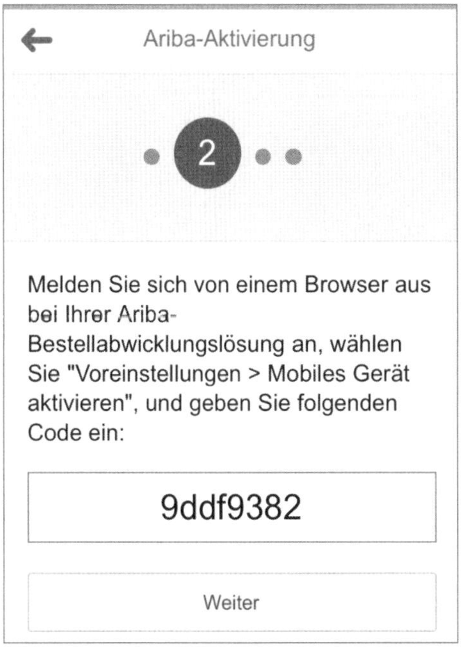

Abbildung 6.15 SAP Ariba Mobile: Schritt 2 der Aktivierung

Navigieren Sie in der Standardbenutzeroberfläche zu **Voreinstellungen • Mobiles Gerät aktivieren**. Wie in Abbildung 6.16 gezeigt, geben Sie an dieser Stelle die in der mobilen App angezeigte achtstellige Kombination von Zahlen und Buchstaben ein, und schließen Sie die Eingabe mit **OK** ab. Damit können Sie die App SAP Ariba Mobile nutzen.

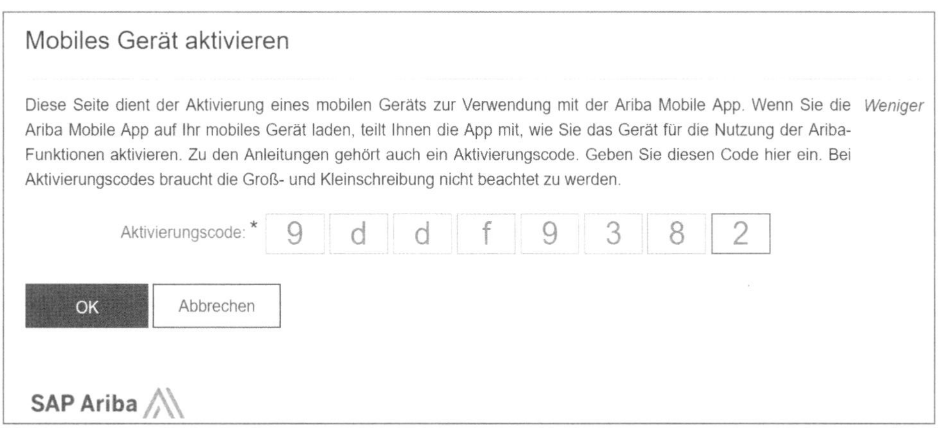

Abbildung 6.16 Mobiles Gerät aktivieren

App öffnen

In der App SAP Ariba Mobile wählen Sie in der Folge eine 6-stellige *PIN* (*personal identification number*, persönliche Identifikationsnummer), mit der Sie die App entsperren können, und akzeptieren Sie die Nutzungsbedingungen. Wie in Abbildung 6.17 gezeigt, können Sie die App SAP Ariba Mobile unter iOS auch mit Touch ID durch Ihren Fingerabdruck entsperren.

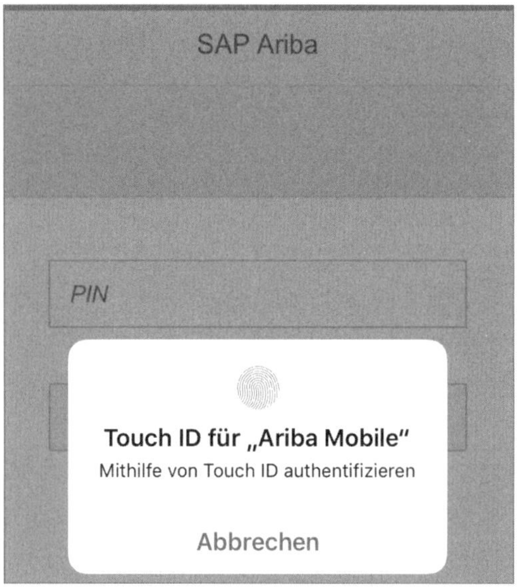

Abbildung 6.17 Entsperren der App durch Touch ID

Eine Beschreibung der Funktionalitäten der App SAP Ariba Mobile finden Sie in Abschnitt 4.3.4, »Erfassung von Anforderungen«.

6.3.2 Die App SAP Ariba Supplier

Mit der App *SAP Ariba Supplier* können Sie als Lieferant jederzeit mit Ihren Kunden über das Ariba Network zusammenarbeiten.

Registrierung

Wie in Abbildung 6.18 gezeigt, können Sie sich als Lieferant in der App registrieren, indem Sie den Benutzernamen und das Passwort Ihres Ariba-Network-Lieferantenkontos auf dem Startbildschirm eingeben.

App öffnen

Nach der Registrierung können Sie die App unter iOS auch mit Touch ID durch Eingabe Ihres Fingerabdrucks entsperren. Der Einstiegsbildschirm der App ist das **Dashboard**. Dieses stellt das zentrale Steuerungselement für Auswertungen und Aktionen dar. Am oberen Rand des Dashboards kann eingestellt werden, ob Daten für alle angebundenen Kunden oder nur für einen Kunden angezeigt werden.

Abbildung 6.18 Registrierung der App SAP Ariba Supplier

Bestellaufträge ansehen

Im oberen Bereich des Dashboards können Sie, wie in Abbildung 6.19 gezeigt, den Verlauf der Bestellaufträge der letzten Zeit für den ausgewählten Kunden oder für alle Kunden anzeigen.

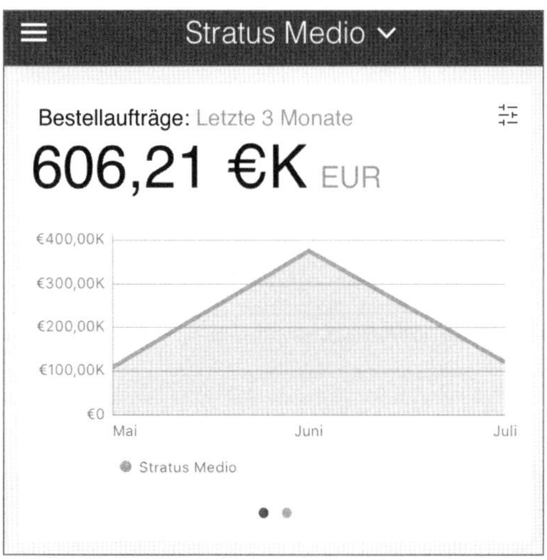

Abbildung 6.19 SAP Ariba Supplier: Bestellaufträge

Rechnungsfälligkeit ansehen

Eine Übersicht der Rechnungsfälligkeit für diesen Kunden können Sie sich, wie in Abbildung 6.20 gezeigt, ebenfalls anzeigen lassen.

Abbildung 6.20 SAP Ariba Supplier: Rechnungsfälligkeit

Pro Periode werden die Rechnungen in den Status **Gesendet**, **Zurückgewiesen**, **Genehmigt** und **Bezahlt** aufgelistet. Der Datumsbereich kann in beiden Fällen über einen Schieberegler gewählt werden, wobei 7 Tage, 14 Tage oder 3 Monate möglich sind.

Weitere Übersichten

Im unteren Bereich des Dashboards (siehe Abbildung 6.21) können Sie eine Übersicht der Bestellaufträge und Rechnungen anzeigen lassen.

Abbildung 6.21 SAP Ariba Supplier: Bestellaufträge und Rechnungen

Es gibt dazu fünf Kacheln:

- **Neue Bestellaufträge**
- **Zu bestätigende Bestellaufträge**
- **Zu versendende Bestellaufträge**
- **In Rechnung zu stellende Bestellaufträge**
- **Bestellungen, die bearbeitet werden**

Weitere Funktionen

Sie können den Bestellauftrag direkt aus der Detailansicht bestätigen, wobei neben einer Bestätigungsnummer das voraussichtliche Versanddatum und das voraussichtliche Lieferdatum eingegeben werden. Außerdem können Sie den Bestellauftrag anheften, um diesen leichter wiederzufinden.

Detailinformationen

Hinter jeder Kachel verbirgt sich eine Liste von Belegen. Aus der Belegliste können Sie, wie in Abbildung 6.22 gezeigt, direkt zu den Details eines Bestellauftrags wechseln.

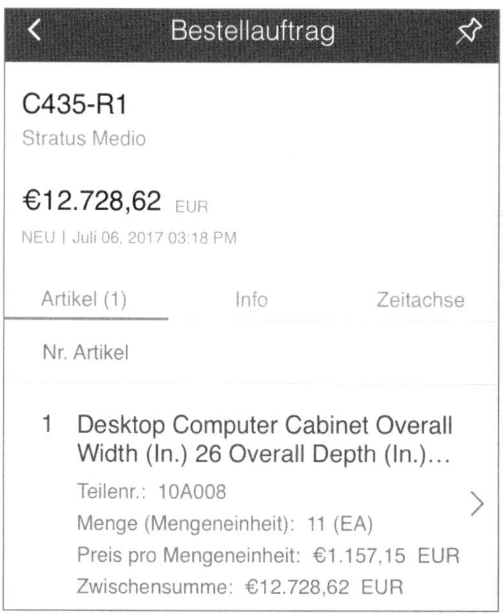

Abbildung 6.22 SAP Ariba Supplier: Bestellauftrag

Neben dem Dashboard verfügt die App SAP Ariba Supplier noch über die Bereiche **Benachrichtigungen** und **Angeheftet**. Im Bereich **Benachrichtigungen** können Sie neue Bestellungen sehen. Im Betriebssystem Ihres mobilen Geräts können Sie für die App einstellen, in welcher Weise Benachrichtigungen ausgegeben werden sollen, z. B. als Ton oder auf dem Sperrbildschirm. Im Bereich **Angeheftet** finden Sie Bestellbelege oder Rechnungen, die Sie vorher in der App angeheftet haben.

6.3.3 Die App SAP Ariba Supply Chain

Die App *SAP Ariba Supply Chain* dient Ihnen als Einkäufer dazu, sich einen Überblick über die Bestellungen zu verschaffen, die Sie in der letzten Zeit über das Ariba Network an Lieferanten gesendet haben. Diese App dient der Anzeige und der Auswertung. Sie können darin keine Aktionen auslösen.

Anmeldung

Für die Anmeldung in der App benutzen Sie den Benutzernamen und das Passwort Ihres Einkäuferkontos aus dem Ariba Network. Danach müssen Sie die Nutzungsbedingungen akzeptieren. Auch diese App können Sie unter iOS durch Nutzung von Touch ID mit Ihrem Fingerabdruck entsperren. Nach der Anmeldung in der App gelangen Sie zu einem Dashboard, wie es Abbildung 6.23 zeigt.

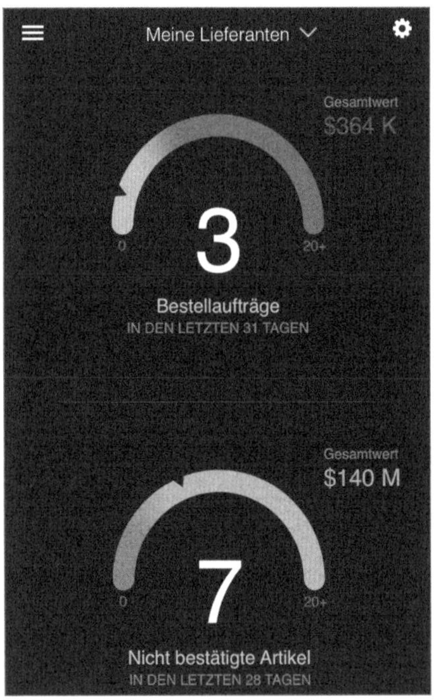

Abbildung 6.23 SAP Ariba Supply Chain: Dashboard

Auf diesem Dashboard erhalten Sie im oberen Bereich einen Überblick der Bestellungen der letzten 31 Tage. Im unteren Bereich werden die nicht bestätigten Artikel der letzten 7, 14, 21 oder 28 Tage angezeigt. Sie haben die Möglichkeit, diese Informationen für alle Lieferanten anzeigen zu lassen oder die Anzeige auf einen bestimmten Lieferanten einzuschränken.

Liste der Bestellaufträge

Vom Dashboard aus können Sie direkt in eine Liste der Bestellaufträge verzweigen. Diese wird in Abbildung 6.24 gezeigt. Für jeden Bestellauftrag werden neben dem Titel und dem Lieferanten das Erstellungsdatum, der Status und der Gesamtbetrag angezeigt.

Abbildung 6.24 SAP Ariba Supply Chain: Bestellaufträge

Aus der Liste der Bestellaufträge kann, wie in Abbildung 6.25 gezeigt, auf die Bestellungsdetails verzweigt werden. Sie können auch die Artikeldetails mit Informationen zum Artikel, den zugehörigen Kontakten, der Zeitachse und den Lieferdetails prüfen.

Abbildung 6.25 SAP Ariba Supply Chain: Bestelldetails

Nicht bestätigte Artikel

Wie in Abbildung 6.26 zu sehen ist, können Sie vom Dashboard der App aus in eine Liste der noch nicht bestätigten Artikel verzweigen. Für jeden Artikel können Sie die Details mit Informationen zum Artikel, den zugehörigen Kontakten, der Zeitachse und den Lieferdetails anzeigen.

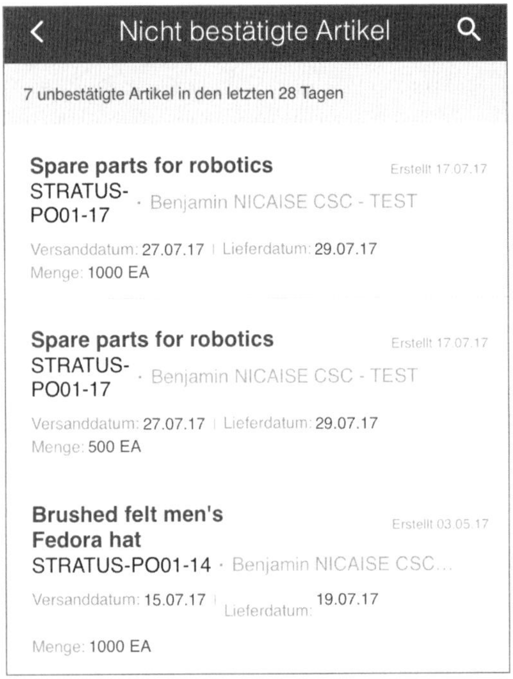

Abbildung 6.26 SAP Ariba Supply Chain: Nicht bestätigte Artikel

6.4 Berichte

SAP Ariba bietet sowohl vordefinierte Berichte als auch die Möglichkeit, eigene Berichte zu definieren. Benutzer können in Berichten nur jene Daten anzeigen lassen, die sie auch bei der Erstellung von Belegen oder der Bearbeitung von Arbeitsbereichen sehen können. Wenn z. B. ein Kontraktarbeitsbereich nur für die Teammitglieder sichtbar ist, können nur diese den Kontrakt in Berichten auswerten.

Es gibt auch die Möglichkeit, Benutzer mit der Berechtigung auszustatten, um alle Daten in Berichten anzuzeigen.

6.4.1 Vordefinierte Berichte

Die vordefinierten Berichte können nach der Anmeldung in SAP Ariba unter **Verwalten • Vordefinierte Berichte** aufgerufen werden. Da die Anzahl der vordefinierten Berichte sehr groß ist, sind diese zu Arbeitsbereichen zusammengefasst, wie in Abbildung 6.27 gezeigt wird.

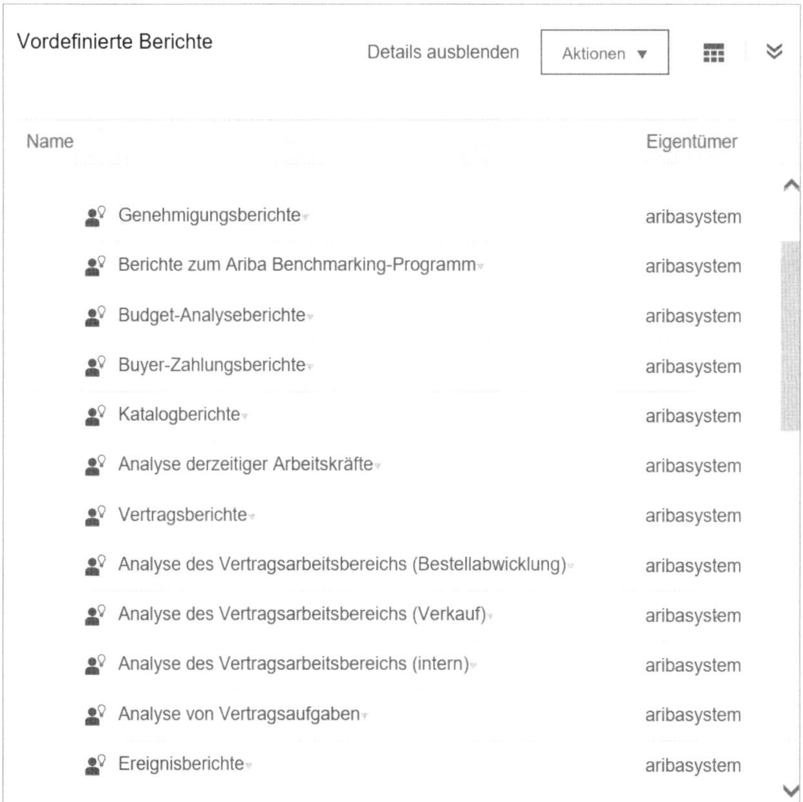

Abbildung 6.27 Vordefinierte Berichte, Liste der Arbeitsbereiche

Arbeitsbereiche

Es gibt momentan 33 dieser Arbeitsbereiche. Der Arbeitsbereich **Katalogberichte** enthält einen Bericht, **Katalogzusammenfassung**. Wird dieser Bericht geöffnet, können Sie nach bestimmten Lieferanten filtern und die angezeigte Ebene der Warengruppen auswählen. Der Bericht kann auch direkt angezeigt oder exportiert werden.

Sie können sich den Bericht, wie in Abbildung 6.28 dargestellt, als Pivot-Tabelle anzeigen lassen.

Diese Pivot-Tabelle können Sie noch weiter nach Lieferant und Warengruppe filtern sowie die Sortierreihenfolge ändern.

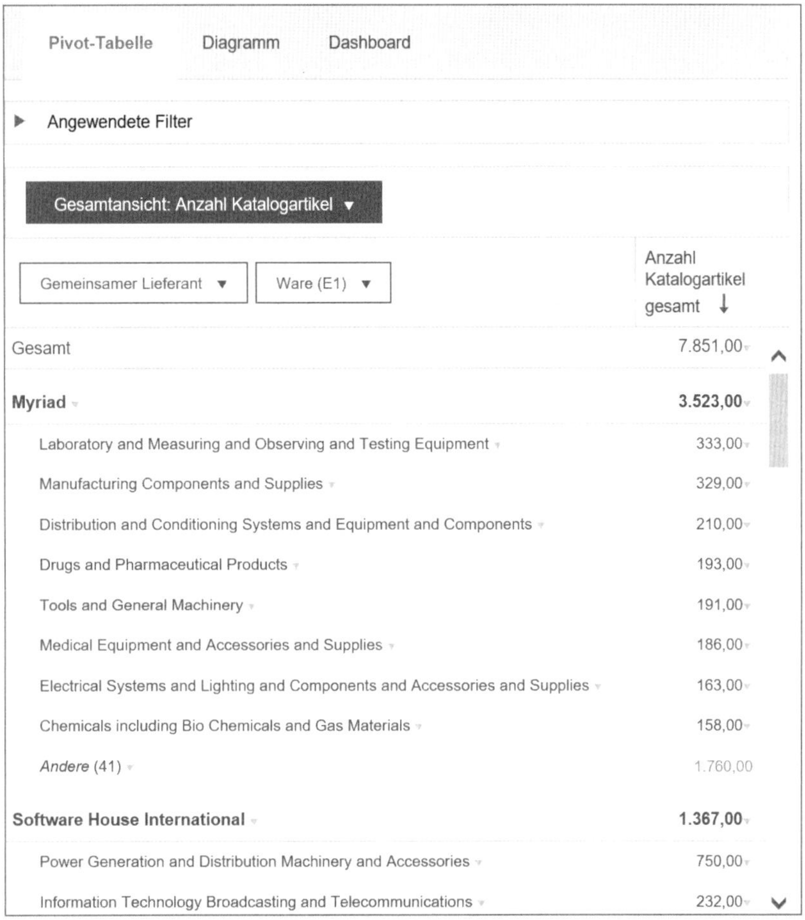

Abbildung 6.28 Anzeige eines Berichts als Pivot-Tabelle

Diagramme

Wie in Abbildung 6.29 gezeigt, kann der Bericht auch als Diagramm dargestellt werden.

Es stehen die folgenden Diagrammarten zur Verfügung:

- Kreis
- Ringdiagramm
- Balken
- Säule
- Linie
- Bereich
- Verbunddiagramm

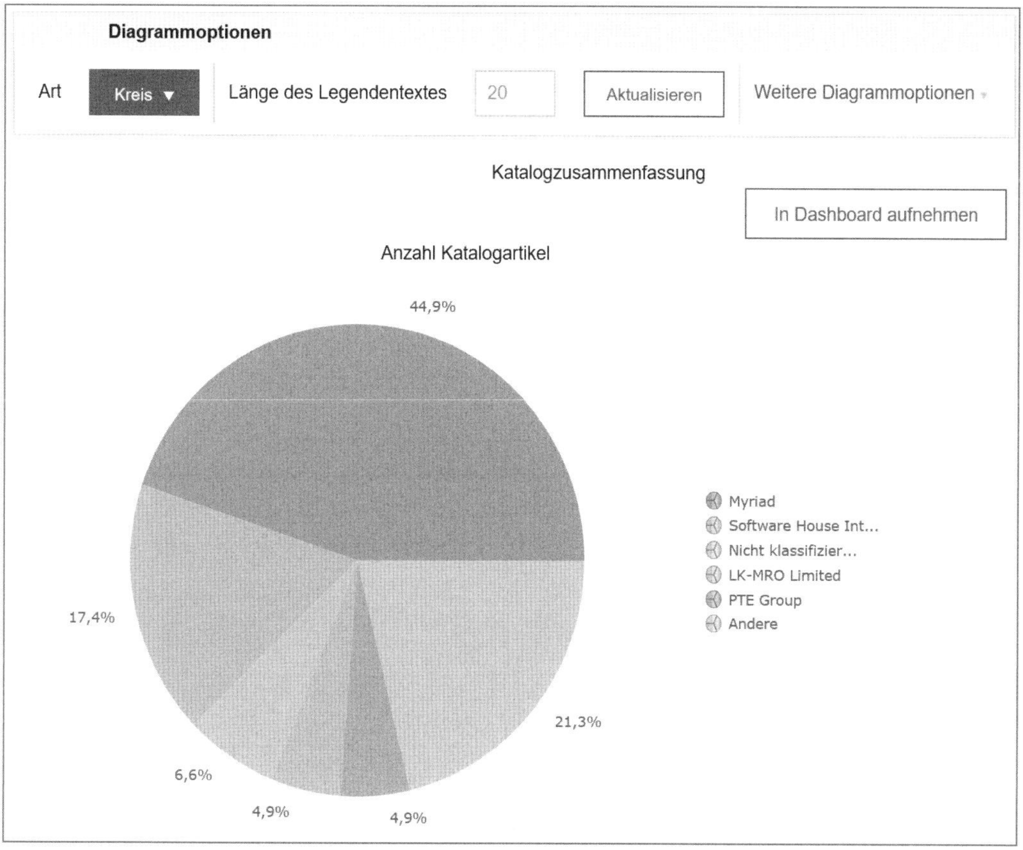

Abbildung 6.29 Bericht als Kreisdiagramm anzeigen

Berichte bereitstellen

Einen fertigen Bericht können Sie zur weiteren Verwendung ins Dashboard aufnehmen. Mit den entsprechenden Berechtigungen können Sie einen Bericht auch als öffentlichen Bericht abspeichern. Dadurch wird dieser Bericht allen Benutzern zugänglich gemacht.

6.4.2 Anlegen eines eigenen Berichts

Einen eigenen Bericht können Sie nach der Anmeldung in SAP Ariba unter **Erstellen • Analytischen Bericht definieren**. Dazu müssen Sie über die passenden Berechtigungen verfügen.

Datenquelle auswählen

Die Erstellung eigener analytischer Berichte wird durch einen Wizard unterstützt. Im ersten Schritt, **Quelldaten** genannt, wird, wie in Abbildung 6.30 gezeigt, die Datenquelle für die Analyse ausgewählt.

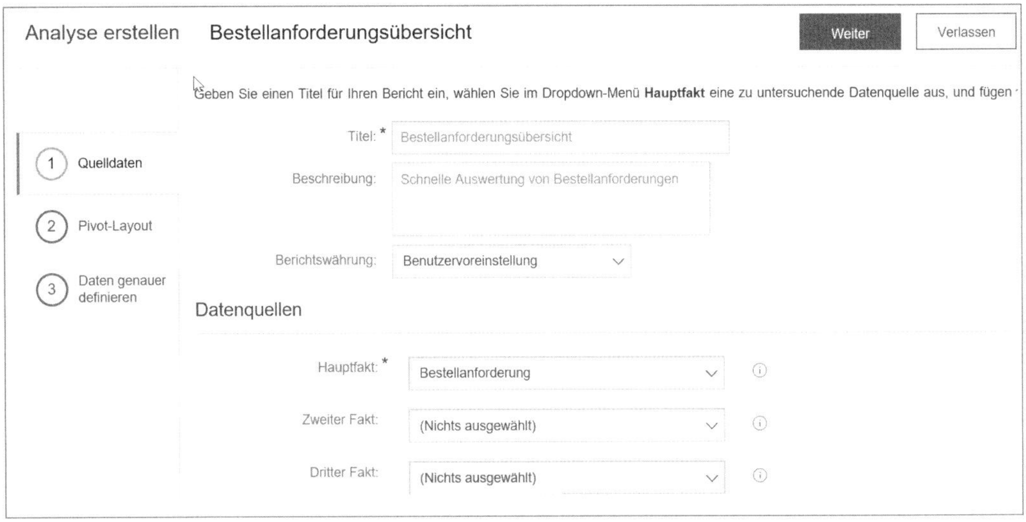

Abbildung 6.30 Analyse erstellen – Schritt 1: Quelldaten wählen

In SAP Ariba spricht man in diesem Zusammenhang von *Fakten*. Diese beinhalten eine Gruppe von Feldern, die mit einer bestimmten Transaktion in SAP Ariba im Zusammenhang stehen. Man kann Fakten mit Tabellen in SAP ERP vergleichen. Es gibt Fakten zu allen Belegen und Arbeitsbereichen in SAP Ariba. Außerdem ist es möglich, kundeneigene Fakten zu erstellen und in diese Daten zu laden, die nicht in SAP Ariba verfügbar sind, z. B. Rechnungsdaten aus SAP ERP, wenn in SAP Ariba Buying nur Bestelldaten vorhanden sind. Die kundeneigenen Fakten können ebenfalls in SAP-Ariba-Berichten ausgewertet werden.

Für normale Auswertungen wird ein Fakt ausgewählt. Damit bestimmen Sie die Felder, die Sie für die Auswertung zur Verfügung haben. Es gibt auch Berichte mit zwei oder drei Fakten, diese werden *zusammengesetzte Berichte* genannt.

Layout festlegen

Im zweiten Schritt, dem **Pivot-Layout**, legen Sie, wie in Abbildung 6.31 gezeigt, die Seiten-, Zeilen- und Spaltenfelder Ihres Berichts fest.

Zeitraum definieren

Im dritten Schritt, **Daten genauer definieren**, legen Sie, wie in Abbildung 6.32 gezeigt, den Zeitraum fest, auf den sich der Bericht bezieht.

Als Zeitraum können Sie Jahre, Quartale und Monate wählen. Außerdem kann bestimmt werden, wie viele vergangene und zukünftige Zeiträume im Bericht berücksichtigt werden.

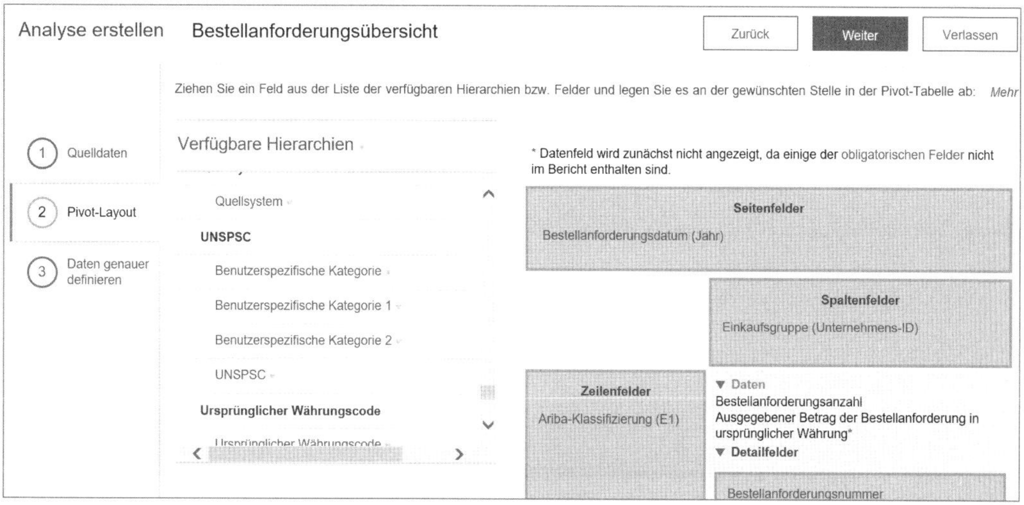

Abbildung 6.31 Analyse erstellen – Schritt 2: Pivot-Layout festlegen

Abbildung 6.32 Analyse erstellen – Schritt 3: Zeitraum bestimmen

Den so erzeugten Bericht können Sie abspeichern und später unter **Verwalten • Persönlicher Arbeitsbereich** wiederfinden.

6.4.3 Export von Berichten

Sie können jeden Bericht exportieren, egal, ob vordefiniert oder von Ihnen selbst erstellt. Dabei wird Microsoft Excel als externe Applikation aufgerufen, wie in Abbildung 6.33 gezeigt wird. Für den Export von Berichten wird ein ActiveX-Plug-in benötigt. Diese Funktionalität wird im Moment nur für den Microsoft Internet Explorer angeboten.

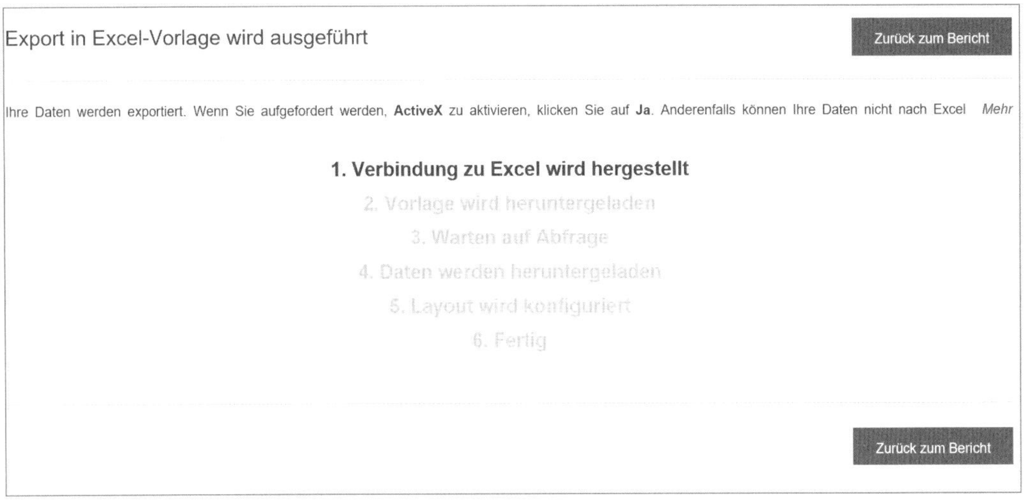

Abbildung 6.33 Export eines Berichts

Enthaltene Informationen

Der exportierte Bericht enthält alle Informationen des Berichts in SAP Ariba. Eine komplette Pivot-Tabelle ist ebenso vorhanden wie verschiedene Diagramme. Abbildung 6.34 zeigt ein Kreisdiagramm des Berichts »Katalogdetails« in Microsoft Excel.

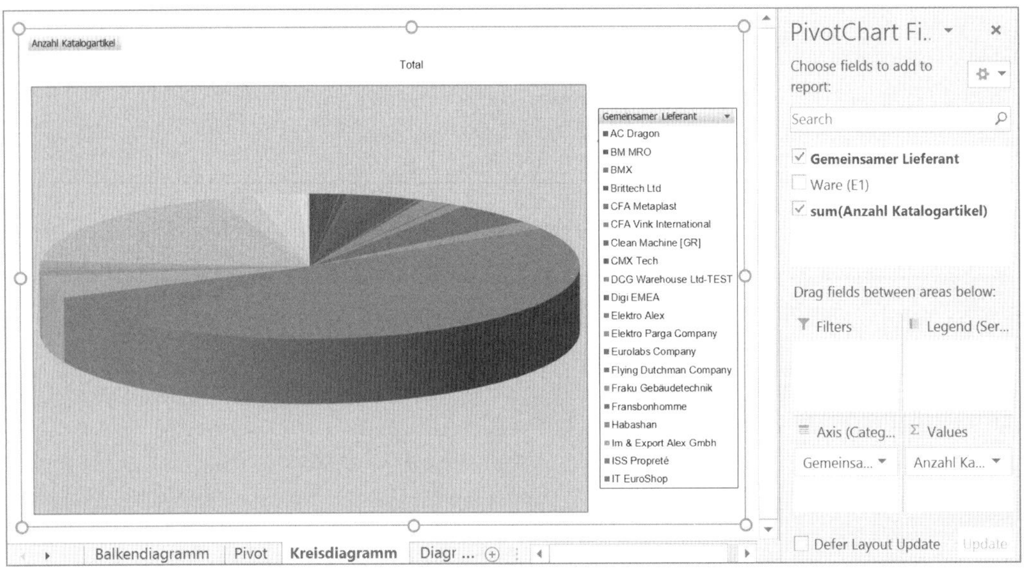

Abbildung 6.34 Exportierter Bericht in Microsoft Excel: Kreisdiagramm

6.4.4 Berichte einplanen

Ein Bericht kann manuell gestartet oder eingeplant werden. Eingeplante Berichte werden ausgeführt und als ZIP-Datei an eine bestimmte Adresse gesendet. Um einen Bericht einzuplanen, wählen Sie, wie in Abbildung 6.35 gezeigt, aus dem Menü des Berichts die Option **Im Hintergrund ausführen** aus.

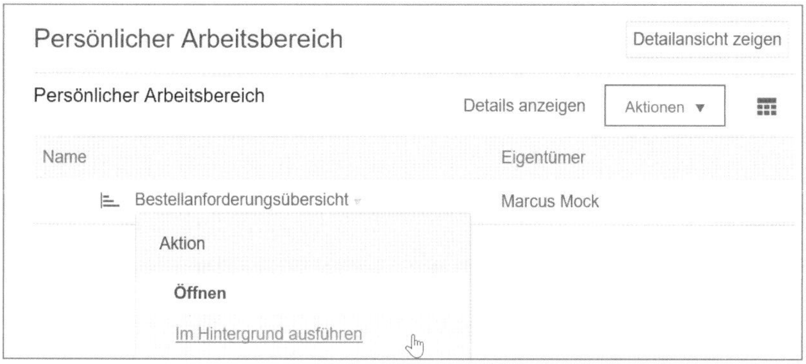

Abbildung 6.35 Bericht im Hintergrund ausführen

Zeitplan definieren

Auf diese Weise kann wie in Abbildung 6.36 der Zeitplan für den Hintergrundbericht festgelegt werden.

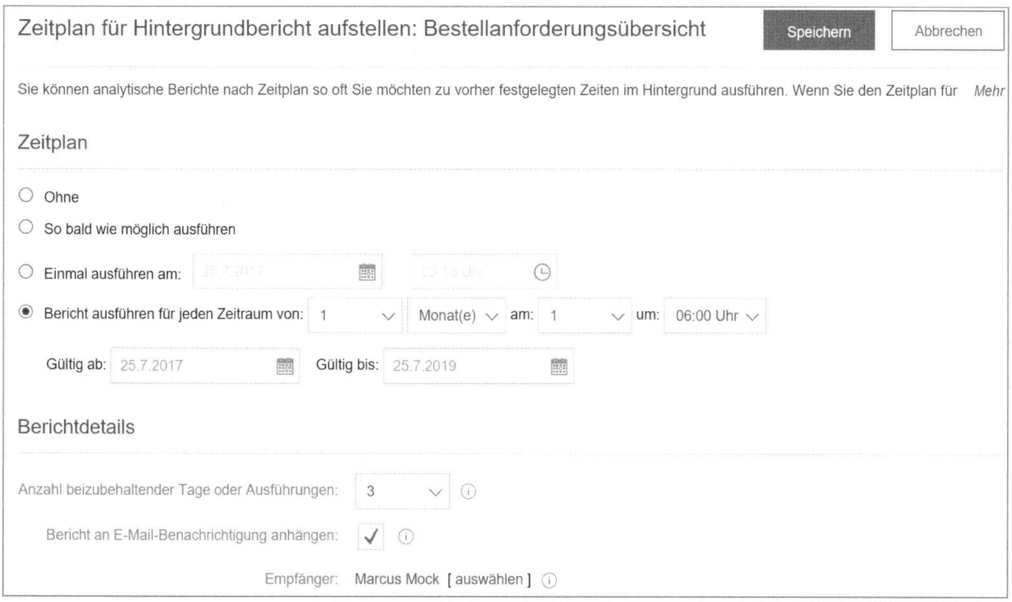

Abbildung 6.36 Zeitplan für Hintergrundbericht

Sie können z. B. einen Bericht für die sofortige Ausführung einplanen, um inzwischen etwas anderes zu tun. Sie können aber auch, wie in Abbildung 6.36 gezeigt, den Bericht für 1 Jahr lang jeden Monat am Monatsersten an eine bestimmte Liste von Adressaten versenden lassen. Auf diese Weise können Personen automatisiert und regelmäßig mit Berichten versorgt werden, ohne dass dafür noch manueller Aufwand anfällt.

6.5 Entwicklung

SAP-Ariba-Lösungen sind Public-Cloud-Lösungen. Dadurch sind die Möglichkeiten der Entwicklung eingeschränkt. Sie als Kunde haben keinen direkten Zugriff auf den Quellcode der Lösung. In diesem Abschnitt werden die Möglichkeiten beschrieben, mit denen die SAP-Ariba-Lösungen angepasst oder erweitert werden können.

6.5.1 Kundeneigene Felder

SAP-Ariba-Lösungen können durch kundeneigene Felder erweitert werden. Im Rahmen des Designprozesses wird festgestellt, ob die Standardfelder zur Abbildung Ihrer Anforderungen ausreichen. Wenn dies nicht der Fall ist, können zusätzliche, kundeneigene Felder angelegt werden.

In der an SAP entrichteten Setup Fee sind zehn kundeneigene Felder pro SAP-Ariba-Lösung enthalten. In der Regel reichen den meisten Kunden zehn zusätzliche Felder. Weitere kundeneigene Felder können gegen eine geringe zusätzliche Gebühr eingerichtet werden.

Besondere Bedeutung haben kundeneigene Felder, wenn eine vorhandene Lösung abgelöst wird. Bei SAP Ariba Contracts übernehmen Kunden vorhandene Verträge. Beim Design muss darauf geachtet werden, dass alle wichtigen Metadaten der vorhandenen Verträge übernommen werden, die im zukünftigen Vertragsmanagementprozess notwendig sind.

	A	B	C	D	E	F	G
1	Contract Management Custom Header Fields						
2	#	Header Field Name	Type of Header Field (See Available Custom Fields Tab for Types)	Help Tip Text (Optional feature to add a description for users to review when completing the header fields.)	Reportable?	Default Value (if applicable)?	Required?
3	*Sample*	*Termination for Convenience Charge*	*Money*	*Please enter the termination penalties.*	*Yes*		*Required to Create Project*
4	1						
5	2						
6	3						
7	4						

Abbildung 6.37 Vorlage zur Erfassung kundeneigener Felder

Wie in Abbildung 6.37 gezeigt, gibt es eine Vorlage für die Erfassung kundeneigener Felder.

Vorlage

Diese Vorlage dient dazu, alle Eigenschaften dieser Felder festzulegen, z. B. die Art des Feldes, die Bezeichnung, Auswertbarkeit, Vorbelegung und die Festlegung, ob es sich um ein Pflichtfeld handelt.

6.5.2 Programmierung über Programmierschnittstelle

Unter dem Namen SAP Ariba Open APIs (Application Programming Interface, auf Deutsch Programmierschnittstelle) wird die Möglichkeit geboten, SAP-Ariba-Lösungen um neue Funktionalitäten zu erweitern.

SAP Ariba Developer Portal

Mitarbeiter von Kunden, die einen gültigen Vertrag für SAP-Ariba-Applikationen haben, können auf dem SAP-Ariba-Developer-Portal (für Europa *https://eu.developer.ariba.com/api/*) einen Benutzer bekommen. Abbildung 6.38 zeigt den Registrierungsprozess für das SAP Ariba Developer Portal.

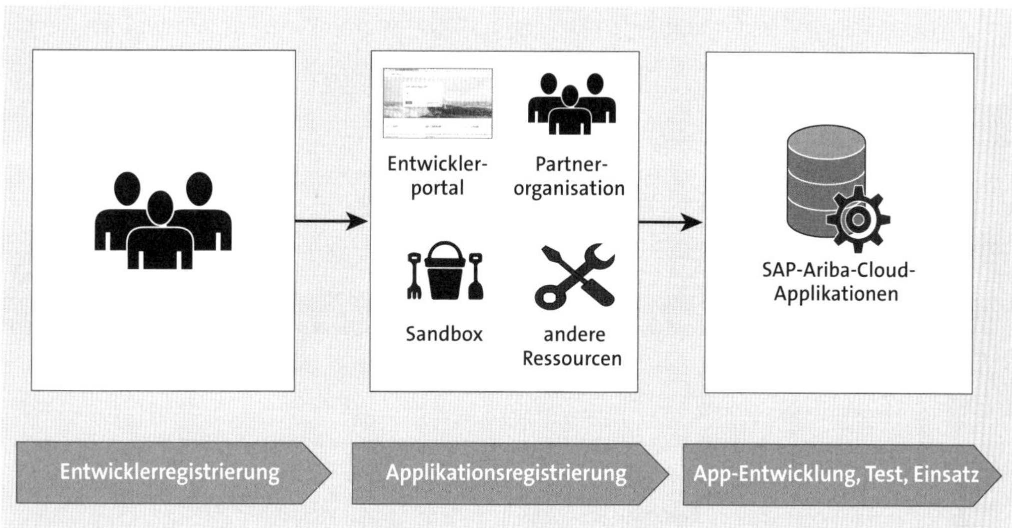

Abbildung 6.38 Registrierungsprozess SAP-Ariba-Developer-Portal

In diesem Portal können Sie, wie in Abbildung 6.39 gezeigt, allgemeine Informationen zum Arbeiten mit APIs abrufen.

Außerdem finden Sie in diesem Portal eine Dokumentation der vorhandenen APIs, um SAP-Ariba-Applikationen zu erweitern. Sie können neue Applikationen anlegen und alle vorhandenen Applikationen Ihres Unternehmens verwalten.

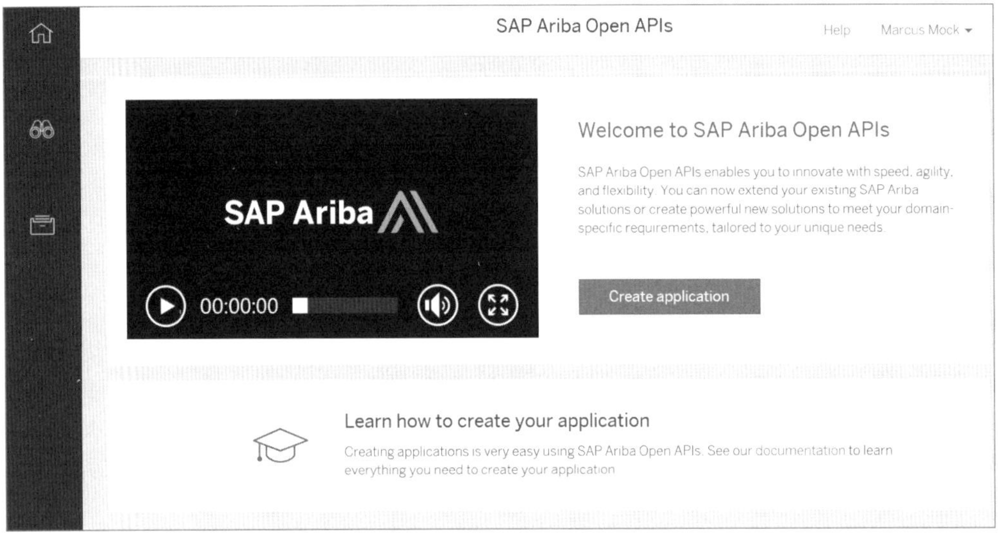

Abbildung 6.39 SAP-Ariba-Developer-Portal

API für Bestellanforderungen Wie in Abbildung 6.40 gezeigt, gibt es eine Programmierschnittstelle für die Freigabe von Bestellanforderungen.

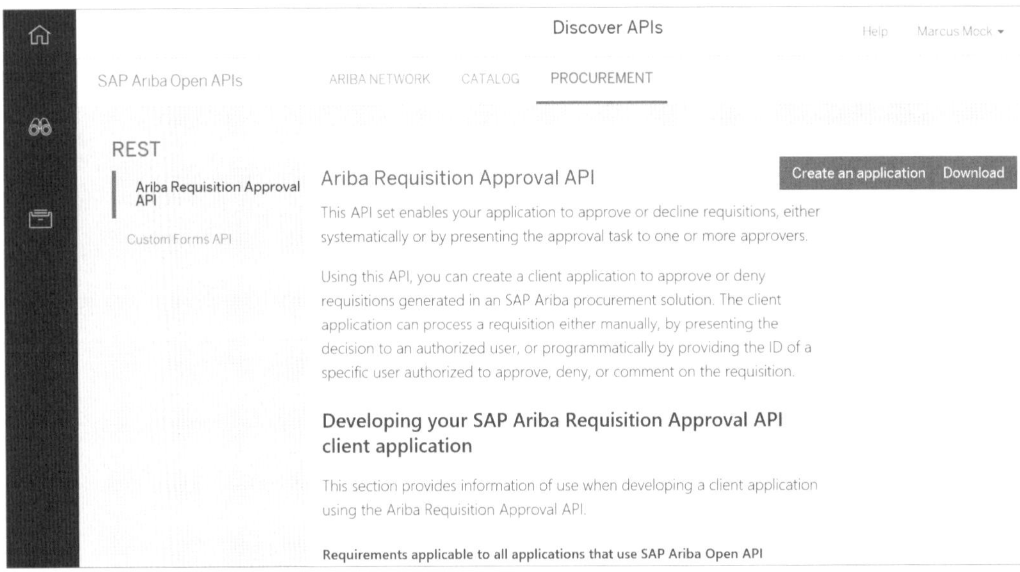

Abbildung 6.40 API für die Freigabe von Bestellanforderungen

Über diese Programmierschnittstelle können Sie eine externe App realisieren, mit der Bestellanforderungen in SAP Ariba Buying oder SAP Ariba Buying and Invoicing freigegeben werden. Abbildung 6.41 zeigt schematisch eine solche Applikation.

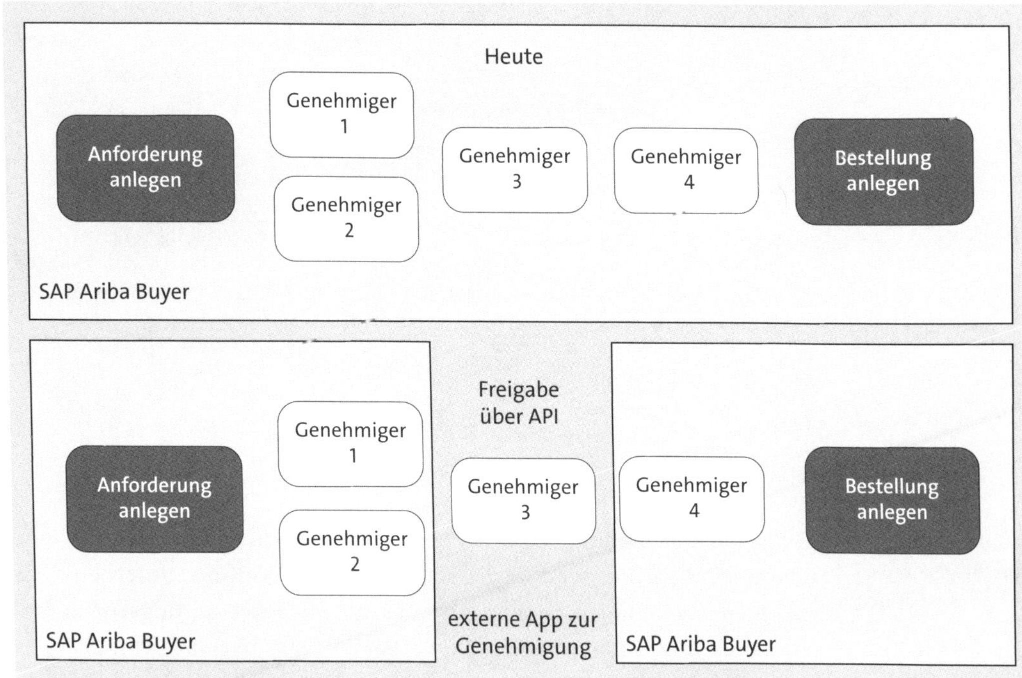

Abbildung 6.41 Beispiel einer Applikation, die die Programmierschnittstelle nutzt

Die aktuellen Informationen für die Programmierschnittstelle können im SAP-Ariba-Developer-Portal abgerufen werden. Weitere Informationen zu diesem Thema finden Sie unter *https://developer.ariba.com/api/* oder in folgendem Buch: James Wood: SAP HANA Cloud Platform. Das Handbuch für Entwickler. SAP PRESS Bonn, 2015.

Wir empfehlen, für die Realisierung solcher Apps *SAP Cloud Platform* als Entwicklungsplattform zu nutzen.

6.5.3 Verbesserungsvorschläge

Mit einem Verbesserungsvorschlag (*Enhancement Request*) können Sie als Benutzer eine neue Funktionalität oder eine Änderung einer bestehenden Funktionalität vorschlagen.

Im SAP-Ariba-Support-Portal (*http://s-prs.de/v457505*) gibt es eine eigene Kachel für **Verbesserungsvorschläge**. Wie in Abbildung 6.42 gezeigt, sind hier alle Aktionen und Informationen zu Verbesserungsvorschlägen zusammengefasst.

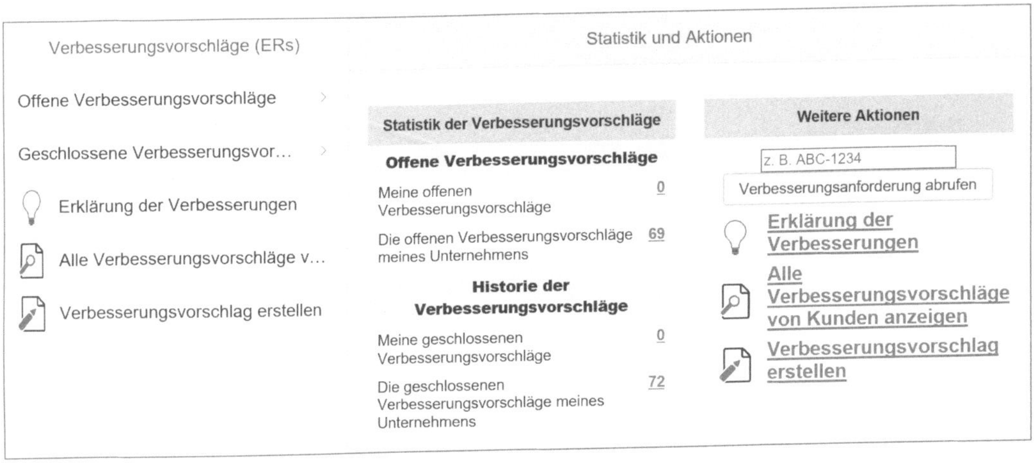

Abbildung 6.42 Übersicht der Verbesserungsvorschläge

Verbesserungsvorschläge erfassen und prüfen

An dieser Stelle können Sie einen neuen Verbesserungsvorschlag erfassen, offene und geschlossene Verbesserungsvorschläge Ihres Unternehmens einsehen sowie Informationen zum Prozess für Verbesserungsvorschläge einholen. Es ist auch möglich, alle Verbesserungsvorschläge von anderen Kunden anzuzeigen. Es gibt sehr viele solcher Verbesserungsvorschläge. Abbildung 6.43 zeigt eine Liste der Verbesserungsvorschläge für SAP Ariba Buying and Invoicing.

#	Übersicht der Verbesserungsvorschläge	Nummer	Meldendes Unternehmen	Kontakt	Status	Priorität
65.	We cant have varying SLAs in the system,which is a real bug difficulty since we cant have all departments taking the same time for processing requests in our company	ER-21304		Swati Gupta	To Do	P3
66.	Company code changed when Requester of Invoice is updated	ER-21572		Sean Zhang	To Do	P3
238.	Need parameter to control precision and scale of split accounting percentage values	ER-20228		Lee Taylor	To Do	P3
386.	Duplicate Sales Tax at line level	ER-17 (1-E3D09H)		Abe Franks	In Progress	
392.	Contract Credit memo are failing in the ERP system	ER-20536		MAIMUNA JONN-SAHO	To Do	P2
421.	Account Determination Rules: Add ability to default header-level values from the first line item	ER-20213		Lee Taylor	To Do	P3
426.	AN should display short pay invoice price, quantity and amount to suppliers on the AN	ER-3817 (1-CGBZCP)		Lindsay Tucker	In Progress	
480.	Exception on the Invoice is auto cleared by Credit Memo	ER-19547		See Keong Saw	To Do	P1
535.	Eliminate sales tax line items for POAmountVariance exceptions	ER-14158 (1-E3D09H)		Abe Franks	In Progress	
540.	Taxes on line level shipping charges	ER-1755 (1-DMWDBP)		Daniel Roth	In Progress	

Abbildung 6.43 Verbesserungsvorschläge für SAP Ariba Buying and Invoicing

Vorgehensweise

Der aktuelle Prozess für SAP-Ariba-Verbesserungsvorschläge sieht vor, dass die Verbesserungsvorschläge von allen Kunden regelmäßig geprüft, bewertet und für eine Umsetzung priorisiert werden. Der Schwerpunkt liegt hier auf der Verbesserung von bestehenden Funktionalitäten und der Steigerung der Kundenzufriedenheit und -produktivität. Verbesserungsvorschläge können zur Umsetzung eingeplant, zur Wiedervorlage in 18 Monaten markiert oder abgelehnt werden. Für eingeplante Verbesserungsvorschläge kann der genaue Status im Laufe der Umsetzung weiter eingesehen werden.

Probleme

Der aktuelle Prozess für Verbesserungsvorschläge hat einige Schwachstellen, wie z. B. die folgenden:

- Kunden erfassen Verbesserungsvorschläge unabhängig voneinander.
- Es werden viele Duplikate erfasst.
- Eine Konsolidierung ähnlicher Ideen ist schwierig.
- Es gibt keine ausreichende Transparenz bezüglich des Status jedes einzelnen Verbesserungsvorschlags aufgrund der schieren Masse an Ideen.
- Kunden können bei der Erstellung von Ideen nicht zusammenarbeiten.

Ideenmanagement

Deswegen soll mit September 2017 auch für SAP Ariba der SAP-Prozess für Ideenmanagement eingeführt werden. Der neue Prozess funktioniert wie folgt:

- Ein Kunde erfasst eine Idee bzw. einen Verbesserungsvorschlag.
- Andere Kunden stimmen für diese Idee, wenn diese für sie relevant ist.
- Nur Ideen mit einer Mindestanzahl an Stimmen werden geprüft und kommen für eine Umsetzung infrage.
- Kunden können bei der Erstellung von Ideen zusammenarbeiten.
- Die Priorisierung von Ideen ermöglicht einen skalierbaren Prozess der Bewertung und transparente Status-Updates.
- Alle Ideen, die nach drei Zyklen nicht akzeptiert wurden, werden automatisch geschlossen.

Weitere Informationen zu diesem Thema finden Sie im SAP-Ariba-Support-Portal unter der Kachel **Verbesserungsvorschläge** unter **Erklärung der Verbesserungen**.

Kapitel 7
Integration von SAP Ariba

Ein Grund, SAP Ariba statt einer anderen Cloud-Lösung im Einkauf einzusetzen, ist die einfache Integration in SAP ERP und SAP S/4HANA. In diesem Kapitel geben wir Ihnen einen Überblick über die Möglichkeiten von z. B. SAP Ariba Buying und dem Supply Chain Management. Außerdem stellen wir Ihnen neue Methoden der Anbindung vor, wie z. B. das Cloud Integration Gateway.

Für SAP-Kunden ist es enorm wichtig, dass die Systeme untereinander vernetzt werden können und somit die integrative Abwicklung von Prozessen ermöglicht wird. Daten sollen dabei einfach von einem in ein anderes System transferiert werden können, um Redundanzen und Doppelerfassungen zu vermeiden. Auch für SAP Ariba besteht diese Anforderung. Hier geht es meist um die Integration der Plattform in SAP ERP bzw. SAP S/4HANA. Stammdaten, die in SAP ERP vorhanden sind, sollen auch in SAP Ariba genutzt werden können. Zudem ist es auch von Vorteil, wenn Prozesse, wie z. B. die Anlage einer Bestellung, in SAP Ariba und die Kopie dieses Belegs in SAP unterstützt werden. In diesem Kapitel zeigen wir Ihnen die aktuellen Möglichkeiten der Integration.

7.1 Integration mit SAP ERP und SAP S/4HANA

Für die Anbindung der SAP-Ariba-Lösungen an die SAP-Backend-Systeme stehen verschiedene Möglichkeiten zur Verfügung. Die nachfolgenden Abschnitte geben einen Überblick der verschiedenen Optionen. Grundsätzlich wird zwischen direkten Anbindungsmöglichkeiten und dem Datenaustausch über die SAP Process Integration (PI) unterschieden.

7.1.1 Möglichkeiten der Integration

SAP Ariba ermöglicht einen bi-direktionalen Datenaustausch mit SAP ERP und SAP S/4HANA, der mehr als 150 Prozesse und 5.000 Felder umfasst. Die Anbindung wird über das *SAP Ariba Cloud Integration Framework* hergestellt.

Unterstützte Funktionen

Folgende Optionen werden hierbei grundsätzlich bereitgestellt:

- vorhandene Funktionen im SAP-S/4HANA-System
- Add-on auf dem SAP-ERP-System
- Adapter auf der SAP PI
- kundenindividuelle Integration

Abbildung 7.1 zeigt die Optionen der Anbindung im Überblick. Die verschiedenen Formen stehen sowohl Lieferanten als auch Kunden zur Verfügung.

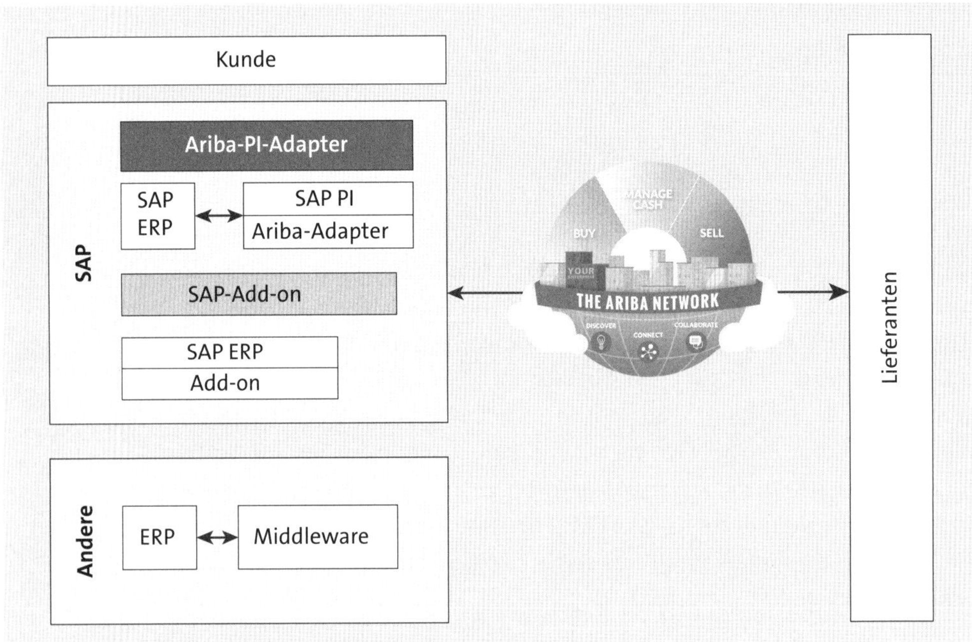

Abbildung 7.1 Integrationsmöglichkeiten

cXML

Mit SAP S/4HANA wird die Integration weiter verbessert. In dieser Lösung gibt es an vielen Stellen eine native Anbindung, die mit der commerce eXtensible Markup Language (cXML) umgesetzt wird.

Mehrere ERP-Systeme

Auch können mehrere ERP-Systeme mit dem Netzwerk verknüpft werden. Dieses Szenario wird als *Mediated* bezeichnet. Abbildung 7.2 zeigt die verschiedenen Möglichkeiten dazu. Den Datenaustausch können Sie realisieren, indem Sie Ihre SAP-Systeme an SAP Process Integration (PI) anschließen und hier den Ariba-Adapter für den Austausch anwenden. Alternative Option ist die einzelne Installation des Ariba-Add-ons auf den entsprechenden SAP-Systemen. Falls Ihr Unternehmen eine andere Middleware einsetzen möchte, steht Ihnen diese Option ebenfalls zur Verfügung, indem Sie den Ariba-Lightweight-Adapter verwenden.

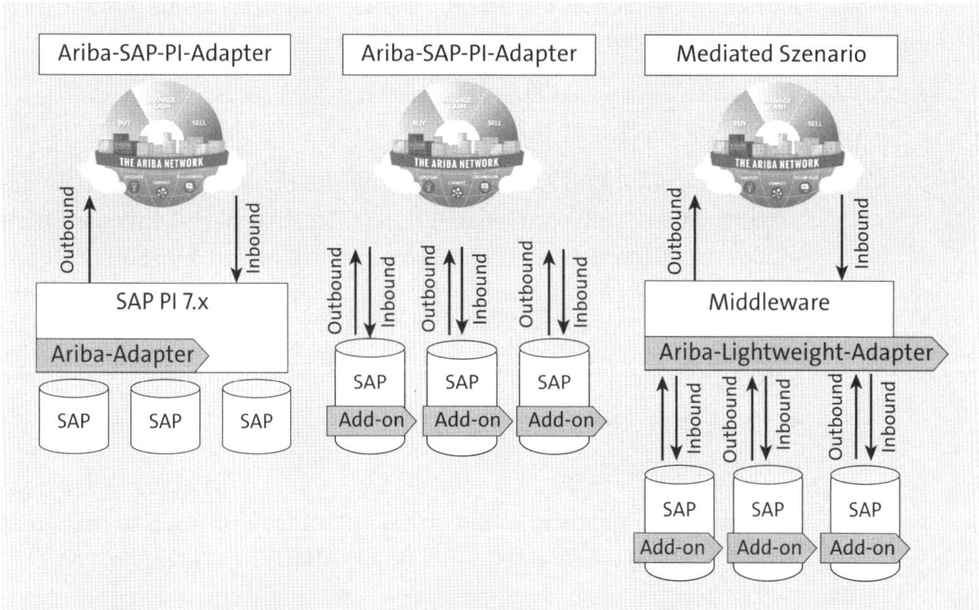

Abbildung 7.2 Anbindung mehrerer SAP-Systeme

Informationen laden

Alternativ zur technischen Anbindung der Systeme können bestimmte Informationen, wie z. B. Stammdaten, auch in das SAP-Ariba-System geladen werden. Dafür stehen CSV-Vorlagen zur Verfügung, mit denen Sie unter anderem Warengruppen, Incoterms und Buchungskreise in die SAP-Ariba-Lösung laden können.

7.1.2 Ariba-Cloud-Integration-Adapter

Wenn Sie den Adapter in SAP Process Integration (PI) einsetzen möchten, stehen Ihnen folgende Elemente zur Verfügung:

- Ariba-SAP-PI-cXML-Adapter für die sichere Kommunikation mit dem Ariba Network
- PI-Mappings für die Transformation der cXML-Nachrichten
- SAP-ABAP-Transporte für das SAP-System, um weitere Remote Function Calls (RFCs), ABAP-Proxys und Intermediate-Document-Erweiterungen (IDoc-Erweiterungen) zur Verfügung zu stellen

Für den Nachrichtenaustausch werden Standard-IDocs erweitert und um Elemente ergänzt, die im Namensraum (*/Ariba*) angelegt werden. Das Mapping für Standardfelder wird ebenfalls bereitgestellt.

Experten

Für die Implementierung des PI-Adapters benötigen Sie in Ihrem Unternehmen Experten für SAP Basis sowie für die SAP PI.

7.1.3 Add-on für SAP Business Suite

Sie können auf Ihrem SAP-System ein ABAP-Add-on installieren, das vollständig im SAP-Ariba-Namensraum liegt. Für den Nachrichtenaustausch gibt es zwei Varianten: die direkte Kommunikation mit dem Simple Object Access Protocol (SOAP) oder der Einsatz von ABAP und einer Middleware wie SAP PI.

Folgende Elemente werden hier angeboten:

- native cXML-Unterstützung
- Standard-Mapping

Diese Art der Implementierung erfordert Experten für die SAP Basis, SAP Materials Management (MM) sowie für die ABAP-Entwicklung.

7.1.4 Mediated Szenario

Für einen asynchronen Austausch und eine Konzentration der Integrationsaktivitäten auf die Middleware setzen Sie am besten den SAP-Ariba-Lightweight-PI-/PO-Adapter ein. Für diese Form der Anbindung wird der Ariba-Java-Adapter verwendet. Die Middleware (hier SAP PI) ruft die Informationen aus dem Netzwerk bzw. dem SAP-ERP- oder SAP-S/4HANA-System ab und tauscht diese mit dem jeweils anderen System aus. Die Überwachung des Nachrichtenaustausches erfolgt hierbei auf der Middleware. Auch alle Sicherheitszertifikate werden auf der Middleware eingerichtet.

Systemlandschaften

Das Mediated Szenario kann auch in solchen Systemlandschaften eingesetzt werden, die kein SAP PI als Middleware verwenden. Als technische Grundlage wird hier HTTP(S) im Sinne einer direkten Kommunikation eingesetzt. Im Gegensatz zur Nutzung von SAP PI wird ein synchroner Nachrichtenaustausch hergestellt. Der Datentransfer wird in diesem Fall vom SAP-ERP- oder SAP-S/4HANA-System gesteuert, und auch die zugehörige Überwachung erfolgt hier. Zertifikate werden hingegen auf der Middleware installiert.

7.1.5 Kundenindividuelle Adapter

Wichtige Aspekte

Natürlich steht es Ihnen auch frei, die Integration zwischen Ihrem ERP-System und SAP Ariba individuell zu definieren und umzusetzen. Hierfür benötigen Sie eine hohe Expertise für die Entwicklungen auf Ihrer Middleware und ebenso Experten für die Anpassungen in Ihrem ERP-System. Um dies umzusetzen, müssen Sie folgende Aspekte berücksichtigen:

- Kommunikation und Datenaustausch mit SAP Ariba unter Verwendung von cXML oder/und HTTP/S
- Daten-Mapping unter Verwendung von cXML (das Datenformat, das SAP Ariba verwendet)
- Datentransfer und -anreicherung, wenn notwendig (z. B. für Maßeinheiten)
- Unterstützung von Anlagen
- interne Weiterleitungsmechanismen, wenn mehrere ERP-Systeme angebunden werden sollen
- technische Bestätigungen sowie Monitoring des Datenaustausches

Für die Umsetzung einer kundenindividuellen Integration benötigen Sie Experten aus den Bereichen Middleware sowie dem Materialwirtschaftsbereich Ihres ERP-Systems.

7.2 Überblick über die Integration mit dem Ariba Network

Für die Integration mit dem Ariba Network stehen die vorhergenannten Methoden zur Verfügung:

- Add-on Ariba Network Integration for SAP Business Suite
- Ariba-Network-Adapter

Eine Vielzahl an Prozessen kann über das Ariba Network abgewickelt werden. In den folgenden Abschnitten stellen wir Ihnen die wichtigsten vor.

7.2.1 SAP-Business-Suite-Add-on

Das Ziel der Verwendung des Add-ons Ariba Network Integration for SAP Business Suite (siehe *https://help.sap.com/bni*) ist der native Datenaustausch zwischen dem SAP-ERP-System und dem Ariba Network. Auf den Einsatz von Business Application Programming Interfaces (BAPIs) oder IDocs wird in diesem Set-up verzichtet. Die Verwendung der Middleware als Austauschplattform ist im Rahmen des Mediated Szenarios möglich.

7.2.2 Ariba-Network-Adapter

Der Netzwerkadapter wird auf der SAP PI installiert. Er unterstützt die Übersetzung der Daten, die als IDoc oder von einem BAPI geliefert werden, in cXML.

Integrationskomponente

Diese Integrationskomponente besteht aus den folgenden Elementen:

- Designpaket für SAP PI, das Integrationsprozesse, Integrationsobjekte sowie Mapping enthält
- cXML-Adapter, der eine Anbindung an die Java Platform, Enterprise Edition (J2EE) ermöglicht, auf der SAP Ariba aufgesetzt ist
- Pakete für das SAP-ERP-System, um den Datenaustausch zu ermöglichen

7.2.3 Technische Voraussetzungen

In diesem Abschnitt wird ein grober Überblick über die technischen Voraussetzungen gegeben, um Ihr SAP-System mit den SAP-Ariba-Lösungen zu verbinden. Da die Integrationsmöglichkeiten kontinuierlich weiterentwickelt werden, kann hier nur der derzeitige Stand widergespiegelt werden.

Integrierbare Ariba-Lösungen

Die folgenden SAP-Ariba-Lösungen ermöglichen einen Datenaustausch mit SAP S/4HANA:

- Ariba Network
- SAP Ariba Buying
- SAP Ariba Buying und Invoicing
- SAP Ariba Catalog
- SAP Ariba Commerce Automation
- SAP Ariba Invoice Management
- SAP Ariba Payables
- SAP Ariba Sourcing
- SAP Ariba Strategic Sourcing Suite
- SAP Ariba Supplier Information and Performance Management (SIPM)
- SAP Ariba Supplier Lifecycle and Performance (SLP)
- SAP Ariba Contracts
- SAP Ariba Supply Chain Collaboration

SAP-S/4HANA-Lösungen

Sie können für die Integration den Ariba-Network-Adapter für SAP NetWeaver verwenden. Für Nutzer des SAP-ERP-Systems wird Version 6 mit EHP4 bis EHP8 vorausgesetzt. Folgende SAP-S/4HANA-Lösungen werden unterstützt:

- SAP S/4HANA, on-premise edition 1610
- SAP S/4HANA, on-premise edition 1511
- SAP S/4HANA Finance
- SAP Simple Finance, on-premise edition 1503
- SAP S/4HANA Finance 1605

Middleware

Mit folgenden Versionen der Middleware können Sie die Anbindung zwischen SAP ERP und SAP Ariba herstellen:

- SAP Process Integration 7.1
- SAP Process Integration 7.3
- SAP Process Integration 7.31
- SAP Process Integration 7.4
- SAP Process Integration 7.5

Weitere Informationen zur Integration erhalten Sie unter folgendem Link: *http://s-prs.de/v457506*.

7.2.4 Abwicklung des Dokumentenaustausches über das Ariba Network

Dokumente für den Austausch

Für den Belegaustausch über das Ariba Network gibt es eine große Anzahl von Möglichkeiten, die genutzt werden können. Üblicherweise werden die folgenden Dokumente zwischen dem SAP-System und Ariba ausgetauscht:

- Bestellung, Bestelländerung, Bestellstorno
- Auftragsbestätigung
- Lieferavis
- Rechnung

Neben diesen Belegen können weitere Statusinformationen, wie z. B. zum erfolgten Wareneingang, zur Freigabe der Rechnung oder auch zur Auslösung der Zahlung an das Netzwerk, weitergegeben werden. Im Rahmen einer Implementierung können bis zu zehn Dokumente realisiert werden. Weitere Dokumente können jederzeit kostenpflichtig umgesetzt werden.

Da es sich um eine standardisierte Schnittstelle handelt, werden kundeneigene Felder der Bestellung nicht automatisch in die cXML-Datei übernommen. Diese kundeneigenen Felder und etwaige andere Besonderheiten Ihres Unternehmens werden im Rahmen von kleinen Erweiterungen in BAdIs eingebaut.

Anlagen

Ebenso zu berücksichtigen ist die Handhabung von Anlagen zur Bestellung. Ariba ermöglicht in einigen Prozessen die Weitergabe von Anlagen, wie z. B. von Zeichnungen im Rahmen der Bestellung oder von Ergänzungen zur Rechnung. Jedoch sind hier einige Herausforderungen wie die Bereitstellung der Dokumente für den Export bzw. Import zu meistern.

Je nach Set-up Ihres Bestellprozesses kann es zudem notwendig sein, weitere Definitionen und Festlegungen zu überarbeiten. Dazu zählt z. B. der Umgang mit Bestelländerungen. Da der Dokumentenaustausch auf dem Prinzip der Bestellumwandlung aufbaut, ist es notwendig, das Bestelldokument stets aktuell zu halten. Andernfalls kann dies in Folgeprozessen wie der Rechnungsstellung zu Problemen führen. Als Beispiel sei hier folgender Fall beschrieben: Die Bestellung wird mit einem Preis von 10 € pro Stück erstellt. Der Lieferant bestätigt einen Preis von 11 € und liegt damit innerhalb der definierten Toleranz. Wenn Sie nun eine geringere Abweichung in der Rechnung erlaubt haben, dann kann der Lieferant ohne Aktualisierung der Bestellung die Rechnung nicht erfassen.

7.3 Überblick über SAP Ariba Supply Chain Collaboration

Neben den grundlegenden Bestellbelegen gibt es weitere Funktionen für die Optimierung der Prozesse im Rahmen des Supply Chain Managements. Diese Prozesse sind von besonderer Bedeutung für die Beschaffung von Direktmaterialien.

Prozesse

Dies ermöglicht unter anderem die Abwicklung folgender Prozesse:

- Lohnbearbeitung
- Konsignationslager
- Planungsvorschau
- lieferantengesteuerter Bestand (Supplier Managed Inventory)
- Rücklieferungen

Üblicherweise wird für die Direktmaterialbeschaffung zunächst eine Planungsvorschau erstellt, die dann dem Lieferanten bereitgestellt wird. Der Lieferant erhält somit einen frühen Einblick in die geplanten Bedarfe und kann dazu eine Antwort verfassen. Somit ist eine rechtzeitige Aufdeckung von Fehlmengen möglich. Dieses Vorgehen führt zu einer höheren Planungssicherheit. Anschließend werden Bestellungen erzeugt, die dann über das Netzwerk an den Lieferanten weitergegeben werden. Die Auftragsbestätigung sowie das Lieferavis folgen.

Ebenso werden die Wareneingangsmeldung, die Rechnung, der Rechnungsstatus sowie das Zahlungsavis übermittelt. Abbildung 7.3 zeigt die grundlegenden Prozesse der Integration.

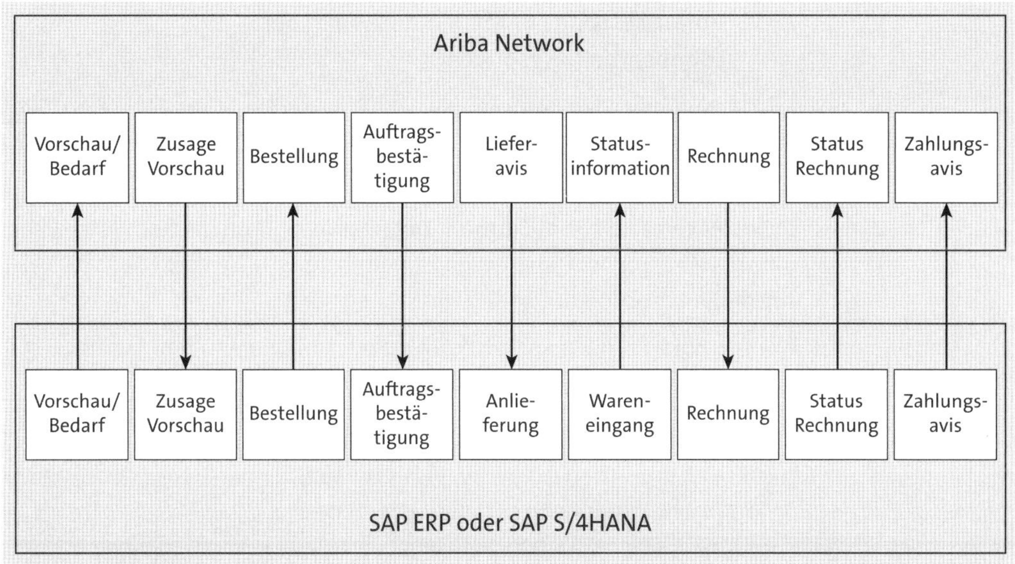

Abbildung 7.3 Basisprozesse der Supply Chain Integration

7.3.1 Abwicklung von Lohnbearbeitungsprozessen

Lohnbearbeitung ist die Beauftragung eines externen Partners, bestimmte Herstellungsschritte durchzuführen. Bei der Lohnbearbeitung können halbfertige oder auch fertige Artikel hergestellt werden. Die für die Herstellung benötigten Komponenten werden entweder vom beauftragenden Unternehmen bereitgestellt oder vom Hersteller selbst beschafft. Meist gibt es eine Kombination aus bereitgestellten und fremdbeschafften Komponenten. Zur Lohnbearbeitung gehört der ERP-Positionstyp L – für Lohnbearbeitung. Ein Material, das mit diesem Typ bestellt wird, besteht meist aus einer Stückliste, die die Bestandteile des zu fertigenden Artikels umfasst. Darin inkludiert können bereitgestellte Materialien sein, also Materialien, die vom beauftragenden Unternehmen zur Verfügung gestellt werden. Bereitgestellte Materialien befinden sich rechtlich gesehen im Besitz des Auftraggebers, auch wenn sich diese nicht im Lager befinden. Deshalb gibt es für diese Bestände einen expliziten Beistellbestand im ERP-System.

Abwicklung und Darstellung

Für die Abwicklung der Lohnbearbeitungsprozesse gibt es zwei verschiedene Aspekte zu berücksichtigen. Das ist auf der einen Seite die Abwicklung der Lohnbearbeitungsbestellung und auf der anderen Seite die korrekte Darstellung des Lohnbeistellungsbestandes.

7.3.2 Voraussetzung zur Implementierung der Lohnbearbeitungsprozesse

Aus technischer Sicht müssen Sie die Erweiterung **SAP_APPL_6.XX_XX_XX.tpz** für Ihr ERP-System vom Servicemarktplatz laden. Für SAP PI wird folgende Komponente verwendet:

GoodsMovementERPNotification_Out aus dem Namensraum *http://sap.com/xi/APPL/Global2*. Ihre Systeme müssen mindestens cXML 12.031 oder eine höhere Version unterstützen.

Einstellungen

Weitere Einstellungen, die Sie vornehmen müssen, um den Lohnbearbeitungsprozess abzubilden, sind folgende:

- Einrichtung der Steuerschlüssel für die Sichtbarkeit in der Herstellung
- Einrichtung der Steuerschlüssel für die Bestellung zur Verbuchung der Auftragsbestätigungen und des Lieferavis
- Konfiguration der Warenbewegungen zur Anlage von Auslieferungen für die Komponenten
- Einrichtung des Versands des Lieferavis an zwei verschiedene Standorte (für den Prozess des Transitverbrauchs)
- Einrichtung der Wareneingangsprozesse
- Einrichtung der Konditionssätze für den Wareneingang
- Implementierung des SAP-Hinweises 1993787
- Aktivierung der Business Function LOG_MM_OM_01 für den Prozess des Echtzeitverbrauchs

7.3.3 Abwicklung der Lohnbearbeitungsbestellung

Wird in Ihrem SAP-ERP- oder SAP-S/4HANA-System eine Bestellung mit Positionstyp *Lohnbearbeitung* erzeugt, so können Sie diese wie eine normale Bestellung an das Ariba Network senden. Der Lieferant schickt Ihnen eine Auftragsbestätigung und in weiterer Folge ein Lieferavis. Auch eine Rechnung kann wie gewohnt gestellt werden.

Abbildung 7.4 fasst den Prozess im Überblick zusammen.

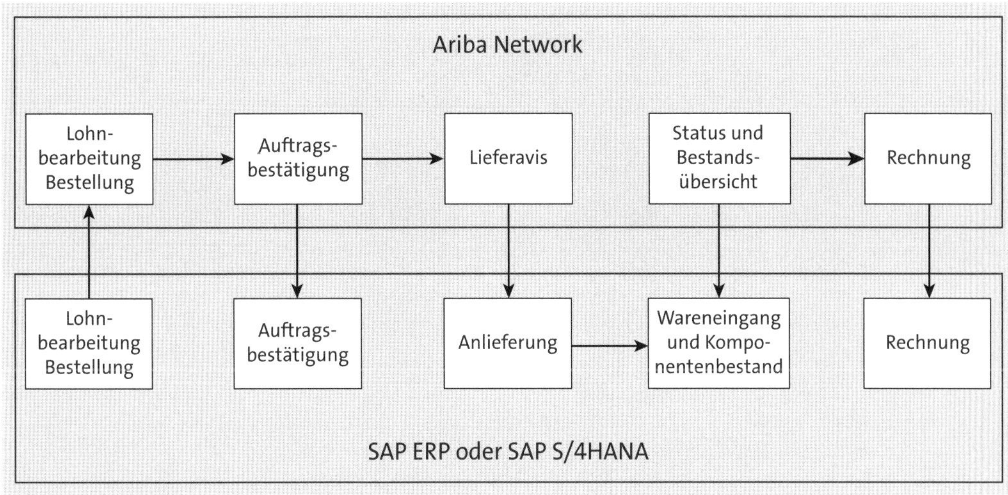

Abbildung 7.4 Lohnbearbeitungsbestellung

7.3.4 Handhabung des Lohnbeistellungsbestandes

Über das Ariba Network können Sie auch den Lohnbeistellungsbestand transparenter abwickeln. Dafür stehen Ihnen drei verschiedene Möglichkeiten zur Verfügung:

- direkter Verbrauch (auch einstufiger Prozess genannt)
- Transitverbrauch (auch zweistufiger Prozess genannt)
- Echtzeitverbrauch

Direkter Verbrauch

Für den Prozess des direkten Verbrauchs versenden Sie als Unternehmen die Komponenten an den Lohnhersteller. Sie erzeugen einen Beleg, der einerseits das Lieferavis für den Versand der Komponenten sowie die Bestandsübersicht für den Lohnbeistellungsbestand umfasst. Sobald der Lieferant die Komponenten erhalten hat, sendet er eine Bestätigung an das beauftragende Unternehmen zurück. Dieser Prozess wird in Abbildung 7.5 dargestellt.

Transitverbrauch

Ein ähnlicher Prozess ist der Transitverbrauch, der in Abbildung 7.6 dargestellt wird. Hier versendet das beauftragende Unternehmen die Komponenten und erzeugt für diese ein Lieferavis, das an den Lohnbearbeiter versendet wird. Sobald der Lieferant die Waren erhalten hat, sendet er eine Empfangsbestätigung. Anschließend wird die aktualisierte Bestandsübersicht übermittelt.

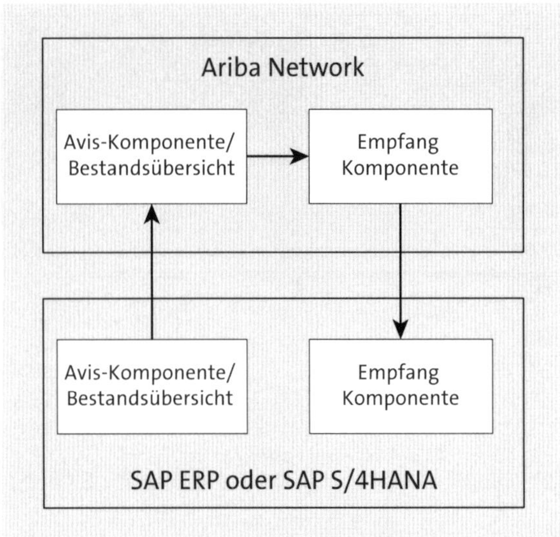

Abbildung 7.5 Direkter Verbrauch

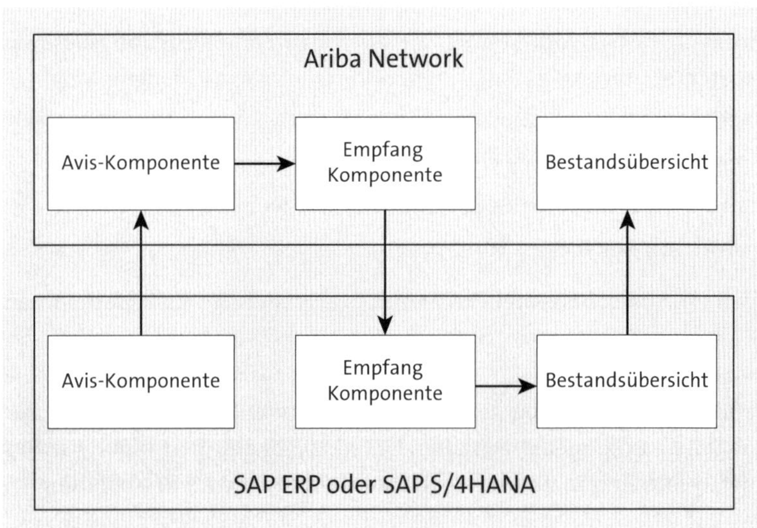

Abbildung 7.6 Transitverbrauch

Echtzeitverbrauch

Der dritte mögliche Prozess ist der Echtzeitverbrauch, wie in Abbildung 7.7 dargestellt. Hier versendet das beauftragende Unternehmen die Komponenten an den Hersteller. Der Hersteller verbraucht die Waren und sendet die entsprechende Verbrauchsmeldung über das Ariba Network an den Besteller. Der Verbrauch wird verbucht und eine aktualisierte Bestandsübersicht an den Hersteller gesendet.

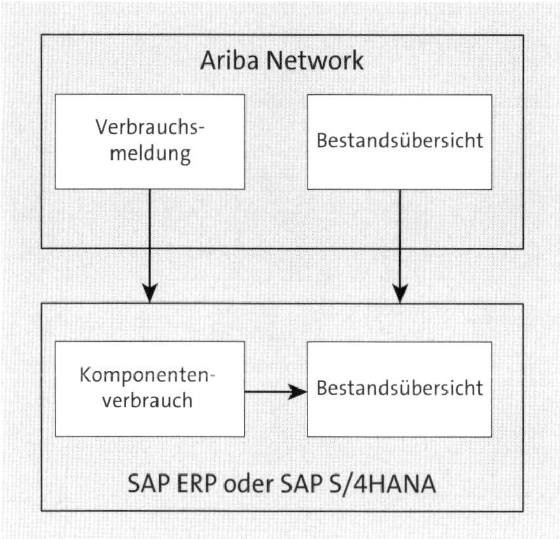

Abbildung 7.7 Echtzeitverbrauch

7.3.5 Verwendung der Manufacturing Execution Visibility

Lohnhersteller können an das einkaufende Unternehmen den Status der Herstellung mithilfe der Komponente *Manufacturing Execution* (MES) schicken.

7.3.6 Unterstützung der Prozesse für Konsignationslager

Das *Konsignationslager* ist ein Lager des Lieferanten bzw. des Dienstleisters, das sich in der Nähe des oder auch häufig auf dem Gelände des Kunden befindet. Die Waren bleiben so lange im Eigentum des Lieferanten, bis sie vom Kunden entnommen werden. Das Ariba Network unterstützt diesen Prozess, indem der Kunde eine Bestellung für Konsignationsgüter an den Lieferanten schickt.

Davon unabhängig bucht der Auftraggeber bei Erhalt der Waren einen Wareneingang, auf dessen Basis die Rechnung erzeugt wird. Dieses Verfahren wird in Abbildung 7.8 visualisiert.

Konsignationsbuchung

Nachdem das beauftragende Unternehmen die Waren erhalten hat, werden eine Konsignationsbuchung mit der SAP-Transaktion MB1B und die Überführung des fremden in den eigenen Bestand durchgeführt.

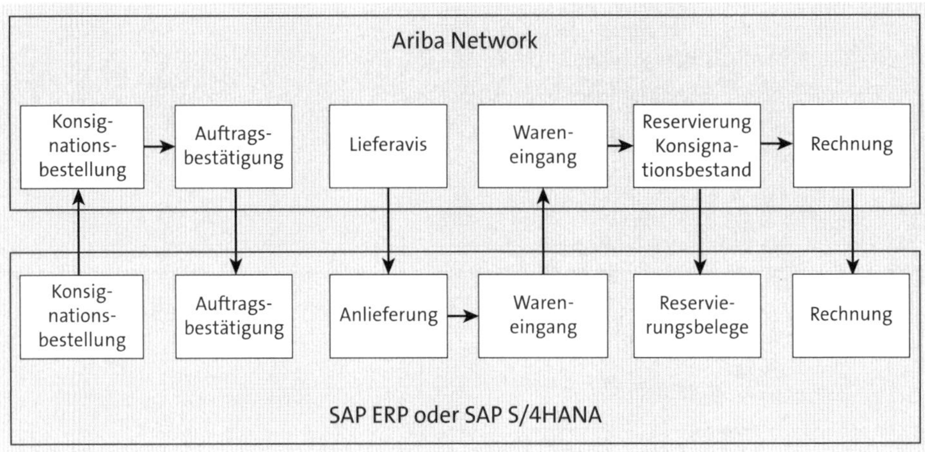

Abbildung 7.8 Konsignationslagerprozess

7.3.7 Finanzierungsmodelle für die Supply Chain

Über das Ariba Network können Drittanbieter vorgezogene Zahlungen an Lieferanten anbieten. Dafür wird in der Regel ein Abschlag in Rechnung gestellt. Andererseits erhält das einkaufende Unternehmen die Möglichkeit, das Zahlungsziel in die Zukunft zu verschieben. Dies wird in Abbildung 7.9 dargestellt.

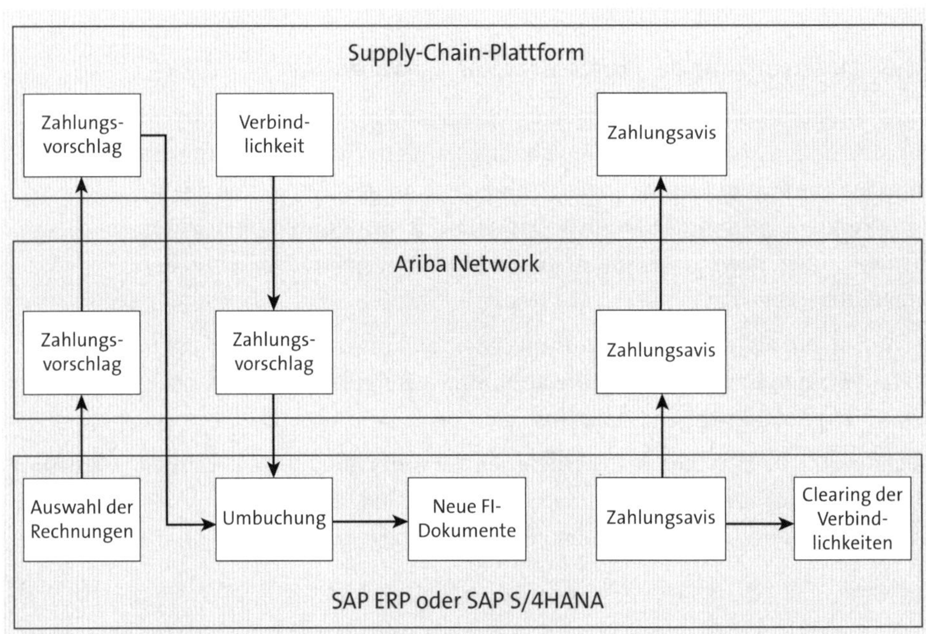

Abbildung 7.9 Supply-Chain-Finanzierung

Somit erhalten beide Parteien die Option, das Betriebskapital besser zu managen. Die Finanzierung wird von einem autorisierten Unternehmen durchgeführt, das freigegebene Rechnungen vorzeitig zahlt.

7.3.8 Unterstützung des Zahlungsprozesses

Mit dem Ariba Network können Sie Ihre Zahlungsdateien direkt an Ihre Bank übermitteln. Abbildung 7.10 stellt diesen Prozess des Ariba Network dar.

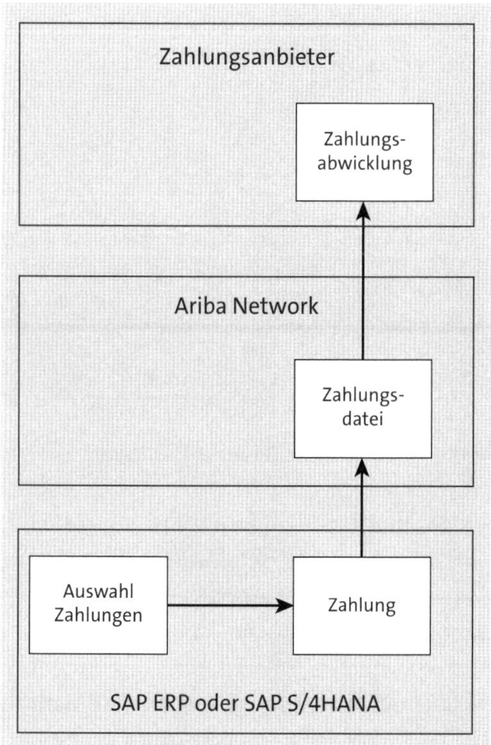

Abbildung 7.10 Zahlungsabwicklung

7.3.9 Automatisierung von Angeboten

Quote Automation

Unternehmen stehen, wie bereits in Kapitel 3, »Strategischer Einkauf«, beschrieben, vielfältige Möglichkeiten zur Verfügung, Ausschreibungs- oder Anfrageprozesse über Ariba abzubilden. Wenn Sie SAP Ariba Sourcing nicht verwenden möchten, steht Ihnen der Prozess der Automatisierung von Angeboten, auch *Quote Automation* genannt, offen. Der nachfolgende Prozess eignet sich allerdings nur für Ad-hoc-Anfragen und weniger für strategische Ausschreibungen.

Abbildung 7.11 zeigt den Prozess der Nutzung von SAP Ariba Discovery in der Integration mit anderen SAP-Systemen.

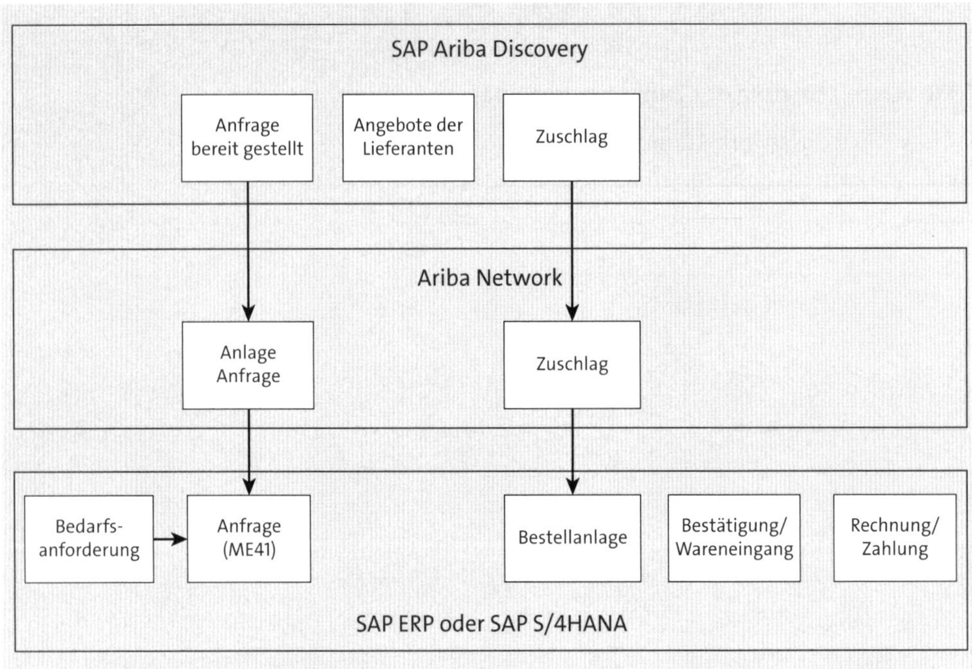

Abbildung 7.11 Automatisierung von Anfragen mit SAP Ariba Discovery

Ablauf

Sie beginnen mit der Erstellung einer Bedarfsanforderung im SAP-ERP- oder SAP-S/4HANA-System. Auf deren Basis wird eine SAP-Anfrage (Transaktion ME41) erzeugt. Diese versenden Sie über Ariba Network. Die Ausschreibung wird auf Ariba Discovery veröffentlicht. Lieferanten können Ihnen nun Angebote zu der Anfrage schicken. Die Zuschlagserteilung führen Sie entweder manuell oder auch nach definierten Regeln automatisch durch. Das ausgewählte Angebot wird über das Netzwerk zurück an Ihr SAP-System geschickt und eine Bestellung als Folgebeleg erzeugt. Nun können Sie wie gewohnt mit den Prozessen der Auftragsbestätigung, des Wareneingangs, der Rechnung sowie der Zahlung fortfahren.

7.4 Integration von SAP Ariba Sourcing und SAP Ariba Contracts

Für Unternehmen, die auf der einen Seite ihre operativen Prozesse weiterhin im SAP-ERP- oder SAP-S/4HANA-System abwickeln wollen und auf der anderen Seite die strategischen Prozesse mit diesen verknüpfen wollen, stehen verschiedene Integrationsmöglichkeiten der SAP-Ariba-Lösungen zur Verfügung.

7.4.1 Anbindung von SAP Ariba Sourcing und SAP Ariba Contracts

Ausschreibungen

Sie können Ausschreibungsprozesse in SAP Ariba Sourcing aus Ihrem ERP-System heraus initiieren. Folgende Optionen stehen Ihnen für die Integration zur Verfügung:

- Manuell erstellte Bedarfsanforderung und anschließende Anlage einer SAP-Anfrage. Diese wird an SAP Ariba Sourcing versendet, um den Ausschreibungsprozess dort fortzuführen.
- Automatisch erstellte Bedarfsanforderung, z. B. aus dem Material Requirements Planning (MRP), als Basis einer Anfrage, die in den Sourcing-Prozess in SAP Ariba überführt wird
- Die manuell erstellte SAP-Anfrage wird als Basis für einen Sourcing-Prozess in SAP Ariba verwendet.

Zuschlag und Folgebelege

Wenn Sie den Prozess wie in Abbildung 7.12 durchführen, können Sie aus dem Zuschlag einen Folgebeleg im SAP-System anlegen. Mögliche SAP-Folgebelege sind z. B. die Anlage einer Bestellung oder eines Mengen- bzw. Wertkontrakts.

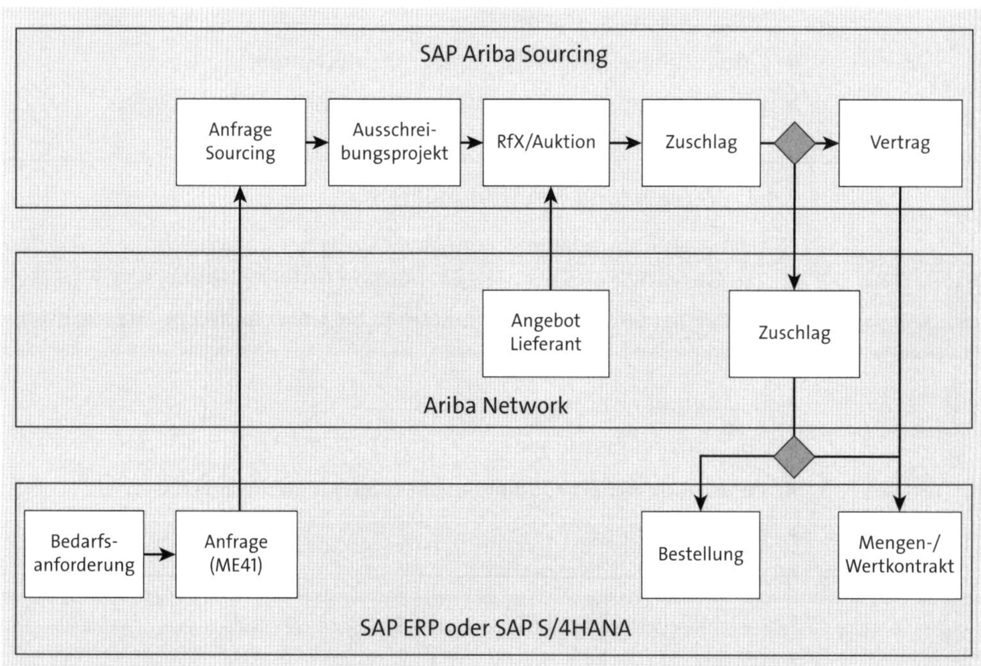

Abbildung 7.12 Anbindung von SAP Ariba Sourcing

Für die Anbindung benötigen Sie den SAP-Ariba-Sourcing-Adapter. Besonders achten müssen Sie bei der Integration auf die Verwendung der richtigen Mengeneinheiten. Weiterhin ist zu beachten, dass Sie für die Anlage von kontierten Belegen immer die SAP-Bedarfsanforderung als Ausgangsbeleg anlegen müssen. Die notwendigen Kontierungsangaben werden z. B. für die Anlage der Bestellung aus der Bedarfsanforderung übernommen.

7.4.2 Technische Anforderung

Um SAP ERP mit SAP Ariba Sourcing zu integrieren, verwenden Sie den SAP-Ariba-Strategic-Sourcing-Adapter. Sie benötigen hier die folgenden Bestandteile:

- Ariba_Sourcing_Adapter
- Ariba_Sourcing_Custom_Adapter

Konfiguration

Für die technische Integration von Ariba Contracts verwenden Sie das cXML Contract Request sowie cXML Contract Status Update Request. Die folgenden Konfigurationsschritte müssen durchgeführt werden:

- Installation und Konfiguration des cXML-Adapters
- Der Adapter muss für die Verwendung der ESAPI-API eingerichtet werden.
- Konfiguration des ERP-Systems für die Integration der Stammdaten (siehe folgender Abschnitt)
- Einrichtung des Ariba-Network-Einkäuferkontos
- Konfiguration der notwendigen Parameter im Ariba Network

7.4.3 Verwendung von Stammdaten

Notwendige Stammdaten für die Abwicklung der Ausschreibungs- und Vertragsprozesse können aus dem SAP-System in die Ariba-Welt übernommen werden. Folgende Stammdaten können Sie unter anderem integrativ austauschen:

- Buchungskreise
- Einkaufsorganisationen
- Zuordnung der Einkaufsorganisationen zu Buchungskreisen
- Einkäufergruppe
- Incoterms
- Zahlungsbedingungen
- Werke
- Zuordnung der Werke zum Buchungskreis

- Zuordnung der Einkaufsorganisationen zum Werk
- Materialstammdaten
- Warengruppen
- Materialarten
- Stücklisten

Programme

Um Stammdaten aus dem ERP-System mit SAP Ariba zu integrieren, verwenden Sie das Programm Arba/Master_Data im ERP-System. Für den Austausch der Stücklisten benötigen Sie das Programm BOM_Master_Data.

Für den Export legen Sie im SAP-System fest, welche Stammdaten exportiert werden sollen. Dafür richten Sie einen Filter in dem Programm ein, das z. B. festlegt, welche Materialarten aus welchen Werken ausgetauscht werden sollen.

Validierungsregeln

In SAP Ariba können Sie dann Validierungsregeln für die Verwendung der Stammdaten einrichten. Die folgenden Regeln stehen zur Verfügung (siehe Tabelle 7.1):

Prüfung von	Beschreibung
Zuordnung Werk zum Buchungskreis	Prüft, ob das Werk in Kombination mit dem Buchungskreis verwendet werden darf.
Zuordnung Werk zum Materialstamm	Prüft, ob das Material für ein bestimmtes Werk verwendet werden darf.
Zuordnung Werk zur Einkaufsorganisation	Prüft, ob die Einkaufsorganisation im Zusammenhang mit einem Werk eingesetzt werden kann.
Zuordnung Einkaufsorganisation zum Buchungskreis	Prüft, ob die Einkaufsorganisation in Kombination mit dem Buchungskreis verwendet werden darf.

Tabelle 7.1 Validierung von Zuordnungen

Die genannten Validierungen können Sie komplett deaktivieren. Falls Sie die Prüfungen z. B. für die Integration der Ausschreibungsprozesse bzw. der Verträge verwenden wollen, können Sie zwischen den folgenden Varianten auswählen, sobald eine der in Tabelle 7.1 genannten Zuordnungen nicht zutrifft:

- Verhinderung der Veröffentlichung eines Ausschreibungsprojekts
- Anzeige einer Warnmeldung, mit der jedoch die Veröffentlichung des Projekts möglich ist
- komplette Deaktivierung einer oder mehrerer Prüfungen

Prüfungen

Weitere Prüfungen, die Sie für die Erstellung von Projekten anwenden können, sind folgende:

- verpflichtende Angabe der Warengruppe
- verpflichtende Angabe der Einkäufergruppe
- verpflichtende Angabe einer Menge
- verpflichtende Angabe des Stückpreises

Ist die Prüfung voll aktiviert, kann ein Projekt nur dann veröffentlicht werden, wenn die Pflichtangaben ausgefüllt sind.

7.4.4 Administratoren in SAP Ariba

Als Administrator von SAP Ariba stehen Ihnen zahlreiche Rollen sowie Funktionen zur Verfügung, mit denen Sie die Lösungen des Vertragsmanagements, des Sourcings oder auch der Beschaffung anpassen und konfigurieren können.

Administrationsrollen und -aufgaben

In diesem Abschnitt werden für einige ausgewählte SAP-Ariba-Standardrollen die zur Verfügung stehenden Aufgaben aufgelistet. Ein Benutzer kann selbstverständlich eine beliebige Kombination dieser Rollen haben. Wie Sie die Rollen- und Berechtigungsvergabe in Ihrem System vornehmen, obliegt Ihnen selbst. Abbildung 7.13 zeigt den Einstiegsbildschirm für die Administratoren.

Abbildung 7.13 Übersicht des Administrationsbereichs

Als Site-Manager gibt es folgende Aufgaben (siehe Tabelle 7.2):

Site-Manager

Aufgabe	Beschreibung
Datenimport/-export	Import und Export von Daten auf Ihre SAP-Ariba-Lösung
geplante Jobs	Ausführung von eingeplanten Jobs
Audit-Protokoll	Überwachung der Aktivitäten der Benutzer
User Session	Anzeige und Unterbrechung von Nutzer-Sessions

Tabelle 7.2 Aufgaben des Seitenadministrators

Als Integrations-Manager stehen Ihnen folgende Möglichkeiten zur Verfügung (siehe Tabelle 7.3):

Integrations-Manager

Aufgabe	Beschreibung
Datenimport/-export	Import und Export von Daten in/aus Ihrer SAP-Ariba-Lösung
Datendefinition	Überprüfung und Freigabe von Änderungen an Datendefinitionsänderungen sowie an Integrationsdefinitionen
Konfiguration der Integration	Aktivierung bzw. Deaktivierung von Integrationen
Endpunkt-Konfiguration	Anlage von Endpunkten, denen Integrationen zugeordnet werden können
Integrationssicherheit	Konfiguration der Sicherheitseinstellung für die Verwendung von HTTP

Tabelle 7.3 Aufgaben des Integrations-Managers

Die Rolle für die Pflege der Kunden- bzw. der Lieferantstammdaten umfasst die folgenden Aktivitäten aus Tabelle 7.4:

Stammdaten-Manager

Aufgabe	Beschreibung
Organisationen	Anlage, Ansicht, Bearbeitung und Deaktivierung von Lieferantenorganisationen
Benutzer	Anlage, Ansicht, Bearbeitung und Deaktivierung von Lieferantenbenutzern

Tabelle 7.4 Aufgaben des Stammdaten-Managers

Aufgabe	Beschreibung
Gruppen	Anlage, Ansicht, Bearbeitung und Deaktivierung von Lieferanten- und Kundengruppen
Datenimport und -export	Import und Export von Lieferantendaten und Daten von Kundenorganisationen sowie Benutzern
Import und Export von Lieferantenprofilen	Import und Export von Informationen für die Lieferantenprofile

Tabelle 7.4 Aufgaben des Stammdaten-Managers (Forts.)

Benutzer-Manager

Eine wichtige Aufgabe hat auch der Benutzer-Manager, der für die Anlage und Pflege von Benutzerkonten verantwortlich ist. SAP Ariba bietet eine besondere Funktion (siehe Abbildung 7.14), die es der Benutzeradministration erlaubt, als ein ausgewählter Benutzer zu agieren. Tabelle 7.5 nennt typische Aufgaben des Benutzer-Managers.

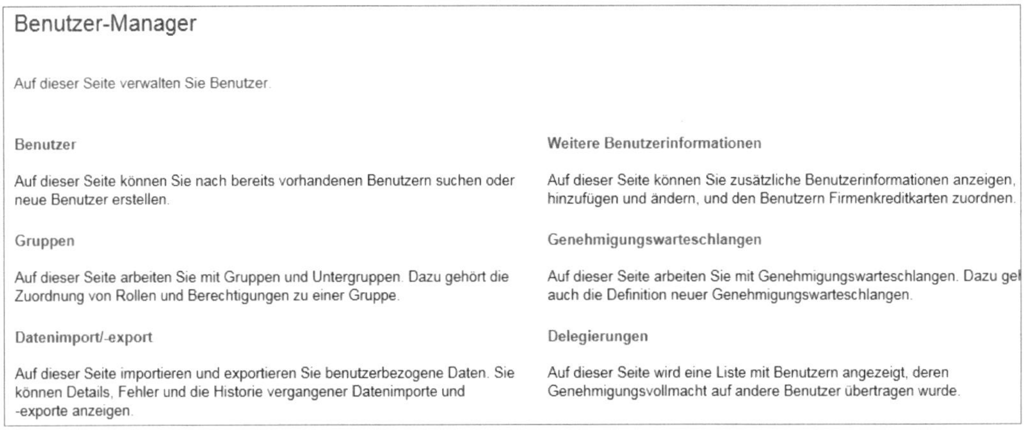

Abbildung 7.14 Benutzeradministrator

Aufgabe	Beschreibung
Benutzer	Anlage, Anpassung, Sperren, Entsperren und Deaktivierung von Benutzern, Zuordnung zu Gruppen, Generieren von Passwörtern, Handeln als Benutzer
Gruppen	Anlage und Anpassung von Gruppen
Organisationen	Anlage, Löschung und Anpassung von Gruppen
Daten Import und Export	Import und Export von Benutzerinformationen

Tabelle 7.5 Aufgaben des Benutzeradministrators

Aufgabe	Beschreibung
Vertretungen	Weiterleitung der Genehmigung an einen Vertreter sowie Anzeige einer Liste der Benutzer, die ihre Vertretung delegiert haben
Kontakte	Anlage, Anpassung und Löschung von Kontakten
Kontaktgruppen	Anlage, Anpassung und Löschung von Kontaktgruppen

Tabelle 7.5 Aufgaben des Benutzeradministrators (Forts.)

Berichts-Manager

Um Berichte zu erstellen und zu verwalten, benötigen Sie die Rolle des Berichts-Managers. Die Aufgaben des Berichts-Managers listet Tabelle 7.6 auf.

Aufgabe	Beschreibung
Fakten und Dimensionen	Anzeige von Fakten und Dimensionen in den Datenmodellen
Migration von Berichtsdaten	Migration von existierenden Berichtsdaten in SAP Ariba Spend Analysis
Kundeneinstellungen	Bearbeitung von Kundeneinstellungen wie der Sprache
flexible Felder	Einfügen von Kundenfeldern in Berichte
Savings-Berichte	Bearbeitung der Savings-Berichte, die in das Reporting einfließen sollen

Tabelle 7.6 Aufgaben des Berichts-Managers

Dashboard-Manager

Für die optimale Nutzung Ihrer SAP-Ariba-Lösung ist es notwendig, dass die Dashboards optimal genutzt werden können. Dafür verwenden Sie die Rolle des Dashboard-Managers. Er hat die folgende Aufgabe (siehe Tabelle 7.7):

Aufgabe	Beschreibung
Dashboard-Templates	Management der Dashboard-Templates

Tabelle 7.7 Aufgabe des Dashboard-Managers

Abbildung 7.15 zeigt den Administrationsbereich für den Dashboard-Manager. Hier können Sie verschiedene Vorlagen anlegen, diese Benutzern oder Benutzergruppen zur Verfügung stellen und auch eine Priorisierung vornehmen.

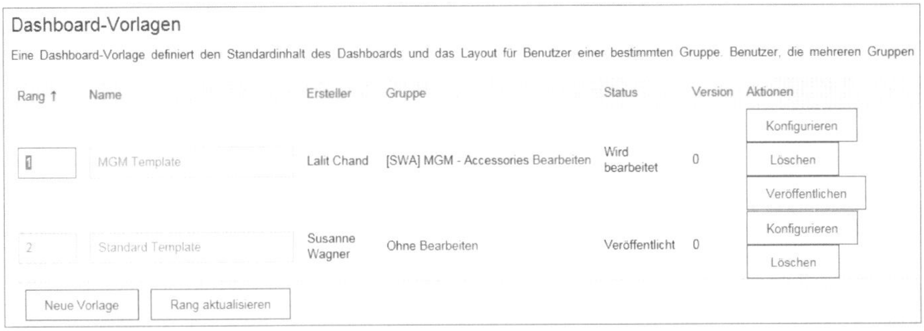

Abbildung 7.15 Dashboard-Manager

Projekt-Manager

Abschließend sei an dieser Stelle der Projekt-Manager als weitere Rolle in SAP Ariba aufgelistet. Diese Rolle verfügt über weitreichende Rechte und erlaubt unter anderem eine Massenpflege von Projekten oder auch den Import von Altverträgen in SAP Ariba Contracts. Tabelle 7.8 nennt die Aufgaben des Projekt-Managers.

Aufgabe	Beschreibung
Pflege der Stichwörter	Anlage bzw. Löschen von Stichwörtern für das Wissensmanagement
Ersetzen von Benutzern in Projekten	übergreifendes Ersetzen von Benutzern in vorhandenen Projekten
Import von Altverträgen	Import bestehender Verträge in Ariba Contracts
Statusübersicht zum Import von Altverträgen	Ansicht des Status sowie Einsicht von Fehlermeldungen für den Import von Altverträgen
Projekt-E-Mail-Vorlagen	Anzeige und Anpassung von E-Mail-Vorlagen, Löschung von Vorlagen
Massenpflege Projekte	Anpassung mehrerer ausgewählter Projekte
Status Massenpflege	Statusübersicht zur Massenpflege

Tabelle 7.8 Aufgaben des Projekt-Managers

Administrationsbereiche

Beachten Sie, dass es unterschiedliche Administrationsbereiche für die folgenden Lösungen gibt:

- SAP Ariba Catalog, SAP Ariba Buying, SAP Ariba Buying and Invoicing
- SAP Ariba Sourcing, SAP Ariba Contracts
- SAP Ariba SLP

Jeder einzelne Administrationsbereich hat etwas andere Funktionen.

7.5 Integration von SAP-Ariba-Lieferantenmanagementlösungen

Für die Verwendung von SAP Ariba SLP, SAP Ariba SIPM und SAP Ariba Supplier Risk können Sie Lieferantenstammdaten mit Ihrem SAP-ERP-, SAP-Master-Data-Governance-(MDG-) oder Ihrem SAP-S/4HANA-System austauschen. Lieferantenstammdaten können zwischen den Systemen bidirektional ausgetauscht werden, wie in Abbildung 7.16 dargestellt. Sie können einerseits bestehende Lieferantenstammdaten aus dem SAP-System in SAP Ariba übernehmen und diese dem SAP-Ariba-SLP-Registrierungsprozess zuführen. Andererseits können Sie Lieferanten aus SAP Ariba SLP heraus in Ihrem SAP-System anlegen.

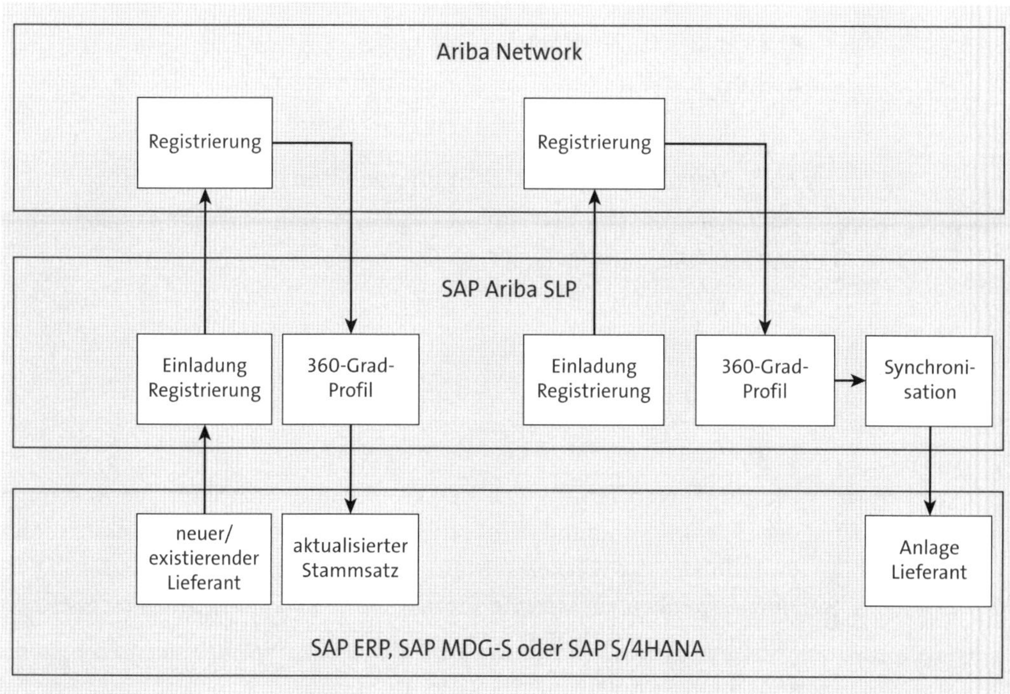

Abbildung 7.16 Integration von SAP Ariba SLP

7.5.1 Voraussetzungen für die Integration von SAP Ariba SLP

Für die Integration der Lieferantenstammdaten in SAP Ariba SLP müssen Sie als SAP-ERP-Kunde den SAP Business Partner aktivieren und die notwendige Customer Vendor Integration (CVI) verwenden. Für SAP S/4HANA ist dies nicht notwendig, da hier der SAP Business Partner standardmäßig verwendet wird.

Der Einsatz von SAP MDG ist nicht verpflichtend, wird jedoch empfohlen. Sie benötigen hier die Komponente *Supplier* zur Unterstützung der Lieferantenstammdatenprozesse.

Konfiguration

In SAP Ariba SLP müssen Sie den Lieferantenanfrage- und Lieferantenregistrierungsprozess entsprechend konfiguriert haben. Besonders wichtig ist die Hinterlegung der korrekten Mapping-Informationen im jeweiligen Fragebogen. Ebenfalls müssen Sie den erlaubten Zeitpunkt für die Integration und die Art der Integration (manuell oder automatisch) festlegen und im Administrationsbereich für Lieferantenmanagement hinterlegen.

Technische Voraussetzungen

Außerdem müssen die folgenden technischen Voraussetzungen erfüllt werden:

- SAP Ariba Cloud Integration in der Version 8 oder höher
- SAP ERP 6.0, EHP 6, Service Pack 1
- MDG_FND 731

7.5.2 Verwendung von MDG-Komponenten

Business Functions

Die Integration von SAP ERP bzw. SAP S/4HANA nutzt Komponenten des SAP MDG. Sie müssen dafür folgende Business Functions aktivieren:

- CA_BP_SOA
- CA_SUPPLIER_SOA
- DRF_FOUNDATION

Eine Lizenz für SAP MDG benötigen Sie nicht.

Zu aktivierende Funktionen

Die Funktionen der DRF_FOUNDATION sind essenziell für den Austausch der Lieferantenstammdaten. Ihr SAP-System muss für den Einsatz dieser Basis mindestens den Releasestand 740 haben. Falls Sie eine niedrigere Version verwenden, müssen Sie alternativ eine kundeneigene Business Function anlegen und folgende weitere Funktionen aktivieren:

- MDG_BS_CA_MDGAF_UI_SFWS_06
- MDG_BS_CA_UI_SFWS_06
- MDG_DATALOAD_SFWS_01
- MDG_DRF_MAIN_05
- MDG_DRF_MAIN_UI_05
- MDG_DRF_SFWS_06
- MDG_DRF_SFWS_07

- MDG_DRF_UI_SFWS_06
- MDG_KEY_MAPPING_05
- MDG_KEY_MAPPING_UI_05
- MDG_VALUE_MAPPING_05
- MDG_VALUE_MAPPING_UI_05

Unternehmen, die SAP MDG im Einsatz haben, aktivieren die folgenden Komponenten:

- CA_BP_SOA, CA_SUPPLIER_SOA
- MDG_FOUNDATION
- DRF_FOUNDATION

Zusätzliche Business Functions

Außerdem müssen die folgenden zusätzlichen Business Functions aktiviert werden, die nicht Bestandteil der SAP-MDG-Basiskomponenten sind:

- MDG_BS_CA_MDGAF_UI_SFWS_06
- MDG_BS_CA_UI_SFWS_06
- MDG_DRF_SFWS_06
- MDG_DRF_SFWS_07
- MDG_DRF_UI_SFWS_06

7.5.3 Austausch von Lieferantenstammdaten

Data Replication Framework

Für den Export der Lieferantenstammdaten aus dem ERP-System in das SLP verwenden Sie Komponenten von SAP MDG, hier insbesondere die Standardschnittstellen für die Integration des SAP Business Partners. Insbesondere wird das *Data Replication Framework* (DRF) verwendet, um die Stammdaten zu selektieren, die exportiert werden sollen. Dafür wird die Transaktion DFROUT eingesetzt (siehe Abbildung 7.17).

Bericht /ARBA/SM_BUSINESS_PARTNER_PULL

Um Stammdaten aus SAP Ariba SLP in SAP ERP, SAP S/4HANA oder SAP MDG zu importieren, wird der Bericht /ARBA/SM_BUSINESS_PARTNER_PULL angewendet. Auch wenn Sie die Synchronisation der Stammsätze in SAP Ariba SLP initiieren, löst das SAP-System tatsächlich den Import der Stammdaten aus. Das Pull-Programm muss daher eingerichtet und eingeplant bzw. manuell angestoßen werden. Folgende Programmfunktionen können Sie verwenden:

- Business Partner Bulk Replicate Request
- Business Partner Bulk Replicate Confirmation

Für jede erfolgreiche Synchronisation wird ein Eintrag in der Tabelle /ARBA/SM_SEQNUM erzeugt. Fehler können über die Transaktion SLG1 identifiziert werden.

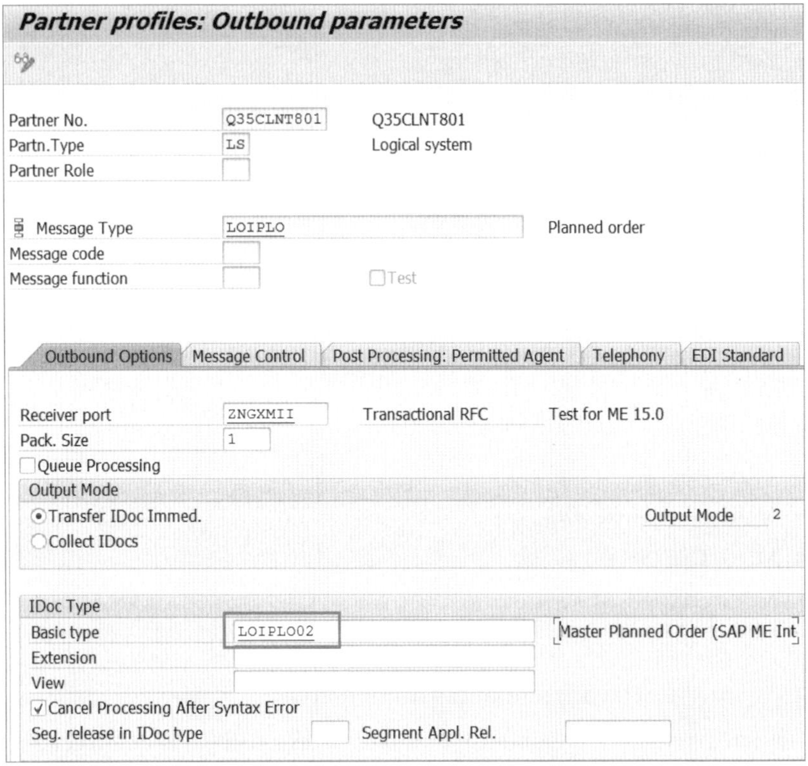

Abbildung 7.17 Transaktion DRFOUT

Daten ansehen

Die exportierten oder importierten Daten können in SAP Ariba SLP angesehen werden. Die XML-Datei zum Export/Import ist dort einsehbar und gibt gegebenenfalls auch über entstandene Fehler Auskunft. Ein Auszug einer Stammdaten-XML-Datei ist in Abbildung 7.18 abgebildet. Im gezeigten Stammdatenfall ist ein Fehler bei der Integration aufgetreten, weil ein Wert für die Einkäufergruppe fehlt.

Monitor

SAP Ariba SLP verfügt über einen Monitor zur Überwachung der Lieferantenstammdatensynchronisation. Im Reporting sehen Sie sowohl die ausgehenden wie auch die eingehenden Datensätze. Datum, Status und Typ der Integration helfen, die Übersicht zu verbessern (siehe Abbildung 7.19). Um welchen Stammsatz es sich handelt, können Sie ebenfalls im Report erkennen.

```
- <BusinessPartner>
      <UUID>d1c7943b-eb39-4067-b4b9-f9ae0f5699a6</UUID>
      <InternalID>S1563850</InternalID>
      <ReceiverUUID>d1c7943b-eb39-4067-b4b9-f9ae0f5699a6</ReceiverUUID>
      <ReceiverInternalID>7000049374</ReceiverInternalID>
    - <Supplier>
         <InternalID>S1563850</InternalID>
         <ReceiverInternalID>131312</ReceiverInternalID>
      </Supplier>
  </BusinessPartner>
- <Log>
    - <Item>
         <TypeID>W194(T5)</TypeID>
         <SeverityCode>2</SeverityCode>
         <Note/>
       - <LogItemNotePlaceholderSubstitutionList>
            <FirstPlaceholderID/>
            <FirstPlaceholderSubstitutionText>0043 512 2201 0</FirstPlaceholderSubstitutionText>
            <SecondPlaceholderSubstitutionText>0043</SecondPlaceholderSubstitutionText>
         </LogItemNotePlaceholderSubstitutionList>
      </Item>
    - <Item>
         <TypeID>W034(MDG_BS_ECC_BP_CHECK)</TypeID>
         <SeverityCode>2</SeverityCode>
         <Note>Einkaufsorganisationsdaten sind für Rolle DKI: Kreditor nicht zulässig</Note>
       - <LogItemNotePlaceholderSubstitutionList>
            <FirstPlaceholderID/>
            <FirstPlaceholderSubstitutionText>DKI: Kreditor</FirstPlaceholderSubstitutionText>
         </LogItemNotePlaceholderSubstitutionList>
      </Item>
    - <Item>
         <TypeID>S016(MDG_BS_BP_DATAREPL)</TypeID>
         <SeverityCode>2</SeverityCode>
         <Note>Geschäftspartner mit interner ID 7000049374 für Geschäftspartner S1563850 angelegt</Note>
       - <LogItemNotePlaceholderSubstitutionList>
            <FirstPlaceholderID/>
            <FirstPlaceholderSubstitutionText>7000049374</FirstPlaceholderSubstitutionText>
            <SecondPlaceholderSubstitutionText>S1563850</SecondPlaceholderSubstitutionText>
         </LogItemNotePlaceholderSubstitutionList>
```


Abbildung 7.18 Stammdaten-XML-Datei

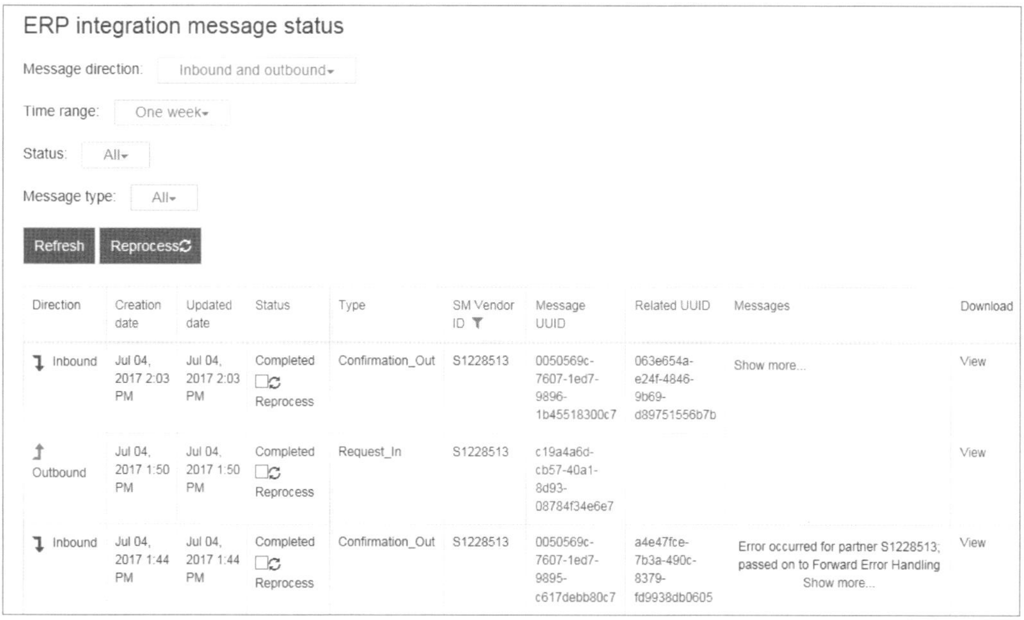

Abbildung 7.19 Integrationsmonitoring

Wichtige Punkte

Beim Austausch der Lieferantenstammdaten gibt es viele Dinge zu beachten, besonders wenn Ihr Unternehmen nicht mit SAP MDG arbeitet. Diese Themen sollten Sie im Auge behalten:

- Prozesse der initialen Anlage von Lieferantenstammdaten über SAP Ariba SLP
- Prozess der Stammdatenänderung
- Mapping der Inhalte Ihrer Lieferantenanfrage bzw. Ihres Registrierungsfragebogens zu den SAP-Feldern
- Abbildung von Steuernummern im Anfrage- oder Registrierungsprozess und das zugehörige Mapping im SAP-System
- Bankstammdatenabfrage bei Lieferanten und korrekte Überführung in das SAP-System
- Fehlerhandling für die Schnittstelle zwischen SAP Ariba SLP und ERP-System

SAP Ariba SLP ist eine neue Lösung, deren Weiterentwicklung sehr schnell voranschreitet. Für das Jahr 2017 ist unter anderem eine Funktion für die Prüfung von Bankstammdaten geplant. Noch kann es in Ihrer Implementierung notwendig sein, dass Sie Lücken der Lösung mit Eigenentwicklungen oder Workarounds schließen.

7.6 Integration von SAP-Ariba-Lösungen für den operativen Einkauf

Integration der Beschaffungslösungen

Die Integration der SAP-Ariba-Beschaffungslösungen schließt folgende Themen ein:

- Management von Katalogen
- Anlage und Freigabe von Bedarfsanforderungen
- Anlage und Versand von Bestellungen
- Erfassung des Wareneingangs bzw. Bestätigung des Erhalts der Leistung
- Erhalt von Rechnungen (Ariba Network)
- Rechnungsabgleich gegen Verträge, Bestellung und/oder Wareneingängen
- Echtzeit-Budgetprüfung inklusive Mittelreservierung im SAP-System
- Verwendung von Steuern und Gebühren in Bedarfsanforderungen und Bestellungen

Der Austausch von Daten zwischen dem SAP-System und der SAP-Ariba-Plattform erfolgt für den Beschaffungsbereich unter Verwendung des Mediated Szenarios (siehe Abschnitt 7.1.4) oder durch die direkte Kommunikation (siehe Abschnitt 7.1.3, »Add-on für SAP Business Suite«).

Integration von Stammdaten

Für die Integration von Stammdaten stehen derzeit folgende Elemente zur Verfügung:

- Benutzer
- Benutzergruppen
- Lieferantenstammdaten
- Kontierungsstammdaten wie Kostenstellen, Projekte oder Aufträge
- Einkaufsorganisationen
- Steuercodes
- Wechselkurse
- Werke
- Sachkonten

Die Integration der transaktionalen Prozesse erfolgt über den Einsatz verschiedener BAPIs. Dies ermöglicht einerseits einen synchronen Datentransfer sowie eine Echtzeitintegration inklusive der Validierung und der Anlage einer Bestellung.

7.6.1 Integration von SAP Ariba Buying and Invoicing

Wenn Sie SAP Ariba Buying and Invoicing verwenden, wickeln Sie Ihre Beschaffungsprozesse zum großen Teil in SAP Ariba ab. Es gibt verschiedene Möglichkeiten, den Beschaffungsprozess abzubilden. Dies hängt unter anderem davon ab, welche Prozesse Sie weiterhin in SAP ERP bzw. SAP S/4HANA benötigen. Besonders Unternehmen, die Produktionsprozesse in SAP ERP haben oder die z. B. eine Vielzahl von Rechnungsprozessen im ERP-System abbilden, werden vermutlich auch weiterhin das ERP-System als führendes System der Beschaffungsprozesse verwenden und dort mindestens die Bestellungen führen und die Rechnungsprozesse weitgehend dort abbilden. Trotzdem ist der Einsatz von SAP Ariba Buying für indirekte Materialien und Dienstleistungen sinnvoll, besonders wenn weitere SAP-Ariba-Lösungen, wie z. B. SAP Ariba Contracts, eingesetzt werden.

Unternehmen, die eine weitgehende Verlagerung der Beschaffungs- und Rechnungsprozesse in die SAP-Ariba-Welt vornehmen, bilden meist die Bedarfsanforderung, die Bestellanlage sowie die Rechnungsprüfungsprozesse in SAP Ariba ab. Im SAP-ERP- oder SAP-S/4HANA-System werden dann lediglich die Kopie der Bestellung, der Rechnungsbeleg sowie die Zahlung abgebildet.

Basisszenario Der in Abbildung 7.20 dargestellte Prozess zeigt den ersten Teil des Basisszenarios für die Integration von SAP Ariba Buying ins SAP-System.

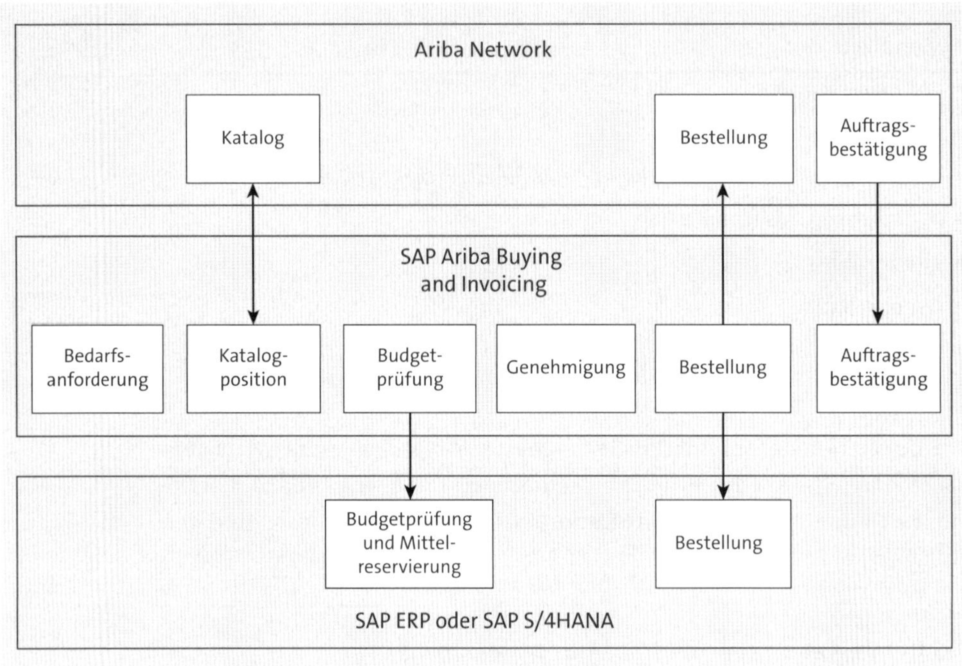

Abbildung 7.20 Integration von SAP Ariba Buying – Teil 1

Bedarfsanforderung Hier wird in SAP Ariba die Bedarfsanforderung in Form eines Warenkorbes angelegt. Dabei können Katalogpositionen, Verträge oder auch bereitgestellte Formulare verwendet werden. Die Anforderung kann ich Echtzeit mit dem für das verwendete Kostenobjekt hinterlegten Budget abgeglichen werden. Im ERP-System kann außerdem eine Mittelreservierung – auch *Obligo* genannt – erfolgen. In SAP Ariba führen Sie als Nächstes die Genehmigung der Bedarfsanforderung durch. Der genehmigte Beleg stellt die Bestellung dar, die einerseits ans SAP-System und andererseits ans Ariba Network weitergegeben wird. Lieferanten erfassen anschließend die Auftragsbestätigung zu der Bestellung im Ariba Network. Die Rückmeldung erfolgt in SAP Ariba Buying.

Der zweite Teil des Prozesses, der in Abbildung 7.21 dargestellt wird, schließt mit der Erfassung des Lieferavis durch den Lieferanten auf dem Ariba Network an den ersten Teil an.

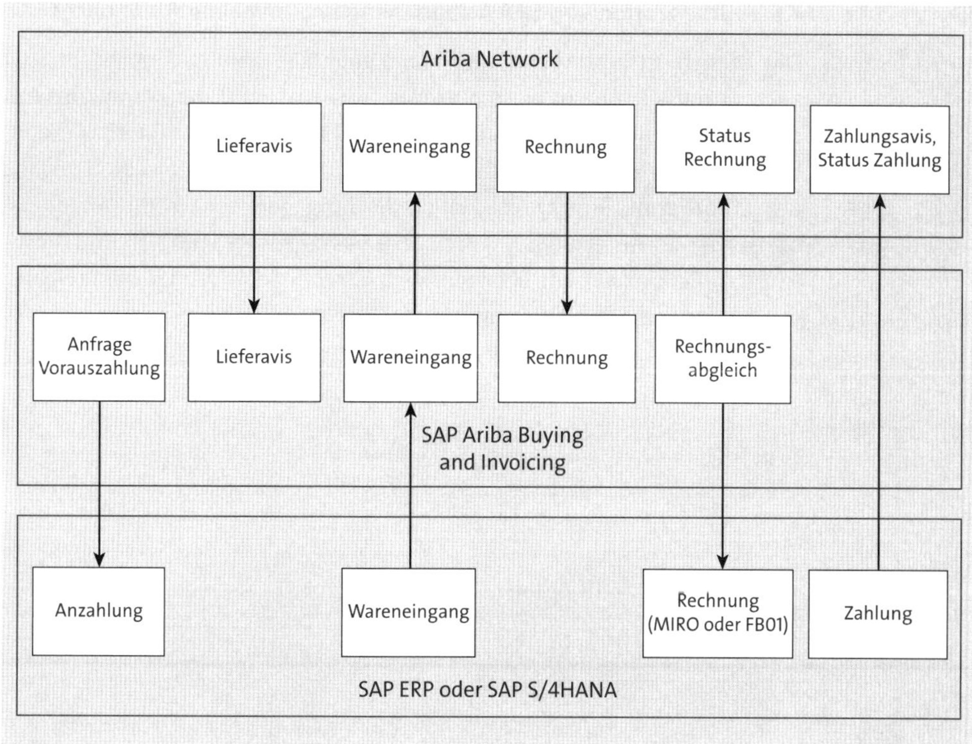

Abbildung 7.21 Integration von SAP Ariba Buying – Teil 2

Da Sie in diesem Prozess auch Ihre Rechnungsbearbeitung in SAP Ariba durchführen, können Sie im Fall einer notwendigen Vorauszahlung (z. B. für Prozesse mit Anzahlungen) eine entsprechende Anfrage aus SAP Ariba ans SAP-System übergeben.

Belegbuchung, Rechnung, Prüfung

Sobald Sie die Waren und Dienstleistungen erhalten, buchen Sie einen entsprechenden Beleg in Ihrem SAP-System. Der Lieferant kann nun die Rechnung auf dem Ariba Network erfassen. Diese Rechnung wird in SAP Ariba Invoicing bearbeitet und mit den Bestellungen, den Verträgen etc. abgeglichen. Nach erfolgtem Abgleich wird die freigegebene Rechnung auch an das SAP-System weitergeben und dort verbucht. Dafür werden Standardtransaktionen wie MIRO oder FB01 verwendet. Der Lieferant erhält zeitgleich eine Statusinformation zur Freigabe der Rechnung.

Der Abschluss des Prozesses erfolgt mit dem Auslösen der Zahlung im SAP-System. Das Zahlungsavis können Sie über das Ariba Network an den Lieferanten weitergeben.

7.6.2 Integration von SAP Ariba Buying and Invoicing für Services

Die Dienstleistungsbeschaffung kann ebenfalls über SAP Ariba Buying abgewickelt werden. In diesem Prozess wird zunächst der Warenkorb mit der Serviceposition in SAP Ariba erstellt. Haben Sie bereits einen Lieferanten und einen Preis für diese Leistung, können Sie direkt mit der Freigabe der Anforderung fortfahren. Haben Sie hingegen noch keine Angebotsbasis, können Sie sich ein Angebot über das Netzwerk einholen und dieses in Ihren Einkaufswagen übernehmen. Anschließend erfolgt die Freigabe. Der Prozess wird in Abbildung 7.22 dargestellt.

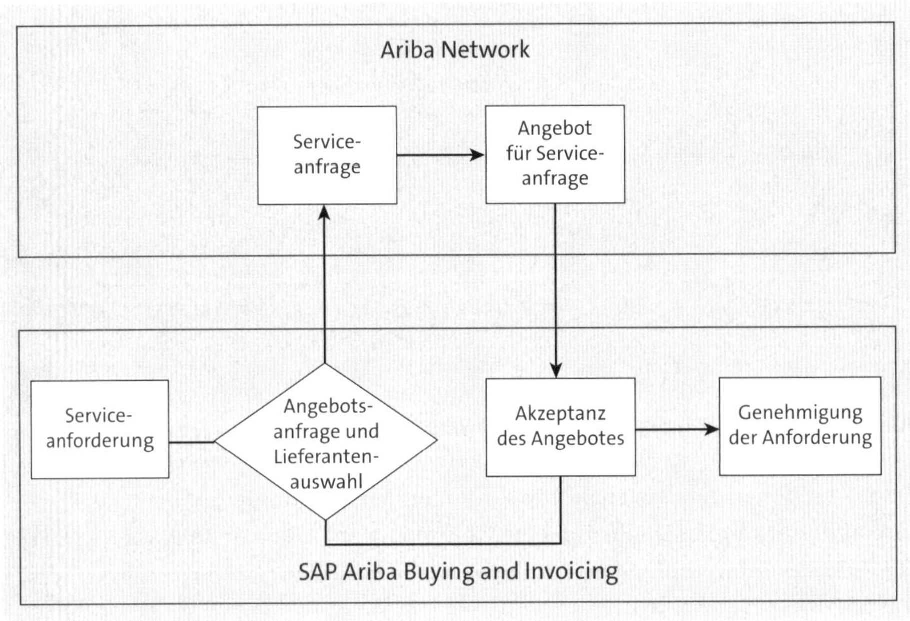

Abbildung 7.22 Prozess der Serviceanfrage

Ablauf

Aus dem freigegebenen Einkaufswagen wird die Bestellung generiert, die über das Ariba Network an den Lieferanten gesendet und gleichzeitig an Ihr SAP-ERP- oder SAP-S/4HANA-System weitergegeben wird. Der Lieferant erstellt nun eine Leistungserfassung auf dem Ariba Network, die in SAP Ariba Buying freigegeben wird. Das Leistungserfassungsblatt wird ins SAP-System überführt. Zum Abschluss wird die Rechnung vom Lieferanten im Netzwerk erstellt, freigegeben und im ERP-System abgelegt.

Der Prozess erfordert die Verwendung von Dienstleistungspositionen (Positionstyp D) im SAP-System, wie in Abbildung 7.23 dargestellt.

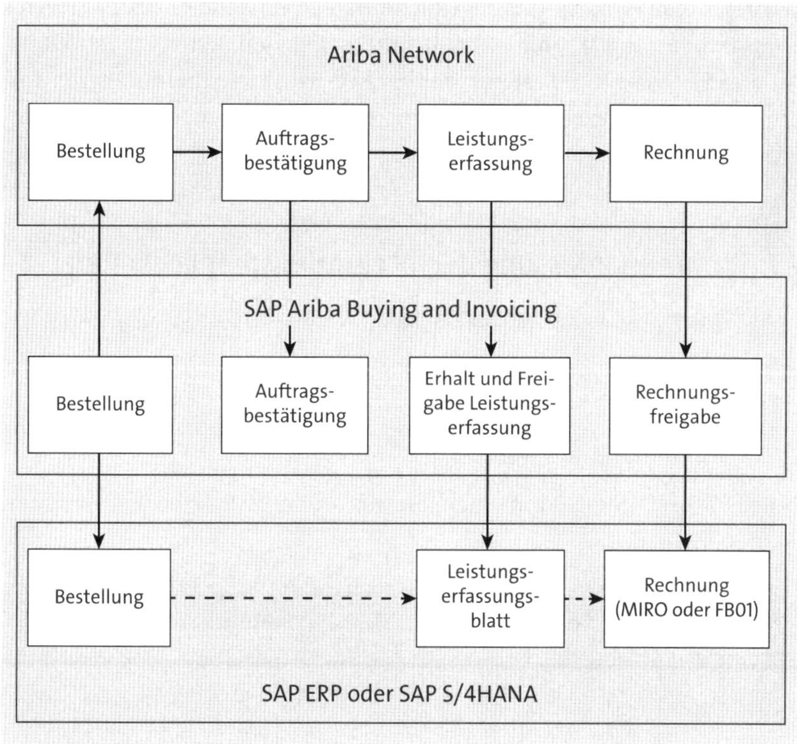

Abbildung 7.23 Prozess der Serviceabrechnung

7.6.3 Voraussetzungen für die Integration der Beschaffungslösungen

Um eine Integration der Beschaffungsprozesse zu realisieren, müssen Sie folgende Voraussetzungen erfüllen:

- Implementierung der entsprechenden ABAP-Transporte im SAP-System
- Konfiguration der SAP PI
- Konfiguration der Endpunkte in SAP Ariba
- Anlage der Bestellmethoden in SAP Ariba
- Konfiguration der Webservices

Für die Integration können folgende Optionen genutzt werden:

- Webservices
- direkte Anbindung
- dateibasierte Schnittstelle
- Mediated Szenario

Webservicebasierte Schnittstelle

Wenn Sie eine webservicebasierte Schnittstelle verwenden, wird SAP PI als Transaktions- und Mapping-Plattform zwischen den Systemen verwendet. Auf der Seite des SAP-Systems werden RFC-Bausteine und BAPIs genutzt, um ausgehende Belege zu erzeugen bzw. die empfangenden Daten zu verarbeiten.

7.7 Zusammenfassung der Integrationsmöglichkeiten

Dieser Abschnitt stellt die verschiedenen Integrationsmöglichkeiten im Überblick dar.

7.7.1 Stammdatenintegration

Tabelle 7.9 zeigt die Stammdaten, die aus SAP in SAP Ariba übernommen werden können.

Art	Import/Export	Datentransfer	Webservice
Währungen	X	X	
Mengeneinheiten	X	X	
Kontierungselemente	X	X	(X)
Zahlungsbedingungen	X	X	
Bankinformationen	X	X	
Benutzerinformationen	X	X	
Lieferanteninformationen	X	X	X
Kontrakte	X	X	
Warengruppen	X	X	

Tabelle 7.9 Stammdatenintegration

7.7.2 Integration von Bedarfsanforderungen, Bestellungen sowie Wareneingangsinformationen

Die in Tabelle 7.10 genannten Daten können mit SAP Ariba Buying und Invoicing bzw. SAP Ariba Buying integriert werden.

Art	Import/Export	Datentransfer
Budgetinformationen	X	X
Bedarfsanforderungen	X	X
Zahlungsbedingungen	X	X
Einkaufskarten	X	X
Wareneingangsarten	X	X

Tabelle 7.10 Integration von Anforderungen und Bestellungen

Transaktionale Daten können wie folgt zwischen den Lösungen ausgetauscht werden (siehe Tabelle 7.11).

Art	Import/Export	Datentransfer	Webservice
Bedarfsanforderungen	X	X	X
Bestellungen, Bestelländerungen, Storno	X	X	X
Bestellstatus	X	X	X
Wareneingänge	X	X	(X)

Tabelle 7.11 Nutzung operativer Daten

7.7.3 Integration von Rechnungs- und Zahlungsdaten

Tabelle 7.12 listet auf, welche Rechnungs- und Zahlungsdaten zwischen SAP-Ariba-Lösungen und SAP-Lösungen ausgetauscht werden können.

Art	Import/Export	Datentransfer
Zahlwege	X	X
Steuerinformationen	X	X
Ausnahmefälle Rechnung	nur SAP Ariba Buying and Invoicing	nur SAP Ariba Buying and Invoicing
Kontraktanfragen	X	X
Einkaufskarten	X	X

Tabelle 7.12 Integration von Rechnungsdaten

Neben den oben genannten Daten können zudem die transaktionalen Zahlungsdaten aus Tabelle 7.13 integriert werden.

Art	Import/Export	Datentransfer	Webservice
Rechnungen	Aktivierung notwendig	X	X
Zahlungsanforderung	X	X	X
Änderung Zahlungsanforderung	X	X	X
Zahlungsavis	X	X	X

Tabelle 7.13 Integration von operativen Rechnungsdaten

Um operative Rechnungs- oder Zahlungsdaten zwischen SAP Ariba und dem SAP-ERP- oder SAP-S/4HANA-System auszutauschen, müssen Sie SAP Ariba Buying and Invoicing verwenden.

7.8 Das Cloud Integration Gateway

Das *Cloud Integration Gateway* (CIG) stellt eine neue Möglichkeit für Kunden und Lieferanten dar, ihre SAP-Ariba-Lösungen mit anderen Systemen zu integrieren. Derzeit ist dieses Modul ausschließlich für Lieferanten verfügbar.

Über CIG sollen mittelfristig Kunden und Lieferanten sowie diverse Lösungen miteinander verbunden werden können. Dies gilt einerseits für SAP-Lösungen wie SAP Fieldglass oder SAP Concur, aber auch für Nicht-SAP-Lösungen wie Workday. Darüber hinaus sollen auch SAP-Partner eigene Lösungen integrieren können. Auch eine Nutzung des Internet of Things soll über das Gateway ermöglicht werden. Das CIG basiert auf der SAP Cloud Platform.

Aufbau

Das CIG soll nun im ersten Schritt den Lieferanten eine einfache und effiziente Nutzung des Ariba Network ermöglichen. Dazu werden verschiedene Schnittstellen für diverse Datenformate zur Verfügung gestellt. Das Konzept des CIG wird in Abbildung 7.24 dargestellt.

Vorteile

Diese neue Plattform soll folgende Vorteile haben:

- Nutzung von 158 Standardintegrationen
- Abbildung aller Prozesse von der Anforderung und der Ausschreibung über die Bestellung bis hin zur Bezahlung

- Integration mit SAP ERP und SAP S/4HANA
- Nutzung von Partnerlösungen für die Integration von Nicht-SAP-Systemen
- eigenständige Konfiguration und Nutzung von Integrationsmöglichkeiten
- einfacher wizard-gestützter Implementierungsprozess
- drastische Reduktion der Integrationszeiten

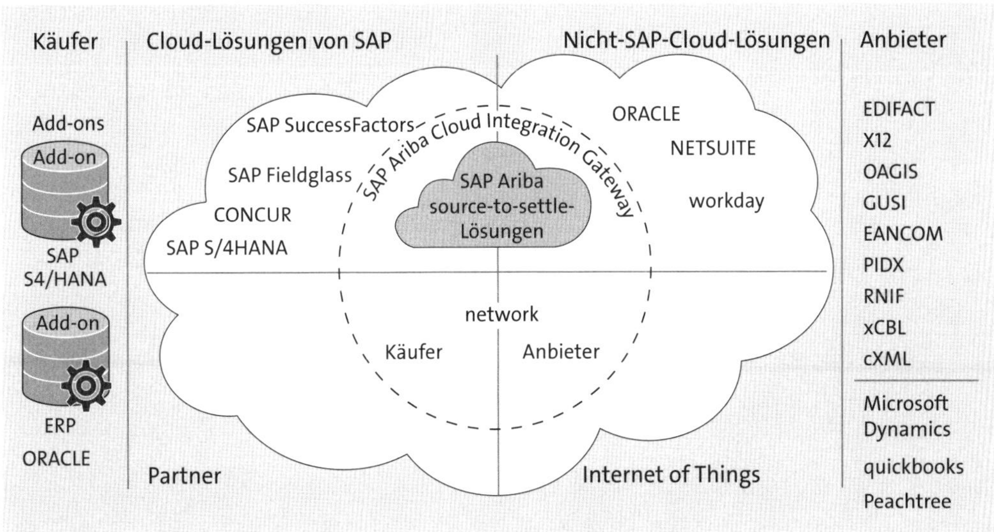

Abbildung 7.24 Konzept des Cloud Integration Gateways (CIG)

Über den Wizard kann sich der Lieferant ein Integrationsprojekt anlegen, in dem er die Integrationsmethode, das Datenformat und das Mapping definiert. Zudem bietet die Lösung maschinengestütztes Testen an, das die Zeit für die Integration massiv verkürzen soll.

Kapitel 8
Ausblick

Ist Procurement awesome? Oder ist doch noch einiges zu tun? Summa summarum sowohl als auch. In diesem Kapitel lesen Sie, wohin die Reise von SAP Ariba geht.

SAP Ariba ist laut Analysten führend unter den Anbietern strategischer und operativer Einkaufslösungen. Allen voran spricht vor allem die Integration mit SAP ERP oder SAP S/4HANA für eine Verwendung von SAP Ariba. Eine Vernetzung zwischen den Systemen und Prozessen scheint immer besser möglich.

Vorteile von SAP Ariba

Allerdings ist das für SAP-Kunden nicht wirklich neu. Mit SAP Supplier Relationship Management (SRM) gab es das bereits. Was kann nun SAP Ariba besser? Einige Beispiele seien an dieser Stelle genannt:

- intuitive und zeitgemäße Benutzeroberfläche
- integrative Abbildung des strategischen und operativen Einkaufs in einem System
- End-to-End-Abbildung des Prozesses von der Anforderung bis zur Zahlung
- größtes Unternehmensnetzwerk für den Austausch von Informationen und Daten
- Sowohl direkte als auch indirekte Materialien, aber auch Dienstleistungen können über SAP Ariba abgebildet werden.
- Integration der Lösung in SAP ERP bzw. SAP S/4HANA auf Basis von Standardschnittstellen

Geplante Erweiterungen

Mit der Cloud-Lösung nimmt automatisch die Innovationsgeschwindigkeit zu. Derzeit werden quartalsweise Verbesserungen und neue Funktionen geliefert. Dabei gibt es zurzeit mehrere Schwerpunkte:

- Erweiterungen der Funktionen von Ariba Network
- Vereinfachung der Integrationsmöglichkeiten für Lieferanten und Kunden sowie der Lösungen untereinander

- Weiterentwicklung von SAP Ariba Supplier Lifecycle and Performance (SLP)
- Ausbau der Funktionen für SAP Ariba Sourcing und Contracts
- Öffnung der Ariba-Plattform für externe Partner
- Ausbau von Ariba Buying and Invoicing

Da es an dieser Stelle leider nicht möglich ist, die einzelnen Roadmaps der Lösungen im Detail zu zeigen, stellen wir Ihnen einige geplante Innovationen nur kurz vor. Für mehr Informationen folgen Sie bitte diesem Link: *http://s-prs.de/v457507*.

8.1 Weiterentwicklung von Ariba Network

Für das Ariba Network gibt es vier Bereiche, in denen entwickelt wird. Das sind die Funktionen für die Belegautomatisierung, der Ausbau der Prozesse für die Dienstleistungsbeschaffung, verschiedene Themen zur weltweiten Nutzung sowie ein genereller Ausbau der Prozesse.

Neue Funktionen für Ariba Network

Einige geplante Innovationen für das Ariba Network sind:

- Lieferanteninformation für Artikel, die noch nicht versendet wurden
- Ausbau der mobilen Lösungen
- API für Drittanbieter zur Steuerberechnung
- Optimierung der Abwicklung von Anzahlungsrechnungen
- eInvoicing für Thailand und Südkorea
- Ausbau der Integration von Concur und SAP Fieldglass
- Widget-basierte Integration von SAP S/4HANA

8.2 Weiterentwicklung von SAP Ariba Supply Chain Collaboration

Für SAP Ariba Supply Chain Collaboration soll die Benutzerfreundlichkeit verbessert werden. Das bezieht sich z. B. auf die Bereitstellung eines Dashboards für Einkäufer für die Darstellung von Kennzahlen zur Vorschau oder zum Lager.

Weiterhin ist geplant, einen Freigabeprozess für Auftragsbestätigungen anzubieten und die Zusammenarbeit mit den Lieferanten im Bereich Qualitätsmanagement zu verbessern. Die Funktionen für das Lieferantenlager sollen ausgebaut und Kennzahlen sowie auch Übersichten zum Lagerbestand bereitgestellt werden. Ferner steht ein weiteres interessantes Thema auf der Planungsliste, dies betrifft die Bereitstellung von Auswertungen für die Liefertreue oder der Umsätze.

8.3 Ausbau der Lieferantenfunktionen in Ariba Network

Auch für Lieferanten sind einige Erweiterungen geplant. Diese betreffen SAP Ariba Discovery, den Prozess der Quote Automation, die Bereitstellung von APIs, den Ausbau der mobilen Anwendungen sowie die Lieferantenregistrierung. Für SAP Ariba Discovery wird die App ausgebaut sowie die Benutzeroberfläche auf den neuesten Stand gebracht.

Servicehierarchien

Zukünftig soll es auch möglich sein, *Servicehierarchien* im Quote-Automation-Prozess abzuwickeln. Verschiedene APIs, z. B. für die Registrierung, die Rechnung oder die Adressvalidierung, sollen angeboten werden.

Für den Lieferantenaktivierungsprozess soll das Dashboard weiter ausgebaut und mit SAP Ariba SLP vernetzt werden. Unter anderem soll es möglich sein, eigene Aufgaben für den Prozess zu definieren. Auch der Light Account soll ausgebaut werden. Dazu zählt unter anderem die Optimierung der Darstellung des Rechnungsstatus für den Lieferanten.

8.4 Ausbau von SAP Ariba Payables

Kernthemen

Zu den geplanten Kernthemen der Weiterentwicklung zählen unter anderem die folgenden:

- automatisierte Rechnungsabwicklung für Belgien
- Bezahlung mit Kreditkarten für die USA und EMEA
- Bezahlung mittels Check für die USA
- native Integration mit SAP S/4HANA
- Bereitstellung neuer Finanzierungsformen

8.5 Weiterentwicklungen für Guided Buying

Das Guided Buying ist noch recht neu, und daher gibt es eine Vielzahl an geplanten Innovationen für die kommenden Releases, von denen an dieser Stelle einige ausgewählte genannt werden. Die Zusammenarbeit mit den Lieferanten soll unter anderem dadurch verbessert werden, dass diese zukünftig vorhandene Vertragsbestandteile während des Ausschreibungsprozesses auswählen und verwenden können.

Die Konfiguration der Landingpage für diese Funktion soll vereinfacht werden. Darüber hinaus ist eine automatisierte Erstellung von warengruppenspezifischen Landingpages geplant. Außerdem werden Auswertungen bereitgestellt, die eine Analyse des Benutzerverhaltens ermöglichen. Auch für diese Form des Einkaufens sollen die Apps ausgebaut werden und weitere verbreitete Webshop-Funktionen angeboten werden, wie z. B. der Produktreview und die Produktbewertung.

8.6 Ausbau von SAP Ariba Catalog

Die katalogübergreifende Suche soll weiter ausgebaut werden und unter anderem dynamische Suchfelder oder auch eine Einstufung der Relevanz der Suchergebnisse umfassen.

Kernthemen

Für Lagerartikel kommen die Prüfung des Lagerbestandes, die Reservierung sowie die Aktualisierung von SAP-Kontrakten. Auch die Funktion des Spot Buy wird weiter optimiert, unter anderem durch die Anbindung von Mercateo als Plattform. Auch hier sollen Funktionen wie die Bewertung von Artikeln angeboten werden. Darüber hinaus sollen in Zukunft Stücklisten sowie 3D-Artikelzeichnungen unterstützt werden.

8.7 Weiterentwicklung von SAP Ariba SLP und SAP Ariba Risk

Auch SAP Ariba SLP und SAP Ariba Risk sind neu und stehen noch relativ am Anfang der Entwicklung. Auch hier sind viele Themen für die Zukunft geplant.

Für SLP wird an der Optimierung der Fragebögen gearbeitet, und es werden weitere Prozesse für die Qualifizierung, das Performancemanagement oder das Auditmanagement angeboten. Auch die Prozesse für die Sperrung von Lieferanten im SLP sollen realisiert werden. Außerdem stehen der Entwicklungsprozess sowie der Prozess für das Phase-out auf der Roadmap für SLP.

Integration und Anbindung externer Datenbanken

Weiterhin sollen APIs für Auswertungen angeboten, Integrationsmöglichkeiten mit dem Beschaffungsprozess bereitgestellt sowie die Nutzung von externen Datenbanken ermöglicht werden. Im Bereich Risikomanagement sollen industriespezifische vorkonfigurierte Fragebögen oder auch eine Landkarte für die Risikodarstellung entwickelt werden.

8.8 Innovationen für SAP Ariba Sourcing und SAP Ariba Contracts

Die Optimierung der Benutzererfahrungen ist für die Ausschreibungs- und Vertragsprozesse ein wichtiges Thema. So sollen auch hier mobile Anwendungen für Genehmigungsprozesse oder auch eine eigene App für das Sourcing angeboten werden. Drag & Drop zum Ablegen von Anlagen soll bereitgestellt werden.

Integration und Partner

Im Bereich der Integration soll die Anlage von Einkaufsinfosätzen aus Ausschreibungsergebnissen und Verträgen ermöglicht werden. Die Anlage von Events mittels künstlicher Intelligenz wurde erst 2017 auf der Ariba Live gezeigt und soll bald Realität werden. Dafür wurde die Partnerschaft zwischen SAP und IBM intensiviert.

Innerhalb von Ausschreibungen soll es zukünftig möglich sein, Vertragsinhalte zu verwenden und zu verhandeln und diese dann in den Ariba-Vertrag zu übernehmen. Außerdem sollen die Abbildung von volumenbasierten Preisen sowie Indexpreisen möglich werden und auch die japanische Auktion unterstützt werden.

8.9 Eine Vision der Zukunft

Ideale Lösung

Was ist nun eine geniale Lösung für den Einkauf? Eine perfekte Einkaufssoftware ist vernetzt, integriert, intuitiv, automatisiert und sexy. Sie bietet eine komplette Unterstützung aller Prozesse der Beschaffung:

- Es gibt eine strategische Einkaufsplanung sowie eine Umsetzung der Planung in Folgeprozessen wie den Ausschreibungen oder innerhalb von Lieferantenmanagementmaßnahmen. Die Planung kann mit dem Erreichten abgeglichen werden.
- Das 360-Grad-Feedback der Einkaufsleistung sowie die Messung von Service-Level-Agreements für die Einkaufsfunktionen werden ermöglicht.
- Der Lieferantenlebenszyklus wird in allen Phasen von der Registrierung bis zum Phase-out unterstützt.
- Das Lieferantenmanagement inklusive der Prozesse der Qualifizierung, der Segmentierung, des Performancemanagements, der Entwicklung sowie der Auditierung wird unterstützt. Alle Prozesse sind intuitiv und crossfunktional.
- Lieferanten und Hersteller können im Sinne einer integrativen Supply Chain gemanagt, bewertet und auch operativ angebunden werden.

- Einkaufskataloge sind so einfach und attraktiv wie Verkaufskataloge und bieten ein tolles Einkaufserlebnis und eine hohe Transparenz des Benutzerverhaltens.
- Alle Teilnehmer der Zulieferkette können einfach vernetzt werden. Das geht vom Anbinden der Logistikdienstleister bis hin zur Nutzung neuer Technologien wie Blockchain zum Tracing von Produkten.
- Von der Anforderung über die Ausschreibung bis hin zum Vertrag und zur Auftragsvergabe sind alle Prozesse intuitiv, hoch vernetzt und von jedem Punkt aus startbar. So ermöglicht ein ausgelaufener Vertrag eine neue Ausschreibung oder auch eine Rechnung ohne Bestellbezug die Anlage eines Katalogartikels.
- Integration wird endlich Plug & Play – so einfach, dass Integration zum Kinderspiel wird.
- Miteinander chatten, interaktiver Helpdesk oder künstliche Intelligenz – Technologien machen die Nutzung des Systems so einfach wie nie zuvor.
- Das Netzwerk ermöglicht eine übergreifende Verwendung von SAP HANA, SAP Ariba, Concur, SAP Fieldglass etc. und stellt auch Verkäufern Funktionen zur Verfügung.
- Big-Data-Analysen ermöglichen die Erstellung von Einkaufsstrategien, Vergabeszenarien und decken ungenutzte Potenziale in der Beschaffung auf.
- Aus Einkauf und Supply Chain wird die Digital Value Chain.

Beispiel

Das könnte z. B. so aussehen: Der Bedarfsanforderer sucht einen Artikel, kann diesen aber in keinem Katalog oder bereitgestellten Vertrag finden. Daraufhin erstellt er eine Freitextposition. Diese wird mittels künstlicher Intelligenz analysiert und dem Shared-Service-Center inklusive verschiedener Handlungsoptionen vorgestellt:

- Ein ähnlicher Artikel wurde bereits in Einkaufswagen *123456* bestellt.
- Ein ähnlicher Artikel wurde am 01.01.2017 in der Ausschreibung *123456* angefragt. Lieferant *XYZ* hat den Artikel zu einem Preis von 4,50 € angeboten.
- Der Artikel ist in einer anderen Größe im Katalog *ABC* verfügbar.

Das Center wählt die passende Option und übernimmt Inhalte aus dem ähnlichen Einkaufswagen. Es wird ein Eintrag in einem Report erzeugt, der diesen Vorfall speichert, um den gekauften Artikel gegebenenfalls später als Katalogartikel abzubilden.

Die Anforderung wird abgeschlossen und die Bestellung nach Genehmigung an den Lieferanten gesendet. Der Lieferant fragt bezüglich einiger Details über die Chatfunktion beim Besteller nach und leitet anschließend die Bestellung an seinen Vorlieferanten weiter. Er stimmt nun den Liefertermin online ab und klärt auch die notwendigen Details zu Qualität und Lieferung. Der Besteller erhält eine Auftragsbestätigung. Diese enthält bereits die vorgemerkte Charge für unseren Bedarf.

Der Vorlieferant macht die Ware versandfertig, erzeugt eine Blockchain für das Tracking mit allen notwendigen Unterlagen und schickt ein Lieferavis an unseren Lieferanten. Dieser plant den Artikel in seiner Produktion ein. Nach Herstellung schickt der Lieferant ein Avis an uns. Auch dieses enthält alle notwendigen Details, wie z. B. notwendige Zertifikate. Diese kann das beschaffende Unternehmen elektronisch verifizieren und mittels Blockchain auf Echtheit prüfen.

Das Lager sowie die Produktion können auf die Lieferung vorbereitet werden. Allerdings kommt es nicht so weit, weil das bestellende Unternehmen eine digitale Information erhält, dass das Schiff mit der Lieferung gesunken ist. Vorlieferant und Lieferant erhalten gleichzeitig mit dem Käufer die Information und können nun über die Ersatzlieferung verhandeln.

Diesen Prozess könnte man in jeder Dimension erweitern, ausbauen, anreichern und mit mehr Funktionen und Aspekten ausbauen. Vermutlich haben Sie weitere Ideen für optimierte Beschaffungslösungen.

Ariba kann viel, aber eben (noch) nicht alles. An der einen oder anderen Stelle sind spezialisierte Lösungen immer noch besser als diese Standardsoftware. Aufgrund der hohen Änderungsgeschwindigkeit gibt es immer mal wieder eine Verzögerung in der Entwicklung von Funktionen, auf die Sie vielleicht dringend warten. Obwohl bereits ein hohes Maß an Integration angeboten wird, gibt es immer noch Lücken und fehlende Elemente, und nicht immer ist jedes Detail auf einem aktuellen technischen Stand.

Zukunftsvisionen

Wird Einkauf jemals so wie bei Amazon? Davon kann man ausgehen. Aber die Einkaufslösungen von morgen werden weit darüber hinaus gehen müssen. Sie werden dem Nutzer ein ultimatives Erlebnis bieten, dass einen einfachen und integrativen Prozess ermöglicht. Sie werden auf Alternativen, Abweichungen oder Störungen hinweisen und somit zur Versorgungssicherheit und der Einhaltung von Vorgaben beitragen. Operative Beschaffungsprozesse werden auf ein absolutes Minimum reduziert und Kapazitäten in den strategischen Einkauf gesteckt. Dieser wird crossfunktional arbeiten und einen echten Mehrwert für Unternehmen bieten, der über das Erwirtschaften von Einsparungen hinausgeht.

Anhang

Anhang A
Ariba-Network-Transaktionsregeln

Wenn Sie das Ariba Network zum Austausch von Nachrichten mit Ihren Lieferanten nutzen, können Sie über 150 Transaktionsregeln einsetzen. Diese Regeln geben die Art und Weise vor, wie der Lieferant Nachrichten (z. B. Bestellbestätigung, Leistungserfassungsblatt und Rechnung) erfassen kann. Die Regeln des Ariba Network werden in Ihrem Einkäuferkonto definiert (siehe dazu Abschnitt 2.3, »Ariba Network«). Die Transaktionsregeln definieren einerseits die grundlegenden Vorgaben für Ihr Konto, z. B. ob Rechnungen über dieses Konto gesendet werden können. Andere Regeln beeinflussen den jeweiligen Prozess, z. B. den Prozess der Erfassung der Auftragsbestätigung. Hier können Sie unter anderem eine Mengentoleranz festlegen, die der Lieferant bei der Erfassung der Auftragsbestätigung einhalten muss. In diesem Abschnitt soll ein Überblick der wichtigsten Regeln gegeben werden.

Die Ariba-Network-Transaktionsregeln können so eingerichtet werden, dass sie global für Ihr gesamtes Unternehmen, für ein bestimmtes Land oder für eine Gruppe von Lieferanten gelten (diese Gruppe kann aus nur einem Lieferanten bestehen).

A.1 Regeln für die Bestellung

Es gibt aktuell 40 Transaktionsregeln für die Bestellung. Die erste Gruppe von Regeln befasst sich mit der Änderbarkeit von Bestellungen. Tabelle A.1 zeigt einige Beispiele.

ID der Regel	Erklärung
PO102	Bestelländerungen für komplett gelieferte Bestellungen erlauben
PO103	Bestelländerungen für teilweise gelieferte Bestellungen erlauben

Tabelle A.1 Regeln für Bestellungänderungen und -storno

ID der Regel	Erklärung
PO106	Bestellstorno für komplett gelieferte Bestellungen erlauben
PO107	Bestellstorno für teilweise gelieferte Bestellungen erlauben

Tabelle A.1 Regeln für Bestellungänderungen und -storno (Forts.)

Mit der in Tabelle A.2 dargestellten Regel können Sie den Austausch von Lieferplänen und Lieferplanabrufen erlauben.

ID der Regel	Erklärung
PO107a	Zusammenarbeit über Lieferplanabrufe erlauben

Tabelle A.2 Regel für die Aktivierung von Lieferplanabrufen

Mit der in Tabelle A.3 dargestellten Regel erlauben Sie den Lieferanten Zugang zu Ihren SAP-Ariba-Applikationen für den operativen Einkauf, um bei Anforderungen, Kontrakten, Rechnungen und Leistungserfassungsblättern mit Ihnen zusammenzuarbeiten.

ID der Regel	Erklärung
PO108	den Lieferanten Zugang zu den SAP-Ariba-Einkaufsapplikationen gewähren (Zusammenarbeit bei Anforderungen, Kontrakten, Rechnungen und Leistungserfassungsblättern)

Tabelle A.3 Regel für die Aktivierung der Lieferantenzusammenarbeit im operativen Einkauf

Eine große Gruppe von Regeln befasst sich mit der Steuerung der Bestellbestätigung und des Lieferavis. Tabelle A.4 zeigt einige Beispiele.

ID der Regel	Erklärung
PO301	Ein Lieferdatum ist für Bestellbestätigung und Lieferavis verpflichtend.
PO303	Lieferanten dürfen Bestellbestätigungen senden.
PO304	Lieferanten dürfen Lieferavise senden.

Tabelle A.4 Regeln für Bestellbestätigung und Lieferavis

ID der Regel	Erklärung
PO306	Lieferanten dürfen Lieferavise ohne Bestellbezug senden.
PO310	Diese Regel fügt eine Mengentoleranz in Prozent zur Bestellbestätigung hinzu.
PO311	Diese Regel fügt eine Mengentoleranz in Prozent zum Lieferavis hinzu.

Tabelle A.4 Regeln für Bestellbestätigung und Lieferavis (Forts.)

A.2 Regeln für das Leistungserfassungsblatt

Es gibt aktuell elf Regeln für das Leistungserfassungsblatt. Diese Regeln steuern, ob der Lieferant ein Leistungserfassungsblatt anlegen, Anlagen mitsenden und die aus der Bestellung übernommenen Daten ändern darf. Tabelle A.5 führt einige Beispiele an.

ID der Regel	Erklärung
SES 101	Lieferanten müssen eine Bestellbestätigung erfassen, bevor sie ein Leistungserfassungsblatt anlegen können.
SES 103	Lieferanten dürfen Anlagen mit dem Leistungserfassungsblatt mitsenden.
SES 106	Lieferanten müssen Anlagen mit dem Leistungserfassungsblatt mitsenden.
SES 109	Lieferanten dürfen die Menge in Positionen des Leistungserfassungsblattes ändern.
SES 110	Lieferanten dürfen Preise in Leistungserfassungsblättern ändern.

Tabelle A.5 Regeln für das Leistungserfassungsblatt

A.3 Regeln für die Rechnung

Es gibt aktuell 103 Rechnungsregeln für das Ariba Network. Darüber hinaus können noch länderspezifische Rechnungsregeln definiert werden.

Die allgemeinen Rechnungsregeln steuern, ob Lieferanten Rechnungen anlegen dürfen und welche Arten von Rechnungen dies sind. Tabelle A.6 zeigt einige Beispiele.

ID der Regel	Erklärung
INV101	Lieferanten dürfen Rechnungen senden.
INV107	Lieferanten dürfen Rechnungen ohne Bestellbezug senden.
INV108	Lieferanten dürfen Rechnungen mit Kontraktbezug senden.
INV109	Lieferanten müssen eine Bestellbestätigung erfassen, bevor Sie eine Rechnung senden können.
INV110	Lieferanten müssen ein Lieferavis erfassen, bevor Sie eine Rechnung senden können.
INV112	Lieferanten dürfen Gutschriften und Lastschriften auf Kopfebene senden.
INV113	Lieferanten dürfen Gutschriftenpositionen senden.
INV115	Lieferanten dürfen gesendete Rechnungen stornieren.
INV120	Lieferanten dürfen nur gelieferte Mengen in der Rechnung erfassen.
INV121	Lieferanten dürfen nur empfangene Mengen in der Rechnung erfassen.

Tabelle A.6 Allgemeine Rechnungsregeln

In Tabelle A.7 sehen Sie einige Beispiele, die Regeln für Rechnungsfelder mit Bestellbezug festlegen.

ID der Regel	Erklärung
INV201	Lieferanten dürfen die Währung des Preises pro Einheit ändern.
INV203	Lieferanten dürfen die Mengeneinheit ändern.
INV206	Lieferanten dürfen Teilenummern ändern.
INV207	Lieferanten dürfen Positionen hinzufügen.
INV208, INV209, INV210	Lieferanten dürfen die Details der Zahlungsbedingungen ändern oder weglassen.

Tabelle A.7 Regeln für Felder von Rechnungen mit Bestellbezug

Die folgende Gruppe von Rechnungsregeln befasst sich mit Feldern, die in Rechnungen mit und ohne Bestellbezug vorkommen können. Tabelle A.8 zeigt einige Beispiele solcher Regeln.

ID der Regel	Erklärung
INV301	Lieferanten müssen eine Beschreibung für die Positionen erfassen.
INV303	Lieferanten dürfen den Steuersatz und die Art von Rechnung bzw. Gutschrift wählen.
INV305	Rechnungen dürfen eine bestimmte Anzahl von Tagen zurückdatiert werden.
INV307	Lieferanten müssen ihre Steueridentifikationsnummer angeben.
INV311	Lieferanten dürfen auf Kopfebene Rabatte erfassen.

Tabelle A.8 Regeln für Felder in Rechnungen mit und ohne Bestellbezug

Eine Gruppe von Rechnungsregeln steuert die Erfassung von Rechnungen zu einer Limitbestellung. Tabelle A.9 zeigt einige dieser Regeln.

ID der Regel	Erklärung
INV501	Rechnungsregeln für Limitbestellungen werden aktiviert.
INV502	Lieferanten dürfen die Währung für den Stückpreis ändern.
INV503	Lieferanten dürfen die Preise ändern.
INV507	Lieferanten dürfen die Teilenummern ändern.
INV508	Lieferanten müssen pro Position eine Beschreibung anführen.

Tabelle A.9 Rechnungsregeln für Limitbestellungen

Die letzte hier angeführte Gruppe von Rechnungsregeln steuert die Erfassung der Umsatzsteuerdaten durch den Lieferanten. Tabelle A.10 zeigt beispielhaft einige dieser Regeln.

ID der Regel	Erklärung
INV601	Die Umsatzsteuernummer des Kunden muss angegeben werden.
INV602	Die Umsatzsteuernummer des Lieferanten muss angegeben werden.
INV603	Lieferanten müssen Umsatzsteuerinformationen auf Kopf- oder Positionsebene einfügen.
INV605	Die Steuerinformationen müssen in lokaler Währung angegeben werden.
INV607	Für 0 % Steuer muss eine Erklärung angegeben werden.

Tabelle A.10 Regeln für die Umsatzsteuer

Anhang B
Glossar

Agiles Projektmanagement Vorgehensmodell des Projektmanagements. Es wird hauptsächlich bei der Entwicklung oder Implementierung von Software verwendet. Dabei werden kleine iterative Schritte durchgeführt, um das gewünschte Ziel zu erreichen.

Application Programming Interface (API) Programmierbare Schnittstelle zwischen Systemen

Ariba Network Globales Business-Netzwerk zum elektronischen Datenaustausch zwischen Kunden, Lieferanten und SAP Lösungen

Auftragsbestätigung Rückmeldung des Lieferanten zu einer Bestellung hinsichtlich bestellter Menge, Liefertermin und Preis

Auktion Form der Angebotsabgabe, bei der ein Auktionator eine Versteigerung durchführt. Das höchste Angebot erhält den Zuschlag. Im Einkauf werden in der Regel Rückwärtsauktionen durchgeführt, bei denen sich die Anbieter im Preis gegenseitig unterbieten. Gewinner ist der Bieter mit dem niedrigsten Preis.

Ausschreibung/Sourcing Vorgang, bei dem ein Anbieterkreis zur Abgabe eines Angebots aufgefordert wird. Typische Formen der Ausschreibung sind der *Request for Information*, der *Request for Quotation*, der *Request for Proposal* sowie die *Auktion*. Oftmals wird auch der Begriff *Sourcing* verwendet, weil das Verfahren die Auswahl einer Bezugsquelle (Source) zum Ziel hat.

Automatisierung Von Automatisierung spricht man immer dann, wenn Software dazu verwendet wird, dass Prozesse statt durch den Menschen von Programmen übernommen werden. Als Beispiel sei hier der automatisierte Versand einer Bestellung über das Ariba Network genannt.

Beschaffung Funktion, die sich mit dem Einkauf von Gütern und Dienstleistungen beschäftigt

BMEcat Standard des Bundesverbandes für Materialwirtschaft für die Erstellung elektronischer Einkaufskataloge

Cloud Als Cloud werden üblicherweise Systeme oder Lösungen bezeichnet, die von einem Drittanbieter zur Verfügung gestellt werden.

Commodity Manager Der Warengruppenmanager ist eine Rolle im Einkauf mit der Aufgabe, eine Warengruppe zu betreuen. Zu den typischen Aufgaben gehören die Strategiedefinition, die Festlegung der strategischen Partner sowie die Verhandlungsführung, Vertragserstellung oder auch die Risikominimierung.

Concur SAP-Lösung zur Reiseplanung und -abrechnung

Dashboard Eine komprimierte und übersichtliche Darstellung von Systeminhalten auf einer zentralen Übersicht. Das Dashboard enthält unter anderem Listen, Übersichten zuletzt erstellter Dokumente, Links zu Komponenten und Aufgabenübersichten.

Digitalisierung Unter Digitalisierung versteht man die Veränderung von Prozessen durch die Verwendung von digitalen Geräten, z. B. die Suche einer Telefonnummer statt im Telefonbuch im Internet.

Direktmaterial Unter Direktmaterial versteht man alle Materialien, die direkt in das Fertigprodukt einfließen.

Einkauf Begriff für alle Tätigkeiten, um Güter und Dienstleistungen für ein Unternehmen zu beschaffen

Elektronische Rechnung/E-Invoicing E-Invoicing ist der datenbasierte elektronische Rechnungsaustausch anhand der gesetzlichen Vorgaben. Eine elektronische Rechnung muss die Vorgaben des jeweiligen Landes z. B. hinsichtlich der Mindestangaben oder der elektronischen Signatur erfüllen, um anerkannt zu werden.

Formulare Formulare in SAP Ariba sind Dateneingabeseiten, die an Kundenwünsche angepasst werden können.

Freitext Begriff für Anforderungen, die keinen vordefinierten Artikel oder Service enthalten. Der Anforderer beschreibt hierbei seinen Bedarf in eigenen Worten.

Guided Buying Bestandteil der SAP-Ariba-Buying-Lösung, bei der ein zentrales Cockpit für den Anforderer zur Verfügung gestellt wird, über das der Anwender in den korrekten Beschaffungskanal (Katalog, Nutzung Vertrag, Freitext) geführt werden soll

Industrie 4.0 Der Begriff entstammt einer Studie der deutschen Bundesregierung. Er beschreibt die selbstorganisierende Produktion, bei der unter anderem Maschinen, Anlagen und Produkte über Systeme miteinander vernetzt werden. Dadurch soll eine Gesamtoptimierung der Wertschöpfungskette ermöglicht werden.

Internet der Dinge Als Internet der Dinge bezeichnet man die Einbettung von »Dingen« wie Geräten oder Anlagen in die digitalisierte Welt. Ein Beispiel ist die Anlage, die Sensorikdaten über das Internet an einen Wartungsservice schickt, der dann Instandhaltungsbedarfe frühzeitig erkennen kann. Populär ist auch das Beispiel des Kühlschranks, der selbstständig Milch bestellt, wenn diese zur Neige geht.

Katalog Elektronisches Verzeichnis von Produkten und/oder Dienstleistungen inklusive Beschreibung, Lieferanten, Preisen und weiterführender Angaben

Konsignationslager Beschreibt ein Lager des Lieferanten, das sich in der Nähe des Kunden befindet. Die Güter im Lager befinden sich so lange im Eigentum des Lieferanten, bis der Kunde die Ware entnimmt. Obwohl bereits vorher eine Bestellung der Ware erfolgen kann, wird die Rechnung erst zum Zeitpunkt der Entnahme ausgestellt.

Kontierung Angaben, z. B. auf Bestellungen, die Kosten auf Konten zu verteilen, um sie auszuwerten und in der Bilanz richtig auszuweisen

Lead Buyer Nominierter Verantwortlicher für einen definierten Warengruppenbereich. Operiert meist unabhängig vom Standort und ist für die globale Ausrichtung der Warengruppe zuständig.

Lieferavis Nachricht über den Versand einer Ware. Das Lieferavis enthält die gelieferte Menge, den geplanten Liefertermin sowie meist andere Angaben, etwa zu Verpackung oder verwendetem Logistikdienstleister.

Lohnbearbeitung Prozess, bei dem ein Gut von einem externen Dritten bearbeitet (z. B. verpackt) wird

Lohnbeistellung Lohnbeistellung ist der Vorgang, bei dem Materialien des Unternehmens einem externen Dritten zur Verfügung gestellt werden, um weiterführende Prozessschritte durchzuführen. Die Waren bleiben dabei im Besitz des Unternehmens.

Lohnherstellung Meint die externe Fertigung von Gütern. Beispiel ist die Fertigung von Audi-Fahrzeugen durch die Magna International Europe.

Materialwirtschaft Gemeinhin Überbegriff für die Planung und Steuerung der Materialbewegungen im Unternehmen

Mengenkontrakt Beleg im SAP-ERP-System, bei dem ein Rahmenvertrag auf Basis definierter Preise und Mengen angelegt wird. Der Mengenkontrakt enthält Materialien oder Dienstleistungen, die von einem Lieferanten zu definierten Preisen bezogen werden. Darüber hinaus sind die geplanten Abnahmemengen festgelegt.

Middleware Eine Middleware ist eine Plattform, die den Datenaustausch zwischen verschiedenen Systemen ermöglicht.

On premise Lizenzmodell, bei dem eine Software im eigenen Unternehmen betrieben und verwendet wird

Open Catalog Interface (OCI) Standardisierte Schnittstelle zur Anbindung von Kataloglösungen in andere Systeme

Operativer Einkauf Tätigkeiten des Einkaufs, die den Betrieb der Einkaufsfunktion betreffen. Dazu gehören unter anderem die Durchführung von Preisanfragen, die Bestellbearbeitung oder auch die Pflege von Einkaufsstammdaten.

Punch-out-Katalog Externe Kataloginhalte, die der Anforderer über einen Link aufruft. Im Gegensatz zum üblichen Katalog sind die Artikel und Services nicht durchsuchbar und direkt aufrufbar.

Request for Information Form der Ausschreibung, bei der meist mehrere Lieferanten um Informationen gebeten werden. Der Request for Information (RfI) wird oft verwendet, um aus einer Liste potenzieller Anbieter geeignete Lieferanten zu identifizieren, die dann zu einer Angebotsangabe aufgefordert werden.

Request for Proposal Form der Ausschreibung, bei der meist mehrere Lieferanten um die Erstellung eines Angebots oder auch Lösungsvorschlags gebeten werden. Der Begriff wird meist im Zusammenhang mit der Anfrage von Dienstleistungen benutzt.

Request for Quotation Form der Ausschreibung, bei der meist mehrere Lieferanten um die Erstellung eines Angebots gebeten werden. Der Begriff wird meist im Zusammenhang mit der Anfrage von Gütern verwendet.

Risikomanagement Prozesse zur Identifizierung und Minimierung von Risiken. In der Beschaffung ist das Ziel, die Risiken der Lieferkette zu minimieren. Eine übliche Maßnahme ist die Überwachung der finanziellen Situation von Lieferanten zur Vermeidung von Ausfällen.

SAP Ariba Buying Lösung für die Abwicklung der Beschaffung von der Bedarfsanforderung bis zur Bestellerstellung

SAP Ariba Buying and Invoicing SAP-Lösung für die Abwicklung der Prozesse von der Bedarfsanforderung bis zur Rechnung

SAP Ariba Catalog SAP-Lösung, um einen Einkaufskatalog mit Artikeln, Services und den zugehörigen Preisen sowie Anbietern zu verwalten und diesen Anwendern zur Verfügung zu stellen

SAP Ariba Commerce Automation Dokumentenaustausch über das Ariba Network von der Bestellung bis zur Rechnung

SAP Ariba Contracts Abbildung der Vertragsmanagementprozesse inklusive Klauselbibliothek, Vorlagen, Vertragserstellung und -verhandlung, Vertragsfreigabe sowie Vertragsänderung oder -beendigung

SAP Ariba Invoice Management Unterstützt Prozesse der Rechnungserfassung, -freigabe und -bearbeitung.

SAP Ariba Payables Lösung zur Abwicklung von Rechnungszahlungen

SAP Ariba Sourcing Unterstützt die Prozesse der Ausschreibung, der Suche nach neuen Lieferanten, der Preisanfrage sowie der Durchführung von Auktionen.

SAP Ariba Spend Analysis Dient der Auswertung von Beschaffungsausgaben.

SAP Ariba Supplier Lifecycle and Performance Lösung, die die Prozesse des Lieferantenlebenszyklus vom Onboarding bis zum Phase-out unterstützt. Darüber hinaus sollen die Prozesse der Lieferantenqualifizierung, der Segmentierung sowie der Lieferantenbewertung mit der Komponente abgebildet werden.

SAP Ariba Supplier Risk Risikomanagementlösung zur Erfassung von finanziellen, geografischen und anderen Risiken von Lieferanten

SAP Ariba Supply Chain Collaboration Erweitert die Funktionen des Ariba Network für Supply-Chain-Prozesse wie *Lohnbeistellung*, Lieferantenkonsignation oder dem Austausch von Plandaten.

SAP ERP Enterprise Resource Planning Software von SAP, die diverse Module beinhaltet und die Geschäftsprozesse von Unternehmen abbildet

SAP Fieldglass Prozesse zur Beschaffung externer Arbeitskräfte sowie Unterstützung im Umgang mit der Arbeitnehmerüberlassung

SAP Master Data Governance SAP-System zur Abbildung der Stammdatenprozesse. Möglich sind die Anfrage, Anlage und Freigabe von Stammdaten, wie z. B. Kunden, Lieferanten oder Materialien.

SAP Process Integration SAP Process Integration (PI) ist eine Lösung zur Integration verschiedener SAP- und Nicht-SAP-Systeme. Über das System werden verschiedene Nachrichtenformate ausgetauscht, »übersetzt« und an das Zielsystem weitergeleitet.

Shared Services Organisatorisches Modell, bei dem definierte Aufgaben des Unternehmens in einem Servicecenter gebündelt und zentral angeboten und abgewickelt werden. Typische Aufgaben für ein Shared-Service-Center sind die Bearbeitung von Supportanfragen für Systeme, die Rechnungsbearbeitung oder auch die operative Bearbeitung von Bestellungen.

Sourcing → Ausscheibung

Strategischer Einkauf Strategische Aufgaben des Einkaufs wie die Ausrichtung der Warengruppen auf die Märkte und Lieferanten. Strategische Aufgaben sind die Analyse der Beschaffungsmärkte, das Lieferantenmanagement oder die Vermeidung von Kosten.

Supply Chain Als Supply Chain wird die komplette direkte und indirekte Lieferkette eines Gutes vom Hersteller bis zum Kunden bezeichnet.

Total Cost of Ownership Methode zur Ermittlung der Gesamtkosten eines Beschaffungsgutes für die Dauer, in der sich das Gut im Besitz des Unternehmens befindet

Vendor Managed Inventory Verfahren, bei dem der Lieferant für die Verwaltung des Lagerbestandes verantwortlich ist. Der Kunde übermittelt seine Bedarfe an den Lieferanten, wodurch eine bessere Planung der Bestände möglich ist.

Vendor Management Systems Lösungen für die Abwicklung der Prozesse um die Beschaffung externer Arbeitskräfte

Vertragsmanagement Systemgestützte Abbildung des Vertragsprozesses. Umfasst mindestens die Vertragsablage sowie das Monitoring. Umfassende Vertragslösungen enthalten außerdem auch Methoden zur Erfassung von Klauseln, zur Erstellung von Vertragsvorlagen, zum Vertragserstellungsprozess, zur Begleitung von Vertragsverhandlungen sowie zum Monitoring der Verträge. Darüber hinaus werden die Vertragsänderung sowie die Beendigung abgebildet.

Warengruppe Zusammenfassung verschiedener Artikel bzw. Leistungen mit ähnlichen oder gleichen Merkmalen zu einer Gruppe. Wichtige Klassifizierung der Beschaffung, um die Ausgaben des Unternehmens zu steuern und zu bündeln

Wasserfallmodell Vorgehensweise bei der Implementierung von IT-Lösungen. Dabei erfolgt erst die Spezifizierung, anschließend die Realisierung und zum Abschluss der Test.

Wertkontrakt Beleg im SAP-ERP-System, bei dem ein Rahmenvertrag auf Basis eines definierten Wertes angelegt wird. Der Wertkontrakt enthält Materialien oder Dienstleistungen, die von einem Lieferanten in einem definierten Zeitrahmen bezogen werden. Als Limit wird ein Wert definiert.

Wizard Der Wizard ist ein Assistent, der auf der Benutzeroberfläche dargestellt wird, um dem Benutzer z. B. die Erstellung eines Einkaufswagens zu erleichtern.

Workflow Ein Workflow ist die elektronische Abbildung eines Arbeitsablaufs. Dabei werden Arbeitsschritte ganz oder teilweise automatisiert und im System abgebildet. Typisches Beispiel für einen Workflow ist die elektronische Freigabe eines Einkaufswagens.

Zertifikat Bescheinigung über die Eignung eines Lieferanten mit Bezug zu einem bestimmten Thema. Zum Beispiel prüfen Institute die Einhaltung von Qualitätsmanagementvorgaben und stellen dazu ein Zertifikat aus. Bekannte Zertifikate sind ISO 9001 für die Qualitätsmanagementzertifizierung, ISO 14001 für die Umweltzertifizierung oder die Zertifizierung zur Einhaltung des Sarbanes-Oxley-Act (SOX).

Anhang C
Abkürzungsverzeichnis

Abkürzung	Text
API	Application Programming Interface
APP	Applikation
BADI	Business Add-in
CIF	Catalog Interchange Format
cXML	Commerce Extensible Markup Language
DSAG	Deutschsprachige Anwender-Gruppe
IDoc	Intermediate Document
OCI	Open Catalog Interface
PSP	Projektstrukturplan
RfI	Request for Information
RfP	Request for Proposal
RfQ	Request for Quotation
SLP	SAP Ariba Supplier Lifecycle Performance
UNSPNC	United Nations Standard Products and Services Code
XML	Extensible Markup Language

Tabelle C.1 Abkürzungsverzeichnis

Anhang D
Literaturverzeichnis

- Bundesverband Materialwirtschaft und Einkauf: Industrie 4.0: Wie verändern sich die IT-Systeme in Einkauf und SCM?, März 2016
- Forrester: Vendor Landscape: ePurchasing Software, 2015 to 2016, 20.10.2015
- Forrester: Breakout Vendors: SaaS Business Applications,10.05.2016
- Magnus Bergfors: Be Cautious Before Investing in Source-to-Settle Suites for Procurement, Gartner, refreshed 16.03.2015
- Deborah R Wilson, Paolo Malinverno, Magnus Bergfors, Desere Edwards: Magic Quadrant for Procure-to-Pay Suites. Gartner, published 13.06.2016
- Deborah R Wilson, Richard Adams, Magnus Bergfors: Magic Quadrant for Strategic Sourcing Application Suites. Gartner, published 04.02.2015

Anhang E
Die Autoren

Susanne Wagner ist seit 2017 Projektleiterin für das Projekt »Procurement Systems Transformation« bei der D. Swarovski KG. Seit 2003 ist sie im Einkaufsumfeld aktiv und hat diverse Projekte mit Fokus auf der Optimierung der Beschaffungsprozesse begleitet. Über 10 Jahre unterstützt sie bereits die Implementierung von Softwarelösungen im Einkauf. Unter anderem hat sie als Projektteamleiterin die Erstellung, Implementierung sowie den Roll-out eines SAP-Templates für ein deutsches Pharmaunternehmen verantwortet. Ab November 2017 wird sie mit ihrem Unternehmen Passionate Digital Digitalisierungsprojekte im Einkaufsumfeld in Unternehmen unterstützen.

Marcus Mock ist seit 2015 Principal Business Consultant bei SAP Business Transformation Services. Seit 2004 ist er als Berater für Einkaufsthemen bei SAP tätig. Bereits während seines Studiums der Betriebswirtschaft faszinierte ihn das Thema Einkauf. Er beschäftigt sich mit Ariba, seit SAP Ariba 2012 übernommen hat. Dabei war er Mitglied in einem Implementierungsprojekt auf Business-Seite und auf IT-Seite sowie Projektleiter. Außerdem berät er Kunden in Strategieprojekten zum Thema Einkauf.

Index

T

U

V

W

Z